本书由广东省科技计划项目 2014 年度省协同创新与平台环境建设专项资金项目科普创新发展领域（项目编号：2014A070711003）、广东海洋大学管理学院农林经济管理重点学科和经济学院应用经济学硕士点经费资助出版

海洋与现代生活

白福臣　刘彦军　等　著

中国农业出版社

目 录

1 绪 言

1.1 背景

2001 年 5 月，联合国缔约国文件指出："21 世纪是海洋世纪"。海洋问题作为 21 世纪的时代特征被提出来，标志着海洋和海洋问题已成为影响世界经济发展的重要因素。党中央、国务院提出了"逐步把我国建设成为海洋经济强国"的宏伟目标，这是从当今世界经济发展新形势的战略高度出发，直面新的海洋竞争挑战，高瞻远瞩，深谋远虑而作出的重大战略决策。我国自 1978 年改革开放以来，经济社会发生了翻天覆地的变化，但是发展到今天，已经出现了明显的资源短缺、经济增长乏力的现象。海洋经济发展战略的提出，能为我国经济的进一步发展和增长模式的改变提供新的机遇。

首先，加快发展海洋经济，可以缓解陆域资源紧缺、拓展生存与发展空间。海洋占地球表面积的 71%，拥有陆地上的一切矿物资源，是人类社会发展的宝贵财富和最后空间，是能源、矿物、食物和淡水的战略资源基地。从食物资源来看，据相关资料显示，全球 88% 的生物生产力来自海洋，海洋可提供的食物量远远大于陆地。具体而言，渔业的产出效益明显高于农业，海产品蛋白质含量高达 20% 以上，是谷物的 2 倍多，比肉禽蛋高五成。从能源来看，海洋石油和天然气产量分别占世界石油和天然气总产量的 30% 和 25%，成为石油产量中的重要组成部分，一些老牌石油生产国，如英国、美国已把石油开采的重点转移到了海上，海洋石油的产量所占的比重不断增加。从矿物资源来看，目前我国 45 种主要陆域矿产资源中，有相当一部分不能保证经济发展的需要，而海洋中却有着充足的储量。可以看出，加快发展海洋经济，可为我国经济社会发展寻求到新的资源接替区，提供新的资源和发展空间，突破陆域资源紧缺的局限和制约，有效弥补和缓解我国陆域经济发展面临资源不足的压力，确保整个国民经济又好又快发展。

其次，加快发展海洋经济，可以促进国民经济的战略性调整和经济发展方式的转变。经过多年的发展，海洋经济理念已发生了深刻变化。海洋经济发展正在从量的扩张向质的提高转变，向海洋要资源、要速度、要效益已成为共识。随着海洋高新技术的发展，使大规模、大范围的海洋资源开发变成现实。无论是海洋环境的保护、海洋的减灾防灾、海洋资源的开发，还是传统海洋产业的技术改造和新兴海洋产业的发展，都越来越依赖于海洋高新科技成果的应用。加快发展海洋经济，就是要在全面提升海洋渔业等传统产业的同时，大力发展高附加值的新型临港重化工业和高新技术产业，促进科学技术在海洋经济领域的应用。这不仅可以降低成本、实现环保、提高资源综合利用率，而且还能通过大力发展高附加值的重化工业和海洋生物医药等高新技术产业，培育新的经济增长点，带动相关产业，形成新的发展优势，推进经济结构的战略性调整，实现经济增长方式转变。

再次，加快发展海洋经济，可以提高对外开放水平、适应全球海陆一体化开发趋势。海洋经济的发展和各行各业的进步，已经使产业结构、科技格局、贸易态势和文化氛围发生划时代的演变，世界经济必将在更大范围、更广领域、更高层次上开展国际竞争与合作。在全球陆海一体化开发的大趋势下，置身于太平洋经济圈的中国，必须审时度势，高度重视经略海洋，抢占发展先机，形成开拓海洋产业、发展海外贸易、促进经济技术合作与交流的重要推力，不断提高对外开放水平。加快发展海洋经济，不仅可以充分发挥海洋的优势，运用两个市场、两种资源，通过全方位开放，聚集外引效能，增加经济外向度，促进海洋产业中技术密集型和高新技术产业的发展。而且还可依托海洋经济渗透力强、辐射面宽、对陆地经济的拉动作用远远超过它自身的特点，增强对内陆的辐射力，通过联合开发拓展辐射能量，形成相互增益的发展态势，带动内陆腹地经济发展，不失为优化沿海与内陆之间的资源配置，拉动内地经济发展的最佳选择。

1.2　意义

可以看出，发展海洋经济对我国拓展生存与发展空间、转变经济发展方式、提高对外开放水平都具有重要的意义，那么如何才能有效推动我国的海洋经济战略发展呢？除了大量专业技术人员的辛勤工作，还需要大张旗鼓地进行海洋知识的宣传、普及和教育，强化中华民族的海洋国土意识、海洋经济意识、海洋环境意识和海洋国防意识，它是实施21世纪海洋强国战略的前提。在渠道上，要充分利用电视、广播、报刊和互联网等新闻媒体，多形式、多层次、多渠道拓展宣传教育的覆盖面，为发展海洋经济营造良好的社会舆论氛围；在教育层次上，要对专业部门、科研部门、社会团体乃至全社会进行普及性宣传教育，以唤起社会各界对发展海洋经济的关心和支持；在内容上，要广泛宣传发展海洋经济的重要战略地位、作用和意义，宣传发展海洋经济的相关政策和法律法规，宣传普及发展海洋经济的科学知识及操作规程，宣传推介国内外发展海洋经济的先进经验。

在各类宣传教育手段中，组织编写各类海洋读物和海洋知识丛书，扩大出版发行，以满足不同层次读者对海洋知识的需求，是进行海洋教育的一个重要手段。这对于少年儿童来说，显得尤其重要。青少年是 21 世纪振兴经济和提升海洋科技的主力军。只有帮助青少年及早地以科学的眼光认识海洋、了解海洋，才能让他们更早地加入到海洋开发建设的大军中来，为祖国海洋的开发利用做出贡献、推动我国的海洋经济更快更好地发展。本书的编写就是立足于对青少年进行海洋知识科普，通过海洋知识的宣传教育，使青少年充分认识到开发利用海洋是推动经济社会发展的重大战略举措，唤醒青少年的海洋意识，转变思维方式，牢固树立"向海洋要资源，向海洋要发展空间"的观念，进而激发人们热爱海洋、开发和保护海洋的热情，不断增强建设海洋强国的责任感、紧迫感和使命感，积极投身于海洋经济发展的伟大实践，为实现海洋强国的宏伟战略目标而努力。

1.3　本书的设计思路

面向青少年的海洋知识科普著作在市面上本就不多，在这些仅有的著作中，众多专家学者从不同的角度面向青少年对海洋知识进行了通俗易懂的分析传递，包括政治角度、经济角度、地理角度、气象角度、历史角度、文化角度等，多方面、全角度地介绍各类海洋知识固然可以让读者更加清晰、全面地认识海洋、了解海洋，但是限于青少年的知识基础背景，现有的海洋科普著作很难对青少年产生深刻的影响，青少年也很难轻松地理解这些海洋相关知识，这使得很多海洋科普著作有种事倍功半的感觉。基于以上原因，本书在设计之初便着眼于选择一个全新的海洋科普切入视角，从这个视角进入海洋知识王国，青少年读者能够更加有兴趣参与学习认知，能够更容易留下深刻的知识印象，能够更轻松理解所见到的海洋现象。

人类对于海洋的重视主要源于海洋资源的丰富和储量的巨大，而海洋资源的开发和利用主要是为了服务于人类的生活，所有的涉海活动最终的归宿其实都可以落实到人们的日常生活，因此，人类的生活与海洋活动有着千丝万缕的联系。与此同时，生活也是青少年最好的老师，青少年对世界、对社会的认知都源于生活中点点滴滴的积累，生活是青少年最熟悉的场景。如果能把海洋知识与现代生活中的具体情节联系起来，这对于海洋知识在青少年中的科普无疑有着巨大的推动力，基于这种情况，本书决定将海洋知识与人们现代的生活状况结合起来，构造一个从海洋资源到现代生活的海洋知识链，让青少年读者看到海洋资源就能想到在现代生活中的应用，从而增加海洋知识科普的趣味性与实用性，这就形成了本书的切入视角。而对于具体海洋知识科普的主题，本书以某种海洋资源在海洋中的存在、被获取的途径、被利用的工艺流程以及在生活中的具体用途作为不同的节点，来刻画海洋资源的系列知识，这就形成了本书的主要知识内容。

1.4 本书的主要结构、内容

进行海洋知识科普，一定要建立良好的知识体系框架，这有利于培养读者的知识体系。本书的逻辑结构经纬分明，清晰易懂。以海洋资源的分类为经，形成本书的纵向框架；以海洋资源的利用流程为纬，形成本书的海洋知识科普逻辑。按照这种结构逻辑，本书分为九大部分。第一部分为导言，主要介绍本书的写作背景、写作意义以及本书设计的逻辑思路和主要结构、内容。第二部分为丰富的海洋资源，主要介绍海洋资源的分类，包括大级别的分类及大级别下的次级及三级分类，并对每种分类下的海洋资源做概括性介绍。第三部分至第八部分分别介绍六大类的海洋资源与现代生活的联系链条，主要介绍海洋资源如何变成人类生活中的一部分，让人们理解海洋资源的重要性，具体包括海洋景观资源、海洋生物资源、海洋空间资源、海洋能源、海水资源及化学资源、海底矿藏资源。第九部分为总结与展望，主要通过对全书的总结获得对海洋资源开发利用特点的认识，并对海洋资源利用的未来进行展望。

2 丰富的海洋资源

　　广义的海洋资源是指与海洋有关的物质、能量和空间，如海洋上的风能，海底的地热，海上城市、花园和飞机场，海底的隧道和居住室，海滨浴场以及海水中的各种资源。狭义的海洋资源指来源、形成和存在方式都直接与海水相关的资源，如海水中生长的动植物，海水里存在的各种化学元素，海水运动所具有的能量，海底埋藏的各种液态和固态的矿物等。

　　海洋资源种类繁多，专家学者依据不同的标准从不同的角度对海洋资源进行了分类，主要有依据海洋资源有无生命分类、依据海洋资源的来源分类、依据能否恢复分类、依据空间视角分类、依据其自然本质属性及种类分类、依据海洋资源的自然属性和开发利用需求分类、依据海洋资源的性质特点及存在形态分类，等等。《21 世纪的海洋资源及其分类新论》从海洋资源的自然本质属性出发，首先把海洋资源分为海洋物质资源、海洋空间资源和海洋能源资源三大类，然后再按其他属性进一步细分。海洋物质资源就是海洋中一切有用的物质，包括海水本身及溶解于其中的各种化学物质、沉积蕴藏于海底的各种矿物资源以及生活在海洋中的各种生物体；海洋空间资源是指可供人类利用的海洋三维空间，由一个巨大的连续水体及其上覆大气圈空间和下覆海底空间三大部分组成；海洋能量资源是指由于海水直接与间接吸收太阳的辐射能和天体对地球与海水的引力随时空发生周期性变化而蕴藏于海水中的能量。而《海洋资源分类体系研究》一文中提出了"五分法"，将海洋资源分为海洋生物资源、海洋矿产资源、海洋化学资源、海洋空间资源和海洋能量资源五类。通过对两种分法进行比较，发现两种分法的逻辑基本是一致的，"五分法"中的海洋生物资源、海洋矿产资源、海洋化学资源正是"三分法"中海洋物质资源的全部包含要素。因此，首先确认五大类海洋资源为本书的科普对象。另外，海洋旅游是随着海洋经济发展产生的新兴产业，面对全球范围内出现的前所未有的海洋旅游热，本书将海洋空间资源中用于"海洋旅游"用途的景观资源单独罗列出来，作为海洋的一大资源。这样，本书所涉及的海洋资源就包括海洋景观资源、海洋生物资源、海洋空间资源、海洋能源、海水资源及化学资源、海底矿藏资源这六大类资源。

　　地球表面的总面积约 5.1 亿平方千米，其中海洋的面积为 3.6 亿平方千米，占地球表面总面积的 71%；同时，世界海洋的水量比高于海平面的陆地的体积大 14 倍，约 13.7 亿立方千米，其中蕴藏着巨大的海洋资源。在我国，海域面积也非常广阔，海岸线长达 18 000 多千米，管辖海域约 300 万平方千米，相当于陆地面积的 1/3，同时还分布着面积大于 500 平方米以上的岛屿 5 000 多个，是典型的海洋大国。我国这巨大的海域面积中蕴藏着丰富的六大类海洋资源。

2.1 海洋景观资源

海洋景观资源总是和海洋旅游紧密相关，海洋景观资源是海洋旅游资源中来自大自然的部分，也是最重要的组成部分。从海洋景观资源开发的空间分布来看，大致可以分为海滨景观资源、海面景观资源、海底景观资源。我国拥有丰富的海洋景观资源，我国沿海地区跨越热带、亚热带、温带三个气候带，具备"阳光、沙滩、海水、空气、绿色"五个旅游资源基本要素，旅游资源种类繁多，数量丰富。据初步调查，我国有海滨旅游景点 1 500 多处，滨海沙滩 100 多处，有 45 处海岸景点，15 处最主要的岛屿景点，8 处奇特景点，19 处比较重要的生态景点，5 处海底景点，62 处比较著名的山岳景点，等等。

2.1.1 海滨景观资源

海滨是陆海交界地，也是目前被最广泛用于旅游的海洋景观资源。海滨地貌种类繁多，有沙滩、泥滩、砾石滩、海蚀岸、海岸山脉等，以这些形态各异的海滨地貌为依托，结合海水主体、海洋气候、人类活动遗迹等，形成了众多可用于旅游的海滨景观资源（图 2-1）。

图 2-1 海滨景观

海滨景观资源主要包括 10 大类景观资源：水体景观、岸滩景观、岛屿景观、礁石景观、气候气象景观、山岳景观、生物景观、文化景观、城乡景观、特殊景观。每一大类海滨景观资源中又包含着若干细分资源，如水体景观中又包含着海水、江水、湖水等，清澈无污染的海水是建立海滨浴场的基本条件；由于太阳和月亮在地球各处引力不同而形成的潮汐也成为具有吸引力的美丽景观，例如著名的钱塘江大潮；我国地势西高东低，导致大部分江河水系最终流向大海，在与大海的交汇处形成了漂亮的海滨水景景观，包括河口、河谷、河州等景观，广东珠海白藤湖旅游区就是利用西江河口建成的，海南琼海的万泉河风景区就是利用河谷建成的。岸滩景观包括岩岸、沙岸和泥岸景观，具体的资源则包括海蚀崖、沙滩、泥滩等，岸、滩地带是海陆作用最强烈的地带，能够充分体现海滨风景的景观特色，是游人最主要的活动场所。岛屿景观包括基岩岛、陆连岛、冲积岛、珊瑚岛景观，岛屿往往表现出多种海滨景观资源要素，是一个景观综合体，著名的岛屿如普陀岛、鼓浪屿等。礁石景观是指高出海蚀平台的侵蚀残留体，由于波浪强度及海岸基岩岩性差异，造成海蚀作用差异，产生礁石。礁石可由生物体组成，也可由岩礁或大陆岩石的水下延伸部分组成，对丰富海岸风景起重要作用，主要包括岩礁和珊瑚礁，著名的礁石景观有青岛的"石老人"，大连的"黑石礁"以及海南的"天涯海角"。风景旅游中，气候气象是景观的重要影响因素，而海滨地区处于海洋和陆地两大系统的交汇处，气候气象所产生的景观也与内陆有很大的不同。像避暑、避寒气候，海上日出、海市蜃楼等气象现象都是气候气象景观的重要内容。我国是多山国家，在海滨地区出现山、海两种对比悬殊的景象会形成景象独特的海滨山岳景观，像辽东半岛、山东半岛地区都具有大量的山岳景观。海滨地区具有良好的自然条件，是动植物栖息、生长的理想场所，它们构成了丰富的生物景观资源，如红树林、防护林、海鸟等。除了这些大自然赋予的海滨景观资源外，由于人类文明的发展及活动在海滨地区留下的印记也成为海滨景观的重要内容，如海滨文化景观中包含了很多处于海滨地区的历史遗迹、宗教建筑；海滨城乡景观中所包含的著名的特色街区、乡村社区、田园风光等都构成了海滨景观资源。最后，海滨地区还具有一些特殊类型景观，具有很高科学研究价值和风景旅游价值，主要包括地质景观、震迹景观和火山景观，它们也是海滨景观的重要资源。

2.1.2　海面景观资源

海面景观资源是指海水与空气相接触的平面附近空间可用于旅游的资源。由于海平面本身没有特别的观赏性，因此海面景观资源主要应用于体验式旅游。海面景观资源旅游的特质在于使人们脱离了自身常规的生存空间——陆地，进入到一种完全不同于陆地感受的介质——海水中，寻找一种不同的生存感受。想要充分享用、体验海面景观资源，必须要借助一定的技巧和工具，常用的海面旅游项目包括海水嬉戏、海上冲浪、海上滑水、海上摩托艇等（图2-2）。在海水中嬉戏不仅可以舒展身心，使人忘记烦恼，而且在大海中

图2-2　海面旅游项目

游泳还可以锻炼身体、增强体质。海上冲浪是一项惊心动魄的海上运动，需要参与者站立在一块小小的冲浪板上乘风破浪，整个过程需要参与者不断调整身体姿势以保持平衡，而且冲浪运动需要在有壮观的卷波海滩进行。海上滑水根据滑水板的不同类型主要可以分为单板和双板，参与者踩着水橇，由快艇拖动，在滑水过程中做出惊险、刺激的动作。摩托艇运动是集观赏、竞赛和刺激于一体，富有现代文明特征的高速水上运动，是公认的具有较大影响力的水上运动项目。

2.1.3 海底景观资源

海底景观资源自然是指海平面下的水体中所具有的可供旅游用途的资源了。海底景观资源由于所处位置特殊，使得其既具有观赏性，又具有体验性。观赏性是指海水下方的奇特景色，如各式各类的海鱼、千姿百态的海藻、婀娜多姿的珊瑚等，它们构成了色彩斑斓的海底世界，本身就具有很强的观赏价值；体验性则表现为海底本身不是人类能够正常生存的区域，如果能够借助某种工具进入到这种环境，体验一下鱼类的感觉，能够给人带来绝无仅有的感受。观赏性和体验性构成了海底景观资源的特有价值。享用海底景观资源的途径也包括很多种，如潜水、水下观光潜艇和海底旅馆。现代潜水的种类很多，根据潜水器的差别，可分为半闭锁回路送气式、应需送气式、自给送气式等；根据潜水方式可以分为非饱和潜水、饱和潜水；根据呼吸气体种类可分为空气潜水、氨气和氧气混合气体潜水等。第一艘水下观光潜艇是 1964 年由瑞士建造的，目前旅游潜艇的营运已经遍布全球。游客乘坐观光潜艇，通过闭路电视和专门的观望镜来观看海底世界。海底旅馆内部设施与陆地上的旅馆差别不大，最大的区别是在房间里可以通过专门的墙幕饱览海底美景。通常，游客要通过专门的潜水工具才能够进入到旅馆中（图2-3）。

图 2-3 海底景观及海底旅馆

2.2 海洋生物资源

海洋生物资源是有生命的能自行增殖和不断更新的海洋资源，又称为海洋渔业资源或海洋水产资源。与海水化学资源、海洋动力资源和大多数海底矿产资源不同，其主要特点是通过生物个体和种群的繁殖、发育、生长和新老替代，使资源不断更新，种群不断获得补充，并通过一定的自我调节能力而达到数量上的相对稳定。自古以来，海洋生物资源就是人类食物的重要来源。在 20 世纪 90 年代，人类所利用的总动物蛋白质（包括饲料用的鱼粉）中，约有 22％来源于海洋生物资源。海洋生物资源还提供了重要的医药原料和工业原料。海龙、海马、石决明、珍珠粉、鹧鸪菜、羊栖菜、昆布等很早便是中国的名贵药材；现代海洋生物制药工程已在提取蛋白质及氨基酸、维生素、麻醉剂、抗生素等方面取得重大进展；以贝壳、珊瑚等为原料的工艺品制造在我国早已成为一种行业。海洋生物资源从大类上可以分为海洋动物资源和海洋植物资源。

2.2.1 海洋动物资源

海洋动物资源主要包括鱼类资源、软体动物资源、甲壳动物资源和哺乳类动物资源。鱼类资源是海洋生物资源中最重要的一类，鱼的种类五花八门，至今有记载的鱼类，全世界已超过 2 万种，我国的海洋鱼类约在 1 500 种以上，资源相当丰富。

根据鱼类栖息的水层，可分为中上层鱼类、中下层鱼类和底层鱼类等（图

2-4)。鱼类是最重要的渔业资源，如 1995 年世界海洋渔业捕获量为 8 500 万吨。鱼类中以中上层种类为多，占鱼类捕获总量的 70% 左右。主要是鳀科（Engraulidae）、鲱科（Clupeidae）、鲭科（Scombridae）、鲹科（Carangidae）、竹刀鱼科（Scomberesocidae）、胡瓜鱼科（Osmeridae）和金枪鱼科（Thunnidae）等种类；底层鱼中，产量最大的是鳕科（Gadidae），其次是鲆鲽类。

图 2-4 海洋鱼类资源

软体动物资源是鱼类以外最重要的海洋动物资源（图 2-5）。软体动物门的种类非常多，在动物界中是仅次于节肢动物门的第二大门。共分为 7 个纲，即无板纲、单板纲、多板纲、双壳纲、腹足纲、掘足纲和头足纲。除无板纲和单板纲之外，其余 5 个纲的种类在中国海域都有分布。目前，在中国海域共记录到各类软体动物 2 557 种，约占我国海域全部海洋生物种的 1/8 以上。软体动物资源也是重要的渔业资源，据不完全统计，1981 年世界海洋软体动物资源采捕约为 469 万吨，占海洋渔业捕获量的 7.0%。其中头足类（枪乌贼、乌贼和章鱼）的年产量约为 130 万～150 万吨。头足类在大洋中（甚至近海区）常有极大的数量，能够形成良好的渔场。但因对其种群结构及栖息移动规律了解较少，资源尚未很好开发利用，仍有较大潜力。自 20 世纪 70 年代后期以来，双壳类的产量增长很快，仅牡蛎、扇贝、贻贝的年总产量就约 200 万吨，各种蛤类约 120 万吨。

图 2-5 海洋软体动物资源

海洋甲壳动物即体躯分节、具几丁质（甲壳质）外壳、头部有 5 对附肢（前两对为触角）、以鳃或皮肤呼吸的海洋动物（图 2-6）。甲壳动物属节肢动物门（Arthropoda），因多具坚硬如甲的外壳而得名。全世界共有 3 万多种，绝大多数是海生种，如哲水蚤、水虱、藤壶、对虾、青蟹等。1981 年其产量为 310 万吨，在海洋渔业捕获量中仅占 5%，但在经济上很重要，特别是对虾类（主要是对虾、新对虾、鹰爪虾等属）和其他游泳虾类（主要是褐虾和长额虾科），1980 年的产量已达 170 万吨，比 1976 年的 130 万吨增长 1/3。蟹类产量也稳步增长，1975 年约为 40 万吨，1981 年已超过 80 万吨。南极磷虾为主的浮游甲壳类每年约产 45 万吨，可望有大的增长。虾、蟹的市场价格超过鱼类的很多倍，是目前颇受重视的一个类群。由于它们的寿命短，再生力强，因而已成为人工养殖的对象。

图 2-6　海洋甲壳动物资源

哺乳类动物包括鲸目（各类鲸及海豚）、海牛目（儒艮、海牛）、鳍脚目（海豹、海象、海狮）及食肉目（海獭）等（图 2-7）。其皮可制革、肉可食用，脂肪可提炼工业用油。其中鲸类年捕获量约 2 万头。

图 2-7　海洋哺乳类动物资源

2.2.2　海洋植物资源

海洋植物（marine plants）是海洋中利用叶绿素进行光合作用以生产有机物的自养型生物（图 2-8）。海洋植物属于初级生产者。海洋植物门类甚多，从低等的无真细胞核藻类（即原核细胞的蓝藻门和原绿藻门），到具有真细胞核（即真核细胞）的红藻门、褐藻门和绿藻门，及至高等的种子植物等 13 个门，共 1 万多种。海洋植物的形态复杂，个体大小有 2～3 微米的单细胞金藻，也有长达 60 多米的多细胞巨型褐藻；有简单的群体、丝状体，也有具有维管束和胚胎等体态构造复杂的乔木。海洋里的植物都称为海草，有的海草很小，要用显微镜放大几十倍、几百倍才能看见。它们由单细胞或一串细胞构成，长着不同颜色的枝叶，靠着枝叶在水中漂浮。单细胞海草的生长和繁殖速度很快，一天能增加许多倍。虽然它们不断地被各种鱼虾吞食，但数量仍然很庞大。海洋植物是海洋世界的"肥沃草原"，海洋植物不仅是海洋鱼、虾、蟹、贝、海兽等动物的天然"牧场"，而且是人类的绿色食品，也是用途宽广的工业原料、农业肥料的提供者，还是制造海洋药物的重要原料。有些海藻，如巨藻还可作为能源的替代品。光是海洋植物的能源，温度是海洋植物的生长要素，矿物质营养元素是海洋植物的养料。

图 2-8　海洋植物资源

2.3　海洋空间资源

海洋空间资源是指与海洋开发利用有关的海岸、海上、海中和海底的地理区域的总称。将海面、海中和海底空间用作交通、生产、储藏、军事、居住和娱乐场所的资源。随着世界人口的不断增长，陆地可开发利用空间越来越狭小，并且日见拥挤。而海洋不仅拥有骄人的辽阔海面，更拥有无比深厚的海底和潜力巨大的海中。由海上、海中、海底组成的海洋空间资源将带给人类生存发展新的希望。目前海洋空间的利用已从传统的交通运输扩大到生产、通信、电力输送、储藏、文化娱乐等诸多新兴领域，其主要利用方式有如下八个方面。

2.3.1　海上运输

海上交通运输包括海港码头、海上船舶、航海运河、海底隧道、海上桥梁、海上机场、海底管道等（图 2-9）。海洋交通运输的优点是连续性强、成本低廉，适宜对各种笨重的大宗货物作远距离运输，如粮食、矿石、石油等。缺点是速度慢，航行受天气影响较大。

图 2-9　海上运输

2.3.2　海上城市

海上城市是构想中未来新兴城市的发展形式之一（图 2-10）。在未来，建设海上城市是解决人类居住问题的重要途径。人们设计了一种锥形的四面体，高二十层左右，漂浮在浅海和港湾，用桥同陆地相连，这就成为海上城市。这种海上城市每座可容纳 3 万人左右。美国正在离夏威夷不远处的太平洋上修建一座海上城市，它的底座是一艘高 70 米，直径 27 米的钢筋混凝土浮船。日本也在积极推行人工浮岛计划。

图 2-10　海上城市

2.3.3　海上机场

世界上最早的海上机场是日本在1975年建造的长崎海上机场（图2-11）。这个机场坐落在长崎海滨的箕岛东侧，一部分地基利用自然岛屿，一部分填海造成。机场初建时，跑道长度是2 500米，之后又向北扩建500米；现在跑道长度达3 000米，填土石2 470万立方米。目前，全世界共有十多个海上机场，海上机场的建造方式主要有以下几种：填海式、浮动式、围海式和栈桥式。斯里兰卡的科伦坡机场是用840万立方米的砂石，填入15米深的海中建造的。另外，日本的东京国际机场也是在岸边填海建造成的。美国的夏威夷机场、新加坡的樟宜国际机场，都是利用填海造地修建而成的。浮动式机场是漂浮在海面上的一种机场。

图2-11　海上机场

2.3.4　海上工厂

海上工厂是利用海域便利条件而设置的生产设施（图2-12）。所谓"海域便利条件"是指就地利用廉价的海洋能、广阔的海域空间、丰富的海洋生物资源等，海上工厂多为浮动式，可以转移。日本等国建造的"海明"号波浪发电装置，美国建造的夏威夷温差发电装置实际上就是一座利用波浪能和温差能的发电厂。日本为巴西兴建的巴西利亚纸浆厂建在两艘长230米的船上，年产漂白纸浆26万吨；德国一座海上氨厂日产氨1 000吨；新加坡一个海上奶牛场饲养奶牛6 000余头，照明和生产用电全都来自海藻和牛粪所产生的沼气，沼气还驱动海水淡化装置，提供饮用水。此外，随着海洋开发规模的扩大，人们还设想在海底建造采油厂、炼油厂、采矿厂、选矿厂等，以降低生产成本，节省陆地空间。

图 2-12　海上工厂

2.3.5　海底隧道

　　海底隧道是为了解决横跨海峡、海湾之间的交通，而又不妨碍船舶航运的条件下，建造在海底之下供人员及车辆通行的海洋建筑物（图 2-13）。海底隧道的开凿目前主要有 4 种工法。钻爆法主要是用钻眼爆破方法开挖断面而修筑隧道及地下工程的施工方法。我国目前已建成的海底隧道，如厦门翔安隧道、青岛胶州湾海底隧道，均是采用钻爆法施工。沉管法是在水底建筑隧道的一种施工方法。香港多条海底隧道采用沉管法施工。掘进机法是挖掘隧道、巷道及其他地下空间的一种方法。连接英国及法国的英吉利海峡隧道就是采用掘进机法开挖。盾构法是暗挖法施工中的一种全机械化施工方法，它是将盾构机械在地中推进，通过盾构外壳和管片支承四周围岩防止发生往隧道内的坍塌，同时在开挖面前方用切削装置进行土体开挖，通过出土机械运出洞外，靠千斤顶在后部加压顶进，并拼装预制混凝土管片，形成隧道结构的一种机械化施工方法。日本东京湾海底隧道就是采用盾构法施工。

图 2-13　海底隧道

2.3.6　海底军事基地

海底军事基地是指建在海底的导弹和卫星发射基地、水下指挥控制中心、潜艇水下补给基地、海底兵工厂、水下武器试验场等用于军事目的的基地（图2-14）。它们大体上可分为两类：一类是设在海底表面的基地，由沉放海底或在海底现场安装的金属构筑物组成；另一类是在海底下面开凿隧道和岩洞作为基地。海底军事基地以美国、苏联修建得最多。

图2-14　海底军事基地

2.3.7　通信和电力输送空间

通信和电力输送空间主要是指海底电缆（图2-15）。通信电缆包括横越大洋的洲际海底通信电缆、陆地和海上设施间的通信电缆；电力输送电缆主要用于海上建筑物、石油平台等和陆地间的输电。

图2-15　海底电缆

2.3.8　储藏空间

储藏空间包含有海底货场、海底仓库、海上油库、海洋废物处理场等（图2-16）。利用海洋建设仓储设施，具有安全性高、隐蔽性好、交通便利、节约土地等优点。

图 2-16　储藏空间

2.4　海洋能源

海洋能源通常指海洋中特有的依附于海水的可再生能源，包括潮汐能、波浪能、海流能、海水温度能和盐度差能。海洋能在一定条件下可以转化为电能和机械能，因此是具有开发价值的能源。海洋能分布广，蕴藏量巨大，是越来越受到重视的新能源，越来越多的国家开始建立开发利用海洋能的规划。海洋能按储存形式可以分为机械能、热能和化学能。

2.4.1　海洋机械能

海洋机械能主要指潮汐、潮流、海流和波浪运动所具有的能量。

潮汐能就是潮汐运动时产生的能量，是人类最早利用的海洋动力资源。我国唐朝时期沿海地区就出现了利用潮汐来推磨的小作坊。后来，到了11世纪至12世纪，法国、英国等国家也出现了潮汐磨坊。到了20世纪，潮汐能的魅力达到了高峰，人们开始懂得利用海水上涨下落的潮差能来发电。据估计，全世界的海洋潮汐能约有二十亿千瓦，每年可发电12 400万亿千瓦时。今天，世界上第一个也是最大的潮汐发电厂就处于法国的英吉利海峡的朗斯河河口，年供电量达5.44亿千瓦时。一些专家断言，未来无污染的廉价能源是永恒的潮汐。而另一些专家则着眼于普遍存在的、浮泛在全球潮汐之上的波浪。

波浪能主要是由风的作用引起的海水沿水平方向周期性运动而产生的能量。波浪能是巨大的，一个巨浪就可以把13吨重的岩石抛出20米高，一个波高5米，波长100米的海浪，在一米长的波峰片上就具有3 120千瓦的能量，由此可以想象整个海洋的波浪所具有的能量该是多么惊人。据计算，全球海洋的波浪能达700亿千瓦，可供开发利用的为20亿~30亿千瓦，每年发电量可达9万亿千瓦时（图2-17）。

图2-17 海洋波浪能发电

除了潮汐与波浪能，海流也可以作出贡献，由于海流遍布大洋，纵横交错，川流不息，所以它们蕴藏的能量也是可观的。例如世界上最大的暖流——墨西哥洋流，在流经北欧时每年为1厘米长海岸线上提供的热量大约相当于燃烧600吨煤的热量。据估算世界上可利用的海流能约为0.5亿千瓦。而且利用海流发电并不复杂。因此要海流做出贡献还是有利可图的事业，当然也是冒险的事业。

2.4.2 海洋热能

海洋热能是指由太阳辐射产生的表层和深层海水之间的温差所蕴藏的能量。由于水是一种比热容量很大的物质，海洋的体积又如此之大，所以海水容纳的热量是巨大的。这些热能主要来自太阳辐射，另外还有地球内部向海水放出的热量、海水中放射性物质的放热、海流摩擦产生的热以及其他天体的辐射能，但99.99%来自太阳辐射。因此，海水热能随着海域位置的不同而差别较大。海洋热能是电能的来源之一，可转换20亿千瓦电能（图2-18）。但1881年法国科学家德尔松石首次大胆提出海水发电的设想竟被埋没了近半个世纪，直到1926年，他的学生克劳德才实现了老师的夙愿。

图 2-18　海洋热能发电

2.4.3　海洋化学能

　　海洋化学能是指流入海洋的江河淡水与海水之间的盐度差所蕴含的能量。全世界可利用的盐度差能约 26 亿千瓦，其能量甚至比温差能还要大。盐差能发电原理实际上是利用浓溶液扩散到稀溶液中释放出的能量。盐差能的利用主要是发电（图 2-19）。其基本方式是将不同盐浓度的海水之间的化学电位差能转换成水的势能，再利用水轮机发电。具体主要有渗透压式、蒸汽压式和机械—化学式等，其中渗透压式方案最受重视。我国海域辽阔，海岸线漫长，入海的江河众多，入海的径流量巨大，在沿岸各江河入海口附近蕴藏着丰富的盐差能资源。据统计，我国沿岸全部江河多年平均入海径流量约为 $1.7×10^{12}$～$1.8×10^{12}$ 立方米，各主要江河的年入海径流量约为 $1.5×10^{12}$～$1.6×10^{12}$ 立方米，据计算，我国沿岸盐差能资源蕴藏量约为 $3.9×10^{15}$ 千焦耳，理论功率约为 $1.25×10^{8}$ 千瓦。

图 2-19　海洋盐差能发电

2.5 海水资源及其化学资源

海水资源主要是指海洋中体量巨大的主体水以及水中所含有的各类化学元素。浩瀚的海洋是一个巨大的宝库，海水就是一项取用不尽的资源，它不仅有航运交通之利，而且经过淡化就能大量供给工业用水。海水总体积约有 137 亿立方千米，已知其中含有 80 多种元素，可供提取利用的有 50 多种。海水资源分为两大类，即海水中的水资源和海水中的化学元素资源。

2.5.1 海水中的水资源

我国现阶段属于严重缺水国家，很大一部分城市都处于缺水，甚至是严重缺水状态。海洋是大自然赐予我们的巨大财富，在今天这样的时刻，我们不得不求助于大海，因此，利用海水来为人类服务就成为一条必由之路。就目前的技术来看，海水中的水资源开发主要有两种方式：海水直接利用（工业用水、大生活用水和农业灌溉用水）和海水淡化利用。海水淡化是海水利用发展的最终目标。

海水直接利用的方面多，用水量大，在缓解沿海城市缺水中占有重要地位。在发达国家，海水冷却广泛用在沿海电力、冶金、化工、石油、煤炭、建材、纺织、船舶、食品、医药等工业领域。日本和欧洲每年利用海水达 3 000 亿立方米，而目前我国仅利用 100 多亿立方米。如果把海水用在工业中当冷却水、冲洗水、稀释水等以及居民的冲厕用水（约占居民生活用水的 35%），对缓解沿海城市缺水问题将起重大作用。海水直接利用的技术包括：海水直流冷却技术，已有 80 年应用史，是目前工业应用的主流；海水循环冷却技术，我国尚处研究阶段；海水冲洗技术等。与海水直接利用的有关重要技术，还包括耐腐蚀材料、防腐涂层、阴极保护、防生物附着、防漏渗、杀菌、冷却塔技术等。

海水淡化在推进海水利用中地位重要（图 2 - 20）。沿海工业利用淡化海水虽然量少，但是性质重要，目前全国通过利用淡化海水，每年就能节省约 400 万立方米陆地水，对保证沿海工业生产的需要和居民生活用水发挥了重大作用。我们应当积极推进沿海工业的海水淡化，支持用途广泛、竞争力强的海水反渗透淡化技术在电厂和其他工业中的推广应用；支持低温多效淡化装置示范工程建设；支持海水淡化与热电结合促进沿海居民饮用水的海水淡化的应用；支持海水淡化与综合利用结合，利用大型海水淡化厂排出的大量浓缩海水，积极发展海水化学物质提取产业；加大海水淡化技术装备（高性能膜组件、低温多效的铝合金管等）的国产化。

图 2-20 海水淡化设备

2.5.2 海水中的化学资源

海水中含有大量化学物质,其中以卤素的含量最为丰富。同时,海水中有很多十分有价值的矿藏。比如海水中铀的含量就十分惊人。据调查,全球海水中所含有的铀,对于人类现阶段来说可以说是"取之不尽,用之不竭"了。可见,加强对海水的利用,不但可以解决我们的用水问题,连能源问题也会得到解决。海水中化学物质提取是有无限前景的新兴产业。溶解于海水的 3.5% 的矿物质是自然界给予人类的巨大财富。不少发达国家已在这方面获取了很大利益。我国对海水化学元素的提取,目前形成规模的有钾、镁、溴、氯、钠、硫酸盐等。但除氯化钠是从海水中直接提取的以外,其他元素仅限于从地下卤水和盐田苦卤的提取,而且,资源综合利用工艺流程落后,产品质量与国际有一定差距,急需技术更新和设备改造。

2.6 海底矿产资源

海底矿产资源通常是指目前处于海洋环境下的除海水资源以外的矿物资源,对那些过去是在海洋环境下形成的、现在已经是陆地组成部分的矿物资源,原则上应归属于陆地矿产资源。海底矿产资源包括埋藏于海底表层沉积物和海底岩层中的矿藏。前者包括海滨的砂矿、大洋锰结核、海底钴结核、石灰贝壳、磷钙石、海绿石、重晶石结核、砂、砾石、珊瑚等;后者包括海洋石油和天然气,海底煤矿、铁矿、重晶石、锡矿、硫矿、岩盐、钾盐、地热等。目前以海洋石油和天然气最重要,其产值约占整个海底矿产资源开发产值的

90％以上。

2.6.1 油气资源

海底石油和天然气,是有机物在缺氧的地层深处和一定温度、压力环境下,通过石油菌、硫磺菌等分解作用而逐渐形成,并在圈闭构造中聚集和保存。规模巨大的海底油气田,常常与大陆沿岸区年轻沉积盆地内的大型油田有联系,在地质史上同属于一个沉积盆地或是其延伸部分。我国近海海域广阔的大陆架是大陆延伸至浅海的部分,它们既有长期的陆地湖泊环境,又有长期的浅海环境,接受了大量的有机物和泥沙沉积,形成了数千米至万米厚的沉积层,其油气资源之丰富,在世界上也是不多见的。经调查,我国近海海域共发现18个中新生代沉积盆地,总面积约 $130×10^4$ 平方千米,其中近海大陆架上已发现的含油气沉积盆地9个,面积 $90×10^4$ 平方千米,较深海区已发现的含油气沉积盆地9个,面积 $40×10^4$ 平方千米。石油资源量约 $500×10^8$ 吨,天然气资源约 $22.3×10^{12}$ 立方米。主要包括:渤海油气盆地、南黄海油气盆地、东海含油气盆地、珠江口油气盆地、莺歌海含油气盆地、北部湾含油气盆地、台湾浅滩盆地及深海区含油气盆地。

2.6.2 滨海矿砂

滨海砂矿是海滩上陆源碎屑经过机械沉积分选作用富集而成的。滨海砂矿一般位于海平面以上的海滩或水下岸坡上。较老的砂矿受地壳运动或海平面升降的影响,构成阶地砂矿或海底砂矿,滨海砂矿的矿体常呈条带状,沿着海滩延伸数十千米,甚至数百千米。我国海岸线漫长,入海河流携带的含矿物质多,东部地区因经受多次地壳运动,岩浆活动频繁,形成了丰富的金属和非金属矿藏。这些含矿的岩石风化后的碎屑就近入海,在海流、潮流作用下,于海岸带沉积形成矿种多、资源丰富的砂矿带。滨海砂矿经济价值明显,一些在工业、国防和高科技产业上有着重要意义的矿藏即来源于滨海砂矿。已探明具有工业储量的滨海砂矿有:锆石、独居石、锡石、钛铁矿、磷钇矿、金红石、磁铁矿、铬铁矿、铌铁矿、钽铁矿、砂金、金刚石和石英砂等13种。已探明重要矿产地90多处,各种矿床200多个。

3 海洋景观与现代生活

3.1 海洋景观——现代休闲旅游的好载体

3.1.1 休闲旅游

休闲旅游，是一种以现有的旅游资源为基础，以休闲、娱乐和休息作为目的，从职业工作生活中完全脱离出来，离开自己的居住地，以自己喜爱的活动方式完全投入到修养、度假等状态，在轻松、愉悦、自由的环境中达到减轻工作压力、消除身心疲惫、修身养性，创造新生活的目的[①]。它区别于以开阔眼界、观看世界为目的的传统旅游，重点突出"休闲"一词，修身养性、使得身心完全放松，是休闲旅游的基本要求。而且休闲旅游与其他旅游方式相比较具有目的地重复、逗留时间短、层次丰富等特点，对于非节假日的周末，外出旅游时间较为仓促，可以采取自驾的方式携带家人到城市郊外开展一系列诸如野炊、踏青、游玩等休闲娱乐活动，还可以选择到附近的海滩游泳、躺在舒适的沙滩上，置身于温煦的阳光下，有家人的陪伴和欢闹，使身心得到放松和调整，同时也能够使人获得感官上的满足。正因为休闲旅游的受众广泛、形式便捷、费用适宜、气氛轻松，成为当今社会旅游业发展过程中的一种如火如荼的新兴旅游方式，也是目前中国旅游消费的主流。休闲旅游兴起于机器和科技的广泛应用，人们从漫长的劳动时间中得到解脱，工作缩短，空闲时间增多，人们对于精神层面发展的需求增多[②]。旅游具有时间性和季节性的特点，国家目前推出一系列节假日制度，这些都为休闲旅游的发展提供了良好的契机，大部分家庭和工薪阶级将休闲旅游作为外出旅游的主要选择，并且《全民休闲旅游计划》的制定和推行，极大地改变人们传统的旅游需求，强调旅游过程中精神的享受和人生境界的提高，在更高层次上赋予休闲旅游新的意义，企事业单位推出的一纱列带薪旅游、奖励旅游等举措也在无形之中推动了休闲旅游的跨越式发展，因此，休闲旅游代表了当今社会旅游行业发展的要求和趋势。

---

① 张洪森. 青岛市休闲旅游发展研究 [D]. 青岛：中国海洋大学，2013.
② 刘海龙，张玉. 谈我国休闲旅游的发展 [J]. 旅游管理研究，2017（2）：91-93.

3.1.2　海洋景观与休闲旅游

3.1.2.1　丰富多彩的海洋景观

地球表面积为 51 000 万平方千米，其中海洋面积占 70.8%，高达 36 100 万平方千米，剩余 14 900 万平方千米为陆地面积，仅为海洋面积的 2/5，所以"陆地的尽头是海洋"这种说法毋庸置疑，太空中遥望的地球之所以有蔚蓝色星球之美誉，得益于一望无垠的海洋。浩瀚的海洋中也潜藏着多姿多彩、内蕴丰富的海洋景观，色彩斑斓、诡秘莫测的海底世界，五光十色、千姿百态的海洋生物，金光闪闪、美轮美奂的海滩，历经千年沧桑、见证历史的海洋文物遗址，红墙绿瓦、与海天浑然一体的海洋建筑，光怪陆离、千奇百怪的神话传说，大自然的鬼斧神工、人类的巧夺天工以及藏匿在蓝色深处的故事，共同打造了丰富多彩的海洋自然景色和海洋人文风光。

海洋自然景观是点缀蔚蓝大海最耀眼的一道风景线，它是大自然赋予海洋的真实美，轮廓分明或形态各异都是浑然天成，鲜少有人工修饰的痕迹，海洋自然景观大多以气势磅礴、惟妙惟肖著称，如：多姿多彩的海岸地貌、栩栩如生的海蚀雕像、如同仙山楼阁般缥缈的海岛。世界海岸带曲折漫长、海区地质地貌复杂，形成了海岸景观（包括海湾、沿海山岳、海蚀景观、沙滩景观）、海岛景观、海洋生物景观、海底景观、水下山岳景观等海洋自然景观。海洋人文景观是人类将其智慧延伸到海洋区域，在开发利用海洋资源过程中形成的劳动和智慧的结晶。这个过程中所创造的财富既包括有形的财富，它具有直接的经济、社会、审美价值，如历史遗址遗迹、沿海建筑等；也包括海洋民俗、涉海神话传说等以精神支柱的形式渗透在沿海居民心中，并逐渐成为促进沿海地区经济、社会发展等的无形财富，海洋人文景观与海洋文化历史有着密切联系。

3.1.2.2　海洋景观为休闲旅游提供新的发展空间

海洋景观资源是海洋休闲旅游发展的基础。我国是世界海洋大国，海岸线漫长，丰富多彩的海洋自然景观和人文景观为休闲旅游提供了得天独厚的资源禀赋，我国大部分沿海省份和城市诸如辽宁、青岛、浙江、海南等都具有优越的自然景观，海洋休闲旅游有着巨大的开发潜力。海洋自然景观应用于休闲旅游可分为两大类：一类是沿海地质地貌、海蚀景观以及海洋生态景观等，这类自然景观可称为天然雕饰类海洋自然景观。沿海地质地貌、海蚀景观虽然在休闲旅游中仅具有原汁原味的欣赏功能，但其生动形象令人心驰神往，不得不叹服大自然的杰作。站在海岸边观看层峦叠嶂的地层、代表时代变迁的层次分明的沉积物以及隐含其中的化石成分，可寻找海岸沧桑变化的证据。节假日攀登沿海山脉，远眺山水相接之美景，站在高耸入云的山顶，俯视悬崖峭壁与海浪碰撞掀起的层层浪花，遥看河流挂于崖壁之上、俯冲直下形成一泻千里的瀑布，观赏如此大势磅礴、蔚为壮观的景象，让人不禁在轻松的休闲旅游途中多了几分昂扬奋进的斗志。海洋生态景观中最具有休闲旅游欣赏价值的莫过于红树林与珊瑚礁生态景观，其中，红树林属于稀少的木本常绿植物群落，大多盛产于广东、广西、台湾、海南岛等热带、亚热带省份的海湾、河口滩涂，其形态婀娜多姿，在潮起潮落中时隐时现，景观变幻莫测，具有很高的欣赏价值，此外，红树林还能够控制海岸侵蚀、保持水土和保护生物多样性，是生态休闲旅游和科研教育的好去处。另一类海洋自然景观应用于休闲旅游的途径主要与当地的地理环境与人文风情相结合，形成本地区独具地域色彩的海洋自然景观，展示海洋自然景观的丰富性和多样性。如青岛的浮山湾与奥运元素相结合，打造帆船海湾，并且借助奥帆中心、八大关、五四广场等景点，吸引国内外游客至此休闲度假，因此成就了青岛"帆船之都"的美誉。崂山凭借其气候条件的优势，大力修建道观庙宇，发展将当地海鲜与农家乐融为一体的农家宴，使其成为国内的避暑胜地。此外，各沿海地区沙滩景观中的海水浴场成为人们夏季休闲旅游的最佳消暑去处，同时沙滩马拉松、沙滩排球、沙滩创作等沙滩运动的发展极大地扩展了人们的休闲旅游方式，由以往单调的日光浴和游泳向竞技、休闲、娱乐的方向逐渐演化。海岛养生度假区的建立使人们远离现代生活与工作的喧嚣与烦恼，在清新的空气、原生态的环境和慢节奏的生活方式中享受怡然自得的休闲旅游乐趣。

海洋人文景观应用于休闲旅游也大致分为两种情况。一种是沿海建筑、海洋博物馆、海洋主题公园、跨海大桥、海洋遗址遗迹等有形的海洋文化景观在休闲旅游中的应用，主要是根据地域特色挖掘其中的文化元素，通过地区建筑、雕塑、文化娱乐设施、绿化形式与格局等来增加其文化含量，吸引国内外游客前来观赏和游玩，不仅可以给当地带来可观的经济收益，而且还能提高人们物质环境的档次。还有另一类海洋人文景观如海洋民俗、涉海神话传说等无形的财富，不仅具有重要的认识和教育价值，而且有助于展现和传播中华民族的文化，它们记录了海洋历史的相关信息，具有极高的历史价值，其所蕴含的包容、拼搏等海洋精神使民众在欣赏海洋景观的过程中受到潜移默化的影响，有助于崇高的社会道德风尚和优良的社会习俗的培育与形成。目前，国内很多环境优美、具有较高旅游价值的海洋文化景观已被国家评为风景名胜区和不同级别的景区，青岛、大连、烟台等具有丰富海洋人文景观资源的沿海城市已被评为优秀旅游城市。

3.1.3 海洋旅游是海洋经济发展的重要组成部分

《全国海洋经济发展"十二五"规划》的制定将发展海洋经济提升到国家

战略的高度，沿海各省市将发展海洋经济作为社会经济发展的重要途径，纷纷因地制宜制定海洋经济发展规划，海洋经济发展呈现出良好的态势，2016 年全国海洋生产总值突破 7 万亿元，达 70 507 亿元，比上年增长 6.8%。滨海旅游业是以海洋景观资源为依托，以休闲、娱乐和休息为目的而开展的旅游经营和服务活动①。我国地域辽阔，全国 23 个省市中有一半属于沿海省份，拥有岛屿 5 000 多个，南北纵跨近 40 个纬度，兼具热带、亚热带、暖温带和温带等海上景致和海洋风光，海洋旅游资源非常丰富，大连、青岛、厦门、珠海等海滨城市一直是人们出行的热点，特别是每逢酷暑盛夏，更是游人如织。据统计，2016 年我国滨海旅游业全年实现增加值 12 047 亿元，占主要海洋产业增加值的 42.1%，远远高于海洋渔业、海洋油气开发等传统海洋产业对于海洋经济的贡献，成为海洋经济发展的主体。目前，国家海洋局和相关部门也出台了一系列促进滨海旅游业发展的规划，如《全国海洋经济发展"十三五"规划》提出利用滨海优质景观资源，发展集观光、度假、休闲、娱乐、海上运动为一体的海洋旅游，大力发展海洋旅游产业，使其成为海洋经济发展的有力引擎，从而带动海洋经济的整体发展；《国务院关于进一步促进旅游投资和消费的若干意见》中指出要鼓励社会资本大力开发温泉、滑雪、滨海、海岛、山地、养生等休闲度假旅游产品，开发旅游项目。海洋旅游业作为第三产业，随着走向大海、亲近大海的"滨海旅游热"不断升温，其蓬勃发展必然会引领新一轮海洋旅游经济的转型升级。

海洋旅游在促进海洋经济发展的同时，也产生一系列的连锁反应，为提供旅游产品和服务的其他行业带来了新的消费需求，从而刺激其他行业的发展。例如，旅游外出需要乘坐各种交通工具，能为交通运输业带来不错的收益；酒店住宿、餐饮娱乐、旅途过程中购买海产品和纪念品也能够为商家带来可观的收入。另一方面，沿海地区将发展海洋旅游作为经济发展新的增长极，海洋旅游业的发展为旅游目的地的沿海居民提供了新的就业和创业机会，有助于维持区域内社会秩序稳定和促进社会经济发展。

3.2　海洋景观的开发与应用领域

海洋景观的开发与应用领域集中在海洋自然景观、海洋人文景观两个方面。

海洋自然景观是指具有观光、休闲、娱乐、游览价值的海洋天然景观，我

---

①　罗曦光，李新华，李好.《我国滨海体育旅游发展研究——以广东省为例》[J]．河北体育学院学报，2013 (6)：15-19.

国的海洋自然景观资源丰富，种类多样，主要包括海岸景观（包括海湾景观、沿海山岳、海蚀景观、沙滩景观）、海岛景观、海洋生态景观、海底景观、水下山岳景观等。海洋自然景观的开发与应用已成为海洋休闲旅游的重要环节，我国大部分海滨城市都分布有别具一格的海洋自然景观，在海洋自然景观的开发与应用过程中，可根据人们旅游体验的多样化需求加入一些文化元素，打造独具本地特色的海洋旅游自然景观。

海洋人文景观是指由人类创造的具有观光、休闲、娱乐、游览价值的海洋景物和遗迹。沿海建筑、海洋博物馆、海洋主题公园、跨海大桥以及海洋遗址遗迹等有形的海洋人文景观在休闲旅游中的应用主要是根据地域特色挖掘其中的文化元素，通过地区建筑、雕塑、文化娱乐设施等来提高其文化含量，吸引国内外游客前来观赏和游玩；海洋民俗、涉海神话传说等无形的海洋人文景观具有极高的历史价值，其所蕴含的包容、拼搏等海洋精神使民众在欣赏海洋景观的过程中受到潜移默化的影响，有助于崇高的社会道德风尚和优良的社会习俗的培育与形成。因海洋人文景观具有独特的历史价值和教育意义，在海洋人文景观的开发与应用过程中要注重景观的保护和传承。海洋人文景观具有极强的区域性，代表每一沿海地区的风土人情和宗教信仰，各地区要加大对于海洋人文景观保护资金的投入力度，加强景观保护宣传力度，以区域海洋人文景观中所蕴含的特有的文化因素来吸引游客、优化投资环境和经济发展环境，将文化资源优势转化为经济优势，从而形成良性循环的海洋人文景观开发①。

随着海洋旅游对人们的吸引程度渐趋增长，人们对于海洋景观资源的开发提出越来越高的要求，海洋旅游产品呈现出丰富多彩、层出不穷的多元化发展趋势。我国有着广阔的海域、多样的海洋自然风光和深厚的海洋文化底蕴，目前，国内大部分沿海城市和地区都依据自身实际，积极利用当地丰富的海洋资源优势提出相应的海洋景观打造规划，开发各具特色的海洋休闲旅游资源。

3.3　海洋自然景观的开发与应用

3.3.1　海岸景观的开发与应用

海岸是陆地和海洋的边缘，是液态物质和固态物质的特殊交界地带。受地壳运动、构造运动、海面升降、地质地貌、生物、大气、海洋动力等地球内外力作用以及陆地与海洋的相互交融，造就了海岸地貌形态复杂各异、海岸景观奇特的海滨风景资源。海岸带蕴藏的丰富多彩的海滨风景资源为人类发展滨海

---

① 金玉婷，张琳娴. 浙江海洋文化景观评价方法研究 ［J］. 景观环境，2011 (3)：80－84.

旅游经济提供了重要的经济资源①。在现代生活中，对海岸景观的开发与应用主要集中在海湾景观、沿海山岳、海蚀景观和沙滩景观等几个方面。

3.3.1.1 海湾景观的开发与应用

（1）海湾景观简介

海湾是深入陆地形成明显水曲的海域，湾口两个对应岬角的连线是海湾与外海的分界线。在全世界范围内，海湾的数量非常多，大多分布在亚、欧、北美三大洲的周围。而我国地处亚洲东部、濒临太平洋，漫长的海岸广布着类型繁多、大小不同的海湾 200 多个。其中以浙江和福建沿岸海湾的分布数量最多，山东和广东沿岸海湾的分布数量较多，辽宁、广西、海南和台湾沿岸海湾的分布数量较少，而河北、天津、江苏、上海等沿岸海湾的分布数量则很少。

世界上有很多漂亮的海湾，其景观各具特色，由于海湾处于陆地和海洋之交的纽带部分，且风景秀丽，开发环境优越。目前，比较知名的海湾都已经被开发利用，除了常规的景观开发以外，还注重了度假公寓、购物区等配套设施的建设，成为都市人摆脱工作压力，让身心回归自然，彻底放松的理想场所，是发展休闲旅游业的重要基地。如泰国玛雅湾位于大皮皮岛以南 2 千米的小皮皮岛的西南部，三面环绕着高达百米的绝壁，气势非凡，景色壮丽，因 1999 年李奥纳多主演的电影《海滩》在此取景而声名大振，成为皮皮岛上最著名的景点之一；新西兰第二大海湾——金海湾，位于塔斯曼海和库克海峡交汇处边缘，它从北部的送别角至南部的艾贝尔塔斯曼国家公园，绵延 45 千米，现仍保持着古朴的状态，景色非常秀美，以海上日落闻名于世；芬迪湾位于大西洋海岸，位于加拿大的两个海洋省新不伦端克和新斯科舍省之间，因潮差经常改变海湾的形状而著名，这里有世界上涨潮和退潮的最大落差，潮差超过 16 米，其中位于新不伦端克的 Hopewell Rocks 在退潮时会露出来，岩石被海水打磨成神奇的形状；香港浅水湾号称"天下第一湾"，也有"东方夏威夷"之美誉，依山傍海，海湾呈新月形，坡缓滩长，波平浪静，水清沙细，沙滩宽阔洁净而水浅，且冬暖夏凉，深受游泳人士和旅游观光人士的欢迎，浅水湾附近还建立了别墅式酒店，这些别墅式酒店依山而建，外墙呈波浪式曲线型，把四幢不同高度的楼宇连成一体，用耀眼的粉蓝与橙色配衬，构成了鲜明的热带风情，建筑物中空的造型设计，使大厦外观极具透视感，充满创意。

（2）海湾景观的开发与应用实例——青岛浮山湾、香港维多利亚港

① 青岛浮山湾

海湾这种自然景观不但有着优美的弧线、荡漾开来的静态自然美，还具有波浪汹涌的之动态美，在开发运用过程中大多被当作是现代帆船比赛和海上运

---

① 陈林生，李欣，高健．海洋经济导论［M］．上海：上海财经大学出版社，2013：98.

动基地。青岛有"世界最美海湾"之殊荣，作为 2008 年奥运会帆船比赛主赛场的青岛浮山湾（图 3-1），是海湾在现代生活中开发与应用的典型。

图 3-1　青岛浮山湾

浮山湾位于青岛市的南海岸，由东端岬角的太平湾和西端岬角的燕儿岛两部分环绕而成，整个海岸线绵延 7 千米，该景观带西部因太平角海岬沉积作用形成了细软的海滩，东部海岸因海蚀作用，岩礁峭壁如刀削斧劈，浪激水湍，每逢秋季大潮，惊涛骇浪拍打岸堤，巨浪滔天，煞是壮观。此外，浮山湾四周有著名的奥帆中心、八大关、五四广场等旅游建筑配套设施将其围绕，自然的海滨风光和现代化的城市建筑相媲美，每年都吸引着大批国内外游客络绎而至，与大海进行亲密接触，享受帆船、冲浪、海上游艇等刺激好玩、富有活力的运动。2008 年北京奥运会的水上帆船运动项目的赛场就设在浮山湾，帆船游弋、帆板腾跃，浮山湾奥帆会的成功举办更为浮山湾留下一笔丰富的奥运会文化遗产。近年来，青岛积极打造"帆船之都"的新名片，一些重大国际帆船大赛陆续登陆青岛，为青岛市民参与和了解帆船运动提供了更多的平台和机会；同时，设置奥帆科普教育基地，向前来参观的游客宣传和教授奥帆知识；青岛市政府还注重向青少年普及帆船知识，大力开展"帆船进校园"活动，建立了校、区、市三级帆船队和上百所帆船学校，为开展国际青少年帆船运动交流打下了良好的基础，目前共有上万名青少年积极参与到帆船训练营[①]。每年的春末夏初，浮山湾畔都会聚集大批喜爱帆船航海运动的民众，蔚蓝的海面上

① 韩海燕，杜永健."全民航海时代"的到来 ［J］. 走向世界，2013（25）：36-37.

帆影点点，百舸争流。

②香港维多利亚港

香港这座海港城市素有"东方明珠"的美称，地理位置优越，共有 15 处天然良港，其中便有闻名中外的维多利亚港湾（图 3-2）。

图 3-2　香港维多利亚港湾

维多利亚港湾地处香港岛与九龙半岛之间，港阔水深，自然条件得天独厚，可以停泊远洋巨轮，而且维多利亚港湾的夜景是世界其他地区无法媲美的。由于地理位置原因，市民对港九之间便利交通的需求日益强烈，加强维多利亚港配套交通设施的建设成为当务之急，目前该港湾已建设有多条海底隧道和地下铁路，香港政府加大对于轮渡事业的支持，另外也有一些轮渡服务有限公司提供往返维多利亚港至澳门及广东省珠三角等地的轮渡服务①。维多利亚港内还设有多个人工港湾与避风塘，供船只躲避热带气旋的侵袭和提供停泊服务，也为一些游览维多利亚港和香港的离岛船艇提供娱乐设施以及餐饮服务。其中，铜锣湾避风塘以海鲜料理为主的菜最为著名，辛辣和味浓特色的避风塘炒蟹更是无与伦比的地道美食，成为到香港休闲旅游者的必经和驻足之地。

3.3.1.2　沿海山岳的开发与应用

（1）沿海山岳简介

正所谓："山无海不险，海无山不奇"。山海辉映，气象非凡；山海相连，显得更加秀丽雄伟。山海相连，山光海色，正是滨海山岳景观的特色。我国滨海山岳自然景观众多，主要有辽宁大孤山，河北的东联峰山、碣石山，山东的

---

① 李湘回. 维多利亚港概况 ［J］. 中国水运，2011 (11)：28-30.

文峰山、昆嵛山、崂山，江苏的云台山、狼山，浙江的普陀山、鼓山、科山、清源山、洪济山、南太武山、广东的莲花山、白云山、圭峰山、东山岭，广西的冠头岭等①。这些山岳自然景观与滨海岸段、海域地貌匹配形成独特的山海特色旅游资源，以山兼海之胜，风光独特，极具吸引力。如与四川峨眉山、山西五台山、安徽九华山并称为中国四大佛教名山的舟山普陀山，位于浙江杭州湾南缘、舟山群岛东部海域，它既有悠久的佛教文化，又有秀美的山海风光和宜人的气候，以其神奇、神圣、神秘成为驰誉中外的旅游胜地，是我国首批国家重点风景名胜区和国家5A级旅游景区，素有"海天佛国""南海圣境"之称，每年的农历二月十九、六月十九、九月十九是观音香会、朝圣盛典，海内外香游客摩肩接踵、蜂拥而至。

（2）沿海山岳的开发与应用实例——青岛崂山

我国著名的避暑胜地被概括为"一庄一河十四山"，其中最为著名的莫过于享有"海上第一名山"美誉的青岛崂山（图3-3）。

图3-3　青岛崂山

崂山位于青岛东部，脚踏黄海，背靠陆地，构成典型的山体海岸，海拔1 132.7米，是中国海岸线第一高峰②。崂山虽然处于季风气候区，但因靠近海洋，具有秋暖、冬温、夏凉、昼夜温差小等海洋性气候特点，加之地形复杂，东部山区降水较多，空气湿润，小气候区明显。除了在气候宜人、环境优雅方面优势突出外，崂山濒临海滨浴场是炎热夏季人们逃离都市的喧嚣、摆脱酷热的煎熬，享受清凉、舒爽的自然环境的休闲旅游去处。崂山是道教发祥地之一，历经千年开发，有着丰富的人文景观、道教文化和佛教文化的传入，使崂山形成气势恢宏的"九宫八观七十二庵"庙宇群，共有古文化遗址、古城、古

①　张广海.我国滨海旅游资源开发与管理［M］.北京：海洋出版社，2013：64.

②　金生.青岛崂山——亿万年精雕细琢的秀丽景色［J］.资源导刊·地质旅游版，2014（10）：58-63.

楼堂、书院、古墓等近 40 处古文物遗迹，独具历史文化魅力。此外，崂山地区还建设了由仰口国际旅游度假村、流清河旅游度假村、北九水旅游度假村构成的崂山度假村，该度假村以别墅式农家院风格建筑为主，崂山农家宴以农家菜、海鲜和各种山野海味为一体，最能体现崂山当地旅游饮食的文化特色。其中，农家菜以当地老百姓在山上采摘的山野菜、土特产为主，随着游客对旅游体验的多样化需求的增长，崂山度假村还设置了海上垂钓、海水浴场、沙滩烧烤、篝火晚会、茶园采摘等丰富多彩的农家乐娱乐项目。"海上有仙山"，崂山以其神秘、神圣的自然景观、丰富的人文历史内涵以及舒适的休闲度假村而驰誉中外，成为人们消夏避暑、休闲度假的理想选择之一，每年都吸引着世界各地游客纷至沓来。

3.3.1.3 海蚀景观的开发与应用

（1）海蚀景观简介

海蚀景观是指由海浪侵蚀所造成的各种姿态奇特、景色美丽的海滩侵蚀地貌，是一种极其普遍而又独特的海滩风光。常见的海蚀景观有海蚀崖、海蚀平台、海蚀洞、海蚀拱桥、海蚀柱和海蚀窗等。其中，海蚀崖是海岸受海浪冲蚀，并伴随产生崩塌而形成的一种向海的悬崖峭壁，主要见于坚硬的基岩组成的海岸。海蚀平台是指海蚀崖前形成的基岩平坦台地。海蚀洞是海岸受波浪及其挟带的岩屑的冲蚀和掏蚀所形成的面向海方的凹穴，其深度大者称为海蚀洞或海蚀穴。当波浪从两侧打击突出的岬角时，可在其两侧形成海蚀洞，海蚀洞经长期侵蚀后可互相贯通，形成海蚀拱桥。海蚀柱是基岩海岸上的一种海蚀地貌，它的形成方式主要有两种：一是当基岩海岸的岬角被海侵蚀而逐渐后退时，其中较坚硬的蚀余岩体残留在海蚀形成的岩滩上形成"海蚀柱"；二是当海蚀拱桥进一步受到海浪侵蚀，顶板的岩体坍陷，残留的岩体与海岸分隔开来后峭然挺拔于岩滩之上形成"海蚀柱"。海蚀窗是基岩港湾海岸常见的，从海蚀崖上部地面穿通岩层直抵海水的一种近乎竖直的洞穴。

全球各地有众多形态各异、陡峭秀丽、精巧壮观的海蚀景观，构成了地球的奇观异景，美不胜收，带给我们一场视觉的盛宴，让人大饱眼福。如位于爱尔兰西海岸的莫赫悬崖是欧洲最高的悬崖，它是由地壳变动和大西洋骇浪惊涛无数年冲击而成的海蚀崖，险峻笔直的悬崖断层鳞次栉比，是大自然令人叹为观止的鬼斧神工。悬崖面向浩瀚无际的大西洋，其最高点高出大西洋海平面214 米，悬崖沿着爱尔兰西海岸绵延 8 千米，以奇险闻名，有许多电影在这里取景，包括《哈利波特与混血王子》，是游客欣赏海蚀景观的最佳选择之一。新西兰教堂湾无疑是世界上最美的天然海蚀拱桥，坐落于奇幻的科罗曼德半岛上。教堂湾得名于其庞大的"身躯"与神秘的氛围。海水的长期侵蚀，使得岩壁形成了天主教堂似的拱形，在雾气萦绕的清晨更加显得似真似幻。为了保护这处无与伦比的自然景观，新西兰政府下达了汽车禁行令，游客们只能通过步行、皮划艇或小船到达教堂湾。海蚀拱桥是连接教堂湾海洋保护区两侧海湾的"桥梁"，为跳水者和潜水者们提供了雄伟壮观的海景与丰富多彩的海底世界。

在我国，海蚀这种海岸地貌主要分布在辽宁半岛南端，山海关至葫芦岛一带及山东半岛、浙江、福建一带，多属以基岩为主的山地丘陵。如北起大连、南至海南岛鹿回头和广西涠洲岛等海蚀崖；广西北海市冠头岭海滨胜地，其南海蚀崖下有宽达 80 米的海蚀平台；浙江普陀山的潮音洞、梵音洞等海蚀洞；锦州笔架山朱家口村的海蚀拱桥；大连的黑石礁、北戴河的鹰角石，山东烟墩及青岛石老人等海蚀柱。这些独特的海岸海蚀地貌皆为大自然雕琢而成的天然艺术品，千姿百态，惟妙惟肖，成为游人观海和拍摄海岸美景的休闲游览胜地。

（2）海蚀景观的开发与应用实例——烟台芝罘岛

海蚀景观大多以其原生态的自然面貌供世人观赏，但有些海蚀景观因其独特的地貌和利用价值在现代生活中被开发打造成旅游保护区，烟台的芝罘岛就是典型例子（图 3-4）。

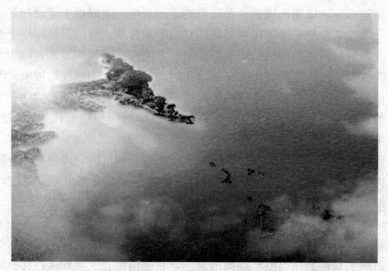

图 3-4　烟台芝罘岛

芝罘岛位于山东省烟台市芝罘区陆地北端，三面环海一径南通，是我国最大、世界最典型的陆连岛。从整个地形看，芝罘岛是烟台港湾的一道天然的防波堤，因地形宛若一棵灵芝草生长在碧波万顷的黄海之中而得其名。芝罘岛风光绮丽，自然环境条件与资源条件得天独厚。北部浅海岩礁发育，峻崖峭壁，最高达百米，分布有海蚀崖、海蚀洞和海蚀柱，怪石嶙峋，千姿百态。其中，"石婆婆"是芝罘岛最为著名的海蚀柱，离岸约 400 米，由一高一低两座礁石组成，形似一老婆婆盘坐于碧波之中，身旁放着一个针线筐篓，在等待着出海打鱼的老渔翁安全归来。此外，芝罘岛藻类丰富，适合海珍品底播增殖，尚存始皇道、阳主庙、射鱼台等多处古遗址，令游人流连忘返。

从 2013 年起，为维持、恢复、改善保护区的岛屿生态系统和海洋生态系统、渔业资源、自然景观、古迹遗址等，减轻海洋污染，保护生物多样性，实现自然景观资源和生态环境的可持续利用，烟台市海洋局决定建立独具特色、独具品牌的海蚀景观旅游景区，由此带动休闲渔业、生态渔业等一系列绿色经济的繁荣发展，形成兼顾海洋开发与环境保护协调一致的格局。经过几年的实践表明，芝罘岛海蚀景观旅游保护区的设立，不但有效地维护了该地区生态系统的平衡与完整，改善和调节了其周边海洋环境，而且提高了农、林、牧、渔产业的产值，创造了优良的旅游和投资环境。如今该地区已成为集风景秀美的旅游观光胜地、海洋科普教育基地、民众休闲乐园于一体的海蚀景观旅游保护区。

3.3.1.4　沙滩景观的开发与应用

（1）沙滩景观简介

滨海沙滩是入海河流带来的泥沙，在波浪、潮流、海流的推动和地形、气候的影响下在水边堆积形成的，大多是由金色、银色的沙粒组成。沙滩的形态多样，有直线形沙滩、对称弧形沙滩、对数螺旋形沙滩等多种类型。这一介于海洋与陆地、自然与社会之间柔软的砂质过渡地带，不仅是滨海地区涉海生活人群的重要生产生活场所之一，也是当代人们对海洋充满浪漫想象和向往的斑斓之梦中不可或缺的元素，更是人们有条件休闲时亲近海洋、走近海洋的重要场域①，是一种充满魅力的滨海休闲景观资源。

世界上的沙滩绝大多数都是黄色的，这是因为组成沙滩的重要成分"石英沙"都是以黄色为主，但并非所有的石英沙都呈黄色，例如，地处澳大利亚新南威尔士的海姆斯沙滩就由近乎纯净的白色石英沙组成，沙滩因此洁白无瑕，2004 年海姆斯沙滩被《吉尼斯世界纪录大全》评为"世界上最美丽白沙滩"，同时，它还以稀有的纯白色获得了"伊甸园沙滩"的美誉。此外，在世界某些角落还存在着主要成分不是石英的"多彩"沙滩，如位于巴哈马群岛上哈勃岛的粉色沙滩、马耳他群岛的拉姆拉海湾的橙色沙滩、夏威夷毛伊岛和希腊圣托里尼岛等地的红色沙滩、美国加利福尼亚州的紫色的帕非佛沙滩、同处美国夏威夷大岛的绿色的帕帕科拉沙滩和黑色的普纳鲁吾沙滩等。这些沙滩颜色独特，与清澈见底的海水构成了一幅幅醉人的美景。

我国的渤海、黄海、东海和南海沿岸均有面积广阔的沙滩资源，主要分布

---

① 曲金良．中国海洋文化发展报告 2014 年卷［M］．北京：社会科学文献出版社，2015：399．

在山东、广东、海南等省。例如，山东海阳的凤城万米海滩、广东湛江的东海岛海滩、海南岛的亚龙湾、广西的北海银滩、河北昌黎的"黄金海岸"等都是非常有名的沙滩资源。近年来，随着我国人民生活水平的提高和城镇化建设步伐的加快，滨海沙滩景观的休闲资源价值普遍引起了各沿海地区的重视，使得整治、恢复、改善和开发沙滩成为近年来滨海地区市政工程中的一个重要内容，在沙滩的使用方面出现了建设海水浴场的热潮，成为当地沙滩休闲的主要场所，休闲方式以海泳和旅游观光为主。据初步调查，中国海岸适宜于开发海水浴场的主要滨海沙滩有 100 多处，若按其自然形态分隔的次级沙滩，实际可开发利用的沙滩数量远超 100 个。国内知名的海水浴场有青岛石老人海水浴场、大连棒棰岛浴场、葫芦岛龙湾海滨浴场、威海国际海水浴场、三亚亚龙湾海滨浴场、舟山朱家尖大青山海滨浴场、北戴河海滨浴场、青岛第一海水浴场、北海银滩海滨浴场、深圳大梅沙海滨浴场等。

为适应新的休闲需求和发展需要，沙滩资源日渐被深度整合利用，目前，我国滨海沙滩新的休闲方式趋向多样化和复杂化。牵手艺术让它显得时尚浪漫（如沙雕和沙滩音乐），联姻体育运动让它充满了青春的激情活力（如沙滩排球、足球、篮球、手球、藤球等球类运动，沙滩风筝、沙滩马拉松、沙滩拔河比赛等）、结缘派对和烧烤让它发散着富有休闲情趣的生活气息，各种沙滩文化节和文体休闲活动在滨海沙滩集聚，赋予了沙滩休闲新的吸引力。如位于有"沙漠与大海的吻痕"之称的北戴河新区黄金海岸的沙雕大世界，景区内有罕见的滨海大漠奇观，高大起伏的沙丘与浓密碧绿的树林、蔚蓝浩瀚的大海和谐地组合在一起，构成一副壮美的大漠沙雕景观；在海南举行的海口国际沙滩马拉松赛，每年都会吸引百余名专业运动员和上千名国内外马拉松爱好者参与，黄昏时刻在金色的沙滩上踏浪而奔，参赛选手既可欣赏海边余晖美景和椰风树影的南国风情，又能亲身体验在松软沙滩上无拘无束奔跑的畅快淋漓。在比赛过程中还有沙滩互动体验、沙滩音乐节等多样的沙滩娱乐项目，充分体现出比赛"乐跑自由、畅享激情"的主题。

（2）沙滩景观的开发与应用实例——海阳亚沙会

沙滩体育运动是一种新兴起的、充满激情的运动项目，它充分利用沙滩这一地理环境，与排球、足球、篮球、手球、藤球等传统运动项目相结合，融趣味、竞技、娱乐、休闲为一体。在沙滩上开展以体育活动和趣味游戏，具有场地建设投资少、运动形式灵活多变、简单易学、适合各类人群参与的特点，在运动过程中配之以蔚蓝的大海、洁白柔软的沙滩，能够极大满足人们在现代生活中回归自然、实现人与自然完美融合的需要。作为亚洲五大体育赛事之一的亚洲沙滩运动会，因参与人数众多，带动当地的经济社会发展，受到很多城市的追捧。

　　海阳位于胶东半岛南翼，地处黄海之北，位于烟台、青岛、威海三大滨海城市的中心地带，距三个城市均为一小时路程，与日本、韩国隔海相望。海阳拥有超过230千米的海岸线，是胶东半岛拥有海岸线最长的城市，曲折绵延60多千米的万米金沙滩因"沙细、浪稳、坡缓、水清"四大特质跻身"国内最好的海滩"。得天独厚的滨海沙滩资源优势吸引了2012年第三届亚洲沙滩运动会落户海阳。2012年6月16日至22日，第三届亚洲沙滩运动会在海阳成功举办（图3-5），这是继奥运会和亚运会后我国体育界的又一重量级赛事。来自亚奥理事会45个国家和地区的运动员、教练员和来宾在快乐中聚会，共同唱响了"海韵、阳光、激情、时尚"的亚沙会主旋律，举办了沙滩排球、沙滩卡巴迪、沙滩手球、沙滩足球、沙滩藤球、沙滩篮球、龙舟、动力滑翔伞、公路轮滑、木球、攀岩、帆板、滑水13个大项49个小项的比赛，共同见证了一届精彩成功的体育盛会。亚沙会的成功举办，使海阳的城市建设、发展环境、基础设施、配套服务以及市民素质都得到了极大的提升，海阳的城市美誉度、知名度也有了极大的提高，沙滩运动快速兴起，成为海阳独具特色的城市品牌和城市名片。借助亚沙会，海阳富集了一大批沙滩旅游资源，由河清岛体育场、亚沙纪念林、奥林匹克公园、亚沙会展览馆以及每年一届的国际沙滩体育艺术节共同构成了海阳独具特色的亚沙文化观光旅游板块。

　　如今的海阳，因亚沙会的撬动，旅游业发展已经到了转型多元化和集群化发展的关键时期，大力发展沙滩运动休闲旅游、全力打造"沙滩运动休闲名城"已成为海阳旅游发展的新定位。借亚沙会品牌效应，海阳市加强旅游与体育文化领域的有机融合，密集举办沙滩体育文化活动，树立内涵丰富的海洋文化品牌。现在，举办国际国内沙滩体育赛事和滨海文化活动已成为海阳的经常性活动。每年持续整个夏季的沙滩体育艺术节、沙雕艺术展远近闻名。海阳国家沙滩体育健身基地成为全国首个沙滩运动基地。亚沙会之后，沙滩排球、沙滩足球、攀岩等比赛场地被永久保留，2013年攀岩世界杯和2013年至2015

图3-5　第三届亚洲沙滩运动会

年连续三届的沙滩足球"亚洲杯"落户海阳。借赛事影响，海阳市着力营建"运动、休闲、娱乐"为主调的复合型旅游产品体系。河清岛体育场、鉴湖湿地公园和亚沙展览馆等以其独特性和唯一性，成为亚沙观光休闲和亚沙文化游的重要载体。

3.3.2　海岛景观的开发与应用

（1）海岛景观简介

海岛景观是指海岛上具有观赏价值的自然景色和人工景物。在地球辽阔的海域上，散布着多如繁星的海岛和岛群，这些星罗棋布的海岛，如碧海明珠，似出水芙蓉，把浩瀚的大海点缀得绚丽多彩，美不胜收。海岛因大小不一、形态各异并具有不同的文化底蕴，造就了各具特色的海岛景观和海岛风情。在美丽的海岛上，人们既可以感受到大海宽阔的胸怀、深沉的性格和不同的人文底蕴，又可以尽情欣赏海蚀奇观、海市蜃楼等迷人景色和海岛独特的山水景色。

海岛按其成因，可分为大陆岛、冲积岛、火山岛和珊瑚岛四种类型。大陆岛原先是大陆的一部分，后因陆地局部下沉或海平面普遍上升，下沉的陆地中较低的地方被海水淹没，较高的地方仍露出水面成为海岛。我国海岛中90%以上为大陆岛，总数约6 000个[①]，如著名的"海上仙山"舟山群岛、"南海明珠"万山群岛、"渤海钥匙"庙岛群岛等。冲击岛（也称沙岛）主要分布于河口地区。陆地上的河流流速比较急，带着上游冲刷下来的泥沙进入海洋后，流速就慢了下来，泥沙在河口附近沉积，经年累月就逐渐形成了冲击岛。"东海瀛洲"崇明岛是我国第一个冲积岛，也是世界著名的河口冲积岛。崇明岛的岛身形状迁徙无常，在其近海边的泥滩上随处可见布满滩面的小蟹和蟹穴，北岸及东南岸团结沙一带海滩芦苇成林，独特的海岛资源与景观堪称冲击岛旖旎风光中的典型。火山岛是海底火山喷发物质堆积并露出海面而形成的岛屿，其面积不大，但坡度较陡、地势险要。我国火山岛较少，总数不过百十个左右，主要分布在台湾岛群，硇洲岛、涠洲岛、绿岛和兰屿等是较著名的火山岛。珊瑚岛是指几乎全是由珊瑚虫、有孔虫骨骼和贝壳等所构成的海岛。我国南海有许多珊瑚岛，包括台湾附近的火烧岛、兰屿、澎湖列岛，海南岛沿岸岛屿以及东沙、西沙（除高尖石岛外）、中沙、南沙等南海诸岛。珊瑚岛边白沙如带、银光闪耀，岛中青草如茵、树木成林，无数海鸟群集于此繁衍栖息，鱼虾参蟹在海草中徜徉，风光绚丽。

海岛不仅有着碧海蓝天的清凉与浪漫，更有着安定与祥和的氛围。当今人们在与环境污染斗争、担忧身体健康之际，仍要面对来自工作与生活的各种压力，这时前往海中小岛小住几天，享受清新的空气、原生态的自然环境、浓厚

---

① 田华，辛蕾．话说中国海洋生态保护［M］．广州：广东经济出版社，2014：9-15.

的风俗文化、慢节奏的生活方式，摆脱繁杂事务的烦忧，对于陆上都市人来说可谓世外桃源。近年来，海岛以其强烈的海洋韵味和海陆兼备的景观特色，成为人们生态旅游和休闲度假的重要选择。世界众多的海岛都开发了观光、休闲、度假和疗养等旅游项目，可供旅游者进行海水浴、阳光浴、帆板、冲浪、潜水、垂钓、水上摩托艇、水上跳伞、沙滩排球、攀岩、速降、探洞寻宝、沉船打捞、丛林穿越、荒岛生存等娱乐和体育运动[①]。如用蓝色染料绘制的绝美天堂马尔代夫群岛是世界上最大的珊瑚岛国，组成该国的1 000多个岛屿都是因为古代海底火山爆发而形成的，有的中央突起成为沙丘，有的中央下陷成环状珊瑚礁圈，点缀在绿蓝色的印度洋上，像一串串的宝石。许多国际著名度假酒店以租约方式占用一岛，借大自然的阳光、海水、沙滩、椰林、热带鱼，营造深具各自特色的休闲气氛。马尔代夫的旅游娱乐以亲水活动为主，潜水是最受欢迎的项目，此外，划水、冲浪、帆板等都很受青睐；乘坐独木舟或快船游览小岛或在深夜或凌晨乘独木舟海上垂钓更是别有特色。

（2）海岛景观的开发与应用实例——海南岛观澜湖旅游度假区

随着旅游的发展和人们观念的不断更新，旅游消费已经从传统的观光体验向休闲养生度假方向发展。远离嘈杂的大城市，到旅游胜地去度假养生，追求身心的健康体验，成为新时代旅游消费的趋势[②]。许多海岛有着适合养生的自然生态条件，近年来，海岛度假养生已成为现代大众休闲度假的主要方式之一，它往往与其他海洋旅游活动贯穿融合在一起。

不论是从气候条件、自然资源还是生态环境来看，海南岛都是当之无愧的"养生疗养胜地"，目前已建有多处养生度假山庄。这里的森林覆盖率高达62%，负离子浓度高，具有杀菌、降尘、提高机体免疫力等功能，对人体健康极有利；地热资源水量也很丰富，已发现温泉地热资源200多处，水质优良，多数在40~78℃，富含F、Sr、Zn、H_2SiO_2、Ca、Mg等微量元素和组分，对心血管疾病、肥胖病、各种代谢障碍疾病有良好疗效[③]。其中，被全球人居住环境论坛评为"全球低碳生态景区"的观澜湖旅游度假区（图3-6），俨然是都市里纯净的"世外桃源"，是著名的综合休闲养生胜地。

观澜湖旅游度假区位于素有"东方夏威夷"之称的海南岛首府海口市，海口是全中国空气质量最好的城市。该度假区所在的羊山地区因受当地土壤、水质、空气等因素的影响，拥有不少远近闻名的长寿村。羊山距海口市中心咫尺之遥，却是万年火山岩形成的石漠地区的腹地。观澜湖旅游度假区实际是一项

① 毕华，游长江.旅游资源学［M］.北京：旅游教育出版社，2010：53.

② 周波，方微.国内养生旅游研究述评［J］.旅游论坛，2012，5（1）：40.

③ 吴晓亮.海南温泉养生旅游产业SWOT分析及建议［J］.统计与管理，2016（2）：86.

在石漠地区再造土地和生态的工程，这是一个化荒芜为神奇的过程。项目契合海南国际旅游岛建设的国家战略，以顶级高尔夫国际赛事为亮点，利用观澜湖世界第一大高尔夫休闲品牌，兴建集运动、赛事、保健、养生、文化、娱乐、美食、商务、会展、培训、居住为一体的综合高端休闲产业群，成为海口旅游休闲的新地标。度假区内拥有非常全面的康乐康体设施，致力于为游客打造"养生之旅"。除了建有10个独特魅力的火山岩高尔夫球场，成为全球最大的火山岩高尔夫球场群外，还汇聚了丰富多彩的综合旅游度假配套设施，包括4个五星级酒店、五大洲风格矿温泉池、水疗SPA、水上乐园、私属住区、寰球美食、娱乐购物、兰桂坊小镇、电影公社等配套设施。此外，这里还有养生调理大师和中医大夫坐镇，游客经专业大夫"望闻问切"之后，根据大夫度身打造的身体调理方法和养生疗程，展开"养生水疗体验之旅"，以达到身心平衡的效果。除了养生体验，游客还可享受海岛游览、垂钓、游泳、沙滩日光浴、海滩拾贝、驾船划艇、出海捕鱼、购物餐饮等丰富多彩的休闲活动项目，使生活在都市中的人们在此仙境般的养生度假胜地，在满眼的绿色之中走进水疗与温泉的世界，乐享阳光与海的休闲养生假日生活。

图 3-6 海南岛观澜湖旅游度假区

3.3.3 海洋生态景观的开发与应用

（1）海洋生态景观简介

生态旅游是以自然生态环境和相关文化区域为场所，以体验、了解、认识、欣赏、研究自然和文化而开展的一种对环境负有真正保护责任的旅游活动[1]。其宗旨是让游客在回归大自然、享受休闲娱乐的同时，提高生态环境保

---

① 卢云亭，王建军. 生态旅游学 [M]. 北京：旅游教育出版社，2001：27.

护意识，以生态环境的整体优化为目标，这种绿色旅游模式是当今世界旅游发展的潮流。海洋生态景观是指在海滨地带或岛屿上具有观赏价值和科研价值的珍稀动植物生态系统及其遗迹的总称，是人类最珍贵的、具有独特吸引力的生态旅游资源。

　　我国海域纵跨暖温带、亚热带和热带三个温度带，具有海岸滩涂、河口、湿地、海岛、红树林、珊瑚礁、上升流及大洋等各种生态系统，有丰富多样的海洋生物物种、生态类型和群落结构，形成了奇特的海洋生态景观，利用这些丰富的海洋生态景观资源来开展海洋生态旅游前景广阔。如位于我国渤海海峡的庙岛列岛是鸟类的天堂，素有中国北方"候鸟旅站"之美名，每当春、秋季，丹顶鹤、白尾海雕、白肩雕、大天鹅等多种候鸟北来南往，在此繁衍生息，其特殊的生态景观吸引了众多游客在此游玩观鸟。在我国南方海岸，热带与亚热带红树木与珊瑚礁生态景观是一道亮丽的风景，是独具特色的生态旅游地和科研教育旅游地。其中，红树植物是生长于潮间带的乔灌木的通称，涨潮时被海水淹没，落潮时部分露出水面，素有"海底森林"之称，并蕴含着丰富的生物种类与鸟、鱼、蟹等生态景观，我国海南岛东港寨、广西山口、广东雷州半岛、珠江口、电白、阳江等地的红树林最为著名。珊瑚礁是珊瑚虫骨骼经数百年至数千年积聚起来而形成的，是全球物种多样性最高、资源最丰富的生态系统，被誉为"海洋中的热带雨林"，其多变的形状和色彩把海底点缀得美丽无比，我国珊瑚礁基本上都分布在北回归线以南，澎湖列岛、海南三亚、大洲、台湾南端垦丁、兰屿及南海诸岛、广东和广西沿岸[①]。

　　各类滨海湿地、自然保护区是丰富、生动的自然博物馆，是人类认识自然、了解历史、增加知识的天然课堂。其海水碧蓝透明、空气新鲜的自然环境，珍贵的奇花异草和飞禽走兽以及各种奇特的地貌、景观都会使人赏心悦目、心旷神怡，是人们学习、休憩、娱乐的胜地，是宝贵的海洋生态旅游地。世界上许多沿海国家都十分重视海洋自然保护区的建设，其面积一般占本国管辖海域的5%以上。如美国现有7个由国家海洋大气局管理的国家级海洋自然保护区，还在沿岸海域设立了17个由国家公园局管理的含有海域部分的国家公园，其以旅游和保护为双重目的，以旅游为主，还设立了另外15个用作天然野外实验室的河口自然保护区，它们由各州政府管理[②]。目前全球面积最大的海洋自然保护区是澳大利亚的大堡礁自然保护区，这片世界上最大的珊瑚岛群是由无数的珊瑚虫在亿万年间堆砌而成的，是世界上最集中的珊瑚礁系统，

---

　　①　张广海. 我国滨海旅游资源开发与管理［M］. 北京：海洋出版社，2013：71.
　　②　"海洋梦"系列丛书编委会. 蓝色"妖姬"海洋植物［M］. 合肥：合肥工业大学出版社，2015：73-74.

集飞禽走兽、鱼虾、贝藻、奇花异草和星罗棋布的岛屿为一体,是澳大利亚人最自豪的天然海洋生态景观,被称作世界七大自然奇观之一。澳大利亚对其保护与开发并重,取得了令人瞩目的成效,每年吸引大批游客前来观光、度假,旅游业十分发达。

我国的海洋自然保护区建设最早可追溯到 1963 年在渤海海域划定的蛇岛自然保护区,为保护海洋珍稀物种、珊瑚礁、红树林及海草床等重要海洋生物资源和特殊生境、防止海洋生态环境恶化,目前我国已陆续建立了众多国家级海洋自然保护区(如河北昌黎黄金海岸自然保护区、广西山口红树林生态自然保护区、海南大洲岛海洋生态自然保护区、海南三亚珊瑚礁自然保护区、浙江南麂列岛海岸自然保护区等)和地方级海洋自然保护区(如南澳鸟屿岛鸟类自然保护区、庙岛群岛斑海豹自然保护区、海南临高白蝶贝自然保护区、福建漳州龙海红树林自然保护区、山东青岛文昌鱼水生野生动物自然保护区等)。海洋自然保护区的保护对象包括[①]:原始海洋区域保护、海洋珍稀或濒危物种保护、典型海洋生态系统保护、代表性的海洋自然景观和有重要科研价值的海洋自然历史遗迹保护以及综合、整体的区域海洋自然保护等。这些海洋自然保护区均是沿海地区发展海洋生态旅游的重要景观资源和环境条件。

(2) 海洋生态景观的开发与应用实例——广西山口红树林生态自然保护区

红树林湿地主要位于热带、亚热带的河口、海湾和含盐沼泽等地带,是重要的国土资源和自然资源。它处于隐蔽的港湾,海岸线向内凹进的地方,是海洋生物鱼类、底栖动物、水鸟的理想生活环境,是至今世界上少数几个物种多样化的生态系统之一,生物资源非常丰富,同时也是候鸟的越冬场所和迁徙中转站。地处海滨的红树林湿地景观开阔,红树植物翠绿欲滴、根系造型姿态万千,潮起潮落景色变幻,树下蟹爬鱼跃,树上鹭翔鸥飞,构成了一幅生机勃勃、世外桃源般的美景,容易激发人们的观赏情趣,是具有很高的科学考察及生态旅游价值的独特海洋生态景观。目前,红树林湿地已成为赏景、观鸟、钓鱼、品尝海鲜等的观光游憩场所以及环保、科普教育的基地,其集美学观赏、休闲娱乐、生态教育等多方面功能于一身,是不可多得的海洋生态旅游资源,也是不破坏红树林前提下开发利用红树林景观的重要途径。红树林湿地生态旅游以生态和环保为特色,其旅游功能主要表现在新、奇、旷、野等特点上[②]。开展红树林湿地生态旅游对于科学保护湿地生态系统和生物的多样性,促进周边地区社会经济的快速发展和人民生活的稳步提高均具有积极的作用,世界上许多有条件的国家和地区(如美国的佛罗里达、泰国的普吉岛、新西兰的北奥

① 朱红钧,赵志红.海洋环境保护 [M].东营:中国石油大学出版社,2015:104.

② 李玫,章金鸿,郑松发.试论我国的红树林生态旅游 [J].防护林科技,2004(4):33.

克兰半岛、孟加拉的申达本，以及我国的香港米埔、海南东寨港、广西山口、广东深圳福田、广东珠海淇澳-担杆岛等）都开展了红树林湿地生态旅游。自然保护区开发生态旅游要正确处理好资源保护与开发的关系，处理好社区发展与保护区发展的关系，促进以人的发展为中心的"生态—经济—社会"的可持续发展。作为 1990 年我国批准建立的首批五个国家级海洋自然保护区之一的广西山口红树林生态自然保护区，坚持走社区发展和红树林保护共赢的良性发展道路，已成为我国著名的红树林生态旅游区，近 10 多年来人们络绎不绝地慕名前往参观和考察，是开发与应用海洋生态景观的最佳实践之一。

广西山口红树林生态自然保护区位于广西合浦县山口镇辖区内，包括沙田半岛的东西两侧，海岸线 50 千米，总面积 8 000 平方千米，是中国第二个国家级的红树林自然保护区（图 3-7）。因其发育较好、连片较大、结构典型、保存较好而成为我国大陆海岸红树林的典型代表，是我国加入联合国教科文组织人与生物圈（MAB）保护区网络、被列入《国际重要湿地名录》的重要海洋类型保护区。保护区内物种资源丰富，有红树植物 15 种（真红树 10 种，包括木榄、秋茄、红海榄、桐花树、白骨壤、海桑、榄李、老鼠勒、银叶树、海漆；半红树 5 种，包括卤蕨、节槿、杨叶肖槿，水黄皮、海芒果）、浮游植物 96 种、底栖硅藻 158 种、鱼 82 种、贝 90 种、虾蟹 61 种、鸟类 132 种、昆虫 258 种、其他动物 26 种，其中不乏许多珍稀物种，如世界珍稀动物儒艮（海牛）时常到此觅食，并完整保存着我国大陆海岸唯一的一片红海榄纯林和木榄纯林。

山口红树林生态自然保护区宜人的自然条件、优美的海岸景观和奇特的红树林资源为当地的生态旅游发展提供了良好的基础，开展红树林湿地生态旅游既可以在红树林湿地环境得到保护的情况下获得一定的收入，用于红树林湿地保护，同时又能扩大红树林湿地的宣传教育效果。该保护区的旅游业发展始于 1992 年，坚持"养护为主，适度开发，持续发展"的保护方针，切实保护红树林资源，不断加强红树林旅游区的管理和旅游环境的整治，科学发展红树林生态旅游业。近几年来，山口红树林生态自然保护区的红树林面积逐年增加，发展成为受游客欢迎的休闲观光、生态教育的理想场所。

第一，法规先行，上下配合。广西壮族自治区人民政府和合浦县人民政府分别颁布了《广西壮族自治区山口红树林生态自然保护区管理条例》和《关于加强山口红树林生态自然保护区管理的通告》，这些法规与《中华人民共和国自然保护区条例》及《海洋自然保护区管理办法》共同为依法管理保护区提供了法律依据。建立了一支海洋监察队伍开展执法管理工作，还设立了英罗和永安监察管理站，并聘用周边乡村的村干部作为保护区的兼职管护人员，建立了"管理处—保护站—护林员"的三级管理机制，层层落实管护责任，构建护林网络。此外，保护区近5年来先后投入约700多万元，用于实施人工造林和良种化、建设滨海标本园、进行外来物种监测治理，加大红树林病虫害防治力度①。通过实施有效的保护和管理，保护区整治并刹住了区内个别出现的砍伐红树林和大规模采捕林区海洋经济动物现象，抑制住东西两条开发养殖带的盲目扩展，有效地保护了红树林资源，促进了红树林的良性发育，全线呈现出良好的林相。建区以来，保护区的红树林自然增长面积达10%以上。

第二，抓好宣传和科普，建立多方参与机制。为使群众认识建立保护区的意义，自觉地支持保护区的工作，山口保护区管理处深入到乡镇和沿海村庄，利用发文件、出墙报、写标语、挂横额、贴广告和举行村干部座谈会等多种形式宣传有关法律法规，扩大社会对保护区的了解，提高全民的保护意识，使群众自觉参与红树林生态的保护工作。积极拓宽公众参与保护的范围和渠道，如建立"山族头红树林保护小组""山口红树林保护区乡村保护组"等，与当地护林员一起对分管地段的红树林定期巡查，使越来越多的村民已自觉将红树林保护视作其责任和义务。

第三，重视开展国内外交流与合作，学习经验，获取支持。保护区与国内外众多院校科研单位、专家学者紧密合作，开展红树林科学研究，探索红树林资源合理的综合开发和持续利用途径，成为联合国教科文组织、全球环境基金、中美海洋合作等项目实施地，如1997年5月，保护区与美国佛罗里达州鲁克利湾国家河口研究保护区建立姐妹关系的协议，议定了水质监测技术、红树林生态养殖、生态旅游、红树林资源恢复四个合作项目。

第四，保护区建设事业与社区经济共同发展。保护区事业的不断发展给周围的村庄和群众带来了许多看得见、摸得着的好处，促进了当地的社会经济发展。建区10年来有2万多群众借用保护区的一万伏高压线路用上了电。新圩至英罗站保护区公路的修通，解决了沿途4000多名群众行路难的问题。保护区生态旅游业的发展带动了当地的个体客运业及其他相关产业的发展，周边村民可在旅游区经营游船、设摊摆卖土特产等，生态旅游项目则由参与保护的红树林居民投资，并享有开展项目所取得的收益，保护区管理处收取适当管理费。伴随红树林生态旅游的兴起，当地居民开发的红树林品牌产品渐渐成为广西沿海的绿色产品标志，备受消费者的青睐，还催生了更多的红树林品牌和商业形态的出现，如"红树林"牌果脯、红树矿泉水、红树林珍珠场、红树林餐馆、红树林中学等，山口也因为红树林而闻名广西区内外。

目前，山口红树林生态自然保护区内建设有苗圃、实验室、标本展览室

① 沈慧.广西山口国家级红树林生态自然保护区红树林面积逐年增加〔N〕.经济日报，2015-08-25.

（有 335 个动植物标本），开辟了图片展览、宣传广告专栏，制作完善保护区
VCD 光盘，印制保护区简介小册子，设置完成保护区界碑、界址等标志物，
还建成 180 平方米的科普教育中心。为方便游客近距离欣赏红树林景观，英罗
港红树林旅游区的陆岸上建有一座可供游览的红墙黄瓦古典园林式的庭院，一
座重檐六角"眺林亭"。同时，海上铺设了从陆岸伸向红树林深处的 200 米林
间栈桥，并从木桥中间又分出一条水泥基柱托起的九曲桥，红树林深处的潮沟
中铺设了一条可随海潮的涨落而升降的 200 米余长的浮桥。另外，保护区中还
建有 3 个专为游客望海观林、照相留影、歇脚憩息的平台和凉亭①。现阶段，
山口红树林自然保护区拟建设广西首个海洋生态旅游区，适合旅游开发的红树
林面积约有 200～266.7 公顷，估计每年可接待游客 15 万人左右。近几年，当
地有关部门计划在该自然保护区外建立红树林温泉旅游度假区项目，以丰富该
地的旅游产品，提高红树林湿地在旅游市场中的吸引力。

图 3-7 广西山口红树林生态自然保护区

3.3.4 海底景观的开发与应用

（1）海底景观简介
海底景观是重要的旅游资源，主要以海洋生态与海底地形地貌自然景观为
主。瑰丽多姿的海底世界有清澈透明的海水、千奇百怪的礁石、耸立的海底山
峰、如绒的海底平原、茂密的海底森林、五彩斑斓的海底动物，还有海底金字
塔、海底峡谷、海底雪山、海底热泉和喷泉、海底瀑布等奇特而令人震撼的海
底景观。
为到真正的海底世界去观光，早在 20 世纪 80 年代中期，美、英、法、
日、苏联等国就注重海底探奇旅游的开发，进入 20 世纪 90 年代，海底探奇旅
游成为位于印度洋的毛里求斯、太平洋的塔希提岛、拉丁美洲的巴哈马群岛最

---

① 段金华，梁承龙. 北海山口红树林湿地生态旅游发展对策研究 [J]. 大众科技，2012，14
(154)：319-320.

为时髦的旅游项目之一[①]。随着科学技术和经济的迅猛发展，人类对海底景观的不断深入开发，海底旅游成为近年来蓬勃发展的海洋旅游活动形式之一。无论是清澈透明的近岸海湾，还是昏暗幽深的大洋深处，海水充斥四周，光斑摇动或黑暗无边，海底旅游都给旅游者一种充满刺激的全新体验。游客可以身临其境，目睹海洋奇景，进行海洋生物观赏、海蚀地貌观光，还可以开展海底狩猎、水下摄影、海底音乐会、海底洞穴探险、海底文化遗迹探访及海底科学考察等各种类型的海底休闲旅游活动。

目前，海底旅游主要有潜水式、潜艇式和水宫式三种形式。潜水式是指游客可以穿上潜水服，在水深 10～20 米的海底漫游珊瑚林，欣赏热带鱼。如马尔代夫、印度尼西亚、牙买加等美丽的岛国已充分开发和利用本国的海底美景，游客可以穿戴专门的潜水服和潜水设备，在海底与鱼共乐。潜艇式就是乘坐潜艇下沉海中，通过透明的舷窗欣赏海底风光。自 1964 年瑞士建造第一艘旅游潜艇——"奥古斯特·皮卡德"号下水后，旅游潜艇的营运已遍布全球。水宫式则是在海底建造专供海底旅客使用的海底餐厅、海底旅馆、海底音乐厅，让游客吃住玩都置身于海底之中，犹如置身于海底龙宫[②]。为使游客在海底获得更长的观光时间和更多的满足，近年来多家海底旅馆逐渐建成开业。如位于美国佛罗里达半岛最南端的朱尔斯海底旅馆是海底旅馆的先父，它的前身是一个海洋实验室，1986 年改造为旅馆。旅馆位于长满红树林的环礁湖里，距离水面 30 英尺（约 9 米），进入里面需要通过一个非比寻常的高杠，因此，所有想住到里面的客人都必须会水肺潜水。位于斐济群岛共和国东北部的"海神海底度假村"是世界上第一个海底度假村，游客可乘坐电梯进入该度假村，无需穿着潜水服就可以来到海底。12 米深的海底客房拥有 270° 的广角视野，可供客人饱览珊瑚礁和水中生态景观，酒店还提供潜水艇供顾客考察周边暗礁。此外，酒店还拥有世界上最大最优雅的海底餐厅，还为顾客提供水下休息区、剧场区、会议礼堂式、9 洞式高尔夫球场、网球场、游泳池和健身俱乐部。

我国的海底景观主要分布在广东、广西和海南三地，如电白的放鸡岛海域、北海的白虎头海礁海区、涠洲岛海域、琼海的海洋养殖场和三亚的东西玳瑁洲海域等，那里的海水清澈透明，景观资源异常丰富，是开展海底观光旅游的最佳景区。近年来，我国海底旅游发展较快，开发的项目越来越多，但是海底景观资源已被开发利用的部分仍较少，有着广阔的发展前景。

---

① 尹玉芳，黄远水.我国海底旅游产品的发展现状及展望［J］.北京第二外国语学院学报（旅游版），2006（9）：87.

② 王菲，等.海洋工程知多少［M］.北京：中国时代经济出版社，2011：158.

（2）海底景观的开发与应用实例——放鸡岛海上游乐世界

放鸡岛是一个无居民海岛，位于茂名电白县博贺港 8 海里的海面上，是茂名市最大的海岛。自国家海洋局出台《无居民海岛利用申请审批暂行办法》后，放鸡岛成为中国第一个无居民海岛整岛开发试点项目。2004 年台湾商人陈明哲首期投资了 3 亿人民币，对放鸡岛进行以旅游为主体的整岛开发建设，他也因此成为了广东海域第一个私人"岛主"。目前，放鸡岛已建成集旅游观光、休闲、饮食、购物、度假及游乐于一体的 5A 级海上旅游胜地。放鸡岛周围海域海水清澈透明无污染，水下 6～12 米能见度达 8 米，居世界第二，亚洲第一。放鸡岛周边海底遍布畸形怪石，其上长满形态各异的铁树、海柏、珊瑚；海底有龙虾、石斑鱼、鲳鱼、鹦鹉鱼、乌贼、黑枪等多种动物。在岛南亚湾的海底，有"鲤鱼吐珠"之绝景，就是一座巨石酷似张开大口的鲤鱼，口中含一石，光滑浑圆如珠，珠后有一石室，室内有各种鱼类、虾类、蟹类在其中穿梭往来[①]。干净清澈的海水和奇妙的海底世界是发展潜水旅游的理想场所，因此，放鸡岛被定为国家级潜水旅游基地，是世界公认的潜水胜地（图 3-8）。2013 年，放鸡岛住岛游客约 10 万人次，其中，70％～80％都参加了潜水旅游项目。

图 3-8 放鸡岛及游客潜水

根据潜水的地点、方式、服务、潜水装备的不同，放鸡岛潜水分为观光潜水和海外船潜、精品潜水、专业夜潜和夜潜狩猎。

① 观光潜水

放鸡岛公司现有 8 万平方米面积海域的潜水池，放养了 5 万尾各种海生鱼类。配备了 300 位教练可供 300 名游客同时潜水，这个海上观光潜水池是全国和亚洲最大的潜水基地。游客穿上潜水服，经过短暂的潜水培训后背上氧气瓶，戴上潜水镜，在潜水教练的陪伴下，从岸边慢慢潜下去，根据游客自身身

① 陈烈，王山河，丁焕峰，等. 无居民海岛生态旅游发展战略研究——以广东省茂名市放鸡岛为例 [J]. 经济地理，2004，24（3）：416-417.

体状态一般可潜 4～10 米深，可看到各式各样的珊瑚和形态各异的热带鱼，在海底峡谷中穿梭，与鱼儿一起在大海中畅游，整个潜水过程 1 小时，水底 30 分钟左右。

② 海外船潜

游客穿上潜水服，经过培训后乘坐快艇到海上的一艘船上，然后背上氧气瓶，戴上潜水镜，在潜水教练的陪伴下直接从船上入水，慢慢潜入较深的海底，与岸潜相比，船潜的海底景色更加迷人，各种海洋生物更加丰富，整个过程 1.5 小时，水下 30 分钟。

③ 精品潜水

游客全程由专业教练培训，可自选潜水点，享受度身定制的开放性水域潜水体验。游客先乘专业快艇到达后山潜水区，此地景色更加迷人，海底生物更加丰富多彩，整个潜水过程 2 个小时。

④ 专业夜潜和夜潜狩猎

夜潜配备有潜水手电筒、鱼枪、抓龙虾工具。夜晚的海底只能靠专业潜水手电筒指引，游客可深切感受这黑魆魆的海底世界，观赏到不爱在白天出来的海洋动物（如海鳗、龙虾等海洋生物）。整个过程 2 小时，水下 1 小时。

3.4 海洋人文景观的开发与应用

3.4.1 沿海建筑的开发与应用

(1) 沿海建筑简介

沿海建筑是指沿海人们开发和利用海洋资源创造出的居住场所或建筑形式，不仅记录着沿海居民的人文历史、社会变迁，也是居民意识形态、生活方式的真实写照，它从不同角度反映了滨海地区不同地域在特定历史阶段下的文化取向、宗教信仰和艺术特点，它独特的魅力对现代旅游者具有极大的吸引力。我国的沿海建筑有苏州寒山寺、杭州灵隐寺等禅院古刹，秦皇岛山海关三清观、杭州抱朴道院等道教古观，烟台蓬莱阁、福建嘉兴烟雨楼等亭台楼阁，青岛栈桥、钱塘江大桥等滨海名桥建筑，青岛八大关建筑群、上海外滩欧式老建筑群等荟萃世界各国不同时期多种建筑样式代表的西洋建筑。为满足游客多样化的休闲旅游需求，沿海建筑附近有商场等现代化场所配套，并逐渐发展成集商务型节会、饮食休闲、体育健身于一体的城市娱乐休闲公共空间，成为一座城市的"标识"或"名片"。

(2) 沿海建筑的开发与应用实例——青岛栈桥①

---

① 马树华. 近代城市纪念性建筑：以青岛栈桥为例［J］. 华中师范大学学报，2014 (4)：56 - 58.

栈桥（曾被称作"海军栈桥""前海栈"和"大栈桥"），是青岛的文化地标和城市"名片"，位于青岛中山路的最南端，成一直线突出海面之上，伸展入青岛湾中，是大多数游客到访青岛的必游之地（图3-9）。栈桥始筑于1892年，随着城市的发展，栈桥的公共空间功能渐次转换，从最初的军事和货运码头到游览胜地，再到城市地标，演绎着这座城市的过往与传奇，是理解青岛这座城市社会生活与文化变迁的钥匙。

图3-9 青岛栈桥

若从海上望青岛，那么栈桥便是城市的起点。1892年，清军登州总兵章高元进驻胶澳后为方便海军上下和运输物品而建造了栈桥，标志着青岛建置的开始。把栈桥作为青岛的起点，不仅因为它标志着青岛建置的开始，还因为它是早期青岛陆海空间的中心。1898年德租胶澳后，德国人在规划青岛之初，原计划在胶州湾东岸紧挨新修的现代化码头一带建设海港市区，但经考虑后，决定在靠近前海外锚地的土地上兴建未来城市，如此，栈桥的位置便变得格外突出，它犹如一扇通往驻防地的大门，成为早期城市建设规划的中心部分，围绕栈桥，青岛的城市空间布局依次展开。

栈桥作为军事和货运码头的时间并不长，其景观功能的转换，既是市政当局游览业发展规划的结果，也是青岛城市功能定位的表现。1922年中国政府收回青岛后，市政当局继续关注游览业的发展，尤其是在景观塑造方面颇为用心。伴随着青岛游览城市的功能定位，栈桥逐渐形成了多元景观功能。随着青岛城市游览业的长足发展，栈桥声名鹊起，逐渐成为城市标识。

栈桥出身于军事码头，自建桥伊始，便与军事活动密切地联系在一起。每当政权更迭，新的军事力量入驻青岛，当局常常选择在这里举行鸣炮、示威等政治军事庆典。栈桥上的日常活动，也经常会受到军事管制的影响。曾经的军事干扰与控制，表达了政治权力对栈桥的空间需求，凸显了它的象征意义，也是它最终成为城市地标的重要因素。虽然，伴随着长期的繁荣与稳定，今天栈桥的政治意义已逐渐淡化，但作为见证一座城市政局变迁的载体，它的文化地标功能并未消退。

突出的空间位置，独特的审美价值，相得益彰的周边环境，市政的不断努力，使栈桥逐渐成为一处重要的公共空间，它与栈桥公园以及周边的风景一起，构成一个市民参与经济、社会与政治活动的中心，成为展现青岛日常生活样态和社会关系的重要场所，而文人墨客以它为文艺创作素材、商家以它为注册商标。透过景观想象与消费渗透，栈桥之声名愈加盛隆。

3.4.2 海洋博物馆的开发与应用

（1）海洋博物馆简介

近年来，海洋专题性的博物馆受到越来越多的关注，特别是海洋文化研究兴起的今天，一些专题类的海洋博物馆纷纷建立起来。海洋博物馆就是展示海洋自然历史和人文历史的博物馆，是海洋文化遗产保护与国民海洋意识教育的重要平台。世界上许多濒海国家和地区，无论其航海历史之长短，大多建有反映自己民族海洋文明进程的专门性博物馆[①]（包括以专题性的保存和展览为主的海洋博物馆和涵盖海洋文化、海洋渔业捕捞与养殖、海洋运输和港口、近海油气开发、船舶修造和海洋工程、海洋生物制药、海洋化工和海水淡化、海洋信息业、船用机电仪器设备制造、游艇制造、海洋物流、海洋服务业、涉海教育科技、极地考察、海洋环境保护、人类和平利用海洋等方面的综合性海洋博物馆）。如温哥华海洋博物馆是由一艘名为"圣劳殊号"的加拿大皇家骑警船舰于1954年退伍后，由温哥华政府购得改建而成，该馆里面陈列了大量在加拿大极地圈内生活的海洋动物标本，以及当年"圣劳殊号"出巡期间在极地海洋生存的用品。于2010年建成开放的中国航海博物馆是我国目前规模最大、等级最高的综合性航海博物馆，该馆展区第一层设置了航海历史馆、船舶馆、海员馆以及渔船与捕鱼专题展区，第二层设置了航海与港口馆、海事与海上安全馆、军事航海馆，以及航海体育与休闲专题展区；在西欧和北欧的许多国家还建有海盗博物馆，用以展示开拓海洋的发展历程。

（2）海洋博物馆的开发与应用实例——中国国家海洋博物馆

世界主要海洋强国（如英国、荷兰、澳大利亚等）和一些发展中的海洋大国（如印度、巴西等）都建有独具本国特色的国家海洋博物馆。如世界上最古老也是最大的海洋博物馆——摩纳哥海洋博物馆，始建于20世纪初，1910年

---

① 陈万怀．浙江海洋文化产业发展概论［M］．杭州：浙江大学出版社，2012：174.

开放。这是一座令人震撼的博物馆，它屹立在濒临地中海的悬崖上，整个建筑用白色石头建成，连同地下室共3层，宏伟壮丽。该馆拥有世界上最丰富的海洋收藏品以及一流的科学实验室，是国际海洋学会会址，是召开国际性海洋学研讨会的重要场所。该馆分为海洋生物陈列厅、海洋器具陈列厅、海洋物理和海洋化学陈列厅、实用海洋陈列室和水族陈列室及海船模型陈列室等，还拥有自己的小舰队，经常外出搜集海洋生物标本。

我国有着悠久的海洋自然历史与人文历史，与海洋相关的历史遗存众多，新中国成立以来，一批与海事有关的地方性博物馆相继建立，如泉州海外交通史博物馆、长岛航海博物馆、郑和纪念馆、蓬莱古船博物馆等。然而，我国大型综合性海洋博物馆至今仍是空白[①]，与我国的海洋大国地位不相匹配，与我国制定的海洋强国战略不相符合。因此，急需建立我国的国家海洋博物馆，把中华民族在开发利用海洋、与海洋斗争的漫长历史岁月中所创造的精神、行动、物质等文化生活内涵，以具体物化的方式收藏起来，使人们认识海洋资源、了解海洋文化。为此，2010年国务院批准建立中国国家海洋博物馆（图3-10）。这是中国首座以海洋为主题的国家级、综合性、公益性的博物馆，承担着重塑中国海洋价值观的重任。该项目总建筑面积8万平方米，总投资28亿元，已于2014年在天津滨海新区正式开建，目前已进入布展内装阶段，2017年内基本具备开馆试运行条件。国家海洋博物馆由4座场馆和中央大厅联结而成，建筑外形似跃向水面的鱼群、停泊岸边的船坞、张开的手掌、灵动的海洋生物，柔美但不具象的曲线可引发人们对海洋的无限遐想。该馆以海洋文化为主题，涉及海洋自然、海洋经济、海洋科技、海洋文化等领域，全

图3-10 中国国家海洋博物馆效果图

① 王龙.构建海洋文化遗产保护与海洋意识教育平台——关于建设国家海洋博物馆的思考［J］.
博物馆研究，2014（3）：52-54.

面收藏、保护、展示极具典型的、与海洋自然历史和人文历史相关的见证物，并首次采用"馆园结合"的方式将博物馆教育、科研功能与海洋公园娱乐性、服务性相结合来全面展示海洋历史见证物，是集收藏保护、展示交流、科学研究、旅游观光等功能于一体的国家级海洋文化教育基地、海洋历史交流平台和标志性海洋文化设施，其地位堪比北京故宫博物院，被誉为"海洋上的故宫"。建成后将成为极具特色的体验海洋文化、享受海洋资源的旅游休闲场所，对我国保护海洋文物，提高全民族海洋意识，建设海洋强国具有重要意义。

3.4.3　海洋主题公园的开发与应用

（1）海洋主题公园简介

主题公园是为了使游客的个性化休闲娱乐需求与选择得到满足而建造的具备创意性游园线索及策划性活动方式的现代化旅游目的地形态①。随着主题公园在全球的风靡，以海洋为主题的主题公园对游客有着强大的吸引力，且由于投资资金回收快和收益可观而成为现代休闲旅游的开发热点。海洋主题公园又称为海洋公园，是以海洋文化为特征的主题公园，在具有一般主题公园共性的同时，着重于为游客提供了解海洋、亲近海洋、感受海洋的多功能休闲娱乐空间。人们常讲的水族馆、海洋馆、海底世界等都是其典型代表。海洋公园作为观光旅游资源的主体，它既可以为公众提供舒适的娱乐休闲空间，同时还是科学技术与文化知识的重要载体，具有重要的公众教育属性。近年来，海洋公园寓教于乐的特点令其成为亲子游和周边游的热门目的地。VR、AR、全息投影等技术的应用进一步优化升级海洋公园旅游产品，为游客带来互动式旅游体验。

国内外海洋公园的发展经历了3个比较明显的阶段②：

第1代海洋公园。海洋公园萌芽于1853年，全球第一个海洋馆在伦敦动物园开业；1895年海狮公园在美国开业，动物表演开始出现。1932年青岛水族馆的开业拉开了中国海洋公园的建设序幕。此阶段的海洋公园规模普遍较小，多是由单一水族馆为主的小型海洋馆，以海洋生物展示与观赏为主要活动类型。我国目前处于经营状态的海洋公园大部分属于此阶段，如大连老虎滩海洋公园、青岛极地海洋世界等。

第2代海洋公园。20世纪60年代国际海洋公园建设发生了阶段性的变化，美国圣地亚哥海洋公园首先建成了组合式的海洋公园，也就是第2代海洋

---

① 董观志．旅游主题公园管理原理与实务［M］．广州：广东旅游出版社，2000.
② 卢卓君，端木山．基于发展模式演变的第4代海洋主题公园规划探索——以青岛康大海洋公园规划设计为例［J］．中国园林，2016，32（1）：38－42.

公园。此阶段的海洋公园规模较第1代海洋公园显著增大，空间结构由单一水族馆发展为多个场馆组合，场馆之间建设了富有公园特征的景观，并且建设有商业服务设施。海洋动物表演的种类和内容逐渐丰富，普遍增加亲子、互动、科普等活动类型。这是目前全球海洋公园的主要形式，如日本鸭川海洋世界、成都极地海洋世界等。

第3代海洋公园。此阶段的海洋公园规模已远超前两代海洋公园，不仅有大量精彩新颖的海洋生物展示及表演，而且融合了多种娱乐设施，引入了大型游乐器械和多种主题表演，强调公园的娱乐性和游客的体验性，主题公园气质愈加明显。典型代表有美国奥兰多海洋世界和我国珠海长隆海洋王国等。

新一代的海洋公园多兼具海洋文化主题下的游憩、休闲、娱乐、购物、科普、亲子、演出与餐饮等功能，发展成为大规模、多功能的大型主题旅游度假区[1]。目前，这种能延长游客停留时间、收入多元化的海洋公园"度假村化"趋势逐渐成为主流，"度假村模式"涉及酒店、餐饮、演艺、旅游地产、会展的整合，还涉及教育、动物培育等相关领域。

（2）海洋主题公园的开发与应用实例——珠海长隆国际海洋度假区

随着海洋旅游业的快速发展、海洋文化日益深入人心以及民族整体海洋意识的加深，目前我国海洋公园建设已进入高速发展时期，其数量快速增长，空间分布也从滨海区域逐步向内陆地区扩展，已从最初的以资源观光为主的单一主题公园，逐渐向休闲与综合游乐相结合的旅游综合体转型升级。其中，珠海长隆国际海洋度假区就是我国新一代海洋主题公园发展模式的代表。

2014年3月底，珠海长隆国际海洋度假区（图3-11）正式开业，其地处与澳门近在咫尺的中国国家级开放新区——横琴新区，这是由我国旅游行业的

图3-11　珠海长隆国际海洋度假区

---

① 薛隽. 海洋主题公园的发展研究［D］. 北京：北京交通大学，2012.

龙头集团企业——长隆集团投资建设的又一个世界级超大型综合主题旅游度假区。其应用国际先进技术和经验，自主创新，并采用顶尖的科技设备、最顶级的设计和最完善的管理，总投资超过 200 亿元，全力打造了一个集主题公园、豪华酒店、商务会展、旅游购物、体育休闲于一身的超级大型海洋主题综合旅游度假区。该项目规划设计分为富祥湾、横琴山、海豚湾三大组团，整个项目建设分两期进行，其中第一期主要建设区域为富祥湾组团，第二期建设区域为横琴山组团和海豚湾组团。其中，位于富祥湾的长隆海洋王国主题公园是珠海长隆国际海洋度假区的首个项目，是中国最大的主题公园，拥有世界上最大、最齐全的海洋馆群，它以海洋文化为主题，整合珍稀的海洋动物、顶级的游乐设备和新奇的大型演艺，是世界顶级、规模最大、游乐设施最丰富、最富想象力的海洋动物主题公园。该主题公园内共有雨林飞翔、海洋奇观、缤纷世界等8 大主题园区，海豚湾、鲸鲨馆、企鹅馆等 10 个珍稀动物展馆，鹦鹉过山车、海底互动船、欢乐碰碰车等 9 项动感游乐设施，白鲸、海豚、海狮等 3 大剧场表演，游客还可以欣赏到花车巡游、横琴海汇演等大型户外节目。此外，珠海长隆国际海洋度假区还兴建了主题酒店、国际会展中心、国际海洋大剧院、主题购物中心和生态居住区等一站式综合性体验配套设施，让游客感受到海洋主题游乐的丰富，同时满足游客旅游休闲、购物娱乐、高档餐饮、主题酒店度假等多元体验需求。

珠海长隆主题公园在珠海横琴新区的建设，不但弥补了珠港澳城市商圈旅游资源的缺口，同时开创了新型主题公园开发思路，因而获得了市场运作的巨大成功，对其他主题公园或其他旅游品牌具有标杆作用。2015 年，珠海长隆海洋王国入园人数超过 748 万人，同比增长 36％，是 2015 年全球拥有海洋动物的主题公园中入园人数最多的，且其增长速度远超其他主题公园国际大鳄。

① 开发建设开启企业与政府共同体模式[①]。广东省政府和当地银行为启动作为第三个国家级新区的横琴岛的开发，希望通过大项目把整个区域炒热，从而带动当地的投资和消费，于是给予了长隆集团数十亿元的银行授信，并为其量身定制了土地招拍挂的条件，使其顺利拿下横琴岛 300 万平方米的旅游综合用地开发权，使长隆集团实现首次外扩。

② 产品与功能开发融合聚集模式。珠海长隆国际海洋度假区的一大战略风格就是"规模"，投资规模巨大，拥有丰富的产业链，其所有的产品和功能都非常注重综合化和多元化的设计，持续创新，大力建设高水准的项目，如海洋王国、横琴湾酒店、国际马戏城等项目都以国内主题公园旅游行业的最高水

① 陈海明，陈芳. 基于旅游综合体模式的新型主题公园发展研究以珠海长隆国际海洋度假区为例 [J]. 荆楚学刊，2014（3）：91-96.

平来进行建设，整个度假区旨在建成为一个集观光、休闲、度假、酒店、会展等为一体的超大型海洋主题综合旅游度假项目。

③ 盈利模式实现多元综合收益。除门票外，度假区还设计提供有海洋大街购物消费、长隆横琴湾酒店的度假消费、长隆国际马戏城消费，还有全球最大海洋馆的海底景观餐厅和其他9个特色餐厅的高档美食消费，以及大型多功能会展消费。度假区多元化的超级体验为企业带来极高的服务附加值、超额的利润和极高的投资回报率，同时也为企业带来远超门票的聚集效益和区域带动效益，为承接澳门特区的横琴新区带来超高人气指数。

3.4.4　跨海大桥的开发与应用

（1）跨海大桥简介

海上桥梁设施工程是人类在现代文明中开发海洋、借鉴建造滨海名桥建筑的智慧，运用先进技术，充分利用海洋资源的直观表现。跨海大桥就是横跨海峡或海湾的海上桥梁，对桥梁建造技术要求极高，是顶尖桥梁技术的体现。从全世界范围来看，已有上万座跨海大桥，短的几千米，长的有几十千米，这些千姿百态的超级跨海大桥，大气磅礴，各有各的美，魅力非凡。如全世界闻名遐迩的悬索桥——美国金门大桥，北端连接北加利福尼亚，南端连接旧金山半岛，长达2 780米，巨大桥塔高342米，其中高出水面部分为227米，相当于一座70层高的建筑物。每根钢索重6 412吨，由27 000根钢丝绞成，整个大桥造型宏伟壮观、朴素无华。桥身呈朱红色，横卧于碧海白浪之上，华灯初放，如巨龙凌空，使旧金山市的夜空景色更加壮丽。日本濑户大桥全长超过13千米，是铁路公路两用桥，由两座斜拉桥、三座吊桥和三座桁架桥组成，是花费40年时间、投入巨资建造起来的世界桥梁史上空前杰作。它北起本州的冈山县，犹如一条灰白色的钢铁巨龙，穿过世界上唯一一条铁路、公路上下分开的两层式隧道，弯弯曲曲、浩浩荡荡地跨海越洋，向南直奔四国的香山县。其在濑户内海中跨接了5个岛屿，从远处看去，5个岛屿犹如5颗璀璨的绿色明珠，被一根银线串在一起，成为著名的观光胜地。

我国沿海各地也建有许多大大小小的跨海大桥工程，随着近年经济的快速发展，长三角、珠三角等区域迎来了"大桥经济"时代，跨海大桥建设规模空前，尤其是"十一五"以来，青岛海湾大桥、杭州湾跨海大桥、舟山跨海大桥、厦漳跨海大桥、南澳跨海大桥、港珠澳大桥等一座座凌海飞架的大桥的建设，不断刷新着一个又一个世界桥梁建筑史上的纪录[①]。这些现代桥梁建筑设施规模宏大、外形美观，集使用价值与丰富的文化内涵于一体，不但对沿海区

---

① 王晓惠，李长如，宋维玲．跨海大桥助推沿海经济发展［J］．海洋信息，2011（2）：10.

域经济的发展起了极大的推动作用，而且也是重要的海洋文化景观资源，是令人惊叹的靓丽风景线和绝佳的休闲旅游观光台。

（2）跨海大桥的开发与应用实例——青岛海湾大桥

青岛海湾大桥又称胶州湾跨海大桥（图 3‐12），为双向六车道高速公路兼城市快速路八车道，设计行车时速 80 千米，桥梁宽 35 米，设计基准期 100 年，是我国自行设计、施工、建造的特大跨海大桥。大桥跨越胶州湾、衔接青兰国家高速公路，是山东省"五纵四横一环"公路网以及青岛市规划的胶州湾东西两岸跨海通道的重要组成部分。它自青岛主城区海尔路经青岛到黄岛，全长 36.48 千米，是当今世界上最长的跨海大桥，具有"全球最棒桥梁"的殊荣，2011 年曾获得吉尼斯世界纪录，并被美国"福布斯"杂志刊登。

图 3‐12　青岛海湾大桥

青岛海湾大桥于 1993 年 4 月开始规划研究，2007 年 5 月全面开工，历时4 年完工，于 2011 年 6 月 30 日全线通车。大桥本身是青岛的市政建设项目，以 BOT（建设—经营—移交）方式面向世界公开招标，山东高速集团获得此项目并拥有 25 年的特许经营权，其充分开展资本动作，多渠道筹资，银行的综合授信一度达到项目建设资金的两倍①，是我国当时国有独资单一企业投资建设的最大规模交通基础设施项目。在"BOT"大模式之下，保障投资者的利益是项目成功的重要前提。为此，青岛市与山东高速集团还达成相关协议，将与青岛海湾大桥具备天然的"竞争关系"的青岛环胶州湾高速公路一并归属山东高速集团，两者进行捆绑经营。

---

① 金永祥. 中国 PPP 示范项目报道［M］. 北京：经济日报出版社，2015：333.

在技术创新方面，青岛海湾大桥从 2007 年 5 月全面开工建设至今，已创造多项世界或国内"第一"，还斩获了多项科技进步奖项，如全桥海上钻孔灌注桩数量为 5 127 根，居世界第一；是全国首座采用低桩承台的跨海大桥；大桥的"红岛互通立交"成为我国第一座海上互通立交；大沽河航道桥成为世界海上首座独塔自锚式悬索桥；世界首创的"水下无封底混凝土套箱技术"获得2009 年度中国公路学会科技进步特等奖；"高精度卫星三维定位测量控制系统"获得山东省科技进步二等奖。

如今，在波光粼粼的胶州湾，青岛海湾大桥就像一道漂亮的弧线，在天海之间划过，成为青岛的标志性建筑。青岛海湾大桥的建立不但起到交通枢纽的作用，还将老城区的海滨度假区与黄岛区的薛家岛省级旅游度假区连为一体[1]，形成一个青岛滨海旅游的"包围圈"，为青岛市旅游业的发展做出卓越的贡献。

3.4.5 海洋遗址遗迹的开发与应用

(1) 海洋遗址遗迹简介

海洋遗址遗迹景观形成于已经成为历史的人类发展阶段之中，它是这些特定历史时期沿海居民从事某些生产、生活及军事活动等的产物，是沿海国家、民族当时的政治、经济、军事、文化、科技、建筑等方面的特点和水平的记录[2]。它是重要海洋历史事件或相关信息的见证者和记录者，如今已废弃并被遗存下来，如建筑遗址、地段遗址等。海洋遗址遗迹景观既是古代人类的智慧结晶，也是历史事实的一种客观表现，其悠久性及其与现代人生活环境的巨大差异性使其成为极具历史文化魅力的存在物。该类景观主要包括沿海地区的古人类遗址、古城遗址、古战场遗迹、古关隘遗迹、古代大型工程遗迹、古建筑（构筑）遗迹等类型。

我国著名的海洋遗址遗迹景观有很多，如山东青岛新时期文化遗址、浙江余姚县河姆渡遗址、广州秦代造船遗址、三亚落笔洞古文化遗址等是见证我国滨海地区古老文明与文化史的人类文化遗址；天津大沽口炮台、广东东莞虎门、威海甲午海战旧址等是具有较高历史价值和爱国教育意义的军事海防遗址；江苏武进县淹城遗址、福建武夷山市兴田镇城村汉城遗址、辽宁丹东九连城、营口古城遗址等是我国尚存的重要古代城池遗址。这些海洋遗址遗迹不但

---

① 李岩. 青岛开发区旅游民俗文化资源开发研究 [J]. 山东省农业管理干部学院学报，2010 (6)：155–156，168.

② 李加林，杨小平. 中国海洋文化景观分类及其系统构成分析 [J]. 浙江社会科学，2011 (4)：89–94.

为研究人类起源和人类进化提供了极为宝贵的科学资料，同时，也是重要的海洋旅游景观资源，能不同程度地满足游客探索古代人民生活方式、古代科学技术与体验人类传统文化的需要。

（2）海洋遗址遗迹的开发与应用实例——浙江余姚县河姆渡遗址

河姆渡遗址（图3-13）位于杭州湾南岸、余姚县罗江区河姆渡村东北，遗址属于7 000年前的母系氏族公社，总面积约4万平方米，有4个文化层，上下交错相叠，是我国东南沿海地区一处重要的新石器时代聚落遗址，以发达的耜耕稻作农业、高超的榫卯木构干栏式建筑、独特的制陶技术等富有鲜明特色的文化内涵，奠定了其在我国史前考古学史上的重要地位，被命名为"河姆渡文化"。1973年和1977年进行过两次发掘，出土文物达7 000多件。河姆渡遗址的发现和发掘，改变了人们长期以来对长江流域新石器时代文化的偏见，有力地冲击了只有黄河流域才是中华民族远古文明发祥地的传统观念，成为中华民族远古文明历史的见证而编入历史教科书。1982年，河姆渡遗址被列为全国重点文物保护单位；2001年被评为"中国20世纪百项重大考古发现"之一。

图3-13 浙江余姚县河姆渡遗址

为有效保护和合理利用好这一珍贵的历史遗址遗迹，1986年余姚市政府发布了《关于加强保护河姆渡遗址的通告》，划定了河姆渡遗址的保护范围和建设控制地带，并着手制订河姆渡遗址保护、建设总体规划，将遗址的有效保护和合理利用纳入了当地经济、社会发展及城乡建设计划中①。1987年，余姚市人民政府委托浙江省城乡规划设计研究院进行河姆渡遗址博物馆的总体规划

---

① 黄渭金. 大遗址保护和旅游开发的思考——河姆渡遗址保护和利用的探索 [C] // 跨湖桥文化国际学术研讨会论文集. 杭州：杭州市萧山跨湖桥遗址博物馆，2014：62-69.

设计，从此拉开了河姆渡遗址保护和利用的序幕。1989 年在遗址西南原浙江省文物考古研究所河姆渡工作站和罗江乡机电站旧址上成立了专门的遗址保护机构——河姆渡遗址文保所。1990 年河姆渡遗址出土文物陈列室也在此落成，并着手筹建遗址博物馆，由文物陈列馆和遗址现场展示区两部分组成，把遗址保护和利用紧密结合在一起。1993 年河姆渡遗址出土文物陈列馆对外开放，坐落于遗址保护范围外的西边，目的是保护遗址的自然文化堆积免遭建设性破坏。建筑设计充分考虑到河姆渡文化特色及其与周围环境风貌协调，将具有河姆渡文化特色的干栏式建筑、榫卯技术、崇鸟爱鸟习俗等融入陈列馆的建筑设计中，建筑外墙则由灰白色陶土砖贴面，外围又以绿化隔离，着力营造古朴、野趣的环境氛围。1994 年在遗址两期发掘区及渡头村旧址上建成简易的"遗址公园"。1999 年扩建成发掘现场展示区，所有建设工程都以不破坏自然地层堆积为原则。2007 年距离河姆渡遗址博物馆约 7 千米的田螺山遗址现场馆对外开放，隶属河姆渡遗址博物馆。由出土文物陈列室和发掘现场保护棚组成，其中的发掘现场保护棚内保留了各个文化层的重要遗迹，实施边发掘、边研究、边保护、边展示的方式，让游客真实地感受到考古发掘过程和现场。为适应现代旅客追求新奇、刺激和休闲等的多种要求，河姆渡遗址文物陈列馆从 2008 年起闭馆进行陈列展览改造，至 2009 年重新开放，新的陈列展览以通俗易懂为宗旨，利用场景、模型及电脑动画等多种形象化手段，全面展示河姆渡先民生产生活内容和原始宗教、艺术等精神面貌，陈列展览获 2009 年度浙江省十大精品荣誉。

为进一步规划保护和利用好河姆渡遗址及其周边地区，开发新的参观游览项目与景点，早在 2000 年余姚市政府结合新的经济发展形势和遗址实际状况，对河姆渡遗址周边地区的旅游项目开发进行了规划，规划在遗址东、北面建设河姆渡文化原始生态园，与已经建成的遗址博物馆连成一片，功能、内容也与河姆渡文化紧密相关，是博物馆功能的延伸。原始生态园主要是模拟、恢复河姆渡先民生活时期的生态环境，通过游客在其内的舟游和参与采集、渔猎等活动，亲身体验先民古朴而野趣的原始生活。河姆渡文化旅游开发不仅丰富参观内容，同时也进一步保护了河姆渡遗址。目前，河姆渡原始生态园已初步建成，不但恢复了 7 000 年前河姆渡人的生活环境，增强了直观可看性，使游客在身临其境时有所观、有所感、有所领悟，达到重温历史、增长知识、荡涤心灵的目的，同时能使游客更加形象直观地了解 7 000 年前先民的生产生活方式，让其在河姆渡多逗留 2 个小时左右。

3.4.6 海洋民俗的开发与应用

（1）海洋民俗简介

海洋民俗是适应当地海洋自然与人文环境而存在的，是广大沿海人民创造、享用和传承的，在共同地域内形成的带有浓重地方色彩、与海洋有关的、反映地方历史文化特色的生活文化景观，包括民间服饰、饮食民俗、涉海信俗、礼仪习俗、庙会节庆等。我国海域辽阔、海洋南北环境不同，在漫长的海洋开发历史中，由于地域特色的差异，每个地区都有自己独特的海洋民俗，因而形成了海洋民俗文化景观的多样性。

海洋民俗大致可概括为三大类①。一是海洋生活习俗，主要指人们涉海生活中与自身生存需要最密切的风俗习惯，包括衣饰、饮食、居住和交通习俗。如在衣饰习俗方面，沿海居民的衣饰往往与海洋性环境和海上的劳作方式有关，如海产渔民多穿短衣短裤，便于撒网捕鱼；洞头渔民因大多时间在海上生活，衣着易被海水打湿而腐蚀，因而所穿的外衣都用拷胶染过，染成棕红色，俗称"拷衣"。二是海洋生产习俗，沿海居民生产习俗的内涵可分为三个层面，即海岛生产过程中人员间的相互关系习俗、生产祭祀中的信仰习俗、生产模式和行为习俗。三是海洋信仰习俗，我国海洋信仰习俗种类齐全、形式多样，文化内涵丰富，在中国的海洋民俗信仰中，除了四海海神、海龙王、妈祖之外，还有五花八门的、与海洋现象和海洋生活、环境条件相关的神灵信仰，如潮神、船神、网神、礁神、鱼神、盐神、岛神等，民间海神神灵塑像极为普遍，几乎渔村、码头、船上、海岸、山头、家中、寺庙，处处都有各门各类海洋神灵被塑像立牌、建寺立庙，沿海居民对海神神灵的信仰贯穿于生产、生活的各个方面，无论是日常生产还是大小节日，都要举行各种各样、形式不一的奉祀活动。

对海洋民俗文化景观的开发与利用可以通过海洋民俗博物馆、民俗村等形式进行，也可以通过举办海洋民俗节庆活动的形式进行。如泰国著名海滩旅游胜地芭堤雅的东芭文化村，全景展现了泰国的风俗民情和日常生活，并设有民俗表演、舞蹈演出、婚礼表演、民间技艺表演等形式多样的民俗项目。我国沿海许多地区开发"渔家乐"特色休闲旅游项目，以此让人们亲身体验渔家的民俗生活，也是一种对当地海洋民俗的开发与利用，如日照王家皂民俗旅游村推出的以"吃渔家饭，住渔家屋，干渔家活"为内容的民俗旅游项目。如今，以了解海洋民俗文化和享受海洋民俗风情为目的、强调旅游活动中生活方式和生活背景的体验性的海洋民俗旅游正在迅速发展，开发利用独具特色、旅游功能强大的海洋民俗旅游资源，有利于推动当地旅游和经济的发展。

（2）海洋民俗的开发与应用实例——山东荣成国际渔民节

举办渔民节、渔灯节、赶海节等各种海洋民俗节庆，发展海洋民俗旅游是

---

① 杨宁. 浙江省沿海地区海洋文化资源调查与研究［M］. 北京：海洋出版社，2012：104 - 105.

开发海洋民俗景观的重要途径。荣成国际渔民节以渔民为主体，以渔村文化为主要内容，依托谷雨祈福这一富有特色的渔家民俗文化活动，以体验荣成沿海渔家生活为基调，以促进经济技术合作与交流为目的，开展各种海上运动项目、大型民俗观光旅游活动、经济技术贸易洽谈会和海洋渔业博览会等一系列活动，吸引了大量海内外人士前来旅游观光、洽谈经济贸易，是海洋民俗景观开发与应用的成功案例（图 3-14）。

图 3-14　山东荣成国际渔民节

荣成市地处山东半岛的最东端，北、东、南三面濒临黄海，海岸线全长超过 500 千米，全市直接或间接从事渔业生产的人约占总人口的 2/3，被称作"全国渔业第一市"。荣成因海而兴，渔民节则是一项富有浓厚地方特色的民俗节日，它始于沿海渔民的谷雨节，在中国有着悠久的历史，相传在我国北方沿海一带，渔民过谷雨节已有 2 000 多年的历史，到清朝道光年间易名为渔民节。荣成渔民节祭祀仪式是当地渔民在沿海独特的地理位置、文化历史环境中在长期的海上作业中形成的以祭祀海龙王为主要内容的传统民间文化活动。渔民节祭祀仪式主要分布在荣成市南部沿海渔村，尤其是院夼村等周边渔村，如靖海卫村、朱口村、沙口村、码头村、蚧口村、大鱼岛等。这些村庄全村世世代代以捕鱼为生，在传统的谷雨节上，渔民祭海成为村子里一项重要的民俗文化活动。

荣成渔民祭海有着悠久的历史，早在春秋时期，为祈求海神保佑他们的海上生涯一帆风顺鱼虾满仓，当地渔民于每年出海前一天，向海神献祭。由于所处的独特地理位置及气候特点，每到谷雨这一天，深海的鱼虾便遵循季节洄游的规律纷纷涌至院夼村南的黄海近海水域，休息了一冬的渔民便选择在这时整网出海捕鱼。为了祈求平安、预祝丰收，渔民出海之前都要举行隆重而盛大的仪式，虔诚地向海神献祭。祭祀活动分三天。第一天，准备祭品，祭品有带皮去毛的肥猪一头，用腔血涂红，白面大馍馍十个，烧酒一瓶，香纸鞭炮一宗；第二天，即谷雨节前一天下午，渔民抬上肥猪，带着祭品敲锣打鼓来到龙王庙或海神娘娘庙前，先摆供品，放鞭炮，然后烧香磕头，面海跪祭；第三天谷雨节，渔民们欢聚一堂，喝行酒令，狂欢至深夜。渔民节祭祀仪式体现了古老的沿海居民海神崇拜和祭祀文化，体现了渔民的信仰特征，祭海活动搭建了渔民民俗文化展示和传承的平台，还起到了团结渔民、凝聚人心的作用①。

尽管荣成谷雨节渔民祭拜活动历史悠久，但真正明确"渔民节"这一节日是在1991年。考虑到谷雨节渔民祭拜活动历史悠久等因素，出于挖掘和弘扬民俗文化、增进国际国内交流和友谊、发展旅游、繁荣地方经济等目的，荣成市委、市政府从顺应渔民心愿、满足渔民对文化生活的渴望出发，也为了加强国内外文化交流，决定自1991年起，以市政府的名义在每年传统的谷雨节期间举办荣成渔民节。1991年，由政府主导的首届荣成渔民节在大鱼岛村举行。1993年增加了部分与国际海洋文化接轨的活动和海外招商项目，改名为"荣成国际渔民节"。后来，为了使中外来宾尽情享受大海的风韵，当地政府决定把渔民节改在气温较高的每年7月24日至28日举行。连续举办四届后，又改为每三年举办一次。每届渔民节都有近万名中外来宾和10万当地群众参加，渔民节以增进国内外文化交流、发展经济、促进开放、共同繁荣为宗旨，举行新闻发布会、典礼仪式、游艺活动、观光旅游活动，举办地方名优产品和书画等展览、经贸洽谈、文艺晚会等活动，使渔民节成为中国海文化盛会，赢得了中外来宾的高度关注和赞誉。荣成国际渔民节不仅是节日的欢庆更是重要的旅游文化资源，其作为海洋民俗成为海洋旅游的亮点，每年此时都会吸引众多海内外游客慕名前往荣成观光度假，大大地促进了当地旅游业的发展。

3.5 我国海滨度假胜地

炎热酷暑之际，亲近大海的沿海城市成为人们休闲度假的好去处。海滨度假是指沿海地区依托阳光、气温、空气等自然优势，通过开发海水、海滩、海岸、海岛等资源，以休闲、度假、娱乐为目的，使人们身心放松、精神愉悦的一种新型度假方式。海滨度假目前已在大部分国家或地区形成了较为成熟的产品体系，成为具有区域竞争力的旅游产品，如世界著名的海滨度假胜地巴厘

① 李宗伟.山东省省级非物质文化遗产名录图典（第1卷）[M].济南：山东友谊出版社，2012：470-471.

岛、夏威夷等都具有成熟发达的海滨度假产品，并成为该城市的形象代表。我国地域辽阔、全国23个省市中有一半属于沿海地区，拥有岛屿5 000多个，南北海域纵跨近40个纬度，兼具热带、亚热带、暖温带和温带等海上景致和海洋风光，海洋景观资源丰富，海滨度假的基础性条件优越，大连、青岛、厦门、珠海等海滨城市一直是人们出行的热点，特别是每逢酷暑盛夏，海滨度假游异常火爆，给交通、食宿等行业也带来了巨大的发展潜力。本书以国内外闻名遐迩的海滨度假城市三亚和青岛为例，简单介绍一下现代生活中对海洋景观资源开发较好的海滨度假胜地。

3.5.1　海滨度假天堂——三亚

三亚位于海南岛的最南端，优越的热带海洋气候、典型的热带海滨旅游景观和热带海岛风情是当地的特色。三亚拥有充足的阳光、松软的沙滩、一望无际的海水、旖旎秀丽的热带雨林风光，"四时常花，长夏无冬"，是世界上最大的"冬都"，有"东方夏威夷"之称。近年来，随着人们生活环境的持续恶化，被誉为"全国空气质量最好的城市"的三亚成为人们首选的海滨度假之地。目前，三亚的滨海旅游产品已经逐渐从起步走向成熟，塑造了亚龙湾、海棠湾等重点旅游度假区品牌，其中亚龙湾、天涯海角、海棠湾成为人们海滨度假的主要目的地；积极挖掘滨海休闲运动项目发展潜力，开展了国际帆船赛、马拉松赛等国际赛事产品；推动海上休闲观光旅游，开发了游艇、帆船、潜水和冲浪等海上娱乐产品，已经初步形成了颇具吸引力的滨海度假产品体系[①]。三亚现已成为国内首屈一指的潜水圣地，以邮轮游艇为代表的新业态发展迅速。

亚龙湾（图3-15）属典型的热带海洋性气候，冬可避寒、夏可消暑，一年四季皆是滨海度假的好去处，现已建设成为集滨海浴场、豪华别墅、度假村、高星级宾馆、国际游艇中心、高尔夫球场等基础设施为一体的国际性旅游中心，并不断优化提升滨海观光、海岛观光、酒店度假、会议会展等滨海旅游产品。湛蓝的天空、温暖和煦的阳光、沁人心脾的新鲜空气、种类繁多的热带水果、独特的热带田园风光、各具特色且错落有致的沿海度假酒店，每年都吸引着世界各地的人们来此度假。"不是夏威夷，胜似夏威夷"是前来滨海度假的游客对亚龙湾由衷的赞誉[②]。

天涯海角（图3-16）是海南最负盛名的地方，在人们心中一直是海南的

① 陈卡雷，陈超.三亚市滨海旅游产品开发研究［J］.旅游纵览（下半月），2016（5）：92.
② 李燕琴，刘莉萍.夏威夷对海南国际旅游岛可持续发展的启示［J］.旅游学刊，2011（3）：16-24.

图 3 - 15　亚龙湾

代名词。景区内的"天涯物寨""天涯漫游区""海上游艇俱乐部""天涯画廊""天涯民族风情园""天涯历史名人雕像"等旅游建设项目令人目不暇接、流连忘返。目前,天涯海角的建设增添了许多现代、浪漫和时尚的气息,积极开发围绕交友、定情、订婚、结婚、蜜月以及结婚纪念日等不同婚恋状态的婚恋旅游产品[①],成为中国著名的婚纱照拍摄、婚礼举行场地和婚恋度假基地,每年这里举办的国际婚庆节都会见证百对新人的幸福时光。

图 3 - 16　天涯海角

---

① 符之杰. 浅析三亚市旅游产品开发战略 [J],中国商贸,2010 (29):159 - 160.

海棠湾（图 3-17）享有"国家海岸"的美誉，长约 22 千米的海岸线美不胜收，拥有比肩著名滨海旅游度假区的国家稀缺性旅游资源，加上无可匹敌的北纬 18 度的气候，可谓是海南最后一块高品质的海滨资源。海棠湾的开发模式与传统的发展模式有所不同，它先配备了适度超前的湾区基础设施，再谋求发展旅游项目。为满足不同人的旅游度假需求，海棠湾的发展战略分为三线，一线为沿海海岸线，主要用于建设世界性高端酒店，二线规划建设了中端酒店和少量低密度住宅，三线地段建设具有当地特色的风情小镇，这些相对低端但有特色的旅店，与滨海酒店形成互补。优美的自然风光、有名的温泉资源，奢华的一线酒店走廊和全球的单体店，这些都使海棠湾这个曾经默默无闻的海岸闪闪发光。

图 3-17 海棠湾

3.5.2 国际海滨度假城市——青岛

青岛这座美丽的国际海滨度假城市，不但地理位置优越，而且环境适宜，是炎热夏季旅游者们海滨度假的最佳选择。青岛市拥有面积广阔的海滩，海岸线长度超过 800 千米，第一海水浴场、第二海水浴场、金沙滩等海水浴场视野开阔、沙质细腻、设施齐全，可以提供观光、休憩、运动、购物等多种休闲活动，尤其是近年来推出的丰富多彩的海上休闲项目和沙滩休闲项目，深受旅游者的喜爱。此外，青岛市是一座具有沿海文化特色的海滨城市，历史文化积淀深厚，琅琊台文化遗址、1388 文化街、青岛啤酒博物馆、劈柴院等弥漫着文化艺术与历史的气息。青岛还有"万国建筑博览会"的美誉，八大关别墅区、德国总督府旧址、江苏路基督教堂等都留有大量的欧式和德国建筑[①]（图 3-18）。

---

① 张绍峰，崔立臣.青岛的欧式建筑［J］.中国住宅设计，2009（12）：36-38.

图 3 - 18　青岛八大关建筑

　　目前，青岛市已规划八大关和奥帆中心为主的休闲度假核心街区、以琅琊台和灵山湾为主的休闲度假区、以胶州湾为主的温泉旅游度假和会展功能区以及云山生态旅游度假区四大度假区集群。其中，以八大关和奥帆中心为主的休闲度假核心街区是大部分海滨度假游客的首选，它依托滨海步行道将老城区和新城区的公园、广场、海水浴场以及星级酒店等串联起来，通过建设影视媒体、极地海洋世界、游艇俱乐部、国际会议中心和度假酒店等项目，形成大批具有青岛海滨特色的、以休闲为主的综合性旅游度假区；温泉旅游度假和会展功能区以开发健身、理疗为主题的温泉旅游产品为重点。近年来，青岛结合当地特色，开展青岛啤酒节、海洋节等活动，积极打造集观光、度假、节会、休闲于一体的国际海滨度假城市。在旅游设施建设方面，目前青岛市已建立城市智能交通系统，胶济铁路、流亭机场以及多条高速公路的投入使用打破了制约青岛滨海旅游业发展的瓶颈；国际著名酒店、星级酒店、经济型连锁酒店随处可见，高中低相结合的度假住宿设施日益完善，可以最大限度地满足国内外游客海滨度假的需要。

4 海洋生物与现代生活

4.1 海洋生物——现代生活、生产的高级原材料

4.1.1 海洋生物资源种类繁多、数量庞大

海洋是生命的摇篮，浩瀚无垠的海洋中几乎到处都有生物的存在。海洋生物是指海洋里有生命的物种，包括海洋动物、海洋植物、微生物及病毒等。其中，海洋动物是指海洋中异养型生物（不能直接把无机物合成有机物，必须摄取现成的有机物来维持生活的营养方式叫做异养型）的总称，是海洋生物中最重要、最活泼的群体。从海面上至海底，从岸边或潮间带至最深的海沟底都有海洋动物，它们的门类繁多，各门类的形态结构和生理特点可以有很大的差异。海洋动物主要包括无脊椎动物和脊椎动物两大类，前者占海洋动物的绝大部分，主要门类有原生动物、海绵动物、腔肠动物、环节动物、软体动物、节肢动物、棘皮动物，如各种螺类和贝类、珊瑚、水母、章鱼、虾、蟹、海星、海参等；后者包括各种鱼类、爬行类、鸟类和哺乳类动物，如鳗、鲨鱼、棱皮龟、海蛇、鲸鱼、海燕等。海洋植物是海洋中自养型生物（以光能或化学能为能量的来源，以环境中的二氧化碳为碳源，合成有机物并且储存能量的新陈代谢类型叫做自养型）的总称，是维持整个海洋生命的基础。它们既能为海洋动物提供充足的食物，同时其光合作用还能释放出大量的氧气为海洋动物甚至陆上生物提供呼吸所需的氧气。海洋植物以藻类为主，主要包括浮游藻和底栖藻两大类，其中，在水中随波逐流的浮游藻类大多数是一些单细胞藻类，个体都很小，它们是使鱼虾肥壮的饵料，如硅藻、绿藻、蓝藻、甲藻等；底栖藻是生长在海底的大型藻类，它们定生在低潮带或潮下带的礁岩上，绿、红、褐、蓝藻都有，如海带、裙带菜、紫菜等。海洋微生物是指以海洋水体为正常栖居环境的一切微生物。其中，海洋细菌作为分解者，它能促进物质循环，是海洋生态系统中的重要环节。

海洋生物的多样性远高于陆地，比陆地生物更加丰富多彩。据统计，海洋中有20多万种生物，其中动物18万种，植物2.5万种。海洋生物的蕴藏量约342亿吨，其中海洋动物325亿吨，海洋植物17亿吨[①]。这些种类繁多、数量

---

① 美狄亚. 你一定爱读的海洋未解之谜［M］. 北京：台海出版社，2016：189.

庞大、五彩缤纷的海洋生物与人类的关系非常密切，对人类的现代生活和生产具有巨大的价值。它不仅为仿生学等科学研究提供参考的依据，为人们的休闲娱乐提供观赏性极高的生态景观，为电影、动画、故事等的创作提供丰富的素材，同时也是生活生产所需的高级原材料，它们当中有不少可以直接食用，能满足人类对蛋白质的需求，有些还具有很高的药用价值，是重要的新药源泉。随着海洋生物技术等高技术的不断发展，开发利用海洋生物资源潜力巨大，发展前景广阔。

作为一种自然资源，海洋生物资源因其具有生命特征和自行繁殖能力，可以通过自身的生长、发育、繁衍和更新，使该种群不断得到扩充，持续进行更新，始终保持数量上的相对稳定，甚至在条件趋于稳定、有利于生长的情况下，种群数量还能得到大范围的扩大，但是如果遭遇到不利的自然条件或者人类不合理的开发利用，种群数量就会呈直线下降趋势，该资源会逐渐衰竭。如我国20世纪70年代中期以来对大、小黄鱼进行了掠夺性捕捞，使其资源基础受到了致命的破坏和打击，自1982年开始，我国近海大、小黄鱼资源已逐渐枯竭，几乎不成鱼汛，市场上基本见不到这两种野生的黄鱼了。据联合国粮农组织已评估种群的分析，处于生物可持续水平内的海洋鱼类种群比例显示下降趋势，已从1974年的90％下降到2013年的68.6％，在2013年有31.4％的鱼类种群处于生物学不可持续水平，遭到过度捕捞。因此，人类在开发利用海洋生物资源之时，要树立保护海洋生态环境和海洋生物的意识，严格控制捕捞强度，加强对海洋生态环境和海洋生物多样性的有效保护，科学、合理、充分地开发利用海洋生物资源，才能维持海洋生物资源的持续生产和功能，实现海洋经济的可持续发展。

4.1.2 海洋生物资源的用途广泛

海洋生物分布在海洋的各个角落，其生物多样性为人类提供了大量的资源，海洋生物资源的用途十分广泛，从吃到用、从生活到生产都有海洋生物的身影，对我们的现代生活有着巨大的影响。如今，海洋生物资源已成为我们现代生活、生产的重要组成部分，正是有它们的存在，我们的生活才更加多彩和美好。

4.1.2.1 开发海洋食品

海洋食品是指以一切可供人们食用的海洋生物（如鱼、虾、蟹、贝、藻等）为主要原料，加工制得的罐头、鱼粉、腌熏品、鱼油、藻类食品和保健食品等。常见的海洋食品主要有：海鲜或简单加工海洋食品、海洋功能（保健）食品、海洋仿生食品、海鲜调味料、海盐等①。海洋生物为人类提供食物的能

---

① 陈利梅，周文化．我国海洋食品工业的现状及对其发展的思考［J］．食品与药品，2006，7
（07A）：22－25．

力相当于全世界所有耕地提供农产品的 1 000 倍,因而富饶的大海被誉为"蓝色粮仓"。

海洋生物含有人类必需的六大类营养素,海洋食品营养全面且优质,种类丰富,加之由于海洋生物的生态环境、食物链、体内的生物合成途径及酶反应系统均与陆生生物迥然不同,海洋食品中富含结构新颖、功能独特的功效成分[①],因此,海洋食品不仅能增加人类食物资源,更有助于提高人类健康水平和生活质量。其中,海洋生物富含易于消化的蛋白质和氨基酸,食物蛋白的营养价值主要取决于氨基酸的组成,海洋中鱼、虾、贝、蟹等生物蛋白质含量丰富,人体必需的 9 种氨基酸含量充足,尤其是赖氨酸含量更比植物性食物高出许多,且易于被人体吸收,是人类的美味佳肴,也是向人类提供高蛋白质食物的理想原料。如日本等国研制的浓缩鱼蛋白、功能鱼蛋白、海洋牛肉等,均以鱼类为主要原料制成。现已知可供人类食用的藻类有 70 多种,如海带、紫菜等,它们不仅含有大量蛋白质、脂肪和碳水化合物,而且有 20 余种维生素和多种矿物质,这些都是人体健康不可或缺的物质。

海鲜等传统海洋食品因其营养丰富、味道鲜美等特点而深受人们的喜爱,在我们的餐桌上随处可见,成为世界范围内的重要食品来源。近些年来,随着海洋生命科学和食品加工技术的不断进步,各种各样的海洋生物通过精深加工被制成新型海洋食品,不断进入我们的饮食中。其中,面对新时期人们对食品的功能性要求的提高,海洋功能(保健)食品凭借其营养价值高、保健功效好的特性而备受消费者的青睐,其市场需求日益旺盛、消费群体逐步扩大,成为食品开发与生产领域的一大热点。如今,获得研制开发的海洋功能食品的产品系列主要有鲨鱼软骨系列、海藻系列、鱼油系列、海参系列、贝类系列、甲壳资源系列、补碘系列、海洋蛋白系列、珍珠系列及活性钙系列等,其保健作用主要集中在免疫调节、调节血脂、调节血糖、抗疲劳、改善记忆、抗氧化、抗肿瘤和耐缺氧等方面[②],产品形式多种多样,有口服液、胶囊、饮料、冲剂、粉剂和烘焙、膨化、挤压类产品等,如海参口服液、海珍健身宝口服液、鲨鱼软骨胶囊、螺旋藻胶囊、海带饮料、昆布茶、海马酒、海蛇酒、龙牡壮骨冲剂、海珍粉、螺旋藻营养面等,海洋功能食品的开发正向多元化方向发展,正成为海洋食品业中一个异军突起的新分支。

4.1.2.2 制备海洋生物药物

海洋生物药物是指从海洋动植物及微生物体内提炼、萃取的新型有机化合

① 常耀光,薛长湖,等.海洋食品功效成分构效关系研究进展 [J].生命科学,2012,24 (9):1013.

② 李八方.海洋保健食品 [M].北京:化学工业出版社,2009:25-26.

物，广泛应用于现代新药物的研制与合成。与陆源生物资源相比，海洋生物由于生存在海洋复杂而恶劣的生态环境中，为了生存和发展，经过长期的进化，产生了独特的代谢方式和体内防御体系，因而蕴藏着大量结构新颖、生理功能独特的生物活性物质。如海藻中含有的牛磺酸具有降低血胆固醇、降低血压等功效；河鲀鱼（俗称河豚鱼）中含有的河豚毒素，其毒性相当于氰化钠的1 000多倍，对戒毒有着神奇的疗效；海参中的海参素、刺参酸等活性成分有抗癌作用等。这些丰富的海洋生物资源可供人们药用的开发潜力非常大，是潜在的巨大药物宝库。目前已知药用海洋生物约有1 000多种，分离得到天然产物数百个，制成单方药物20多种，复方中成药200多种。海洋生物药物的应用领域在不断扩大，其研究热点主要集中在海洋活性天然产物、多糖、微生物的研究及新药开发和海洋生物基因工程技术等方面。当前，海洋生物药物的研究和开发已向产业化发展，从海洋中寻找生物活性物质并开发研究新的药物前景广阔，一些用陆地药源难以医治的疾病，如心脑血管疾病、糖尿病、艾滋病、癌症等疑难病症，可望从海洋生物中获取医治的药物。

1967年，美国率先提出"向海洋要药物"的口号，时至今天，现代海洋生物药物研究的历史已有50年。随着陆生资源的日益匮乏和化学药物开发的难度及投入加大，人类迫切需要新的天然产物作为新药特别是开发抗癌药物的先导化合物，于是众多专家和学者纷纷将寻找新药的目光和研究的重点、方向逐步转向巨大的海洋，以开辟新的药源。世界各国对海洋生物资源的开发越来越重视，如美国、日本及一些欧洲发达国家均投入了大量资金，开展海洋生物活性成分等方面的研究，并取得了一系列重要的研究成果，在海洋天然产物领域世界上已形成了欧洲、美国、日本三足鼎立的局面。我国是最早把海洋生物作为药物的国家之一，从古到今，我国一直致力于从大海捞"药"，在《黄帝内经》《神农本草经》《海药本草》《本草纲目》《本草纲目拾遗》及《食疗本草》等古书籍都有收录海洋生物药物的作用和使用方法。我国对海洋生物药物的现代研究从20世纪60年代开始，但直到80年代后，随着分子光谱、核磁共振谱、高分辨质谱、高压液相层析、单晶X-衍射等现代精密仪器的广泛应用和海洋生物技术、分子快速筛选方法等高新技术运用于海洋药物的筛选、分离纯化和鉴定，才使得这一新兴研究领域日益活跃，并取得实质性的研究进展[①]。经过几十年来的探索和发展，如今，我国已建立了海洋生物活性筛选、活性化合物提取分离、化合物结构鉴定、结构优化及活性评价的技术平台和技术体系；在海洋生物功能基因技术方面，积累了大量海洋生物基因数据，建立

---

① 李敏，赵谋明，叶林. 海洋食品及药物资源的开发利用［J］. 食品与发酵工业，2001，27 (5)：61.

了多种海洋动植物基因库，开展了与疾病相关的基因研究，克隆了大量与海洋生物发育、疾病、免疫等相关的功能基因；有多种海洋生物药物（如藻酸双酯钠、甘糖酯、河豚毒素、角鲨烯、鱼油多烯康、烟酸甘露醇等）获得新药证书或进入临床试验研究，并取得显著的经济效益和社会效益。海洋药物的研究事业方兴日盛，这使得这类研究在中国的药学研究和生物工艺研究中占据愈发显著的地位。

4.1.2.3　制成海洋护肤品及化妆品

海洋生物中有许多生物活性成分（如甲壳素、壳聚糖等），具有抗衰老、抗氧化等美容功效，已开始被利用到海洋护肤品及化妆品的开发中。

甲壳素又称甲壳质、几丁质、壳多糖，它是一类高分子含氮多糖物质，广泛存在于甲壳动物（如虾、蟹等）的外壳、昆虫体表以及真菌的细胞壁，是仅次于纤维素的第二大可再生生物资源，其中海洋生物的生成量超过 10 亿吨。虾、蟹壳是目前工业化生产甲壳素的主要原料，其甲壳素收率为 10%～17%。甲壳素对细胞无排斥力，具有修复细胞之功效，并能减缓过敏性肌肤，且日本研究证实甲壳素具有抗氧化的能力，能活化细胞，防止细胞老化，促进细胞新生。甲壳素中亦含有高效保湿成分，它的 β 葡聚糖也能有效使肌肤含水保湿。

壳聚糖是甲壳素脱乙酰基的产物。甲壳素在高温（160℃）条件下以浓碱液处理，可使其分子链上乙酰基脱离，余下的部分即为壳聚糖。由甲壳素制壳聚糖收获率可达 80%左右。壳聚糖可以制成润肤霜、沐浴露、洗面奶、摩丝、高档膏霜、乳液、胶体化妆品等各种护肤品及化妆品，能促进皮肤细胞的新陈代谢、软化角质层、延缓皮肤老化、吸湿保湿、抗菌消炎、减少色素沉积等。用壳聚糖制成的护肤品及化妆品有以下功效：对经常涂抹粉底、BB 霜的肌肤，能起到吸附排泄皮下深层重金属作用；提高表皮保湿度，维持表皮含水量在 25%～30%；对脆弱、敏感肌肤，能在日常的护理中提高肌肤的免疫力；对外油内干，容易造成毛孔堵塞的敏感肌肤，有舒缓和抑制细菌活性的作用；对脉冲光、射频、点阵、果酸等医学美容术后的抗敏感及抗炎症，能快速修复基底热损伤，避免造成术后敏感。

此外，海洋微藻中的胡萝卜素、虾青素等也具有抗衰老、抗氧化的特性，被大量用于生产防晒剂、口红和胭脂等。海藻中的藻胆蛋白据说也有抗氧化、抗辐射等功效，且能取代人工合成染料，其作为化妆品的添加剂被广泛运用于国外的护肤品，我国国内生产的"海洋丽姿"等产品系列均属此类产品。

4.1.2.4　研制海洋生物材料制品

海洋生物材料是指由海洋生物体产生的具有支持细胞结构和机体形态的一类功能性生物大分子（如甲壳素、海藻多糖等），这类分子结构多数有规律，化学组成主要为多糖、蛋白质和脂类。这些化合物往往具有一定的强度和特殊的生物功能，因而可以作为生物材料广泛应用于工业、农业、医药和环保等领域[1]。

甲壳素是目前开发利用最多的海洋生物材料，其制品应用涉及众多行业和领域，目前已制成亲和层析介质、离子交换剂、固定化酶载体、照相底片、防火衣、液晶、手术缝合线、人工皮肤、人造肾膜、食品保鲜剂、声呐材料、植物生长调节剂、固色剂等近百种获得专利的甲壳素类产品。

海藻多糖是存在于细胞壁及间质的大分子糖类物质，从海藻中分离出的多糖有褐藻胶、卡拉胶和琼胶等，其中，褐藻胶主要存在于海带、马尾藻等褐藻类中；卡拉胶主要存在于角叉菜、麒麟菜等红藻中；琼胶主要存在于江蓠、石花菜、紫菜等红藻中。这些海藻多糖作为海洋生物材料的应用领域日益扩大，其制品涵盖印染、食品、日用化工等行业。

此外，海洋动物多糖、海洋生物蛋白质及酯类也可以作为生物材料，如藤壶、贻贝等海洋生物体内分泌黏性聚酚蛋白，经一系列的酶催化学反应后可形成极其坚韧且不溶于水的蛋白，可以用于开发动物细胞培养的贴壁素、伤口黏合剂等。

4.1.2.5　生产海洋生物肥料

随着绿色食品、有机食品和无公害农产品的大力发展，肥料的使用也随之改变，新型肥料因其更符合现代农业发展需求，且拥有较大的应用价值及推广前景，成为当前肥料发展的一大趋势。海洋是巨大的资源宝库，开发利用海洋生物资源生产新型肥料也吸引着众人的眼球。目前，用于肥料开发的海洋生物资源主要有三大类：海藻类、鱼类和甲壳类，可制成海藻肥、鱼蛋白肥和甲壳素肥料，这些天然、高效、新型的绿色有机肥料产品，其发展方向和定位与消费潮流相符合，引起了业界的广泛关注和重视，市场潜力巨大。

海藻肥是指以海藻或海藻提取物为原料，通过发酵、酸碱工艺或肥料混配工艺生产出来的生物肥。市场上常见的海藻肥原料主要为褐藻中的泡叶藻、昆布、海带、马尾藻等。该肥在欧盟 IMO、北美 ECOCERT、日本 JAS 标准和中国有机食品技术规范中被明确认定为有机农业的应用产品[2]，对玉米、水稻、大麦、小麦、大豆等粮食作物，地瓜、土豆、花生、豌豆、黄瓜、西红柿、茄子、白菜、生姜、西瓜、芹菜、大葱、大蒜等蔬菜作物和苹果、梨、桃、柿子、柑橘、香蕉、芒果、葡萄、枣子等果树，特别是对棉花、烟草、桑茶等经济作物和园艺业有很大的增产效果和经济效益。海藻肥在农业上的应用

---

① 李太武. 海洋生物学［M］. 北京：海洋出版社，2013：251.
② 杨芳，戴津权，梁春蝉，等. 农用海藻及海藻肥发展现状［J］. 福建农业科技，2014（3）：72.

已有很长的历史，早在 16—17 世纪的法国、日本、英国已开始使用，我国自 1994 年引入至今已经大面积推广使用①。海藻肥在环保、营养、技术等方面具有独特的优势，它的原料来自于生物量极大的海藻，无毒、无污染，是纯天然生产的绿色有机肥；它含有从天然海藻中提取出来的精华物质，极大地保留了植物生长素、赤微素、多酚化合物及抗生素类等天然生物活性成分，具有改善土壤物理特性、影响根际微生物种群、促进光合作用、提高作物抗逆性等功能，是一种天然的植物营养剂、病菌抑制剂和植物助长剂。因此，海藻肥在取代传统化学肥料的研究中被寄予厚望，被誉为继有机肥、化肥、生物肥之后的第四代肥料。目前，海藻肥在原料来源、提取工艺、机理研究、产品开发和市场开拓等方面日趋成熟。

鱼蛋白肥应用最新生物菌种和最先进的低温菌解发酵工艺，从深海鱼虾中提取深海鱼蛋白作为肥料，它富含小分子多肽、氨基酸、牛磺酸、维生素等多种活性物质及丰富的钙、镁等中微量元素，可制成冲施肥、叶面肥、水溶肥等多种类型肥料。鱼蛋白肥施入土壤后，土壤中的有益微生物以鱼蛋白等有机物质为载体迅速繁殖，活性可提高十倍以上，可培肥土壤、改善土壤结构，减少化肥和农药的使用量。此外，由于鱼体内的鱼蛋白富含大量的不饱和脂肪酸与多种功能因子结构，它们能高效抵御寒冷，显著提高作物抗冻能力，促进作物低温吸收养分，因此，鱼蛋白肥具有使作物抗冻、抗旱、抗逆、补充营养及改良品质等特性。该肥可用于水稻、小麦、玉米等各种粮食作物，茶叶、棉花、油菜等经济作物，烟叶、桑叶、人参、白术等特种作物，桃、李、杏、香梨、苹果等各种果树，番茄、辣椒、黄瓜、洋葱、马铃薯等各种蔬菜以及花卉苗木，还特别适宜于设施栽培和无土栽培的作物。我国在 21 世纪初就有国内企业开始研发鱼蛋白肥，直到近两三年其发展势头才开始显现，目前在肥料市场一片低迷的情况下，其销售情况逆势增长，或能成为下一新型肥料的"风口"。

甲壳素肥料是一种利用虾蟹壳等富含甲壳素及其衍生物为原料的新型肥料，采用现代生物技术分解和提取壳聚糖并添加多种植物生长所必需微量元素精制而成的甲壳素肥料，兼具药肥双效的优点。它既能使作物长势好、植株健壮、光合作用增强，对作物生长发育起促进作用，又能防病、抗病，在抗逆性、抗病虫害方面表现出明显效果，对作物起保护作用和品质改良作用。它对多种粮食、油料、水果、蔬菜、花生、花卉等作物都有增产效果，同时，还能达到无公害农产品的标准。2002 年 5 月，我国农业部首次将甲壳素批准为有机可溶性肥料，近几年该肥料在农业领域中被大量推广应用。农业领域应用的甲壳素为壳聚糖（即甲壳素的 N-脱乙酰基产物）。壳聚糖是一种天然的土壤

---

① 徐振宝，李广平，戚淑芬，等 . 浅谈肥料的发展趋势 ［J］. 农业科技通讯，2012 (2)：167.

结构改良剂，多被制成冲施肥产品用于农业生产过程中，壳聚糖可以迅速培养起土壤有益菌群，改善土壤微生态区系，调节土壤酸碱度，长期使用可有效恢复土壤生机和活力，防止重茬引起的土壤板结、植株生长不良。此外，壳聚糖可用作粮食、蔬菜作物等种子处理剂，激发种子提前萌芽，促进作物生长，提高抗病能力，从而提高作物产量。近年来，壳聚糖也被用作叶面肥，其具有极强的叶面附着功能，可迅速被植物吸收利用，使作物叶色浓绿润泽，延缓叶片衰老。甲壳素肥料可谓多种功能融为一体，各种优点集于一身，具有广阔的应用前景。

4.1.3 可供开发利用的常见海洋生物

4.1.3.1 海水鱼类

可供开发利用的常见海水鱼类主要有：大黄鱼、小黄鱼、黄姑鱼、白姑鱼、带鱼、鲳鱼、鲅鱼、鲐鱼、鳓鱼、鲈鱼、鲱鱼、蓝圆鲹、马面、石斑鱼、鲆鱼、鲽鱼、沙丁鱼、鳕鱼、海鳗、鳐鱼、金枪鱼、鲨鱼、鲷鱼、金线鱼、海马和其他海水鱼类。

（1）黄鱼（图4-1）

黄鱼，有大小黄鱼之分，又名黄花鱼，属脊索动物门硬骨鱼纲鲈形目石首鱼科。鱼头中有两颗坚硬的石头，叫鱼脑石，故又名"石首鱼"。大黄鱼（又名黄鱼、大王鱼、大鲜、大黄花鱼、红瓜、金龙、黄金龙、桂花黄鱼、大仲、红口、石首鱼、石头鱼、黄瓜鱼等）、小黄鱼（又名小鲜、小黄花鱼、大眼、花色、小黄瓜、古鱼、黄鳞鱼、小春色、金龙、厚鳞仔等）和带鱼、乌贼一起被称为我国四大海产。黄鱼形态相近，习性相似。这类鱼体侧扁延长，背部呈褐色，腹部呈金黄色。大黄鱼尾柄细长，鳞片较小，体长40～50厘米，椎骨25～27枚；小黄鱼尾柄较短，鳞片较大，体长20厘米左右，椎骨28～30枚。大黄鱼分布于黄海南部、东海和南海，以我国舟山渔场产大黄鱼最出名，小黄鱼分布于我国黄海、渤海、东海及朝鲜西海岸。大黄鱼平时栖息较深海区，4月至6月向近海洄游、产卵，产卵后分散在沿岸索饵，秋冬季节又向深海区迁移；小黄鱼春季向沿岸洄游，3月至6月产卵后，分散在近海索饵，秋末返回深海，冬季于深海越冬。黄鱼一般食性较杂，主要以鱼虾为食。由于光学的原因，黄鱼在白天打捞一般呈白色，在夜晚则呈黄色，尤其在没有月光的时候。大小黄鱼的鱼鳔都能发出巨大的响声，尤其是大黄鱼，在生殖季节鱼群终日发出"咯咯""呜呜"的叫声，声音之大在鱼类中少见。这种发声一般认为是在生殖时期作为鱼群集合的信号，渔民常借此估测鱼群的大小、栖息水层和位置，以利捕捞。黄鱼含有丰富的蛋白质、微量元素和维生素，对人体有很好的补益作用，对体质虚弱和中老年人来说，食用黄鱼有很好的食疗效果。黄鱼含有丰富的微量元素硒，能清除人体代谢产生的自由基，能延缓衰老，并对各种癌症有防治功效。中医认为，黄鱼有健脾升胃、安神止痢、益气填精之功效，对贫血、失眠、头晕、食欲不振及妇女产后体虚有良好疗效。其中，大黄鱼的鱼鳔是有名的"海八珍"之———鱼肚，自古以来就是强身健体、美容养颜的滋补佳品，鱼头中的耳石可以入药，有消热去瘀、通淋利尿之效。小黄鱼的鱼鳔具有润肺、健脾、补气血的功效，胆能清热解毒、平肝、降血脂，鱼磷可制药用胶，精巢用来提取鱼精蛋白、精氨酸，卵巢则可用于提取卵磷脂，其药用价值相当高。由于过度捕捞和环境恶化，如今野生黄鱼在近海已形不成较大的鱼汛，市场上的大黄鱼大多是人工养殖而来。

图 4-1　黄鱼

（2）带鱼（图 4-2）

带鱼（又名刀鱼、裙带、肥带、油带、牙带鱼等）属脊索动物门硬骨鱼纲鲈形目带鱼科，主要分布于西太平洋和印度洋，在中国的黄海、东海、渤海一直到南海都有分布，和大黄鱼、小黄鱼及乌贼并称为我国的四大海产。带鱼的体型侧扁如带，呈银灰色，背鳍及胸鳍浅灰色，带有很细小的斑点，尾巴呈黑色，带鱼头尖口大，至尾部逐渐变细，身长为头长的 2 倍，全长 1 米左右。带鱼属于洄游性鱼类，通常栖息于水深 20～100 米的近海，生殖期游至水深15～20米海域，有明显的垂直移动现象。白天群栖于中、下水层，晚间上升到表层活动。带鱼游动时不用鳍划水，而是通过摆动身躯向前运动，行动十分自如。带鱼性凶猛，主要以毛虾、乌贼及其他小型鱼类为食，且非常贪吃，有时甚至会同类相残。带鱼肉嫩体肥、味道鲜美，只有中间一条大骨，无其他细刺，食用方便，是人们比较喜欢食用一种海洋鱼类。带鱼富含脂肪、蛋白质、维生素 A、EPA 和 DHA 等高不饱和脂肪酸、磷、钙、铁、碘等多种营养成分，营养价值很高，具有暖胃、泽肤、补气、养血、健美以及强心补肾、舒筋活血、消炎化痰、清脑止泻、消除疲劳、提精养神等功效。带鱼的常见做法有清炖、清蒸、油炸、红烧，也可以做干锅、火锅以及多重西式、日式料理。此外，带鱼鳞还可用于提取海生汀、珍珠素、咖啡碱、咖啡因等。

图 4-2　带鱼

（3）鲳鱼（图 4-3）

鲳鱼（又名镜鱼、平鱼、白鲳、叉片鱼等）属脊索动物门硬骨鱼纲鲈形目鲳科，主要分布于我国沿海（以东海和南海较多）、日本中部、朝鲜和印度东部，是热带和亚热带的食用和观赏兼备的大型鱼类。鲳鱼体短而高，极侧扁，略呈菱形。头较小，吻圆，口小，牙细。成鱼腹鳍消失，尾鳍分叉颇深，下叶较长。体银白色，上部微呈青灰色，以小鱼、小虾、水母、硅藻等为食。鲳鱼是近海中下层鱼类，常栖息于水深 30～70 米潮流缓慢海区内。鲳鱼骨少肉多，肉质细腻，营养丰富，富含蛋白质、脂肪、不饱和脂肪酸以及钙、磷、铁和微量元素硒、镁等，具有益气养血、补胃益精、滑利关节、柔筋利骨之功效，对消化不良、脾虚泄泻、贫血、筋骨酸痛以及小儿久病体虚、气血不足、倦怠乏力、食欲不振等症很有效。

图 4-3　鲳鱼

（4）鲅鱼（图 4-4）

鲅鱼（又名蓝点鱼鲛、马鲛鱼、马交、巴鱼、燕鲅鱼、尖头马加、蓝点鲅等）属脊索动物门硬骨鱼纲鲈形目鲅科，主要分布于北太平洋西部，我国渤海、黄海、东海和朝鲜近海。鲅鱼体长而侧扁，呈纺锤形，体色银亮，背具暗色条纹或黑蓝斑点，口大，吻尖突，牙齿锋利，游泳迅速，性情凶猛。鲅鱼属暖性上层鱼，以中上层小鱼为食。因其成长快，鲅鱼现在是我国黄海、渤海产量最高的经济鱼类，上市的一般是两年鱼。鲅鱼产卵季节结群向近海洄游，在我国，主要渔场有舟山、连云港外海及山东南部沿海。每年的 4 月至 6 月为春汛，7 月至 10 月为秋汛，5 月至 6 月为旺季。鲅鱼肉质细腻、刺少、味道鲜美，常被人们用来做水饺馅，还可做成咸干品、罐头食品、熏制品等，味道令人回味无穷。鲅鱼营养丰富，富含蛋白质、维生素 A、矿物质（主要是钙）等营养元素，有补气、平咳作用，对体弱咳喘有一定疗效，还具有提神和防衰老等食疗功能，常食对治疗贫血、早衰、营养不良、产后虚弱和神经衰弱等症有一定辅助疗效。

图 4 - 4　鲅鱼

（5）鳓鱼（图 4 - 5）

鳓鱼（又名鲙鱼、白鳞鱼、克鳓鱼、火鳞鱼、曹白鱼）属脊索动物门硬骨鱼纲鲱形目锯腹鳓科，主要分布于印度洋和太平洋西部，我国渤海、黄海、东海、南海均有分布，其中东海最多，是我国渔业史上是最早的捕捞对象之一，距今已有 5 000 多年的历史。鳓鱼体呈椭圆形，侧扁，腹部边缘尖削，有如锯齿状的棱鳞，身披圆鳞，无侧线，背鳍和腹鳍均短小，尾鳍呈深叉形，体侧为银白色，背部黄绿色，背鳍和尾鳍淡黄色，一般体长 40 厘米，体重 500 克左右，最大的可达 49 厘米，重 1 千克左右。鳓鱼为暖水性近海中上层洄游的重要经济鱼类，喜栖息于沿岸及沿岸水与外海水交汇处水域。黄昏、夜间、黎明和阴天喜栖息于水的中上层，白天多活动于水的中下层。遇大风、淡水或打雷时则沉入海底。游泳快，昼夜垂直移动现象不明显。喜集群，产卵前有卧底习性，主要食物为头足类、甲壳类、小型鱼类。味鲜肉细，营养价值极高，富含蛋白质、脂肪、钙、钾、硒和不饱和脂肪酸等，具有养心安神、健脾益胃、滋补强壮之功效，对慢性腹泻，心悸怔忡等有一定疗效。

图 4 - 5　鳓鱼

（6）沙丁鱼（图4-6）

沙丁鱼（又叫沙甸鱼、萨丁鱼、鰛和鰶等）是脊索动物门硬骨鱼纲鲱形目鲱科沙丁鱼属、小沙丁鱼属和拟沙丁鱼属及鲱科某些食用鱼类的统称，也指制成油浸鱼罐头的普通鲱以及其他小型的鲱或鲱状鱼。主要分布于南北纬6～20度的等温带海洋区域中，是近海暖水性鱼类，一般不见于外海和大洋。它们游泳迅速，通常栖息于中上层，但秋、冬季表层水温较低时则栖息于较深海区。沙丁鱼身细长，呈银色，背鳍短且仅有一条，无侧线，头部无鳞；体长约15～30厘米。密集群息，沿岸洄游，以大量的浮游生物为食。主要在春季产卵，卵和几天后孵化的幼鱼在变态为自由游泳的鱼前一直随水漂流。沙丁鱼具有生长快、繁殖力强的优点，且肉质鲜嫩，含脂肪高，清蒸、红烧、油煎及腌干蒸食均味美可口，还多用来制成罐头食品，加工成鱼糕、鱼丸、鱼卷、鱼香肠等多种方便食品。此外，沙丁鱼还可提炼鱼油，制造油漆、颜料和油毡，制革、制造人造奶油，制皂和金属冶炼等，也可制作鱼粉作为饵料和制作动物饲料。沙丁鱼富有惊人的营养价值，沙丁鱼中含有能防止心血管病的二十碳五烯酸，还含有核酸、牛磺酸及硒等多种营养成分，药用价值非常高，堪称医药中的瑰宝。沙丁鱼中含有一种具有5个双键的长链脂肪酸，可防止血栓形成，对治疗心脏病有特效。沙丁鱼富含磷脂即OMEGA-3脂肪酸、蛋白质和钙，这种特殊脂肪酸可以减少甘油三酸脂的产生（造成血栓的有害脂肪酸），并有逐渐降低血压和减缓动脉粥样硬化速度的神奇作用。

图4-6 沙丁鱼

（7）鳕鱼（图4-7）

鳕鱼（又叫大头青、大口鱼、大头鱼、明太鱼、水口、阔口鱼、大头腥、石肠鱼等）属脊索动物门硬骨鱼纲鳕形目鳕科，是全世界年捕捞量最大的鱼类之一，具有重要的食用和经济价值。主要分布于北太平洋，北大西洋两侧，一般栖于近底层，由近岸带到深海区，属冷水性底层鱼类。世界上鳕鱼主要出产国是加拿大、冰岛、挪威及俄罗斯，日本产地主要在北海道。我国主要分布于渤海、黄海和东海北部，黄海北部、山东高角东南偏东和海洋岛南部及东南海区有主要的渔场。鳕鱼体延长，稍侧扁，头大，口大，上颌略长于下颌，尾部向后渐细一般长 25～40 厘米，体重 300～750 克。颈部的触须须长等于或略长于眼径。两颌及犁骨均具绒毛状牙。体被细小圆鳞易脱落，侧线明显，背鳍 3 个，臀鳍 2 个，各鳍均无硬棘，完全由鳍条组成。体色多样，从淡绿或淡灰到褐色或淡黑，也可为暗淡红色到鲜红色；头、背及体侧为灰褐色，并具不规则深褐色斑纹，腹面为灰白色。鳕鱼肉质白细鲜嫩、清口不腻，营养丰富，产量大，世界上不少国家把鳕鱼作为主要食用鱼类。其肉中蛋白质含量高、脂肪低，肝脏大且含油量高，除了富含普通鱼油所有的 DHA、DPA 外，还含有人体所必需的维生素 A、维生素 D、维生素 E 和其他多种维生素。鳕鱼肝油中这些营养成分的比例，正是人体每日所需要量的最佳比例。因此，北欧人将它称为餐桌上的"营养师"。鳕鱼可以用多种方式进行烹制，蘸调味汁食用味道尤为鲜美。除鲜食外，鳕鱼还可被加工成鱼肉罐头、鳕鱼干或腌熏鱼等各种冻、干食品，其肝是提取鱼肝油的重要原料，其皮也可制成皮革。虽然鳕鱼产量大，繁殖能力强，但由于多年来的过度捕捞，如今能够正常发育、存活下来的鳕鱼数量正在日益减少。

图 4-7 鳕鱼

(8) 鳐鱼（图 4-8）

鳐鱼属于软骨鱼纲鳐形目和鲼形鱼目，是多种扁体软骨鱼的统称。鳐鱼分布于全世界大部分水区，从热带到近北极水域、从浅海到 2 700 米以下的深水处均有分布，主要生活在东海和南海。其种类很多，包括 2 个亚目，共 8 科约49 属 315 种。中国产 6 科 8 属 28 种。我国各地俗称不一，舟山渔民称黄貂鳐为黄虎，称蝠鲼为燕子花鱼、黑虎、双头花鱼，称何氏鳐为猫猫花鱼，而胶东渔民则称之为劳子鱼、老板鱼。在 1 亿 8 千万年前，鳐鱼是鲨鱼的同类，但为了适应海底生活，长期将身体藏在海底沙地里，便慢慢进化成现在模样。鳐鱼体呈圆或菱形，胸鳍宽大，由吻端扩伸到细长的尾根部；有些种类具有尖吻，它们的身子扁平，尾巴细长；有些种类的鳐鱼的尾巴上长着一条或几条边缘生出锯齿的毒刺。鳐鱼的眼睛和喷水孔长在头顶，口、鼻和鳃裂在底侧。体单色或具有花纹，多数种类脊部有硬刺或棘状结构，有些尾部内有发电能力不强的发电器官。这些都是鳐鱼为了适应底栖生活而逐渐演化出来的。它们的牙齿像石臼，硬度很高，背部长着一根剧毒的红色刺，人被刺到会死亡。鳐鱼身体周围长着一圈扇子一样的胸鳍，尾鳍退化，像一根又细又长的鞭子，游动时靠胸鳍作优美的波浪状摆动前进。以软体动物、甲壳类和鱼类为食，由上面突然下冲，扑捕猎物。鳐鱼体型大小各异，小鳐成体仅 50 厘米，大鳐可长达 8 米。鳐鱼的肉可食，肝可制鱼肝油，皮可制砂皮和皮革，还有散瘀止痛、解毒敛疮的药用价值。

图 4 - 8　鳐鱼

(9) 金枪鱼（图 4 - 9）

金枪鱼（又名鲔鱼、吞拿鱼）属脊索动物门硬鲈形目金枪鱼科，是大洋暖水性洄游鱼类，主要分布于低中纬度海区，属于热带—亚热带大洋性鱼，在太平洋、大西洋、印度洋都有广泛的分布，我国东海、南海也有分布。金枪鱼的体形较长，粗壮而圆，呈流线形，向后渐细尖而尾基细长，尾鳍为叉状或新月形。尾柄两侧有明显的棱脊，背、臀鳍后方各有一行小鳍。金枪鱼是鱼类中的游泳能手，只有极为凶残的鲨鱼和大海豚方能与之匹敌，其鱼雷般体形可以减少它在游动过程中产生的阻力，尾鳍的形状使它在大海里能够很快地向前冲刺。金枪鱼全速游动时，速度每小时可达 55 海里。金枪鱼种群意识很强，在大海中，成群的金枪鱼会排着整齐的队列向前游动。其食性较杂，乌贼、螃蟹、鳗鱼、虾及诸如此类的海洋动物都是它的佳肴。由于金枪鱼必须时常保持快速游动才能维持身体的供给，加上只在海域深处活动，因此其肉质柔嫩鲜美，且不受环境污染，作为一种营养、健康的现代美食而备受推崇。味美新鲜的金枪鱼向来是人们最爱的海鲜料理之一，尤其是金枪鱼生鱼片堪称生鱼片之中的极品。金枪鱼的蛋白质含量高达 20%，但脂肪含量很低，俗称海底鸡，营养价值高。鱼肉中脂肪酸大多为不饱和脂肪酸，所含氨基酸齐全，人体所需 8 种氨基酸均有；还含有维生素和丰富的铁、钾、钙、镁、碘等多种矿物质和微量元素；DHA 和 EPA 含量也很丰富。其具有美容、减肥，保护肝脏、强化肝脏功能，防止动脉硬化，降低胆固醇含量，激活脑细胞、促进大脑内部活动，预防缺铁性贫血，提供人体所必需的氨基酸，促进新陈代谢等多重功效。

图 4-9　金枪鱼

（10）鲨鱼（图 4-10）

鲨鱼（又名鲛、沙鱼、鲛鲨）属脊索动物门软骨鱼纲侧孔总目（鲨总目），早在恐龙出现前的三亿年前就已经存在地球上，至今已超过五亿年，是海洋中的庞然大物，食肉成性，凶猛异常，有"海中狼"之称，主要分布于热带、亚热带海洋，在我国分布于东海、南海、黄海等海域。鲨鱼的骨架由软骨而非骨头构成，所有的鲨鱼都有一身的软骨。鲨鱼的体型不一，最大的鲨鱼是鲸鲨，最小的鲨鱼是侏儒角鲨，两者的体型差距非常大。鲨鱼身体坚硬，肌肉发达，不同程度呈纺锤形。口鼻部分因种类而异：有尖的，如灰鲭鲨和大白鲨；也有大而圆的，例如虎纹鲨和宽虎纹鲨。垂直向上的尾（尾鳍），大致呈新月形，大部分种类的尾鳍上部远远大于下部。鲨鱼有 5～6 排牙齿，其一生中常常要更换数以万计的牙齿，它的牙齿不仅强劲有力，且锋利无比，鲨鱼的咬食力可以说是海洋所有动物中最强有力的。鲨鱼没有鳔，只能通过不停地游动来保持身体不下沉。鲨鱼的嗅觉敏感，甚至能超过陆地狗的嗅觉，它在海水中对气味特别敏感，尤其对血腥味。伤病的鱼类不规则的游弋所发出的低频率振动或者少量出血，都可以把它从远处招来。很多人以为鲨鱼十分凶猛，会攻击人类，其实鲨鱼十分胆小，只有大白鲨、噬人鲨等少数几种鲨在非常饥饿并闻到了血腥味或遭到攻击的时候才会攻击人类。相反，人类对全身是宝的鲨鱼的伤害却远远超过了它们对人类的伤害。鲨鱼的肝脏特别大，富含维生素 A、维生素 D，是制作鱼肝油的重要原料；鲨鱼皮可以制革，其鳍也可加工成海味珍品——鱼翅；鲨鱼还有很高的药用价值，据科学家研究发现鲨鱼极少患癌症，即使把最可怕的癌细胞移植到鲨鱼体内，鲨鱼仍安然无恙，因为它的细胞会分泌一种不仅能抑制癌物质，而且还能使癌物质逆转的特殊物质。经过几十年来的大量猎杀，如今鲨鱼正面临灭绝的风险。

图 4-10　鲨鱼

（11）海马（图 4-11）

　　海马是脊索动物门硬骨鱼纲刺鱼目海龙科暖海生数种小型鱼类的统称，是一种小型海洋动物，身长 5～30 厘米，主要分布在大西洋和太平洋。海马因头部弯曲与体近直角而得名，头呈马头状而与身体形成一个角，吻呈长管状，口小，背鳍一个，均为鳍条组成，眼可以各自独立活动。海马的整体外形，加上没有尾鳍，使其成为地球上行动最慢的泳者。虽然海马行动迟缓，却能很有效率地捕捉到行动迅速、善于躲藏的桡足类生物。海马通常喜欢生活在珊瑚礁的缓流中和藻丛或海韭菜繁生的潮下带海区，因其不善于游水，所以经常用它那适宜抓握的尾部紧紧勾住珊瑚的枝节、海藻的叶片，将身体固定，以不被激流冲走。海马游泳的姿态也很特别，头部向上，体稍斜直立于水中，完全依靠背鳍和胸鳍来进行运动，扇形的背鳍起着波动推进的作用。其活动多在白天（上午和下午），晚上则呈静止状态。海马的雌雄鉴别很简单，雄鱼有腹囊（俗称育儿袋），而雌鱼没有腹囊。海马是雄性孵化，每年的 5 月至 8 月是海马的繁殖期，这期间海马妈妈把卵产在海马爸爸腹部的育儿袋中，卵经过 50～60 天，幼鱼就会从海马爸爸的育儿袋中生出。海马是一种经济价值较高的名贵中药，具有强身健体、补肾壮阳、舒筋活络、消炎止痛、镇静安神、止咳平喘、消肿、散结、强心、催产等药用功能，特别是对于治疗神经系统的疾病更为有效，自古以来备受人们的青睐，男士们更是情有独钟。除了主要用于制造各种合成药品外，海马还可以直接服用。

图 4-11　海马

4.1.3.2　海水虾类

可供开发利用的常见海水虾类主要有：东方对虾、日本对虾、长毛对虾、斑节对虾、墨吉对虾、宽沟对虾、鹰爪虾、南极磷虾、白虾、毛虾、龙虾和其他海水虾类。

（1）东方对虾（图4-12）

东方对虾（又称中国对虾）属节肢动物门甲壳纲十足目对虾科，我国大多称为对虾、大虾、明虾，日本称之为大正虾，主要分布在我国渤海、黄海，东海北部也有少量分布，是我国分布最广的对虾类和海洋捕捞、海水养殖的重点对象，堪称中国的特产。中国对虾体形长大，侧扁，甲壳较薄、透明光滑，雌体（俗称青虾）呈青蓝色，雄体（俗称黄虾）呈棕黄色，通常雌虾个体大于雄虾。对虾全身由20节组成，头部5节、胸部8节、腹部7节。除尾节外，各节均有附肢一对。共有10对步足，前3对呈钳状，后2对呈爪状，主要用于捕食和爬行，另5对则用来游泳。游泳时，虾足在身体两侧摆动，虾尾可用来拨水。虾头长有一对长长的触须（即触鞭），头两侧各有一个大大的复眼，其头胸甲前缘中央突出形成额角，额角细长，平直前伸，额角上下缘均有锯齿。中国对虾属广温性、广盐性、集群性、一年生暖水性大型洄游虾类，其在一年的生命期中要进行两次长距离的洄游，即生殖洄游和越冬洄游。在寒冷的冬季，中国对虾一般生活在黄海中南部的深海区。随着水温的回升，在3月上中旬开始大量汇集成群，进行生殖洄游，到渤海、黄海河口附近的浅海区产卵。卵发育成幼虾后，8月下旬开始渐渐游向深海区寻找食物，到秋末游集到渤海中部进行交配。11月中下旬开始游离渤海，沿着春季洄游的路线南下到越冬场越冬。因此，其捕获季节分为春、秋两季。中国对虾曾是20世纪80年代中国水产业的一颗辉煌耀眼的高产明星，但好景不长，由于渤海海域的污染日益加剧，严重影响了海洋生物的生存环境，人类的过度捕捞几乎令它们断子绝孙，在20世纪90年代初期，渤海的中国对虾开始锐减，20世纪90年代中期已无法形成虾汛。为了恢复中国对虾昔日的辉煌，自20世纪90年代以来，我国开始积极开展中国对虾的人工增殖和养殖，取得了很大的成就，但目前自然捕捞量还没有恢复到历史最高水平。中国对虾蛋白质含量高，脂肪含量低，并且含有磷、镁、钙、维生素、核黄酸等多种营养成分，具有补肾壮阳、滋阴、通乳补钙、预防高血压、防止动脉硬化及心肌梗死等功效。中国对虾肉质细腻，味道鲜美，是深受人们欢迎的营养水产品，是我国水产品贸易最活跃、产量最高的品种之一。整肢虾、带壳去头虾、虾仁、熟制整虾、熟制虾仁、面包虾、虾罐头、虾卷、虾圈、烤虾串、虾馅饺子、虾肉肠、干腌虾、虾片、虾寿司、发酵虾、熏制虾产品、虾酱、盐渍虾等多种多样的加工品种，不但满足了消费者的不同需求，还提高了中国对虾的产品附加值。此外，中国对虾体内含有一种重要的物质——虾青素，是目前发现的最强的抗氧化剂，具有非常高的食品、药品和化妆品使用价值。虾壳的营养价值和对人体的保健功能都很高，从虾壳中制取的甲壳素和壳聚糖是一种重要的海洋功能多糖，除具有优良的透气性、成膜性、吸湿性、降解性及活泼的反应性等特性外，还具有明显的抗癌、抑癌、降血脂、血压等作用，目前，甲壳素、壳聚糖及其衍生物在农业、环境保护、食品工业、造纸工业、日用化工、膜材料、生物医药及轻纺工业等领域得到了广泛的应用，发展前景广阔。

图 4-12　东方对虾

(2) 龙虾（图 4-13）

龙虾（又称龙头虾、虾魁、海虾、虾王等）属节肢动物门软甲纲十足目龙虾科，分布于世界各大洲，一般栖息于温暖海洋的近海海底或岸边。其品种繁多，如我国的中国龙虾、波纹龙虾、密毛龙虾和锦绣龙虾，以及日本龙虾、杂色龙虾、少刺龙虾、长足龙虾、美洲螯龙虾、挪威龙虾、真龙虾、欧洲螯龙虾等。龙虾的身体长度一般在20～40厘米，是虾类中最大的一类，最重的能达到5千克以上。龙虾的身体呈粗圆柱状，外壳坚硬，色彩斑斓。龙虾头胸部较粗大，头胸甲发达，坚厚多棘，头盔的形状好像是龙冠，两条长长的触鞭好像古代武将头冠上的装饰，神气威风，相貌美丽。腹部较短而粗，后部向腹面卷曲，尾呈鳍状，尾扇宽短，有多对游泳足，尾部和腹部的弯曲活动可推展身体前进。龙虾的奇特之处有很多，比如它们可以丢下自己的肢体（如螯、腿、大小触角等）来迷惑捕食者，自己却快速逃跑。最奇特的是，龙虾的牙齿是长在胃里的。龙虾的生活过程和许多虾蟹相似，在成长过程中，要经过多次换壳。新换的虾壳又薄又软，叫作软壳，这些软壳经过几天才能硬化。这种换壳的行为会伴随着龙虾一生，在龙虾出生的第一年里，它们会经历10次换壳，以后大约每年一次直到成熟，龙虾成熟之后大概三年换一次壳。刚刚换壳后的龙虾身体柔软，是迅速长大增重的时机。龙虾每换壳一次，可以长大15%、增重50%。龙虾十分英勇好战，在食物不足或者争夺栖息地时，龙虾之间往往会展开决斗。龙虾身体的再生能力很强，即使在争斗中身体某部位出现了损伤，也会在下一次换壳的时候长出来，几次换壳就能恢复，只不过新长出来的部分会比原先的小一点。龙虾的游泳足已经退化，不擅长游泳，喜欢在海底爬行。龙虾经常会住在洞穴里，白天的时候也会在岩礁的缝隙里躲着，到了夜晚出去寻找食物。它们不喜欢群居，经常各自生活在各自的洞穴里。不过在秋天的时候，习惯独来独往的龙虾会成群结队进行大规模的迁移，许多龙虾经常首尾相接，排成整整齐齐的队伍，浩浩荡荡向前进。龙虾是世界上的大型食用虾类，其肉洁白细嫩，味道鲜美，高蛋白，低脂肪，富含维生素 A、维生素 C、维生素 D，以及钙、钠、钾、镁、磷、铁、硫、铜等矿物成分，营养丰富，是一种很名贵的海产品，多种多样的龙虾做法备受人们的青睐。龙虾肉的蛋白质中含有较多的原肌球蛋白和副肌球蛋白，具有补肾、壮阳、滋阴、健胃的功能，对提高运动耐力也很有价值。龙虾比其他虾类含有更多的铁、钙和胡萝卜素，因此煮熟后的龙虾甲壳比其他虾壳更红，龙虾壳和肉一样对人体健康很有利，它对多种疾病有疗效。龙虾加工的副产品如虾头、虾壳、虾足还含有许多有用成分，包括蛋白质、酯类、矿物质等，可供人和动物食用，也可作为食品添加剂和调味剂，尤其是虾头内残留的虾黄，具有独特的风味。龙虾体内也含有大量的虾青素，颜色越深说明虾青素含量越高。此外，龙虾还有化痰止咳、促进手术后的伤口生肌愈合等药用价值。随着人们生活水平的不断提高，龙虾消费量与日俱增，市场前景相当广阔。如今，龙虾自然资源的日益减少，使供需矛盾更加突出，当前开发龙虾作为海洋名优养殖品种的迫切性已达成人们的共识。

图 4-13 龙虾

4.1.3.3 海水蟹类

可供开发利用的常见海水蟹类主要有：梭子蟹、青蟹和其他海水蟹类。

（1）梭子蟹（图 4-14）

梭子蟹（又名三疣梭子蟹、枪蟹、海螃蟹、海蟹等）属节肢动物门软甲纲十足目梭子蟹科，主要分布于日本、朝鲜、马来群岛、红海以及我国大陆的绝大部分沿海。因其头胸甲呈梭子形，故名梭子。雄性梭子蟹脐尖而光滑，螯长大，壳面带青色；雌性梭子蟹脐圆有绒毛，壳面呈赭色或有斑点。头胸甲梭形，宽几乎为长的 2 倍；头胸甲表面覆盖有细小的颗粒，具 2 条颗粒横向隆堤及 3 个疣状突起；额具 2 只锐齿；前侧缘具 9 只锐齿，末齿长刺状，向外突出。螯脚粗壮，长度较头胸甲宽长；长节棱柱形，雄性长节较修长，前缘具 4 锐棘。梭子蟹为杂食性，鱼、虾、贝、藻均食，甚至也食同类，喜食动物尸体。它是一种底栖动物，平时喜欢埋在沙里，露出两只小眼睛，伺机捕食。梭子蟹白天潜伏海底，夜间出来觅食，并有明显的趋光性。梭子蟹体大肉多，肉质细嫩、洁白，脂膏肥满，味道鲜美，营养丰富，富含蛋白质、脂肪及多种矿物质。蟹肉除鲜食外，还可盐渍加工成蟹酱罐头等；卵巢可供作上等调味品，蟹卵经漂洗晒干即成为"蟹籽"；蟹壳可作药材用，又可提取甲壳质，广泛用于多种工业。梭子蟹的渔汛一年有春秋两次，渔期长，产量高。我国在 20 世纪 80 年代中期以前，梭子蟹资源非常丰富，市场货源充足，然而，自 80 年代中后期，成千上万只渔船使用一种装上铁耙子的拖网在梭子蟹越冬海区进行地毯式来回"扫荡"后，梭子蟹已很难形成很大的蟹汛了。近些年来，梭子蟹的养殖得到了较快发展，开始走上了养殖、捕捞并举的道路。

图 4 - 14　梭子蟹

(2) 青蟹（图 4 - 15）

青蟹属节肢动物门甲壳纲十足目梭子蟹科，主要分布于东南亚、澳大利亚、日本、印度、南非等海域，在我国分布于浙江、福建、台湾、广东、广西和海南沿岸水域。青蟹背甲呈椭圆形，两侧较尖。甲面平滑，前额有四个等大的齿，前侧缘含眼窝外齿共有 9 个同大齿，第四步足扁平特化成浆状游泳足，适于游泳。螯脚光滑、不对称，右脚略大于左脚；掌节肿胀而光滑，背面具 2 条颗粒形隆脊，其末端各具 1 棘。前三对步脚无齿，指节的前、后缘具刷状短毛。青蟹多栖息于河口、内湾、红树林等盐度稍低的泥沼中。除越冬产卵在较深深海区外，基本上是栖息于河口、内湾的潮间带。凡是沿岸潮水畅通，潮差较大的泥滩、泥沙滩等处，特别是红树林地带，都有青蟹栖息。青蟹是游泳、爬行、掘洞型蟹类，多夜间活动，白天穴居。青蟹的一生要经过 13 次蜕壳，在其变态发育和整个生长生活过程中，始终伴随着蜕壳而进行。它是肉食性动物，以软体动物（如缢蛏，泥蚶，牡蛎、青蛤、花蛤等，小虾蟹，藤壶等）为主食，并兼食动物尸体和少量藻类（如江蓠等），在饥饿时同类也互相残食，尤其在蜕壳时。青蟹因其个体巨大、成长速度快、肉味鲜美、营养丰富等特点，在近代以及现代被视为珍贵海鲜食品，素称酒席上之佳肴，食用药用价值高，尤其是交配后性腺成熟的雌性蟹（红鲟、膏蟹）有海中人参之美誉，是产妇、老幼和身体虚弱者的高级滋补品，蟹壳可制成甲壳素，是一种用途广泛的工业原料。目前，青蟹已成为沿海地区人工养殖的重要海洋经济物种。

图 4 - 15 青蟹

4.1.3.4 海水贝类

可供开发利用的常见海水贝类主要有：鲍鱼、泥蚶、毛蚶（赤贝）、魁蚶、红螺、香螺、玉螺、泥螺、栉孔扇贝、海湾扇贝、牡蛎、文蛤、杂色蛤、青柳蛤、大竹蛏、缢蛏和其他海水贝类。

（1）鲍鱼（图 4 - 16）

鲍鱼（又名海耳、鳆鱼、镜面鱼、九孔螺、将军帽、白戟鱼、阔口鱼、白冀等）属软体动物门腹足纲原始腹足目鲍科，是名贵的"海珍品"之一，主要分布在日本北海道、中国东北地区、北美洲西岸、南美洲、南非、澳大利亚等地，其种类繁多，网鲍、吉品鲍和禾麻鲍是举世公认的三大名鲍。鲍鱼是一种海产单壳贝类，由一个质地坚硬的单壁壳和软体部分组成。鲍鱼的单壁壳质地坚硬，壳形右旋，表面呈深绿褐色；壳内侧紫、绿、白等色交相辉映，珠光宝气。另外，在鲍鱼的单壁壳上有从壳顶向腹面逐渐增大的一列螺旋排列的突起，这些突起在靠近螺层末端贯穿成孔，孔数随种类不同而异。鲍鱼的软体部分有一个宽大扁平的肉足，软体为扁椭圆形，黄白色，大者似茶碗，小的如铜钱。鲍鱼就是靠着这粗大的足和平展的跖面吸附于岩石之上，爬行于礁棚和穴洞之中，肉足的吸附力相当惊人，狂风巨浪都不能轻易将其掀起。鲍鱼一般生活在深海冷水域，多在水流湍急、海藻繁茂的岩石礁地带的裂隙和洞穴中活动和觅食，其生长非常缓慢，要经过 3～8 年才能成熟。鲍鱼肉质细嫩，味道鲜美，营养丰富，是一种对人体非常有利的高蛋白、低脂肪食物，氨基酸种类齐全、配比合理，含有丰富的维生素和微量元素以及 EPA、DHA、牛磺酸以及超氧化物歧化酶等生理活性物质，被誉为"餐桌黄金，海珍之冠"。鲍壳又称石决明，是著名的中药材，可平肝潜阳、除热明目，对头痛眩晕、目赤翳障、视物昏花、青盲雀目等症具治疗功效。

图 4-16　鲍鱼

（2）蚶（图 4-17）

蚶属软体动物门双壳纲蚶目蚶科，是一种海产双壳贝类，属于热带及温带生物，是滩涂贝类养殖的重要品种之一。喜栖息于风浪较小，潮流畅通，有淡水注入的内湾河口附近中低潮区的软泥滩涂上。依靠足在滩涂上爬行，营穴居生活。蚶在我国沿海广为分布，其品种有几十种，其中以魁蚶、毛蚶和泥蚶最为有名，这三种蚶外貌很相似，是我国传统的养殖贝类。

魁蚶（俗称赤贝、血贝等）的个头最大，壳质坚实且厚，斜卵圆形，极膨胀。左右两壳近相等。背缘直，两侧呈钝角，前端及腹面边缘圆，后端延伸。壳面有放射肋 42～48 条，以 43 条者居多。放射肋较扁平，无明显结节或突起。同心生长轮脉在腹缘略呈鳞片状。壳面白色，被棕色绒毛状壳皮，有的肋沟呈黑褐色。壳内面灰白色，其壳缘有毛、边缘具齿。铰合部直，铰合齿约70 枚。主要分布于菲律宾、日本以及我国辽宁、河北、山东、江苏、福建、广东等地，生活于潮下带 5～30 米深的软泥或泥沙质海底。魁蚶肉中含有大量的蛋白质和维生素 B_{12}，肉嫩鲜美，血液鲜红，自古以来就被人们当作滋补佳品、佐酒名菜。古书中记载魁蚶有"令人能食、益血色、消血块和化痰积"之功效；贝壳含杂质少，除烧石灰外，也是陶瓷工业的原料。

毛蚶（俗称瓦楞子、毛蛤等）的个头中等，壳质坚厚，长卵圆形，通常两壳大小不等，右壳稍小。背侧两端略显棱角，腹缘前端圆，后端稍延长。壳顶突出，向内卷曲，位置偏向前方，两壳顶距离不很远。壳面有放射肋 35 条左右，肋上有方形小节结，状似瓦垄。生长纹在腹侧极明显。壳面白色，被有褐色绒毛状壳皮。壳内白色，壳缘具齿。铰合处很窄，呈直线形，齿细密。主要分布在朝鲜、日本和我国沿海，以我国渤海和东海近海较多。生活在内湾浅海低潮线下至水深十多米的泥沙底中，尤喜于淡水流出的河口附近，以 4～8 米居多。毛蚶的营养与药用价值较高，有化痰、软坚、散瘀、消积等功效，可治痰积、胃痛、嘈杂、吐酸、症瘕、瘰疬、牙疳等病症，现广泛应用于临床治疗胃溃疡及十二指肠溃疡。

　　泥蚶（俗称粒蚶、血蚶、血螺等）的个头较小，贝壳极坚硬，卵圆形，两壳相等，相当膨胀。背部两端略呈钝角。壳顶突出，向内卷曲，位置偏于前方，两壳顶间的距离远。放射肋粗壮，有 18～22 条，肋上具明显的结节，呈瓦垄形。壳表白色，被褐色壳皮。壳内面灰白色。边缘具有与壳面放射肋相应深沟。铰合部直，齿细密。前闭壳肌痕小，呈三角形，后闭壳肌痕大，四方形。泥蚶血液中含有血红素，呈红色。泥蚶广泛分布于印度洋和西太平洋海域，我国沿海各地均有分布。喜栖息在淡水注入的内湾及河口附近的软泥滩涂上，在中潮区和低潮区的交界处数量最多，埋居其中。泥蚶肉味鲜美，可鲜食或酒渍，亦可制成干品，蚶肉含多量蛋白质和维生素，蚶血鲜红，肉的边沿有一金丝似的色线。壳可入药，有消血块和化痰积的功效。

图 4-17　蚶

（3）扇贝（图 4-18）

　　扇贝（又名海扇）属软体动物门双壳纲珍珠贝目扇贝科，本科约有 50 个属和亚属，约有 400 余种，其中有 60 余种是世界各地重要的海洋渔业资源之一。扇贝广泛分布于世界各海域，见于潮间带到深海，以热带海的种类最为丰富。扇贝是我国沿海主要养殖贝类之一，我国养殖的扇贝品种丰富，约占全球出产品种的一半，主要品种有北方的栉孔扇贝、南方的华贵栉孔扇贝以及引进于美国大西洋沿岸的海湾扇贝和日本的虾夷扇贝等。扇贝有两个壳，大小几乎相等，因壳形似扇而得名。壳表面光滑或有辐射肋，肋光滑、鳞状或瘤突状，色彩鲜艳，有紫褐色、浅褐色、黄褐色、红褐色、杏黄色、灰白色等；壳内面为白色，略有光泽。壳内的肌肉为可食部位，扇贝只有一个闭壳肌，属于单柱类贝类。外套膜边缘生有眼及短触手，触手能感受水质的变化，壳张开时如垂

帘状位于两壳间。扇贝为滤食性动物，对食物的大小有选择能力，但对种类无
选择能力。大小合适的食物随纤毛的摆动送入口中，不合适的颗粒由足的腹沟
排出体外。主要食物为有机碎屑、悬浮在海水中的微型颗粒和浮游生物，如硅
藻类、双鞭毛藻类、桡足类等，还有藻类的孢子、细菌等。扇贝是用足丝附着
在浅海岩石或沙质海底生活的，一般右边的壳在下、左边的壳在上平铺于海
底。平时不大活动，但当感到环境不适宜时，能够主动地把足丝脱落，做较小
范围的游泳。扇贝的肉、壳、珍珠层具有极高的利用价值。闭壳肌肉色洁白、
肉质细嫩、味道鲜美，营养丰富，与海参、鲍鱼齐名，并列为海味中的三大珍
品。除可鲜食外，还可干制加工成为被列入"海八珍"之一的"干贝"，作为
美食深受人们喜爱。扇贝的贝壳色彩艳丽，肋纹整齐美观，是制作贝雕工艺品
的良好材料。扇贝富含蛋白质、碳水化合物、核黄素和维生素 E、钙、磷、
钾、钠、铁、镁等多种营养成分，具有健脑、明目、健脾和胃、润肠、养颜护
肤、通血、抑癌抗瘤、软化血管、防止动脉硬化等多种功效。

图 4-18　扇贝

（4）牡蛎（图 4-19）

牡蛎（又叫蚝、海蛎子等）属软体动物门瓣鳃纲牡蛎目牡蛎科，广泛分布
在世界各地的沿海区域。牡蛎是双壳贝类软体动物，壳形不规则，大小、厚薄
因种而异。两壳形状不对称，表面凹凸不平，呈暗灰色。下壳大而凹、边缘较
光滑，附着在岩石或石板上；牡蛎的软体部分就缩藏在凹槽中；上壳小而平，
掩覆如盖；两壳的内面均白色光滑。牡蛎无足及足丝，两壳于较窄的一端以一
条有弹性的韧带相连，壳的中部有强大的闭壳肌，用以对抗韧带的拉力，外套
膜外长着多数小触手，是感觉器官。牡蛎是固着型贝类，一般固着于浅海物体
或海边礁石上，以开闭贝壳运动进行摄食、呼吸。它是滤食性生物，以细小的
浮游动物、硅藻和有机碎屑等为主要食料。牡蛎通过振动腮上的纤毛在水中产
生气流，水进入腮中，水中的悬浮颗粒被黏液粘住，腮上的纤毛和触须按大小
给颗粒分类，然后把小颗粒送到嘴边，大的颗粒运到套膜边缘扔出去。牡蛎生
活的海底坚硬的区域叫做牡蛎床，这些床位于或深或浅的海水或有盐味的河口

水域中，牡蛎生活在潮间带中区。目前，牡蛎是世界上贝类养殖的主要品种之一，在亚热带、热带沿海都适宜牡蛎的养殖。牡蛎在我国分布很广，北起鸭绿江、南至海南岛的沿海皆可产牡蛎，养殖的主要品种有褶牡蛎、密鳞牡蛎、长牡蛎、近江牡蛎、大连湾牡蛎等，基本上一年四季皆可供应，大大满足了人们的需求。牡蛎虽然其貌不扬，但因其乳白的肉质、鲜美的口味、丰富的营养，被誉为"海里的牛奶"。牡蛎的蛋白质丰富、胆固醇含量很低，还含有糖原，牛磺酸，10 种必需的氨基酸，谷胱甘肽，维生素 A、维生素 B_1、维生素 B_2、维生素 D 等，无机质如铜、锌、锰、钡、磷及钙等，其中所含的亮氨酸、精氨酸、瓜氨酸含量最丰富，是迄今为止人类所发现的含量最高的海洋物种之一。牡蛎味美且益人，既可以生食或烹食，也可以提取其鲜美的汁液加工制成蚝豉或蚝油。牡蛎的肉、壳均可入药，药用价值极高，可以改善肠胃消化，具有补钙、排毒养肝、美容护肤、滋阴壮阳、提高性欲等作用。此外，由于牡蛎受到外界异物的入侵时，其外膜就会分泌出各种物质来保护自己，在异物的刺激下，分泌物会层层包裹住异物，随着时间的推移而慢慢形成了珍珠。因此，人们还用牡蛎来养殖昂贵的珍珠，牡蛎可谓是"天然养珍珠厂"。

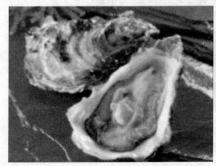

图 4 - 19　牡蛎

4.1.3.5　其他海水动物

可供开发利用的其他海水动物还有：墨鱼（乌贼）、鱿鱼、章鱼、海参、海星、海胆、海蜇、鲨等。

（1）墨鱼（图 4 - 20）

墨鱼（又叫乌贼鱼、墨斗鱼、目鱼等）属软体动物门头足纲十腕目乌贼科，产地分布很广，中国、朝鲜、日本及欧洲各国沿海均有出产，我国舟山群岛出产最多。我国所指的"墨鱼"大多是我国东海主产的曼氏无针乌贼和金乌贼两个品种。两者的外形差别不大，主要差别是：前者胴部呈卵圆形，稍瘦，无骨针，干制品叫螟虫甫鲞；后者有骨针，干制品叫乌贼干。墨鱼分头、胴体两部分。头部前端有五对腕，其中四对较短，每个腕上长有四行吸盘，另一对腕很长，是专门用来捕捉食物的触腕，吸盘仅在顶端；胴体部分稍扁，呈卵圆形，灰白色，肉鳍较窄，位于胴体两侧全缘，在末端分离，背中央有一块呈长椭圆形的背骨（即乌贼骨）。雄的乌贼背宽有花点，雌的肉鳍发黑。墨鱼的眼睛大而明亮，结构复杂，功能完善。墨鱼（乌贼）的腹腔里藏有墨囊，遇到强敌时会以喷墨作为逃生的方法并伺机离开，因而得其名。皮肤中有色素小囊，会随"情绪"的变化而改变颜色和大小。墨鱼会跃出海面，具有惊人的空中飞行能力。墨鱼味感鲜脆爽口，蛋白质含量高，具有较高的营养价值，不但可以鲜食，还可加工制成干制品。墨鱼还富有药用价值，其肉、蛋、脊骨均可入药，墨鱼壳即乌贼板，学名叫乌贼骨，含有碳酸钙、壳角质、黏液质及少量氯化钠、磷酸钙、镁盐等，是中医上常用的药材，其药名为海螵蛸，是一味制酸、止血、收敛之常用中药，是妇女贫血、血虚经闭的佳珍。墨鱼干和绿豆干煨汤食用能起到明目降火等保健作用。墨鱼的墨汁中含有一种黏多糖，实验证实对小鼠有一定的抑癌作用。

图 4-20　墨鱼

(2) 鱿鱼（图 4-21）

鱿鱼（又叫柔鱼、枪乌贼等）属软体动物门头足纲十腕目枪乌贼科，主要分布于热带和温带浅海，世界主要鱿鱼渔场在我国南海北部、暹罗湾、日本九州、菲律宾群岛中部、西欧西部和美国东部、西部海域，渔场多位于岛礁周围水清流缓、盐度较高、底质粗硬、海底凹窝、沿岸水系和暖流水系交汇处。鱿鱼身体细长，呈长锥形，形如标枪，体色苍白，有淡褐色斑，头大，前方生有触足 10 条，尾端的肉鳍呈三角形，体内具有两片鳃作为呼吸器官，体内有一层透明的角质。鱿鱼是一种肉食性动物，具有锋利的角质颚和发达的消化腺，以磷虾、沙丁鱼、银汉鱼、小公鱼等为食，其本身又是鲸鱼、金枪鱼等凶猛鱼类的猎食对象。它的行动非常敏捷，在胴体内有一个水囊，依靠喷射水流形成的反作用力推动身体前进，常活动于浅海中上层，垂直移动范围可达百余米，还可以依靠腕足的吸盘吸附在岩壁和海底的废弃物、沉船上。目前市场看到的鱿鱼有两种：一种是躯干部较肥大的鱿鱼，叫"枪乌贼"；一种是躯干部细长的鱿鱼，叫"柔鱼"，小的柔鱼俗名叫"小管仔"。鱿鱼肉质细嫩，其味鲜美无比，我们经见的铁板鱿鱼就是一种非常可口的美食，还可加工成鱿鱼干、鱿鱼丝、鱿鱼片等干制、盐腌产品。鱿鱼不但富含蛋白质、钙、磷、铁，以及钙硒、碘、锰等微量元素，还含有丰富的 DHA、EPA 等高度不饱和脂肪酸，还有较高含量的牛磺酸，营养价值毫不逊色于牛肉和金枪鱼，是名贵的海产品，具有补虚养气、滋阴养颜等功效，可降低血液中胆固醇的浓度、调节血压、保护神经纤维、活化细胞，对预防血管硬化、老年痴呆症、近视等有一定功效。此外，鱿鱼还有助于肝脏的解毒、排毒，可促进身体的新陈代谢，具有抗疲劳、延缓衰老等功效。

图 4-21　鱿鱼

（3）章鱼（图 4-22）

章鱼（又名八爪鱼、石居、死牛）属软体动物门头足纲八腕目枪章鱼科（蛸科），其种类繁多，体型各异，广泛分布于世界各大洋的热带及温带海域，我国南北沿海均有分布。章鱼体呈短卵圆形，囊状，无鳍；头与躯体分界不明显，头上有大的复眼及 8 条可收缩的腕。每条腕均有两排肉质的吸盘，平时用腕爬行，有时借腕间膜伸缩来游泳，能有力地握持他物，用头下部的漏斗喷水作快速退游。腕的基部与称为裙的蹼状组织相连，其中心部有口。口有一对尖锐的角质腭及锉状的齿舌，用以钻破贝壳，刮食其肉。章鱼有 3 颗心脏，9 个大脑，分别长在头部及 8 条腕上。稳定的结构肌红蛋白是章鱼在深海生存的必要条件，而虾青素是最强的抗氧化剂，是保证肌红蛋白结构稳定而不被氧化必要条件。因此，章鱼以富含虾青素的瓣鳃类和甲壳类（虾、蟹等）为食，有些种类食浮游生物。章鱼又聋又哑，但视力极佳，虽然是色盲，但对深度的灵敏度和光线变化的适应性极佳。其力大无比、极其强悍且足智多谋，被认为是目前地球上最聪明的无脊椎动物，可谓是海洋里的"一霸"。它们智力发达，甚至能使用工具，具有高级思维能力，能解决问题，还能通过观察相互学习。章鱼喜欢独来独往，具有不可思议的隐形、变色和拟态能力，其攻防本领之全令人惊讶。章鱼能任意且快速地改变皮肤的颜色、花纹及纹理，在恐慌、激动、兴奋等情绪变化时，皮肤都会改变颜色。这种本领使章鱼成为伪装高手，它们会观察分析周围环境，通过大脑处理相关信息，然后选择最有效的伪装，通过改变身体的形状和皮肤的色彩、纹理，使之和周围的环境协调一致，甚至能模仿其他动物的形态及行为，以躲避掠食者或捕捉猎物。如伪装成一块覆盖着藻类的石头，然后突然扑向猎物，将猎物捕获。章鱼逃跑的时候，像火箭一样直往前冲，并从墨囊里喷出墨汁以迷惑敌人，可连续六次往外喷射墨汁。其腕具备自我修复功能，即使被切断，也能重新长出来。每当章鱼的腕被敌方牢牢抓住或咬住时，它就会自断其腕，往后退一步，让蠕动的断腕迷惑敌人，趁机溜走。别看章鱼对待敌人和猎物凶悍，对待自己的子女却百般怜爱，体贴入微，甚至累死也心甘情愿。每当繁殖季节，雌章鱼就产下一串串晶莹饱满的、犹如葡萄似的卵，并在接下来整整六个月的时间里都不会进食，寸步不离地悉心呵护一排排拥簇在礁石底部的卵，直到小章鱼从卵壳里孵化出来。章鱼的营养功用与墨鱼、鱿鱼等软体腕足类海产品基本相同，对于气血虚弱、高血压、低血压、动脉硬化、脑血栓、痈疽肿毒等病症疗效显著。章鱼肉质鲜美，营养丰富，可鲜食，也可晒成章鱼干，各种做法的大小章鱼是海鲜酒楼的一种重要海味佳肴。章鱼还可入药，具有补气养血、收敛生肌的作用，是妇女产后补虚、生乳、催乳的滋补品。

图 4-22 章鱼

（4）海参（图 4-23）

海参（又名刺参、海鼠、海黄瓜、海茄子）属棘皮动物门海参纲无足目，主要分布于印度洋、西太平洋以及我国渤海、东海、南海等海域，可供食用的品种有梅花参、刺参、乌参、光参、瓜参、玉足参等 20 多种。海参繁衍在地球上比原始鱼类更早，大概在六亿多年前的前寒武纪就开始存在，是现存最早的生物物种，有海洋活化石之称。其体呈圆筒状，色暗，全身长满肉刺。触手轮形，触、手坛囊发达。口在前端，多偏于腹面。肛门在后端，多偏于背面。

背面一般有疣足，腹面有管足。内骨骼退化为微小骨片。肛孔兼司呼吸和排出废物。口周围有10根或更多能伸缩触手，用于捕食或掘穴，主要以海底藻类和浮游生物为食。海参能随着居处环境而变化体色，有效地躲过天敌的伤害，生活在岩礁附近的海参，为棕色或淡蓝色；而居住在海藻、海草中的海参则为绿色。当水温达到20℃时，海参就会转移到深海的岩礁暗处，潜藏于石底，进入休眠状态，如同石头一般，等到秋后才会苏醒过来恢复活动。海参还能充当天气预报员，当风暴来临前，它会提前躲到石缝里，渔民利用这种现象来预测海上风暴的情况。海参的再生能力很顽强，即使身体被砍掉一块，只需数月静养便可完全康复。若将海参切为数段投放到海里，经过3~8个月后每段又会生成一个完整的海参。海参还能排脏逃生，当遇到天敌偷袭时，它会迅速将其体内的五脏六腑喷射出来，让对方吃掉，而自身借助排脏的反冲力逃得无影无踪，过大约50天左右又会长出一副新内脏。海参肉质软嫩，营养丰富，是典型的高蛋白、低脂肪食物，滋味腴美，风味高雅，是久负盛名的佳肴美馔，是海味"八珍"之一，与燕窝、鲍鱼、鱼翅齐名，在大雅之堂上往往扮演着"压台轴"的角色。海参不仅是珍贵的食品，也是名贵的药材。据《本草纲目拾遗》中记载：海参，味甘咸，补肾，益精髓，摄小便，壮阳疗痿，其性温补，足敌人参，故名海参。海参富含蛋白质、矿物质、维生素等50多种天然珍贵活性物质，其所含的酸性黏多糖对恶性肿瘤的生长、转移具有抑制作用；酸性黏多糖和软骨素能延缓衰老；精氨酸可起到固本培元、补肾益精的效果；铁及海参胶原蛋白具有显著的生血、养血、补血作用；海参素对多种真菌有显著的抑制作用，刺参素A和刺参素B可用于治疗真菌和白癣菌感染，具有显著的抗炎、成骨作用，尤其对肝炎患者、结核病、糖尿病、心血管病有显著的治疗作用；EPA和DHA能益智健脑、助产催乳；海参的体壁、内脏和腺体等组织中含有大量的海参毒素，又叫海参皂甙，可以消除肿瘤、抗癌护心脏。随着海参价值知识的普及，海参逐渐进入百姓餐桌。由于活海参离开海水后几小时就会自溶成水而消失，即使装在海水中也不能长途运输，经过几小时运输

图4-23　海参

后，重量减轻高达 80%，甚至完全消失，因此，远离海洋的内陆人很难吃到活海参。如今，随着海参滋补热潮掀起的巨大市场需求，海参加工技术越来越科学，海参被深加工成各种产品，如盐干海参、盐渍海参、淡干海参、冻干海参、海参罐头、液体海参（口服液）、海参胶囊等多种形态的产品，还有海参奶、海参酒、海参包子、海参饺子、海参汤圆等添加海参原料的制品。

(5) 海星 (图 4-24)

海星属棘皮动物门海星纲，种类繁多，约有 1 800 种生活在世界上所有的海洋，以北太平洋区域种类最多，垂直分布从潮间带到水深 6 000 米。海星体扁平，多呈星形，整个身体由许多钙质骨板借结缔组织结合而成，体表有突出的棘、瘤或疣等附属物，通常有五条腕，有的多达 50 条腕，在这些腕下侧并排长有 4 列密密的管足，大个的海星有好几千管足。这些管足既能捕获猎物，又是海星的运动器官，海星依靠管足在海底和岩石上作缓慢的爬行。海星的嘴在其身体下侧中部，可与海星爬过的物体表面直接接触。海星的体型大小不一，形状千姿百态，如呈五角星的罗氏海盘车、凸起如帽的面包海星、腕短而色蓝的海燕、腕细如爪的鸡爪海星和状如荷叶的荷叶海星等。其体色也不尽相同，色彩艳丽，多呈桔黄色、红色、紫色、黄色和青色等。从其外观和缓慢的动作来看，很难想象出海星是一种食肉动物，其主要捕食对象是一些行动较迟缓的海洋动物，如贝类、海胆、螃蟹和海葵等，还会吃珊瑚，甚至鱼类。海星的消化能力很强且食量很大，其捕食时常采取缓慢迂回的策略，慢慢接近猎物，用腕上的管足捉住猎物并将整个身体包住它，将胃袋从口中吐出，利用消化酶让猎物在其体外溶解并被其吸收，然后再将胃和已消化的食物慢慢由口收回体内，而将贝壳等食物残渣遗弃在体外。海星对海洋生态系统和生物群平衡还起着非同凡响的重要作用，海星等棘皮动物能够在形成外骨骼的过程中直接从海水中吸收碳，从而减少了从海洋进入大气层的碳；在美国西海岸有一种文棘海星时常捕食密密麻麻地依附于礁石上的海虹，起到了防止海虹的过量繁殖、保持生物群平衡的作用。海星具有较大的经济价值，其漂亮的外形可制作

图 4-24 海星

成具有观赏价值的工艺品，而且还是一种好吃又具有特殊功能的海味，其中有不少种类可以制成海洋生物药品。干燥的海燕可用来治疗腰腿疼痛；海盘车干燥制药可治胃溃疡、腹泻等；海星黄（海星的消化腺和生殖腺）中微量元素特别是锌的含量特别高，对于促进人体发育、治疗不孕不育和男性壮阳等都有明显疗效。

(6) 海胆（图 4 - 25）

海胆（又名刺锅子、海刺猬）属棘皮动物门海胆纲不全口总目，分布在从潮间带到几千米深的海底，多集中在滨海带的岩质海底或沙质海底。世界上现存的海胆约有 850 多种，中国沿海约有 100 多种，常见的如马粪海胆、大连紫海胆、心形海胆、刻肋海胆等。海胆是生物科学史上最早被使用的模式生物，它的卵子和胚胎对早期发育生物学的发展有举足轻重的作用，是地球上最长寿的海洋生物之一。海胆体呈球形、盘形或心脏形，无腕。其内部器官包含在由许多内骨骼互相愈合形成一个坚固的壳，壳上布满了许多能动的棘。多数种类口内具复杂的咀嚼器，称亚里士多德提灯，其上具齿，可咀嚼食物。消化管长管状，盘曲于体内。海胆的食粮十分广泛，肉食性海胆以海底的蠕虫、软体动物或其他棘皮动物为食，而草食性海胆以藻类为食，还有一些海胆以有机物碎屑、动物尸体为食。海胆大多生活于海底，喜欢栖息在海藻丰富的潮间带以下的海区礁林间或石缝中以及坚硬沙泥质浅海地带，具有避光和昼伏夜出的习性。海胆会随着摄食而做出运动，其运动是靠透明、细小、数目繁多及带有黏性的管足及棘刺来进行的。管足在运动时与海星相似，可以抓紧岩石，而位于底部的棘刺则把海胆的身体抬起，以帮助海胆随意地运动。它们运动时可以随时以步带的方向作为前导，不用转头。当海胆被反转时，它的棘刺及管足可以把它翻正。虽然海胆有胆壳上布满的棘刺和散布于整个海胆体表上及围口区的叉棘来防御敌害，许多海洋生物见了它都避而远之，但海胆仍然有它的天敌——海獭，海獭最喜欢的食物就是海胆。每年的六七月份，是海胆的生殖旺季，这时将海胆壳掰开，就可以看到个黄色的小团，这就是海胆的精华所在——海胆黄。海胆黄是海胆的生殖腺，也称海胆膏、海胆仔，其富含蛋白质、脂肪、维生素 A、维生素 D、各种氨基酸及磷、铁、钙等营养成分，还含有丰富的天然激素物质和动物性腺特有的结构蛋白、卵磷脂、核黄素等，因而具有重要的食补疗效和药用价值。其味道鲜美，无骨无筋，入口即化，可以生吃、清蒸、油炸、煲汤等，做法多种多样，还可以生产加工成为盐渍海胆、酒精海胆、冰鲜海胆、海胆酱和清蒸海胆罐头等多种海胆食品。海胆的外壳、刺和卵具有制酸止痛、软坚散结、化瘀消肿、清热消炎、健脾强肾、舒筋活血、滋阴补阳、养颜护肤等功效，主要用于治疗胃炎及十二指肠溃疡、中耳炎、颈淋巴结核、中胸肋、甲沟炎、积瘀不化、胸肋胀痛等，是预防心血管疾病的良药，可抗凝血和阻止血栓形成。海胆壳别具特色，可制成工艺品作纪念品出售，海胆壳晒干碾碎还是很好的肥料。

图 4 - 25　海胆

（7）海蜇（图 4 - 26）

海蜇（又名红蜇、面蜇、鲊鱼）属刺胞动物门钵水母纲根口水母目根口水母科，是一种大型的食用水母，主要分布在中国、日本、菲律宾、马来西亚、泰国、印度尼西亚、印度洋、红海等。海蜇的外形像一个巨大的蘑菇，上面呈伞状、表面光滑、中胶层厚、晶莹剔透，隆起时像一个馒头，直径可达 1 米以上。伞部下面有 8 个口腕，称为海蜇头。每个口腕又分成了翼，上有许多小孔，称为"吸口"，海蜇的口腕上有很多乳白色的触手，上面有无数能分泌毒液的刺细胞，海蜇毒液蜇伤人体后可造成程度不同的损伤，甚至危及生命。海蜇的中央口及口腕基部愈合，依靠口腕和众多的吸口及刺细胞捕吸食物和防御敌害，主要以小型浮游甲壳类、硅藻、纤毛虫以及各种浮游幼体等为食。海蜇在海洋中浮游生活，靠发达的内伞环状肌有节律的伸缩，挤压下伞部的海水而获得前进的动力，沿伞顶部的方向作缓慢游动、随波逐流，喜栖息于半咸水、底质为泥、泥沙的河口附近海域，对淡水有一定程度的敏感性，干旱的年份可随潮进入河道。海蜇有很强的再生能力，幼蜇切除口腕后，一周即能再生；其螅状体切成数段后能形成多个生长正常的螅状体。海蜇富含蛋白质、钙以及多种维生素，尤其含有人们饮食中所缺的碘，是一种高蛋白、低脂肪、低热量的营养食品。海蜇可鲜食，口感软滑弹润，酷似凉粉，风味独特，深受人们的欢迎。海蜇的含水量可达 95％以上，加上汛期在气温较高的夏秋季节，上岸后很容易腐败变质，因而捕获上岸就要立即加工。加工后的产品，称伞部为海蜇皮，称腕部为海蜇头，其商品价值海蜇头贵于海蜇皮。除了传统的腌制海蜇皮以外，海蜇还可制成海蜇丝软罐头、海蜇纯粉、海蜇口服液等多种海蜇食品。海蜇还有重要的药用价值，具有清热解毒、化痰软坚、降压消肿、补心益肺、润肠消积、活血通脉等功效，对支气管炎、哮喘、高血压、胃溃疡等症均有疗效。海蜇还可作为宠物饲养，很多商家喜欢将海蜇的幼体放在斗鱼杯里进行销售。近几年来，海蜇的养殖业也发展非常迅速，海蜇已成为一种大众化的美味海产品。

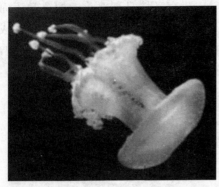

图 4-26 海蜇

(8) 鲎（图 4-27）

鲎（又名马蹄蟹、夫妻鱼）属节肢动物门肢口纲剑尾目鲎科，是一种奇特的古老海洋生物，它的祖先在地质历史时期古生代就已出现，那时恐龙还不是地球的霸主，原始鱼类刚刚诞生。随着时间的推移，其他动物都在不断进化或者灭绝，只有鲎 5 亿年来保持着最原始的样貌，因而被人们称为"活化石"。鲎属节肢动物门肢口纲剑尾目鲎科，主要分布在美洲和亚洲部分沿海，我国长江口以南东、南海沿岸、广西沿海、金门沿海、澎湖沿海等地均有它们的身影。世界现存美洲鲎、蝎鲎、巨鲎和中华鲎（三棘鲎）四个物种，其中，蝎鲎最小，巨鲎最大，其体长可达 60 厘米（包括尾长），体重 3～5 千克。鲎体为棕褐色，其体表覆盖有几丁质外骨骼，呈黑褐色。头胸部具发达的马蹄形背甲，体近似瓢形，分为头胸、腹和尾三部分。头胸甲宽广，呈半月形，腹面有 6 对附肢；腹甲较小，略呈六角形，两侧有若干锐棘，下面有 6 对片状游泳肢，在后 5 对上面各有一对鳃，用来进行呼吸；尾呈剑状。其血液遇氧则变为蓝色，且具有较强的保护功能。当鲎遭受攻击时，它的血液能够自动凝结并杀死细菌，这是它能够存活长久的重要原因。鲎居住于沙质浅水海域，常爬行或全身潜于泥沙中生活，退潮时在沙滩上缓缓步行，雌雄成体常在一起、形影不离，有"海底鸳鸯"的美称。鲎为肉食性动物，以环节动物、软体动物和海底藻类为食。鲎具有很高的食用价值，其肉和卵营养价值高，鲜美可口，味如蟹，是我国东南沿海人民喜爱的菜肴。对于人类来说，鲎的血液尤其重要。它们的血液中富含铜，所以呈现蓝色。这种蓝色血液的提取物——"鲎试剂"可以准确、快速地检测人体内部组织是否因细菌感染而致病，对制药和食品工业等的毒素污染进行监测。作为药物原料，鲎具有多种疗效，据宋代《嘉佑本草》记载，鲎肉主治痔疮，卵可治红、青光眼，胆主治大风癫疾、积年呻咳，尾烧焦主治汤风、泄血和妇科崩中带、产后痢等症，甲壳烧成灰可治咳嗽、退高热。由于鲎的自身价值不菲，所以难以逃脱被人类滥捕滥杀的命运，加之其生长周期较长（完成繁殖大约需 8～13 年）、生存环境日渐恶化，如今鲎正面临着灭绝性的灾难。2012 年被世界自然保护联盟列入濒危物种红色名录，成为国际重点保护的海生资源。在我国广西、广东、福建，鲎是重点保护动物，禁止任何单位或个人非法捕杀、收购、加工携带。

图 4-27　鲎

4.1.3.6　海藻类植物

海藻类植物主要包括石莼（海白菜）、浒苔（苔菜）、礁膜（石菜、青苔菜）、海带、裙带菜、马尾藻、紫菜、石花菜、江篱菜和葛仙米等。

（1）海带（图 4-28）

海带（又名昆布、江白菜）属褐藻门褐藻纲海带目海带科，是一种在低温海水中生长的大型海生褐藻植物，海带分叶片、柄部和固着器，扁平带状，通体橄榄褐色，干燥后变为深褐色、黑褐色，海带所含的碘和甘露醇尤其是甘露醇呈白色粉状盐渍附于海带表面。海带片似宽带，梢部渐窄，叶边缘较薄软，呈波浪褶。叶片由表皮、皮层和髓部组织组成，叶片下部有孢子囊，具有黏液腔，可分泌滑性物质。叶基部为短柱状叶柄与固着器相连。固着器由柄部生出的多次双分枝的圆形假根组成，其末端有吸盘，用以附着在岩石、棕绳上，以固着整个藻体。海带对生长环境不是很苛刻，只要水流畅通、水质肥沃即可。水温 5～18℃可以正常生长，水温再高就受不了了。所以海带一般都在高温到来以前收割上岸，这样既可避免因为高温而造成的海带腐烂，又能防止夏季台风的破坏。海带属于亚寒带藻类，是北太平洋特有地方种类。自然分布于朝鲜北部沿海、日本本州北部，以日本北海道的青森县和岩手县分布为最多，此外朝鲜元山沿海也有分布，我国原不产海带，1927 年和 1930 年由日本引进后，首先在大连养殖，后来群众性海带养殖业蓬勃发展。如今，我国沿海各地普遍都能养殖海带并且开发出许多优良品种，在我国北部沿海及浙江、福建沿海大量栽培，产量居世界第一。海带含热量低、蛋白质含量中等、矿物质丰富，具有降血脂、降血糖、调节免疫、抗凝血、抗肿瘤、排铅解毒、抗氧化、利尿、消肿、减肥、护发、美容、延缓衰老、健脑补脑、补钙等多种功能，是一种营养价值很高的蔬菜，凉拌、烹炒、烧炖口味均佳。海带富含褐藻胶和碘质，是提取碘、褐藻胶、甘露醇等的工业原料。同时海带还具有一定的药用价值，因其含碘量高，经常食用可以防止甲状腺肿大。海带的提取物海带多糖因抑制免疫细胞凋亡而具有抗辐射作用。用粗尼龙绳养殖的成片海带甚至还具有现代战争中的反潜艇作用。

图 4 - 28　海带

（2）裙带菜（图 4 - 29）

裙带菜（又称海芥菜、裙带）属褐藻门褐藻纲海带目翅藻科，是一种海洋褐藻类植物，一般生长于风浪不大、水质较肥的海湾内低潮线下 1～5 米深处的岩礁上，是一种温带性种类，适温性较广，能够耐受高温。它的样子很像裙边，因此得了"裙带菜"的美名。其藻体呈褐绿色，分叶片、柄部和固着器。叶似芭蕉叶扇，中肋明显，边缘羽状分裂，叶面上有许多黑色小斑点，为黏液腺细胞向表层处的开口。柄稍长，扁圆形，中间略隆起，成熟时柄边缘形成许多木耳状重叠皱折的孢子叶，上生孢子囊。有黏液腺。固着器由叉状分枝的假根组成，假根的末端略粗大，以固着在岩礁上。裙带菜主要是依靠叶片从海水中吸收氮、钙和磷酸盐等生长所必需的营养元素，然后在体内进行合成和利用转化，它依靠游孢子来繁衍后代。裙带菜在我国北方沿海及浙江嵊泗均有分布，我国自 20 世纪 40 年代开始裙带菜的养殖，80 年代末以来开始采用细胞工程进行人工育苗，形成了裙带菜的规模化养殖。从海上收割上来的新鲜裙带菜，如果将它放置而不马上进行加工的话，就会因裙带菜自身"酶"的作用被消化，在短时间内失去海藻特有的味道和光泽，藻体失去弹性。因此，为了能够常年食用裙带菜，人们从很久以前就开始创造出各种各样的加工方法，我们在市场买到的裙带菜基本上都属于加工品，主要为盐渍品和干燥品两大类。被称为聪明菜、美容菜、健康菜、绿色海参的裙带菜，裙带菜具有很高的经济价值及药用价值，不仅含有丰富的蛋白质，十几种人体必需的氨基酸、钙、碘、锌、硒、叶酸、维生素 A、维生素 B 族元素、维生素 C 和矿物质，还含有褐藻酸、甘露醇、褐藻糖胶、高不饱和脂肪酸、岩藻黄素、有机碘、甾醇类化合物、膳食纤维等多种具有独特生理功能的活性成分，具有降血脂、降血压、免疫调节、抗突变、抗肿瘤等多种生理活性。有多种药理作用，在抗病毒、抗肿瘤、降血压、减肥以及心脑血管疾病治疗等方面具有很好的功效。裙带菜口味要比其他的海藻类食品脆滑，除了作为食品，还是海藻工业中提取褐藻胶的常用原料，也可用于提取其他化学产品，如碘、甘露醇等，此外，还可以作为养殖海参、鲍鱼的食料等。

图 4 - 29　裙带菜

（3）紫菜（图 4 - 30）

紫菜（又称海苔）属红藻门红藻纲紫球藻目紫球藻科，多生长在潮间带的岩石上，喜风浪大、潮流通畅、营养盐丰富的海区，耐干性强，属高产作物。其种类繁多，主要有条斑紫菜、坛紫菜、甘紫菜等。紫菜外形简单，由盘状固着器、柄和叶片三部分组成。叶片是由一层细胞（少数种类由两层或三层）构成的单一或具分叉的膜状体，其体长因种类不同而异，自数厘米至数米不等，含有叶绿素和胡萝卜素、叶黄素、藻红蛋白、藻蓝蛋白等色素，因其含量比例的差异，致使不同种类的紫菜呈现紫红、蓝绿、棕红、棕绿等颜色，但以紫色居多，紫菜因此而得名，干燥之后则变为紫黑色，呈薄膜状，也就是我们现在市场上常见的产品类型。紫菜固着器呈盘状、假根丝状。我国是人工养殖紫菜的大国，21 世纪初我国紫菜产量跃居世界第一位，养殖的主要品种为坛紫菜和条斑紫菜。其中，福建、浙江沿海多养殖坛紫菜，北方则以养殖条斑紫菜为主，主要在江苏省沿海的南通市、连云港市。紫菜是一种传统的海藻食品，其味道鲜美，营养价值高，素有"长寿菜""海味珍蔬""微量元素宝库"等美誉。除鲜食外，更多的是被加工为容易保存、食用方便、鲜味浓郁、松脆可口的片状干燥紫菜。紫菜富含蛋白质和碘、磷、钙等，并含有大量的谷氨酸盐、氨基酸、海藻胶类纤维和较多的胡萝卜素、核黄素，其多糖类物质具有抗衰老、抗肿瘤、增强免疫等多种生理活性。紫菜可入药，具有化痰软坚、清热利水、补肾养心的功效，可用于治疗甲状腺肿、水肿、慢性支气管炎、咳嗽、脚气、高血压等。从紫菜中开发出具有独特活性的海洋药物和保健食品，已成为紫菜研究利用的重要方向。

图 4 - 30　紫菜

（4）石花菜（图 4 - 31）

石花菜（又名鸡脚菜、海冻菜、红丝、凤尾）属红藻门真红藻纲石花菜目石花菜科，其分布很广，属于世界性的红藻。它生性喜阴，生长在水深 10 米以内的海底岩石上，主要分布于台湾、海南及西沙群岛等海域。我国沿海石花菜资源很丰富，北起辽东半岛南至台湾沿岸都有分布，主要分布在山东半岛、海南、西沙群岛及台湾等海域。石花菜颜色有紫红、深红或绛紫色，在受光多的海区往往呈淡黄色，新鲜的石花菜藻体色泽十分鲜艳。石花菜藻体直立丛生，羽状分枝互生或对生，枝呈扁平或亚柱形。藻体分枝很多，主枝生侧枝，侧枝上生小枝，各种分枝的末端呈尖形，下部有假根状固着器附在浅海海底的岩石上。整个藻体上部分枝较密，下部分枝较稀疏。石花菜藻体的基本构造可分为两部分，即皮层和髓部，髓部由数十条平行纵列的长圆柱状细胞所构成；皮层最外面一层细胞排列紧密，表面被有厚膜，细胞内有色素体，是进行光合作用的场所。石花菜生长属于顶端生长，它的每一个分枝的顶端都有一个顶端细胞，由此进行多次分裂。石花菜含有多种藻蛋白、维生素 B 族元素、胡萝卜素、不饱和脂肪酸、钾、铁、碘、磷等矿物质以及丰富的膳食纤维，通体透明，犹如胶冻，口感爽利脆嫩，既可拌凉菜，又能制成凉粉，具有提高人体免疫力、清肺化痰、清热燥湿、滋阴降火、凉血止血和解暑的功效，可用于治疗肠炎、肛门周围肿痛、肾盂肾炎等。尤其是它所含的褐藻酸盐类物质具有降压作用，所含的淀粉类硫酸脂为多糖类物质，具有降脂功能，对高血压、高血脂有一定的防治作用。石花菜体内还含有大量的胶质，是提炼琼脂的主要原料，有抗病毒的性质。琼脂（又叫洋菜、洋粉、石花胶）是多糖体的聚合物，是一种重要的植物胶，可用来制作冷食、果冻或微生物的培养基等，琼胶经磺酸化后的磺酸化多糖体可抑制脑炎病毒。

图 4-31　石花菜

4.2　海洋生物资源的开发与利用环节

海洋生物资源的开发利用通常包括以下三个环节：资源获取、加工、消费等。

4.2.1　海洋生物资源的获取

海洋生物资源的获取主要有海洋捕捞和海水增殖、养殖两种方法。据联合国粮食及农业组织发布的《2016 年世界渔业和水产养殖状况》显示，2014 年全球海洋渔业捕捞总产量为 8 150 万吨，其中中国、印度尼西亚、美国和俄罗斯的产量位居前列，西北太平洋是捕捞渔业产量最高的区域，随后是中西部太平洋、东北大西洋和东印度洋；2014 年全球海水养殖总产量为 2 670 万吨①。这些被获取的海洋生物资源不但品种繁多，且产量巨大，为我们的现代生活、生产提供了大量高级原材料。

4.2.1.1　海洋捕捞

海洋捕捞是利用各种渔具（如网具、钓具、标枪等）在海洋中从事具有经济价值的水生动植物捕捞活动，具有海域辽阔、作业面广、流动性大、产量不稳定等特点，拥有机动渔船、网具等设备，一般须有相应的渔港作为渔业生产基地。按捕捞海域距陆地远近，海洋捕捞可分为沿岸、近海、外海和远洋等捕捞类型，以上、中、底层鱼类和其他水产经济动植物为捕捞对象，捕捞渔具主要有拖网、围网、流刺网、定置网、张网、延绳钓、标枪等，以拖网、围网为主。

---

① 联合国粮食及农业组织.2016 年世界渔业和水产养殖状况［EB/OL］.http：//www. doc88. com/p - 4724548855396. html.

（1）近海捕捞

近海捕捞，指在离本国或本地区沿岸较近的海区进行鱼类等经济水产品的捕捞生产，一般都在各自的大陆架海区范围内。由于沿岸水和外海水在这一带交汇，水质肥沃，是多种鱼、虾类的索饵场和越冬场，渔业资源丰厚，加之距后方基地适中，水深度（在 40～100 米）又利于捕捞作业，因此，近海捕捞成本低，产量相对稳定，经济效益较高，是海洋生物资源获取的主要途径之一。其捕捞对象主要是近海定栖或作季节性洄游的鱼类和其他水产经济动物，如大黄鱼、小黄鱼、鲐、鲷、鳓、鲆、鲹、鲽、带鱼、马面鲀、鲳、海蜇、对虾和乌贼等，近海捕捞的渔获量占同期渔获量的 80％左右。主要捕捞作业方式有拖网、围网、流刺网和钓业等，以拖网捕捞为主。

自第二次世界大战后，随着捕捞技术的不断发展，世界海洋渔获量大幅度上升，但由于过度捕捞，包括高值生物资源和低营养级生物资源在内的近海渔业资源都出现了严重衰退，当前，常见的近海经济鱼类基本处于过度开发和饱和开发状态。我国传统渔业以近海捕捞为主要生产方式，漫长的海岸线曾经以其丰厚的渔业资源让渔民受益。然而，自 20 世纪 70 年代以后，各地受经济利益驱动，通过增加渔船和渔网数量进行掠夺式的捕捞，并随着渔船现代化、机械化程度的提高，先进的助航、助渔仪器广泛使用，以及渔民捕捞经验的积累，捕捞技术的成熟等，捕捞强度远远超过了海洋资源的承受能力。长期的过度捕捞在不断加剧的近海污染和疯狂的近海开发的助力之下，使我国近海一些主要经济鱼类资源衰退明显，生态系统物种间平衡被打破，近海渔业资源日趋枯竭。如今，很多鱼虾绝迹，近海的鱼汛纷纷消失，小渔船已难以"鱼满舱"。为保护和恢复近海渔业资源，进入 21 世纪以来我国对海洋捕捞业进行战略调整，实施了近海捕捞产量负增长的发展政策及渔船"双控"制度，强化捕捞许可管理；实行伏季休渔制度，推进沿海捕捞渔民转产转业，已淘汰报废老旧渔船近 3 万艘；改善渔船装备水平，引导海洋捕捞生产结构调整。经过调整和优化近海捕捞业，近年来我国近海捕捞产量持续保持零增长或负增长，但要实现近海渔业资源的可持续发展仍然任重道远。2014 年我国近海捕捞产量 1 280 万吨左右，以鱼类和甲壳类捕捞为主。

（2）远洋捕捞

远洋捕捞是海洋渔业活动的一部分，是指远离本国渔港或渔业基地，在公海和他国管辖海域，利用各种渔具在海洋中从事具有经济价值的水生动植物捕捞活动。通常把在公海上的捕捞作业称为大洋性渔业，在他国管辖海域内的捕捞作业称为过洋性渔业。尽管远洋捕捞投入大、风险高、困难重重，但在当前近海环境恶化和渔业资源枯竭的状况下，近海捕捞业发展已陷入困境，越来越多的渔民将作业场地选在资源较为丰富、离岸较远的渔场，大力开发公海及他国专属经济区渔场的渔业资源，据有关资料统计，世界远洋渔船总数已达数万艘，远洋捕捞业逐渐成为海洋捕捞业新的增长点。远洋捕捞业的发展可以缓解近海渔业资源的压力，扩大沿海渔民的生存空间；丰富国内水产品市场和居民"菜篮子"，满足人们的需求和稳定水产品价格；带动渔船修造、渔业机械制造、水产品加工、港口建设、渔港贸易等相关产业的发展，直接或间接地提供大量的劳动就业机会；促进对外经济技术合作、维护海洋渔业权益。因此，世界各国对远洋捕捞趋之若鹜。

远洋捕捞的作业方式主要有拖网、流刺网以及延绳钓等，以捕捞鳕、鲱、鳀、金枪、鲭、鲹、鲽、胡瓜、竹刀科鱼类以及头足类、甲壳类和鲸类等为主要对象。远洋捕捞产品营养丰富，同时远离人类活动区域，具有无污染、绿色健康的优良特性，对保证人们饮食健康和消费升级具有重要意义[1]。远洋捕捞一般具有距离远、时间性强、鱼汛集中、水产品易腐烂变质和不易保鲜等特点，因此，从事远洋捕捞对舰队的配置要求比较高，需要机械化、自动化程度较高，助渔、导航仪器设备先进、完善，续航力较长的大型加工母船（具有冷冻、冷藏、水产品加工、综合利用等设备）和若干捕捞子船、加油船、运输船等相互配合。世界上许多渔业高度发达的国家，如美国、日本等已拥有阵容十分庞大的远洋船队，对远洋捕捞生产游刃有余。当前，远洋渔船趋向大型化，各种捕捞设备、监测系统、加工设备趋于完善化，远洋渔船正逐渐向探测、捕捞、加工一体化的方向发展[2]。

我国是发展中国家，远洋渔业起步较晚。自从 20 世纪 80 年代初提出"尽快组建我国的远洋渔业船队，放眼世界渔业资源，发展远洋渔业"的要求后，我国渔船队开始从沿海走向了远洋。1985 年 3 月，我国第一支远洋渔业船队起航开赴西非海岸，开辟了我国与几内亚、塞内加尔、塞拉利昂等国的渔业合作，揭开了我国远洋渔业历史的第一页。经过 30 多年的艰辛努力，我国远洋渔业不断壮大，现已跻身世界主要远洋渔业大国之列。目前我国从事远洋作业渔场涉及太平洋、印度洋、大西洋公海及欧洲、美洲、非洲附近海域 30 多个国家和地区管辖水域[3]，远洋捕捞产量及产值呈逐步攀升的趋势，2014 年我国远洋捕捞产量约 203 万吨，以高价值海产为主，为社会创造了可观的经济效益。

（3）海洋捕捞的渔具渔法

捕鱼得有工具，也得讲究方法。海洋捕捞的渔具渔法就是指在海洋中直接

---

[1] 梁铄，王金枝. 我国远洋捕捞业发展研究综述 [J]. 产业与科技论坛，2017，16（6）：20.
[2] 郎舒妍. 远洋渔船迎来"高大"时代 [J]. 船舶物资与市场，2017（1）：21.
[3] 杨瑾. 大力发展远洋捕捞业 振兴海洋经济 [J]. 海洋开发与管，2012（11）：98.

用于捕捞经济动物的工具和采捕鱼虾以及其他经济动物的作业方法。渔具的种类很多，从远古时代的"网兜"到后来的垂钓、定置渔具、陷阱渔具和流刺网具，一直到现在的机动拖网船、机动围网船和玻璃钢渔船、捕鲸大型舰船等，这些五花八门的渔具因不同的地域、渔区、捕捞对象和作业传统而异，并在不断改进和发展[①]。海洋捕捞的渔具渔法是配套使用的，渔具的发展自然也促进了渔法的改进。随着科技的发展，科学高效的捕鱼方法越来越多，特别是探鱼仪、渔情预报、卫星导航等现代手段的加入和电脑及遥感技术的逐步成熟及广泛应用，使渔具渔法进入高科技、自动化和现代化的新发展阶段，更使海洋捕捞如虎添翼。为了提高渔获量，人们往往会不择手段，一些先进的渔具渔法甚至严重地伤害了宝贵的海洋生物资源。因此，国家为了保护鱼类等海洋生物资源颁布了渔具的分类和标准，取缔了杀伤力大的渔具渔法，如电鱼、毒鱼、炸鱼等；限制使用那些破坏性的渔具渔法，如定置网具等；鼓励发展那些有利于保护资源的渔具渔法，如流刺网等。

常见的海洋捕捞作业方式有：

① 拖网。拖网是利用渔船动力拖曳囊袋形网具，迫使捕捞对象由于速度慢于船速或体力不支而被收入网具内，其捕捞对象以底层和近底层鱼、虾和软体动物为主（图4-32）。拖网作业灵活性高、适应性强，在各种水层、海区、深度均能作业，所以生产效率较高，使用范围较广，是目前海洋捕捞的主力军。拖网通常由网翼、网盖、网身、网囊、各种纲索以及浮子和浮升板、沉降器等组成。从网袋的数量和网具结构上分，拖网可分为有翼单、桁杆型、单囊型、多囊型、单片型等。从作业船数和作业水层上分，拖网可分为单船表层

图4-32　拖网作业方式

---

① 刘元林．人与鱼类［M］．济南：山东科学技术出版社，2013：113.

（中层或底层）型、双船表层（中层或底层）型以及多船型等。这些拖网作业方式分别适应不同水层和不同游泳习性的捕捞对象。拖网经常是大鱼小鱼一网打尽，还会破坏底栖生物的生存环境，因而会对渔业资源和海底环境造成重创。

②围网。围网主要捕捞集群性较强的鱼类，是一种生产规模大、网次产量高的捕捞作业方式，它根据捕捞对象集群的特性，在发现鱼群后，利用长带形或一囊两翼的网具包围鱼群，采用围捕或结合围张、围拖等方式，迫使鱼群集中于取鱼部或网囊，从而达到捕捞目的，是目前世界海洋捕捞的主要作业方式之一（图4-33）。围网的捕捞对象主要是集群的中上层鱼类、近底层鱼类等，如鲐、蓝圆鲹、太平洋鲱、沙丁鱼、金枪鱼、鲣等。围网网具由网衣、纲索及属具三大部分组成。围网按结构形式可分为有囊型和无囊型，按作业方式可分为单船围网、双船围网、多船围网等。围网是远洋捕捞的重要作业方式，在许多远洋渔业发达的国家，远洋围网渔船对渔获量和渔业经济贡献率占到了近七成。

图4-33　围网作业方式

③刺网。刺网是使用均匀的长带形网衣，其上下纲分别装配浮子与沉子，二者共同作用使网衣在水中保持垂直张开的状态，当鱼类游来碰撞到网衣时，自身鳍棘或鳞片很容易刺挂缠绕在网衣上以达到捕获目的（图4-34）。其主要捕捞对象为大小黄鱼、鲥鱼、鲐鱼、鲅鱼、鲳鱼、鳎鱼等。这种作业方式多运用于近海捕捞，海岛居民就常用这种方式捕鱼。刺网可分为定置式刺网、漂流式刺网（也称流刺网或流网）、包围式刺网和拖刺网，其中，定置式刺网是利用插杆、打桩、锚、石、沙土袋等固定于水域中进行作业；流刺网则不使用固定装置，而是随潮流漂移进行作业，以鲅鱼、鲨鱼、对虾、银鲳、梭子蟹等

为主要捕捞对象。虽然流刺网不受水深等渔场条件的限制，自由流动作业，作业范围广，操作简便，设备简单，渔获鲜活质优，生产效益较好，但由于流刺网的网衣巨大，作业时绵延数千米的片状网衣漂浮在大海中，随波逐流，很可能会缠住并困死过往的海龟、海豹和海豚等，甚至会阻塞航道，因此，流刺网目前已被禁止在公海使用。

图 4-34　刺网作业方式

　　④ 定置网。定置网是指固定在特定的水域中按兵不动、只待鱼类等自投罗网的一种捕鱼方式（图 4-35）。定置网具一般设置在鱼类洄游通道，鱼虾被潮流冲击或网具导引，不知不觉地进网囊中，难以再逃出去。定置网具有结构简单、操作方便、成本低、渔获物鲜活等诸多优点，但对捕捞对象没有选择性，容易对渔业资源造成破坏。

图 4-35　定置网作业方式

　　⑤ 钓具。钓具类渔具是利用鱼类的捕食习性，通过用诱饵的方式，在捕捞对象吞食饵料着钩而又难以逃脱之际将其捕获（图 4-36）。从渔获量的角度来看，钓具的作业效率远远不如网具高，但它具有适应的渔场范围广，渔获鲜度高、质量好，渔具结构简单，操作方便，成本低廉和作业随机应变、灵活

性好等诸多无可比拟的优点。其中，延绳钓是为解决钓具捕捞效率低问题的新作业方法，它改变了原先钓具一根钓线一个鱼钩的老套路，在一根钓线上同时安置若干个有饵的鱼钩，这样每次拉起钓线就会将一连串的渔获物带上船来，此法对大洋金枪鱼和鱿鱼的捕捞效果尤为显著。此外，现代生活中的海洋垂钓已远远超越了渔业生产的范畴，而是以休闲渔业的形式成为广受大众欢迎的休闲娱乐方式。

图 4-36　钓具作业方式

4.2.1.2　海水增养殖

　　海水增养殖也称海洋农牧化，是海水增殖和海水养殖的合称，是当前获取海洋生物资源的一个最可靠和迅速的方式。其中，海水增殖是指通过育苗、移植、放流于海域或改造栖息环境（如建立人工鱼礁）等手段，定向增加海域中经济动植物种类资源、繁育水域生物资源，以达到增殖海域资源，从而提高捕捞产量的目的。海水养殖是指利用浅海、滩涂、港湾、围塘等海域进行饲养和繁殖海产经济动植物的生产方式，是人类定向利用海洋生物资源、发展海洋水产业的重要途径之一。海水养殖的主要种类有鱼类（遮目鱼、比目鱼、大菱鲆、鲷、鲕、鲑鳟鱼、石斑鱼、鲆鲽、罗非鱼、海鲈等）、虾蟹类（日本对虾、斑节对虾和凡纳滨对虾等）、贝类（牡蛎、贻贝、扇贝、蛤、鲍鱼等）和大型海藻红藻（紫菜、江蓠）、褐藻（海带、裙带菜）、绿藻等[①]，以及海参等其他经济动物。

　　按养殖方式分，海水养殖有池塘、普通网箱、深水网箱、筏式、吊笼、底播和工厂化等多种养殖类型。近年来，近海海域污染不断加剧，避开近海内湾

---

① 杨宇峰，王庆，聂湘平，等.海水养殖发展与渔业环境管理研究进展［J］.暨南大学学报（自然科学版），2012，33（5）：532.

的易污染环境，转向外海去发展高经济价值鱼类的深水网箱养殖业，已成为世界各国的共识。深水网箱养殖是在特定海域，利用深水网箱设施，在开放式离岸海区进行的一种水产养殖方式（图4-37）。深水网箱是近二三十年发展起来的全新养殖设施，设置在水深15米以上的较深海域，养殖容量在1 500立方米以上，具有较强的抗风、抗浪、抗海流能力，一般由框架、网衣、锚泊、附件4个部分组成，其中，框架决定了养殖载荷和养殖主张形式；网衣决定了养殖水体包围空间；锚泊决定了养殖系统固定及安全。深水网箱强度高，柔性好，耐腐蚀，抗老化，抗风浪能力强，使用年限长，有效养殖水体大，效率高，综合成本低，污染小，水质优，鱼类死亡率低，鱼产品品质好。深水网箱养殖作为目前科技含量较高的海水鱼类养殖方式，它比传统网箱养殖以及滩涂、池塘、围网等养殖方式更具先进性，不仅实现了渔业增效、渔民增收，更有力地保护了海洋环境，是最具发展潜力的一种海水养殖方式。挪威、英国、日本等沿海发达国家的海水养殖网箱，规格从周长30米逐步发展到100米以上，大型化趋势非常明显，其形式多样，抗风浪能力强，并且大多安装了自动投饵、监控、死鱼自动清除、吸鱼泵等自动化养殖装置，基本实现了养殖生产自动化、电子化。历经十多年的研究，我国突破了深水网箱抗风浪关键技术，建立装备技术工程理论和高海况养殖安全技术，一跃成为世界上少数几个能全面掌握深水网箱养殖工程技术的国家。

图4-37 深水网箱养殖

随着世界海洋捕捞强度的不断加大以及生态环境持续恶化，海洋水产资源面临日益枯竭的风险，捕捞产量难有稳定增长，加之随着生活水平的提高，人们对营养价值高的海产品需求量越来越大，仅靠捕捞已难以满足市场的需求。从保护海洋生物资源和生态的角度来看，海水养殖受到提倡和鼓励，其具有规模化、集约化的生产优势，且受资源和气候等条件约束较小，在一定程度上能保证生产供应的稳定性。因此，如今世界各国都将海洋渔业生产重点由传统的狩猎式捕捞渔业转向放牧式的增养殖渔业，积极发展海水增养殖业，进入"耕海时代"，特别是发展中国家在世界海水养殖生产中占有相当高的比例。而我国有着丰富的海洋生物资源和渔业水域，海水养殖历史悠久，早在汉朝之前渔农就捕捞珠蚌，到了宋朝便发明了养殖珍珠法[①]。自 20 世纪 80 年代开始，我国海水养殖蓬勃发展，特别是进入 21 世纪之后，我国渔业继续大力实施"以养为主"的战略方针，积极推进海水养殖的多品种、多模式、工厂化和集约化发展，现已成为世界上海水养殖物种最多、养殖生产模式最为多样化的海水养殖大国，海水养殖产量多年位居世界第一，海水养殖产量 2006 年首次超过捕捞产量，实现了海洋渔业产业结构转变的历史性跨越。2014 年我国海水养殖产量 1 813 万吨，占海产品产量比重 55%，以贝类养殖为主，占 73% 左右。

4.2.2　海洋生物资源的加工

海产品加工就是用物理、化学、微生物学或机械方法保藏和加工海洋生物资源的技术。海产品的保藏加工是整个海洋生物资源开发利用的重要环节，当通过海洋捕捞或海水增养殖获得海洋生物资源后，相应地必须解决海产品的保藏和加工利用问题，否则将对海洋生物资源造成极大的浪费。首先，新鲜的海产品极易腐败变质，只有及时进行保藏加工，才能保持其应有的食用价值，并提高其经济价值；其次，渔业生产一般季节性强，且有一定汛期，产地集中，必须经过适当的保藏加工才能调节淡季、旺季市场需求以及解决边远地区海产品供应问题；再次，人民生活水平的不断提高要求市场供应的海产品质量更高、品种更多，需要将海产品原料用各种方法和技术保藏起来，进行初级加工使之不易腐败变质，或根据消费者的需要进行二次加工制成各种优质、营养、美味、方便、安全、保健的产品供应市场。可见，发展海产品加工产业十分必要，且前景非常广阔。

海产品的加工历史悠久，加工方式多样，一般可分为传统加工和现代加工两大类。传统加工主要指腌制、干制、熏制和天然发酵等，随着科技的进步、先进生产设备的投入使用，以及高新食品加工技术和生物技术的集成应用，现代的海洋生物资源加工方法和手段有了根本性的改变，产品的技术含量和附加值有了很大的提高，海产品加工原料范围不断扩展，且不断向精深加工方面发展。如今的海产品除了可加工成为传统的海产食品外，还可以用于生产鱼粉、鱼油、海藻化工产品、海洋保健食品、海洋药物、皮革制品、化妆品和工艺品等产品。现代的海产品加工已经成为一个用高技术武装起来的，集速冻、冷藏、加工和运销等多产业相连的综合产业。我国的海产品加工也经历了从最初

---

① 姜胜．沧海有迹可寻宝 海洋奥秘与海洋开发技术［M］．广州：广东科技出版社，2013：18 -19.

的简单分拣到粗制品加工，再到半成品加工，再到精细加工的发展历程。近年来，我国海产品加工业整体实力明显增强，加工能力不断提高，目前已形成以精深加工为主，产品遍布食品、保健品、药品等领域，形成精细化、自动化和高附加值的产业发展链条。

4.2.2.1 传统的海产食品加工

（1）海产品保活运输

鲜活海产品安全性高，且能更好地保持其原有的营养价值。鲜度是海产品最主要的品质指标，也是其价格的主要决定因素。随着经济的发展、人们生活品质的提高以及观念的转变，人们日益倾向于食用鲜活海产品，市场上对各类鲜活海产品的需求量越来越大，"海鲜"深受广大消费者的青睐。随着我国海产品流通量越来越大，流通距离越来越远，海鲜的长距离保活运输是非常困难的，不仅需要新鲜的水质，还要保证水中有足够的氧气。因此，采用各种保活运输技术和设备对海产品进行保活运输越来越受到重视。

海产品保活技术根据保活原理不同，可分为低温保活技术、药物保活技术、充氧保活技术、无水保活技术和净水法等。低温保活技术是海产品短距离流通过程中最常用的保活运输方法，主要是通过在产地对运输水进行降温，或在运输途中间断性向水中加入冰块，以降低水温促使海产品的代谢水平下降，延长保活时间，具有安全可靠、成本低廉的特点。该技术可分为降低温度保活法和冷冻麻醉保活法两类。其中，降低温度保活法广泛应用于鱼类、贝类和蟹类的保活运输，它是通过低温将海产品的新陈代谢降到最低水平，使海产品的活动、耗氧、体液分泌等大为减弱，使水质不易变质，从而提高海产品的成活率，保持海产品活体状态。冷冻麻醉保活法是指利用低温将海产品麻醉，在整个运输、保藏过程中使海产品处于休眠状态，其典型代表是活梭子蟹的运输，该法只要掌握了海产品的生理状态，确定其休眠温度，就可以简单而又长时间地保持海产品的鲜活，是一种非常有前景的保活技术。药物保活技术是在水体或饵料中加入一定浓度的有关化学药品（常用的如氨基苯甲酸乙酯甲硫磺盐、丁香酚、乙醚、乙醇、三溴乙醇、尿烷、苯巴比妥钠等化学麻醉制剂），这些化学药品进入海产品后，能强制改变其生理状态，使其进入休眠状态，对外界反应迟钝，行动缓慢，活动量减少，体内代谢强度相应降低，从而减少总耗氧量和水体中的代谢废弃物总量，使其在有限的存活空间中存活更久。该法具有存活率高、运输密度大、运输时间长、操作方便、途中易管理、不需要特殊装置、运输成本低等优点，目前得到广泛应用，但由于食品安全问题，药物保活在一定程度上受到了限制。充氧保活技术是指通过物理或化学方法，在海产品装运时或运输途中向包装容器内不断供氧以维持海产品生存的方法。鱼体呼吸主要依靠水体中的溶解氧来维持，活鱼运输时，由于鱼高度集中，容器中的水又少，加之当鱼在装运过程中处于应激状态会加速氧气消耗，会造成水体氧气供应不足。为保证活鱼能够获得足够的氧气，需要连续向水中释放氧气，确保水体溶氧量不低于鱼的窒息点，这样才能保证鱼的存活率。充氧的方法主要有循环淋浴法，空气压缩机或氧气瓶（液态氧瓶）充氧，添加给氧剂、鱼氧精和过氧化氢等增氧剂充氧以及活水船运法等。无水保活技术适用于市场上活鱼畅销（脱销）、节假日急需组织活鱼货源时的短途调运，原则是通风、避高温、防暴晒和避免过度挤压。盛鱼容器一般用塑料箱、木条箱或柳条筐等，内铺水草或浸湿的软草，放一层鱼，铺一层水草或湿草，最后顶上要加盖，途中要经常淋水，夏季要加冰降温。净水法是在运输流通过程中保持水质满足鲜活海产品正常生存的方法。水质的好坏直接决定了海产品存活时间的长短[①]，在运输过程中，由于海产品的排泄物以及黏液等不断积累，使其生存环境中氨氮含量不断积累，悬浊物不断增多，若不净化水质，肯定会因其呼吸及代谢不畅而中毒死亡。利用膨胀珍珠岩或活性炭均可有效地吸附海产品代谢过程中产生的排泄物，起到净化水质的作用。

（2）冷冻食品加工

海产品组织柔嫩，水分和蛋白质含量较高，自然放置很快就会腐败变质，失去食用价值。这是因为当鱼类等动物性海产品捕捞致死后，其体内仍进行着一系列物理、化学和生理上的复杂变化，这种变化主要是由海产品体内存在的酶和生前、死后附着在其上的微生物不断作用所造成的，一般鱼类死后要经历僵直、解僵、自溶和腐败四个阶段。微生物要繁殖、酶要发生作用，都需要有适当的温度和水分等条件。因此，要防止海产品腐败变质，主要是要降低温度，使海产品维持在低温水平或冻结状态，以抑制微生物和酶的作用、降低化学反应速率，从而达到使海产品较长时间贮藏而不会腐败变质的目的，并且能较好地保持海产品原有风味、营养价值和外观质量。利用低温保藏海产品是人类生活实践的结果，在很早以前，我们的祖先就利用天然冰或冬季的雪来冷却和冻结鱼类，防止鲜鱼的腐败。如今，随着冷冻技术的不断发展，各种各样的海产冷冻食品层出不穷。

目前，海产品的低温保藏方法大体可分为冷藏保鲜、冻藏保鲜、冰温保鲜、微冻保鲜等。冷藏保鲜（亦称冰藏、冰鲜）是将新鲜海产的温度降至接近冰点，又不冻结的一种保鲜方法，可分为冰藏保鲜和冷海水保鲜两种，分别以冰或冷海水为介质，这是全球范围广泛使用、最具历史的传统保鲜方法，因冷藏保鲜制品最接近鲜活海产品的生物特性，该法至今仍在使用。对鲜鱼时常使用小的冰块或冰片以一层鱼一层冰的方式保藏，保鲜期较短，因鱼种和保藏条

---

① 吴佳静，杨悦，许启军，等. 水产品保活运输技术研究进展［J］. 农产品加工，2016（8）：55.

件而异，通常不超过一周。主要在不具备简单冷却设备的小型渔船内使用，或在运输过程中利用冰块进行冷却。冻藏保鲜是利用低温将海产品的中心温度降至−15℃以下，使得体内组织含有的绝大部分水分被冻结，然后在−18℃以下进行贮藏、流通的保鲜方法，主要有静止空气冻结法、隧道式冻结法、平板冻结法、单体冻结法、浸渍冻结法、深冷气体冻结法和沸腾液体冻结法等。采用快速冻结方法可使细胞内外生成的冰晶细微、数量多、分布均匀，从而对组织结构无明显损伤，减少解冻过程中的汁液流失，冻品质量好。该法比较适合海产品的长期保鲜，若能保持恒定的低温，可保藏数月乃至 1 年。冰温保鲜是指将水产品放在 0℃以下至冻结点之间的温度带进行保藏的方法。处于冰温带的海产品能够保持活体性质（死亡休眠状态），既不破坏细胞，又能抑制有害微生物的活动和各种酶的活性，延长保鲜期，提高产品品质，但温度带的设定和维持十分困难，对设备的要求非常高，不易控制温度恒定，一旦失误会造成很大的经济损失。微冻保鲜（也叫过冷却或部分冷冻）是将水产品的温度降至略低于其细胞质液的冻结点，并在该温度下进行保藏的一种轻度冷冻的保鲜方法[1]，可用冰盐混全、低温盐水、鼓风冻结装置等进行微冻保鲜，微冻温度因鱼的种类、微冻的方法而略有不同，其范围一般在−3～−2℃。该技术能有效抑制细菌繁殖，减缓脂肪氧化，延长保鲜期，解冻时汁液流失少，鱼体表面色泽好等，但操作的技术性要求高，特别是对温度的控制要求严格。

由于海产品种类繁多，加工海水鱼类、虾类、蟹类、贝类等海产冷冻品（图 4-38）的工艺流程各有其特点，但每类海产品的冷冻加工也存在许多共同的方面。如整条鱼的冷冻加工工艺流程一般包括：①冻前处理（或预处理），即原料鱼从捕捞后至冻结前的一系列加工处理过程，主要有清洗、放血、去鳞、去鳃、去内脏、清洗、分级、过秤、摆盘等工序；②冻结；③冻后处理（或后处理），即从鱼品冻结到进库冻藏前的一系列处理过程，主要有脱盘、镀冰衣和包装、冻藏等工序。

图 4-38 海产冷冻品

① 阙婷婷，刘文娟，陈士国，等. 水产品低温保鲜技术研究现状［J］. 中国食品学报，2013，13（8）：183.

冷冻调理海产食品（图4-39）是一种深加工海产品，它主要是采用新鲜的鱼、虾、贝类等海产品为原料，经过一定的前处理、调理加工和冷冻加工而成的。其品种繁多，按照原料种类大体可分为冻结调理鱼类食品、冻结调理虾类食品、冻结调理贝类食品以及它们之间混合的冻结调理食品等四大类。冷冻调理海产食品具有品质高、卫生干净、风味独特、食用方便、成本低、不污染环境等优点，非常适合现代人追求方便、快捷的生活节奏的要求，在国内外市场上很受欢迎。琳琅满目的冻结调理海产食品每种产品都有各自独特的生产流程和要求，但一般的冻结调理鱼、虾、贝类食品加工工艺流程为：新鲜原料→前处理〔包括清洗、去头、去鳞、去壳（贝类）、去内脏、分割、采肉、漂洗、脱水、绞碎、描溃等工序〕→调理加工（包括成型、调味、加热、冷冻、包装等工序）→冻结→包装→冻藏。冷冻调理海产食品虽然发展历史较短，但近年来发展迅速，产量一直持续增长，尤其是在西欧、美国、日本等发达国家，具有很大的发展空间。

图4-39　冷冻调理海产食品

（3）腌制品加工

海产腌制品加工具有悠久的历史，产品的种类非常多，主要包括盐腌制品、糟腌制品和发酵腌制品（图4-40）。

海产盐腌制品是利用食盐与各种加工原料混合对海产原料进行腌制而成的一类高盐度食品，如咸带鱼、咸黄鱼、咸鳓鱼、咸鲱鱼、海蜇和虾米等。腌制保藏食物的原理是利用食盐的脱水性和腌制品的高渗透压。食盐腌制包括盐渍和成熟两个阶段。可采用干腌法、湿腌法或混合腌制法等，用盐量为原料量的25％～30％或饱和食盐水溶液，具体使用量及腌制时间一般视产品要求和季节而定。用食盐腌制海产品，既方便，风味又好，是我们现代生活不可或缺的美味佳肴。

糟制品又称糟腌制品、糟醉制品。海产糟制品是以各种海产品为原料，在食盐腌制的基础上，使用酒酿、酒糟和酒类等进行腌制而成的产品，糟制品肉质结实红润、醇香浓郁、清凉可口，自古以来深受大众的喜爱。糟制品的加工过程可分为两个阶段：一是盐渍脱水，一般采用轻度盐渍的方法，即加入少量的食盐进行腌制调味，再进行适当的干燥；二是调味腌藏，主要是加入酒糟、酒类和其他一些辅助调味料进行腌制，在此阶段，酒糟中含有的酒精可以起到杀菌防腐的作用，所含有的酶类对鱼肉腥味的去除也起到了很关键的作用，且能形成特有的酒香味。我国糟制品多用米酒的酒酿和米酒、黄酒，加入适量的砂糖和花椒作为腌浸材料。糟制品可谓是我国南方菜中的精品，是夏季南方每家每户必备的凉菜小吃，花式多种多样。

发酵腌制品为盐渍过程自然发酵熟成或盐渍时直接添加各种促进发酵与增加风味的辅助材料加工而成的海产制品。多为别具风味的传统名产品，其中有盐渍中依靠鱼虾等本身的酶类和嗜盐菌类对蛋白质分解制得的产品，如中国的酶香鱼、虾蟹酱、鱼露，日本的盐辛，北欧的香料渍鲱等；添加辅助发酵材料的制品有鱼鲜制品、糠渍制品，以及其他一些使用酒酿、酒糟、米醋、酱油等材料腌制发酵的产品。

图 4-40　海产腌制品

（4）干制品加工

干制品就是利用自然或人工的方法，使食品中的水分蒸发而得到的水分含量非常低的一类产品。干制加工是保存食品的有效手段之一，最早的日晒、风干等自然干燥法距今已有两千多年的历史。海产干制品的加工首先将原料经盐腌、蒸煮、调味等处理后，放入干燥箱进行干燥。经过干燥后的海产品能长时间保存而不变质，且风味独特，其耐嚼的口感更让人回味无穷。著名的加工产品有风鳗、鱿鱼干、鱼肚、虾米、紫菜干、虾皮、鱼翅、烤鳗、香甜鱿鱼丝等，由于产品种类繁多，风味各异，可加工成各种休闲食品，携带方便，因而深受人们的喜爱（图 4-41）。

海产干燥的方法主要有日光干燥、热风干燥、微波干燥、远红外干燥等以及近几年盛行的冷冻干燥。其中，日光干燥法是利用太阳的辐射热使原料中的水分蒸发，并通过风的流通使原料周围的湿空气除去的干燥方法。在渔区选择一个适当的场地，将被干原料平摊在竹帘、草席上或用绳子吊挂起来即可干燥。这一方法无需设备投入、方便易行、成本较低，但易受气候条件的限制，产品质量不易控制。如将收割的海带在海水中漂洗干净，直接或加盐（一层海带一层盐）腌 7 天后根据条件进行挂晒或铺晒，直至晒干为止，即可得到淡干海带或咸干海带。热风干燥法是将加热后的空气进行循环，当它流经原料表面时就加速原料中水分的蒸发，并同时带走其表面的湿空气层而达到干燥目的的一种方法。海产品干制中最常见的就是隧道式干燥设备，加工中将湿原料平摊在网片上，再将网片一层一层插入托盘烘车上，然后将烘车顺次推入通有热风的烘道内，从隧道的一端移动到另一端的过程中进行干燥，其特点是可大规模连续化生产，干制速度快，产品质量易控制。冷冻干燥法又称升华干燥，是将物料中的水分冻结成冰后，在高真空条件下使冰不经过液态直接升华的一种干燥方法，也可直接在真空干燥室内迅速抽真空而冷冻。这一方法对食品的组织结构和营养成分破坏较少，复水性良好，但设备费用较贵，操作周期长，产品加工成本较高。

图 4-41　海产干制品

（5）熏制品加工

熏制品是原料经调理、盐渍、沥水、风干，通过与木材产生的烟气接触，获得特有风味和保藏性的一类制品。熏制品的加工一般要经过原料处理、盐渍、脱盐、沥水（风干）、熏干等工序。熏制设备有熏室和熏烟发生器以及熏烟和空气调节装置等。根据熏室的温度不同，可将熏制分成冷熏法、温熏法和热熏法，另外还有液熏法和电熏法。

海产熏制品（图 4-42）的原料有鲱、鳕、秋刀鱼、沙丁鱼、鲐鱼、金枪鱼、带鱼、鰤、鱿鱼以及贝类等，其制品主要有以下几类：一是冷熏品，即含盐量较高的原料在低温下长时间熏制并干燥的制品，因其咸味较重且较干，故保藏性较好。原料鱼预处理后，撒盐渍，使鱼体脱水、肉质坚实、熏烟易于渗入，随后将制品浸于淡水中脱盐，除去过剩的盐分和易腐败的可溶性成分，同时适当调整盐分。脱盐后的鱼体沥水、风干后再熏干。熏烟的温度一般控制在 15～23℃，一般熏干在夜间进行，白天放冷，冷熏品的水分为 40% 左右，其制品有鲱、鲥鱼、鳕、鲐等鱼种熏制加工而成的冷熏品。二是温熏品，其制造方法与冷熏法基本相似，熏烟温度为 50～70℃，也有近 90℃的，温熏品的水分为 55％～65％，肉质柔软味道好，但保藏性较冷熏品差，且肉质易碎，故操作时须当心。三是调味熏制品，经适当调理、调味后的原料鱼在高温下短时间熏干而成，鱿鱼、章鱼、大头鳕等是主要调味熏制品的原料。

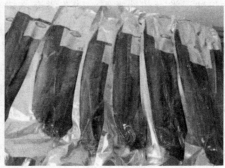

图 4-42 海产熏制品

（6）罐头食品加工

用罐头保存食品是 19 世纪初发展起来的加工技术，1804 年法国的阿培尔首先研究成功用玻璃瓶保存食品，证明了在密封罐中经加热处理的食物即使不冷藏也不会变质。海产罐头食品就是将海产品装入罐藏容器中密封后，经高温加热处理，将绝大部分微生物杀死，并使酶丧失活性，同时在防止外界微生物再次入侵的条件下，借以获得在室温下长期储藏的食品贮藏方法。海产罐头食品可直接食用，其食味虽然稍逊于新鲜食品，但基本保持了原有的风味和营养价值，携带、运输和储藏皆方便，且不受季节影响，能常年供应市场，是海产品保藏加工的一种重要方法（图 4-43）。

图 4-43 海产罐头食品

罐头食品所用的罐藏容器需要满足对人体无毒害、密封性和耐腐蚀性良好、不易变形、体积小、重量轻、便于运输、开启容易、适合于工业化生产等要求。按容器材料性质，目前生产上常用的海产品罐藏容器主要有金属罐（如马口铁罐、涂料铁罐等）、玻璃罐和软罐头。海产罐头食品的生产基本过程一般由原料处理（如原料解冻、清洗、去除不可食部分、切割、检剔等）、调味加工（如盐渍、脱水等）、装罐、排气、密封、杀菌和冷却等工序组成。由于所用罐藏容器不同，生产工艺也有所不同。常见的海产罐头有清蒸类、调味类、油浸类、茄汁类等。清蒸类海产罐头是将处理后的海产品不经烹调直接装入罐中，加入食盐水、味精或食盐和糖配成的溶液或再加入适量的香料，经过排气、密封、杀菌等过程制成罐头，其原料主要有鲭、鲷、鲋、鳜、鲣、鲳、鳗、墨鱼、对虾、梭子蟹等。它能保存原料特有的色泽和风味，食用时可依消费者的嗜好重新调味，不受各地口味不同的影响。调味类海产罐头是指将经过处理，预煮或烹调的海产品装罐后，加入调味液的罐头，烹调手法有红烧、五香、葱烤等，其原料范围很广，一般鱼类、贝类、螺类软体动物（如大黄鱼、带鱼、鲐鱼、鱿鱼、鳕鱼、鲳鱼、鲍鱼、海鳗、比目鱼、鳗鱼、蛤、海螺、乌贼等）都可以制成调味类海产罐头。油浸类海产罐头是将处理后的海产原料经过预处理后，装入预先装有精炼植物油的罐内，再加精盐和精炼植物油制成罐头，其原料主要有鲐鱼、鲅鱼、鲳鱼、比目鱼、海鳗等。油浸类海产罐头的成品所含食盐量须适当，具有原料特有风味和固有色泽，肉质良好，无夹杂物，装罐紧密，其预热处理有烟熏、油炸和蒸煮去汁三种不同类型。茄汁类海产罐头是处理后的原料经盐渍、沥干、拌粉、油炸等工序进行装罐、加茄汁、排气密封、杀菌冷却而得到的罐头，其原料主要有鲭、鳗、鲅、鲣、黄鱼、沙丁鱼、蓝圆鲹、墨鱼等。茄汁类鱼罐头十分注重茄汁的配制，不同鱼种适用不同的茄汁配方。

（7）鱼糜制品加工

鱼糜即鱼肉经过绞碎、加盐处理后得到的黏稠肉糊。冷冻鱼糜是指将原料鱼经采肉、漂洗、精滤、脱水、搅拌和冷冻加工制成的产品，它是进一步加工鱼糜制品的中间原料。冷冻鱼糜的生产过程对温度的控制非常严格，既要保证鱼肉不被冷冻变质，又要防止鱼肉因温度过高而分解腐败，此外还要添加糖类等多种抗冻剂，以防止蛋白质冷冻变性。鱼糜制品就是将冷冻鱼糜解冻或直接由新鲜原料制得的鱼糜，经过擂溃或斩拌，做成一定形状后，进行水煮、油炸、焙烤、烘干等操作后制成的具有一定弹性的海产食品（图4-44）。其中，海产模拟食品是以鱼糜为原料，添加与天然海产品相似的风味成分、调味料和色素，然后经过蒸、煮、炸等工艺制作而成。如将新鲜的鳕鱼绞碎做成鱼糜，同时将新鲜蟹肉取出磨细，按一定比例混合，加入食盐、淀粉和调味料，倒入模型中成型，在表面涂上天然色素，用机器切细成型，经凝胶化以后，就成了具有蟹肉风味的模拟蟹肉了。

鱼糜制品营养丰富、高蛋白、低脂肪，加工和食用方便，它不仅保持了鱼肉的鲜美，而且具有一定的弹性，吃起来鲜嫩爽滑，因此受到消费者的普遍欢迎。目前，生产鱼糜制品的主要国家有日本、美国、俄罗斯、中国、泰国、韩国、智利、阿根廷、新西兰、新加坡和欧盟各国等。生产鱼糜制品的原料海洋鱼种主要有阿拉斯加狭鳕、太平洋无须鳕、非洲鳕、沙丁鱼、鳗鱼、带鱼、鲹等。各种鱼丸、虾丸、鱼香肠、鱼肉香肠、模拟蟹肉、模拟虾肉、模拟贝柱、鱼糕、竹轮和天妇罗等鱼糜制品以及鱼排、裹衣糜制品等冷冻调理食品，这些多种多样的产品极大地丰富了市民的菜篮子。

图 4 - 44　海产鱼糜制品

4.2.2.2　鱼粉加工

（1）饲料用鱼粉加工

鱼粉是一种营养物质含量丰富且均衡的饲料原料，是国际市场上十分畅销的产品，每年世界大约有 1/3 左右的渔获物被用来生产鱼粉（图 4 - 45）。由于鱼粉含有丰富的蛋白质，动物生长所不可缺少的矿物质、维生素以及动物生长因素，因而具有提高动物的成活率、促进生长发育、提高产卵量及产乳量等功效，鱼粉的蛋白质含量高达 70% 以上，消化率在 90% 以上，对多种家禽、家畜和水产动物的饲喂效果都十分显著。

图 4 - 45　饲料用鱼粉

由于各国渔获物的种类和数量各不相同，对加工品的品种要求也不一样，因此，各国生产鱼粉的原料种类和数量也不尽相同。如我国鱼粉的原料主要是经济价值比较低的鱼类和原料鲜度比较差的鱼类以及水产品加工的废弃物，包括鱼的头、尾、骨、鳍和内脏等；智利、秘鲁则利用鳀鱼全部加工成鱼粉，而欧洲国家主要利用鲱鱼、沙丁鱼和鳕鱼加工鱼粉，也有一些国家是利用鲐鱼、鲹鱼、鲥鱼、马面鲀等鱼种来进行加工。近年来，由于鱼粉需求量的增加，贝类、海藻、磷虾、海洋浮游生物（轮虫、卤虫、小球藻等）也可作为鱼粉的原料或部分原料加以利用。根据鱼粉色泽的深浅可将其分为两类：一类为主要由白色肉（如鳕鱼、带鱼等鱼种）原料加工而成的白色鱼粉，色泽较淡，因其含脂量较低、蛋白质含量高，故鱼粉质量好，且易于贮藏；另一类为主要由褐色肉含量较高的原料（如鲐、鲹、鲱和沙丁鱼等鱼种）加工而成的褐色鱼粉，色泽较深，因其含脂量相对较高，捕捞后需立即加工，否则脂肪氧化易导致产品质量下降，也不易保藏，但由于这类产品经济价值较低且捕捞量大，故生产成本较低。利用内脏废弃物生产的鱼粉也属褐色鱼粉，但蛋白质含量相对较低。

原料的鲜度对于鱼粉的产量和质量都有很大影响，用腐败的原料生产鱼粉，不仅影响鱼粉的产量和质量，而且使车间和工厂周围产生恶臭，造成环境污染。然而各大规模的粉厂均设在岸上，不能边捕捞边加工，加之渔业生产具有高度集中性和季节性，因此必须对原料进行防腐保鲜处理。常用的鱼粉原料防腐方法主要有低温贮藏、甲醛防腐、亚硝酸钠防腐、酸防腐、焦亚硫酸盐防腐几种，其中低温贮藏是目前比较理想和有效的方法，一般有冻结、微冻、冰藏及冷却海水保鲜等方式①。

鱼粉的生产方法有很多种，归根结底是要达到以下三个目的：一是破坏细胞组织、使油脂溶出；二是杀死微生物和抑制酶的活性；三是去掉部分水分，使微生物不能生长繁殖和减少重量、体积。鱼粉生产方法主要分为干法和湿法两种，其中干法又分为直接干燥法和干压榨法，而湿法又分为湿压榨法和离心法，此外，还有萃取法、水解法和脉冲法等。不同的加工方法具有不同的工艺特点和优劣，具体选择哪一种方法一般取决于原料鱼种的差异、对产品质量的不同要求和投资能力的大小等因素，也可将上述方法结合起来生产鱼粉，取得较好的效果。

① 直接干燥法即将原料切碎，用天然或人工方法干燥后粉碎即可，是使用于少脂原料的方法。其工艺流程为：原料→切碎→蒸煮→干燥→粉碎→筛析→称量→包装→成品。

---

① 董益生. 水产品加工技术［M］. 武汉：武汉理工大学出版社，2009：249-250.

② 干压榨法适合于中、少脂鱼,其工艺流程为原料→切碎→蒸干→粗筛→压榨→粉碎→筛析→称量→包装→成品。其中,干法压榨出的液体主要为粗鱼油,经炼制后可得成品鱼油。

③ 湿压榨法是目前使用较普遍的一种方法,其工艺流程如图 4-46 所示。其中,出来的汁水经多效蒸发器浓缩至一定浓度后送入干燥机与压榨饼一起干燥,由此得到的鱼粉称为全鱼粉,而浓缩液不回收得到的鱼粉则为半鱼粉。全鱼粉比半鱼粉的营养价值和产品得率高,但因其含盐量较高而更容易吸潮,在包装和贮运中必须引起重视。

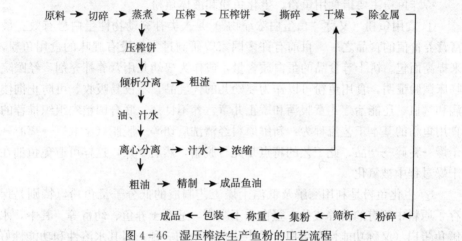

图 4-46 湿压榨法生产鱼粉的工艺流程

④ 离心法的最大特点是可以加工各种原料,甚至对一些不新鲜的原料用压榨法无法分离鱼油时,用离心法也能够分离,且产品含油量较低、质量好。其工艺流程如图 4-47 所示。

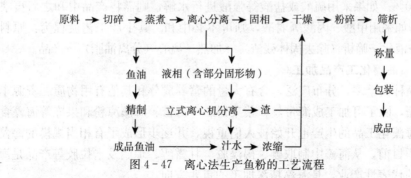

图 4-47 离心法生产鱼粉的工艺流程

⑤ 萃取法可使鱼粉中的含油量降至 1% 以下,且脱脂彻底,因此鱼油含量高,鱼粉质量好。但该法的技术条件要求和生产成本较高,除食用鱼粉外,采用萃取法生产饲料鱼粉并不普遍。其工艺流程如图 4-48 所示。

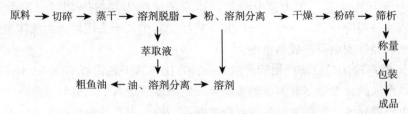

图 4 - 48　萃取法生产鱼粉的工艺流程

（2）特殊鱼粉加工

特殊鱼粉主要指食用鱼粉、生化鱼粉和液体鱼粉。

① 食用鱼粉（又称"鱼蛋白浓缩物"）是人类补充动物性蛋白最有效、最富营养价值的食品之一。目前有许多国家曾研制过完全没有腥味的食用鱼粉，来提高面包、饼干等食品的蛋白质含量，或作为婴幼儿用营养补充剂，经医院临床试验证明，食用鱼粉可以作为婴幼儿的代乳品，不仅易吸收、可防止佝偻病和贫血，还能治疗儿童腹泻和矫正儿童营养不良症。联合国粮农组织推荐的食用鱼粉的基本工艺流程为：新鲜原料经清洗后切碎→脱脂（萃取）→离心→干燥→粉碎→产品，此工艺的特点是先行脱脂，然后干燥，这样可避免鱼油在干燥过程中被氧化。

② 生化鱼粉是利用酶解及低温干燥工艺制成的低分子量鱼粉，特别是保存了原料中所有的营养成分，蛋白质不凝固，适合于养鱼、幼畜等。其中，水解鱼蛋白（又称功能性鱼蛋白）是生化鱼粉中的一种，因其水溶性和功能性好而具有较广泛的应用范围。

③ 液体鱼粉（也称液体饲料、酸贮饲料）是将磨碎的鱼或鱼类加工废弃物在酸性条件下，用酶或微生物分解消化制成的饲料，其中固形物为 20% 左右，水分占 80%。如果采用硫酸或盐酸等强酸进行水解，则需将产品中和之后再喂养动物；如采用甲酸、丙酸等弱酸，则可不必中和。其生产工艺流程为：原料→绞碎→液化→筛析（除去固体残渣）→加热→离心（分离油脂）→产品。

4.2.2.3　海藻化工产品加工

海藻种类繁多，分布广泛，含有大量的营养成分和其他有用物质。资源丰富的海藻，除了可加工成海带丝、紫菜饼、干海带、海藻凉粉和果冻等海藻食品外，海藻化工品的生产也开始被人们重视，并逐步形成了有相当规模的海藻化工业。目前，从海藻中制取碘、褐藻胶、甘露醇、琼脂及卡拉胶等产品是海藻工业的代表性产业，是海藻精深加工的重要方向。

（1）碘的生产

碘是人体生命活动中极为重要的微量元素之一，在国民经济的很多部门有着广泛的用途，在军工、医药、轻工业等行业中都需要碘（图 4 - 49）。其中，在医药工业的主要用途有：配制成含碘的酒精溶液，做消毒剂使用，产品如碘酒等；压制成片，治疗急性和慢性咽炎、喉炎、口腔炎等疾病，产品如华素片、碘喉片等；配制成水溶液，治疗地方性甲状腺肿及甲状腺功能亢进症的手术前治疗；配制成注射液、片剂等各种剂型的药物，协助医生对疾病进行诊断，产品如碘吡拉啥、醋碘苯酸钠、碘苯酯、碘化油、胆影钠、胆影葡胺等。海带中含有丰富的碘，其碘的含量一般在 0.3% 以上，有些含量高达 0.7%～0.9%，因此，海带可以作为碘的提取物。碘的生产方法很多，目前应用的主要方法有沉淀法、活性炭吸附法、空气吹出法和离子交换法等[①]。其中，离子交换法生产碘是较新的工艺，该法的主要优点是设备简单、成本较低、得率高、可以连续生产，其工艺流程为：海带浸泡→凝沉→酸化→氧化→树脂吸附→解吸→碘吸→水洗→精制→包装。

图 4-49　碘及其产品

（2）褐藻胶的生产

褐藻胶是褐藻中的一种由碳、氢、氧等元素组成的多糖类物质，是褐藻酸及其盐类的通称，它广泛地应用于食品（如作食品的增稠剂、乳化剂、品质改良剂等）、医药（如作血浆代用品、止血剂、烫伤纱布、牙科印模剂、药品赋形剂、新型钡餐造影剂、海藻多糖药物等）、农业（如作杀虫剂、促生长剂、保水剂等）、造纸（如作上浆剂、填充剂、涂层剂等）、纺织印染（如制成活性染料、分散性染料、酸性染料、碱性染料和醇溶性染料等）、水处理（如作硬水软化剂和除垢剂）、日用化工（如作美容美发剂、洗涤剂等）、橡胶工业（如作橡胶浓缩剂、耐油剂等）、机械工业（如作焊接剂和切削剂等）等方面，此外，在石油、采矿、建材、陶瓷等工业上也有重要用途（图 4-50）。用于褐藻胶工业原料的褐藻，在欧洲主要为泡叶藻和指状海带，在美洲为巨藻，在亚洲以人工养殖海带为主，也有少量的马尾藻。褐藻胶生产是一种典型的离子交换过程，即海藻在碱和加热的作用下，使藻体中的水不溶性褐藻酸和褐藻酸盐

---

① 汪之和．水产品加工与利用［M］．北京：化学工业出版社，2003：374.

转化为水可溶性的碱金属盐而从藻体中溶解出来。利用海藻制备褐藻胶生产工艺通常要经过浸泡、消化、稀释、漂浮、钙析、脱钙、中和、干燥、粉碎、包装等过程。以海带为原料生产褐藻胶的工艺流程如图4-51所示。

图4-50 褐藻胶及其产品

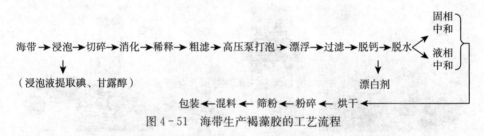

海带→浸泡→切碎→消化→稀释→粗滤→高压泵打泡→漂浮→过滤→脱钙→脱水

固相中和 / 液相中和

（浸泡液提取碘、甘露醇）

漂白剂

包装←混料←筛粉←粉碎←烘干

图4-51 海带生产褐藻胶的工艺流程

（3）甘露醇的生产

甘露醇是一种六元醇，是褐藻中普遍存在的一种光合作用产物，其中以海带含量最高（图4-52）。它广泛应用于食品、医药和化工等领域，如在食品工业中常用作食糖的替代品之一，常做口香糖配料；在医药工业中用于注射和用作药品赋形剂等；在化工工业中甘露醇经过酯化、醚化生成各种树脂及表面活性剂，还用于绝热、隔音和防潮处理材料中[①]。甘露醇是海带制碘工业中的

图4-52 甘露醇及其产品

① 李平凡，钟彩霞，等. 淀粉糖与糖醇加工技术［M］. 北京：中国轻工业出版社，2012：145-146.

主要产品之一，从提碘后的海带浸泡液（即制碘废水）中分离出甘露醇的方法有很多，如离子交换、膜渗析、水重结晶等。目前国内以海带为原料生产甘露醇的工厂主要采用水重结晶法和电渗析脱盐法两种，其中，水重结晶法的工艺流程如图 4-53 所示。

制碘废水 → 中和 → 浓缩 → 离心除盐 → 冷却结晶 → 离心分离 →

粗制甘露醇（Ⅰ） → 水重结晶 → 离心分离 → 粗制甘露醇（Ⅱ） → 脱色 →

过滤 → 离子交换 → 浓缩 → 冷却结晶 → 离子分离 → 烘干 → 检验色度

图 4-53 海带制碘废水水重结晶法提取甘露醇的工艺流程

（4）琼胶的生产

琼胶（又称琼脂）是石花菜、江蓠和紫菜等红藻中普遍存在的一种多糖类物质（图 4-54）。琼胶是热可逆性凝胶，具有良好的凝固性和稳定性，浓度1%以上便可以凝固成固体凝胶，在食品工业中，琼胶可作罐头、肉冻、果冻等的凝固剂，作果酱、花生酱、各种饮料的增稠剂和稳定剂以及各种酒类的澄清剂等。琼胶还可用作凝固剂、悬浮剂、乳化剂、保鲜剂、缓泻剂、赋型剂以及生物培养基等，在轻纺工业中主要用作涂料来制作水布和防水纸等。用于生产琼胶的原料以石花菜、江蓠和鸡毛菜为主。以石花菜为原料生产琼胶的工艺流程为：石花菜原料处理→熬胶→过滤→凝冻→切条→冻结→脱水→干燥→检验包装。

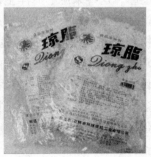

图 4-54 琼胶及其产品

（5）卡拉胶的生产

卡拉胶是从红藻中的麒麟菜、角叉菜、鹿角菜等提取出来的植物多糖，一般为白色或淡黄色粉末，无臭、无味，其用途非常广泛（图 4-55）。在食品工业中，它是一种良好的凝固剂、黏合剂、稳定剂和乳化剂，是制作果冻的主要成分；将卡拉胶加到一般的硬糖和软糖中能使产品口感滑爽、更富弹性、黏性小、稳定性增高；在面包中加入卡拉胶可改善其口感和蓬松度；啤酒生产中加入卡拉胶能起到澄清啤酒的作用；冰淇淋中加入卡拉胶可使冰淇淋组织细腻、润滑可口并可增加其成型性和抗融性。此外，精制低分子卡拉胶，还可以制成抗肿瘤、抗病毒、抗心管疾病的海洋药物等。麒麟菜、角叉菜在亚洲靠近赤道附近、菲律宾和印度尼西亚有大量分布，中国、美国、丹麦、法国、日本等国家都从那里进口这些藻类生产卡拉胶，此外，还从角叉菜、杉藻、银杏藻和叉红藻等藻类中提取卡拉胶。以麒麟菜为原料生产卡拉胶的工艺流程为：麒麟菜原料处理→碱处理→水洗→熬胶→凝冻→切条→冻结→脱水→干燥→粉碎→包装。

图 4-55　卡拉胶及其产品

4.2.2.4　海洋功能（保健）食品及海洋药物加工

　　海洋生物生长在高盐、高压、缺氧、缺少光照的特殊环境下，产生并积累了大量具有特殊化学结构和特殊生理活性、功能的物质，是人类生存和发展中最后一块有待开发和利用的资源宝库。这些来源于海洋生物（包括原核生物和真核生物）的海洋生物活性成分，是对生命现象（或生理过程）具有调节作用的天然产物，为开发新型海洋药物和功能（保健）食品提供了重要的原材料。海洋生物活性成分的生物来源非常广泛，几乎覆盖了所有的门类，其中主要有藻类、甲壳类、贝类、水母类、棘皮类、河豚鱼类、鲨鱼类和多脂鱼类等海洋生物。海洋生物活性成分种类繁多、结构特异，在目前已被认识的生物活性成分中，依据化合物的种类可分为蛋白质类（如藻胆蛋白等）、多肽类（如河豚毒素、蜈蚣藻肽等）、多不饱和脂肪酸（如亚油酸、DHA、EPA 等）、氨基酸类（如牛磺酸、红藻氨酸等）、萜类（如海兔素、海鞘鞘氨醇、角鲨烯等）、多糖类（如甲壳多糖和甲壳素、琼脂、卡拉胶、海藻多糖等）、天然色素类（如 β-胡萝卜素、藻胆色素等）、生物碱类（如丙氨酸甜菜碱、甘氨酸甜菜碱等）、多酚类（如褐藻多酚等）、皂苷类（如刺参皂苷、海星皂苷等）、多元醇（如甘露醇等）、聚醚类（如西加毒素、岩沙海葵毒素和刺尾鱼毒素等）、大环内酯类（如苔藓虫素等）、糖蛋白类（如海兔蛋白、扇贝糖蛋白等）等，每一类下面又包含着许多结构不同的小类。一些海洋生物酶也展示出很强的活性，有些在低温和高温环境下都能显示很强的催化作用。各种海洋生物活性成分在不同海洋生物中的含量不一，含有较多活性成分的海洋生物适用于开发功能食品，活性成分含量过低的海洋生物只能用来开发药物或作为药物的先导化合物。这些不同功能因子的海洋生物活性成分具有不同的生理功能性质，主要表现在抑制肿瘤、增强免疫功能、作用于心脑血管系统、抗生物氧化、作用于神经系统、调节血脂、调节血糖、调节血压、抗菌消炎和抗病毒等。

海洋功能食品是指以海洋生物为资源而开发的功能食品，是利用海洋生物技术，通过分离、纯化、原位富集等技术从海洋生物中鉴定出活性功能因子，利用膜分离技术、稳定化复配、超临界萃取、分子蒸馏、微胶囊化、包埋技术等食品加工新技术制成的具有明确功效和显著效果的功能食品。而从海洋中获得的海洋生物必须要经过海洋生物活性物质的提取与分离、活性物质的筛选、活性物质成分的鉴定、活性物质的合成生产、海洋药物的临床试验等重要步骤才能最终变成可以被人类利用的药物。由此可见，海洋生物活性成分是开发各种海洋功能食品及海洋生物药物的重要物质基础，限于篇幅，本小节仅介绍牛磺酸、鱼油不饱和脂肪酸、河豚毒素、鲨鱼软骨素、鱼精蛋白等内容。

（1）牛磺酸

牛磺酸即 α-氨基乙基亚磺酸，纯品为无色或白色斜状结晶，无臭，化学性质稳定，溶于水、酒精以及极性溶剂，不溶于乙醇等有机溶剂，是一种含硫的非蛋白氨基酸（图 4-56）。牛磺酸是一种"调节性基本氨基酸"，它与其他氨基酸最大的不同之处在于它并不直接参与人及哺乳动物体内蛋白的生物合成，而是以游离的形式大量存在于体内的几乎所有脏器中，其中以脑、心脏和肌肉中的含量较高。牛磺酸在海洋生物中的分布很广泛，含量最丰富的是海鱼（如沙丁鱼等）、贝类（如牡蛎、海螺、蛤蜊等），墨鱼、章鱼、虾、海洋植物紫菜等。牛磺酸是调节机体正常生理功能的重要物质，具有广泛的生物学功能，如促进婴幼儿脑组织和智力发育、提高神经传导和视觉机能、防止心血管病、改善内分泌状态和增强人体免疫力、优化肠道内细菌群结构等，还具有抗氧化作用，能降低许多药物的毒副作用。市面上的牛磺酸保健食品有锭状、胶囊与饮品等形态，在一些功能性运动饮料、婴儿配方奶粉、保健软胶囊等常见产品中我们都可寻觅到牛磺酸的踪影。在国外添加牛磺酸的保健食品数量多达数百种，如美国的眼保健食品中大多含有牛磺酸，日本厂商将牛磺酸加入到豆奶和豆腐等制品中[①]，在美国、日本和欧洲各国，牛磺酸已被批准作为"法定食品添加剂"（主要用于婴儿奶粉中）。因牛磺酸易溶于水，因此以饮品吸收效果较佳，在欧美国家，牛磺酸被大量用于配置各种"运动饮料"（据说补充牛

---

① 国家食品药品监督管理局信息中心. 大趋势——中国医药市场（2008 版）［M］. 北京：中国经济出版社，2008：665.

磺酸有助于恢复体力和提高运动成绩）。药用牛磺酸产品也有很多，主要用来预防感冒、发热、神经痛、胆囊炎、扁桃体炎、风湿性关节炎、心衰、高血压、药物中毒以及因缺乏牛磺酸所引起的视网膜炎、高血脂等症，主要产品有牛磺酸片、牛磺酸胶囊、牛磺酸颗粒、牛磺酸散和牛磺酸滴眼液等。

图 4 - 56　牛磺酸及其产品

　　天然牛磺酸可从鱼、贝类软体动的肉中提取，其中海螺、毛蚶、杂色蛤等单双壳贝类中牛磺酸含量最高。其中，扇贝加工的下脚料扇贝边是提取牛磺酸的良好材料，其生产工艺流程为：先将扇贝边清洗干净，冻存，用时直接解冻，勿洗，以防解冻时引起汁液损失；将扇贝边粗碎后，以水抽提取其中的氨基酸，粗滤去后备用；将扇贝边进一步破碎，过滤，除去固形物，得滤液；在滤液中加入 1％～2％活性炭脱色，过滤，得无色透明液；将脱色液经过离子交换柱后，真空浓缩，冷却结晶，即得较纯的牛磺酸。

　　（2）EPA 与 DHA 不饱和脂肪酸

　　二十碳五烯酸（EPA）和二十二碳六烯酸（DHA）是不饱和脂肪酸，而不饱和脂肪酸是组成人体脂肪的重要成分之一，其在人体内不能合成，只能依靠食物补充。EPA 和 DHA 具有很多重要的生理功能，如抑制血小板凝聚，抗血栓，舒张血管，调整血脂，增高高密度蛋白中胆固醇含量，降低低密度蛋白胆固醇含量以及提高生物膜的流动性等，在治疗与防治心血管疾病、糖尿病、皮炎、大肠溃疡以及抑制肿瘤等方面都有较好的疗效。其中，DHA 还具有促进脑细胞生长发育、改善大脑机能、提高记忆力和学习能力，增强视网膜反射能力以及防止老年痴呆等功能。因此，富含 EPA 与 DHA 的鱼油保健品被称为"21 世纪的保健品"（图 4 - 57）。EPA 与 DHA 广泛存在海洋生物中，所有鱼类都富含这两种保健成分，寒冷地区深海里的三文鱼、秋刀鱼、沙丁鱼、金枪鱼等含量较高，而目前 EPA 与 DHA 的产品是以鱼油为原料制备的，因此鱼油都是选用深海鱼类来提炼。根据鱼油脂肪酸的结构形式可分为甘油三酯型产品、游离脂肪酸型产品、脂肪酸乙酯型产品；根据 EPA 和 DHA 含量又可以分为精制浓缩鱼油（EPA＋DHA 含量在 30％左右）、多烯康型产品（EPA＋DHA 含量在 70％以上）、高纯 EPA 与 DHA 产品（EPA 或 DHA 含量90％以上)①。近年来，已有一些含EPA与DHA的药品鱼油上市，其药品剂型有胶囊、微胶囊、乳剂、纯剂和粉末等，开发的产品有英国用于治疗高血脂的MaxEPA、挪威用于治疗再发性心肌梗塞及能降血脂的多烯酸乙脂处方药Omacor、日本用于治疗动脉硬化及高血脂的高浓缩EPA处方药Epadel等。此外，鱼油的保健功能已在许多国家深入民心，制成的鱼油功能食品品种繁多，如鱼油液剂、软胶囊、调味剂、饮料、鱼油人造奶油、蛋黄酱、豆乳、鱼油肉制品、咖啡素、豆腐等。

图4-57　EPA与DHA鱼油产品

目前，几乎所有的海洋鱼油都是鱼粉和渔业加工的副产物。通过压榨、萃取、加热熔出以及酸、碱等法得到的鱼油称为粗鱼油，可直接用于水产养殖和动物饲养。但虽然粗鱼油中的水分和固形物已被除去，但尚含有少量的蛋白质、黏液、磷脂、游离脂肪酸、色素和臭味等成分，不符合高级用油的需要。因此，作为食用消费，如用于制备浓缩ω-3鱼油产品，或是作为功能性食品的配方成分时，就需要进行精制加工，主要包括脱胶、脱酸、脱色、脱臭和冬化。其中，脱胶主要是去除油中的磷脂、蛋白质和黏液之类的杂质，但若是被用来提取EPA与DHA制剂的鱼油，还应保留其中的磷脂，因为EPA与DHA在磷脂中结合的脂肪酸中含量很高。脱酸主要是除去油脂中的游离脂肪酸，主要方法有蒸馏脱酸法和碱液脱酸法（亦称中和脱酸法），中和脱酸法所用碱有石灰、纯碱、烧碱和纯碱—烧碱混合等，目前普遍采用烧碱脱酸法。脱色主要除去天然色素（如胡萝卜素、叶黄素和虾青素等），而对于化学变化而产生的颜色则很难脱去，鱼油脱色的方法有借氧化、氢化破坏油中色素的化学法，以及采用吸附剂（如活性炭、活性白土等）除去油中色素的物理法，为了提高活性，可用酸进行处理，为达到目的，还必须将其所含水分烘干，提高脱色效果。脱臭是脱去油脂氧化酸败产生的低分子醛类、酮类、低级酸类、过氧化物等，其主要方法有气体吹入法、真空脱臭法、真空蒸汽脱臭法、聚合法、化学药品脱臭法等。冬化即冷却处理，也称脱硬脂酸或脱蜡。一般油脂都是固

① 章超桦，薛长湖，等．水产食品学（第2版）[M]．北京：中国农业出版社，2010：329.

体脂肪酸和液体脂肪酸组成的甘油酯混合物，在气温低的季节，其中较高凝固点的甘油酯便会析出结晶，使油混浊，甚至变为半固体状态。对于要求始终保持清澈透明的油脂，必须事先将其冷却，再用压滤机将析出的固体甘油酯滤除。

（3）河豚毒素

河豚毒素（又称原豚素、东方豚毒素等）属于生物碱类天然毒素，其结构为氨基过氢喹唑啉型化合物（图4-58）。它能使神经末梢和中枢神经发生麻痹，是目前自然界中一种毒性最高的非蛋白性神经毒素，通常只需1/500河豚毒素就可置人于死地，目前尚无特效解毒药，一般以排出毒物和对症处理为主。河豚毒素是发现最早的小分子海洋毒素，最早从河豚鱼体内分离出来，是其体内仅含有的一种有毒物质，主要存在于河豚鱼的肝脏、卵巢、血液和皮肤中，毒性将会随季节和生息环境而发生变化。其粗制品为棕黄色粉末，纯品为无色棱柱状结晶，对热不稳定，难溶于水，不溶于无水乙醇和其他有机溶剂，易溶于有机酸和无机酸水溶液中，在碱性溶液中易分解。此外，河豚毒素还广泛存在于其他动物物种中，如蝾螈、斑足蟾、螺类、海星类、蓝圈章鱼、花纹爱洁蟹和扇虫等。河豚毒素作为一种毒性极强的天然毒素，在医学上极有应用价值，随着科学的进步，如今已步入了药学殿堂，其作为工具药广泛地用于生理学和药理学研究中，其潜在的临床应用价值也一直受到人们的高度关注。经过提纯的河豚毒素具有多种药用价值和功效，在治疗人类疾病方面发挥着越来越重要的作用。河豚毒素的麻醉作用比常用麻醉药可卡因强74万倍，其可与普通麻药配制成局部麻醉药，扩大麻醉剂的麻醉范围和强度；河豚毒素针剂可作为镇痛剂、镇静剂及镇痉剂等用于神经性病患的治疗，可作为成瘾性镇痛药吗啡和杜冷丁良好的代用品；河豚毒素具有抗肿瘤作用，其抗肿瘤活性显著高于珍珠贝黏多糖，可用于鼻咽癌、食道癌、胃癌、结肠癌的治疗；河豚毒素可作为广谱抗生素的替代药物，对革兰阴性的霍乱弧菌、痢疾杆菌、伤寒杆菌、

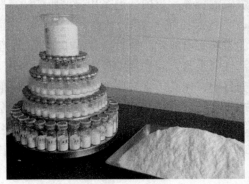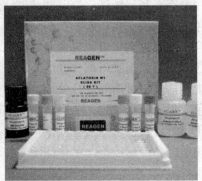

图4-58　河豚毒素及其制剂

革兰阳性的葡萄球菌、链球菌均有抑制作用，并可防治流感；河豚毒素能阻止Na$^+$进入细胞，因而可阻止神经和肌肉产生兴奋活动；河豚毒素还是一种无副作用的戒毒良药，利用河豚毒素来戒除毒瘾，可谓"以毒攻毒"的一大创举[①]。此外，河豚毒素还可治疗哮喘、百日咳和心血管疾病。

河豚毒素多从河豚鱼中提取，工业上河豚毒素的提取工艺流程为：原料→抽提→过滤→煮沸→离心→过滤→离子交换树脂→洗脱→结晶析出→纯化→重结晶→水洗→干燥。实验室中河豚毒素的提取工艺流程为：原料→捣碎→抽提→过滤→离子交换→洗脱→脱色→洗脱→浓缩→冷却结晶→分离→重结晶→成品。基于河豚毒素广阔的医药用途，有必要大力开展其提取研究和应用，但目前由于河豚鱼资源已经被过度利用，制约着药源供应，加之原料中的河豚毒素含量低，提取所得含量更低、提取不便，因此河豚毒素的产量还远远不能满足广大患者的需要，其制品价格居高不下。

（4）鲨鱼软骨素

鲨鱼属于软骨鱼纲，软骨含量丰富，是地球上少数癌症发生率低于百万分之一的动物，经研究发现鲨鱼中抑制肿瘤的活性成分是鲨鱼软骨中富含的鲨鱼软骨素（图4-59）。鲨鱼软骨素可以活化人体结缔组织、活化细胞，延缓衰老，从而达到提高机体免疫力的作用。鲨鱼软骨中的ATT（抗新生血管生长因子）可以抑制肿瘤新生血管的生长，断绝癌细胞的营养供应，使其因无法取得养分及氧气而萎缩消失，令肿瘤自然坏死萎缩，从而达到预防癌症的目的。由于许多发炎性及自体免疫性疾病都伴随有血管异常增生的情况，如风湿性关节炎、干癣、红斑性狼疮等，所以，鲨鱼软骨中的ATT对此类疾病也具有改善效果，并能缓解发炎及剧痛反应。鲨鱼软骨中的软骨素所富含的黏性多糖体，可以重建关节软骨，对软骨退化有很大帮助。

图4-59 鲨鱼软骨素及其产品

① 刘燕婷，雷红涛，钟青萍.河豚毒素的研究进展［J］.食品研究与开发，2008，29（2）：159.

鲨鱼软骨素制备的工艺流程为：鲨鱼→取骨→前处理→碱盐混合液提取→盐解→除酸性蛋白→沉淀→干燥→成品。有些地方采用真空冷冻干燥的方法也可得到鲨鱼软骨全粉，能较好保留活性成分，但纯度较低。还有的地方用稀碱提取，然后在胰酶中降解，最后用活性炭脱色、去除杂质，再用有机溶剂沉淀，脱水干燥，也能得到鲨鱼酸性黏多糖的成品。利用鲨鱼软骨开发功能食品的主要产品形态有：鲨鱼软骨素粉、鲨鱼软骨粉胶囊、鲨鱼软骨的黏多糖组成、鲨鱼软骨中的血管抑制因子糖蛋白组分等。

（5）鱼精蛋白

鱼精蛋白存在于鱼类的精巢中，是一种相对分子质量较低（4 000～10 000）的碱性蛋白质，通常与 DNA 结合在一起，以核蛋白形式存在，微溶于水、稀氨水、酸和碱，加热不凝固且较为稳定（图 4 - 60）。构成鱼精蛋白的氨基酸有 80%～90% 为精氨酸，根据鱼精蛋白的氨基酸组成种类和数量的不同，可将其分为三类，即一元精蛋白（只含 1 种组分精氨酸）、二元精蛋白（含有精氨酸、赖氨酸或组氨酸）、三元精蛋白（含有 3 种碱性氨基酸）。然而鱼精蛋白并不是单一组分，它们是通常由数种成分组成的混合物，不同鱼种鱼精蛋白在氨基酸组成比例上也有很大的差别。鱼精蛋白具有广谱、高效和安全的抑菌活性，是一种天然防腐剂，并已经成功应用于保鲜和食品工业。鱼精蛋白还可以与山梨醇等其他食品防腐剂复配使用，在抗菌性方面起到明显的互补作用，并可拓宽防腐剂使用的 pH 范围[①]。此外，鱼精蛋白具有刺激垂体释放促性激素、增强肝功能、阻止血液凝固、抑制血糖浓度及血压上升以及抑制肿瘤生长繁殖等重要功能，其优良的保健性能和药用价值也引起人们的广泛关注。目前，鱼精蛋白在临床医学上有重要的作用，且应用于制药行业已有多年，随着人们对鱼精蛋白的认识逐渐加深，它被越来越多的医学专业领域所应用，如防止性功能衰退，作为医用抗癌剂，血液透析，改善骨髓机能，预防动脉硬化，预防脑溢血和脑的老化，增强胃肠蠕动，促进消化吸收，对老年性贫血以及减轻抗癌剂的副作用有一定效果；从鱼类精巢提取的鱼精蛋白硫酸盐是体外循环心脏手术中唯一对抗肝素的药物，能抵消肝素或人工合成抗凝血剂的抗凝作用，在临床上可作这些抗凝血剂的解毒剂；鱼精蛋白能够与多种蛋白质相结合形成复合物，如鱼精蛋白与胰岛素结合，能够阻止或延迟胰岛素的释放，延长其降血糖作用，因此可以开发成具有降血糖功效的鱼精蛋白胰岛素锌盐激素制剂。当激素或抗菌制剂与鱼精蛋白复配时，可延长其自身的药效，从而减少其使用量。

鱼精蛋白主要是从鱼类的成熟精子细胞中提取得到，其提取工艺流程为：

---

① 李玉环. 水产品加工技术（第二版）［M］. 北京：中国轻工业出版社，2014：320.

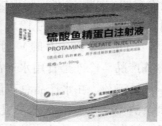

图 4 - 60　鱼精蛋白及其产品

鱼类卵巢→捣碎→过滤→酸化沉淀→离心分离→酒精洗涤→过滤→硫酸抽提→乙醇沉淀→离心分离→鱼精蛋白硫酸盐粗品→水溶解→调 pH（碱性）→冷却→离心→水溶解→调 pH（酸性）→冷却→离心→乙醇沉淀→离心→丙酮、乙醚洗涤→鱼精蛋白硫酸盐→水溶解→乙醇沉淀→离心→干燥→鱼精蛋白纯品。为了得到游离态鱼精蛋白，可将鱼精蛋白硫酸盐用热水溶解，调溶液至中性，然后再加入 95％乙醇使游离态的鱼精蛋白沉淀，经离心分离后，将沉淀物真空干燥，便得到游离态的鱼精蛋白纯品。

4.2.3　海洋生物资源的消费

在现代生活中，人类对海洋生物资源的消费主要包括食用和非食用两个方面。其中，品种繁多的海产品以多种不同方式制作，可成为非常多面的食材，其作为一种营养丰富的食品，具备多种生长、发育和健康所需的营养素，尤其是提供脑部发育和认知所必需的脂肪，其水生环境是健康膳食需要的宏量和微量元素的绝好来源。因此，食用海产品有助于促进膳食多样化和健康，是当前和未来海洋生物资源消费的主要方面。而在海洋生物资源非食用消费方面，主要包括鱼粉和鱼油、装饰、海产养殖（鱼苗等）、钓饵、药物等用途以及直接用作水产养殖、家畜和其他动物的饲料等。

4.2.3.1　全球海产品的消费情况

根据联合国粮食及农业组织发布的《2016 年世界渔业和水产养殖状况》数据显示，2014 年，世界水产品利用总量为 16 720 万吨，其中，海洋捕捞和海水养殖的总产量约占总量的 64.7％（合计 10 820 万吨）。

近五十年来，食用水产品的全球供应量增速已超过人口增速，1961—2013 年年均增幅为 3.2％，比人口增速高一倍，进而提高了人均占有量。世界人均水产品消费量从 20 世纪 60 年代的 9.9 千克不断上涨，到 2014 年已超过 20 千克，估计未来仍将继续上涨。直接供人食用的水产品在世界水产总产量中所占比例近几十年来已大幅上升，从 20 世纪 60 年代的 67％增至 2014 年的 87.5％，达 14 630 万吨。2014 年，直接供人食用水产品中有 46％（6 700 万吨）采用生鲜或冷藏的方式，这在一些市场中是最受欢迎和价值最高的产品类型；其余部分则以不同形式加工，约12%（1 700万吨）为干制、盐腌、熏制或其他加工产品，13%（1 900万吨）为熟制和腌制产品，还有30%（约4 400万吨）为冷冻产品。冷冻是食用水产品主要的加工方式，2014年在经加工的食用水产品中占55%，在水产品总产量中占26%。

2014年，剩余的2 090万吨水产品几乎全部为非食用产品，其中76%（1 588万吨）用于制作鱼粉和鱼油，其余的主要用于观赏鱼、养殖（鱼种和鱼苗等）、钓饵、制药以及作为原料在水产养殖、畜牧和毛皮动物饲养中直接投喂①。

水产品的加工和消费重点因不同国家和地区而具有不同特点，如拉丁美洲国家生产最高百分比的鱼粉；欧洲和北美洲有超过2/3的食用鱼是冷冻制品，制作和保藏类型非洲腌制鱼的比例高于世界平均水平；亚洲许多商品化的海产品依然是活体或新鲜类型，活鱼在东南亚和远东（特别是中国居民）以及其他国家的小市场（主要是亚洲移民社区）特别受消费者欢迎。发达国家与发展中国家之间在水产品消费量方面也存在差异，后者的消费水平较低，虽然二者之间的差距正在缩小。

4.2.3.2 我国海产品的消费情况

我国是世界最大的水产消费国，近年来，随着生活水平提高，人口增长，快速城市化，水产品产量扩大，水产品是健康、营养食品的认识不断提高，食品、加工、包装和销售方面的技术不断进步，我国海产品消费量呈现稳步增长态势，海产品消费增加趋势可从产量供应变化看出，2003—2014年我国海产品年均增长3.2%，2010—2014年年均增速则为4.2%。2014年国内海产品消费量（产量＋净进口）已达3 284万吨，占世界总产量的五分之一。其中，进口量从2009年的219万吨上升至2014年的273万吨。由于大量来料加工和出口加工，出口量同样较大，但2014年净出口规模占国内产量比重仅为0.4%，可见国内海产品主要以国内消化为主。

以食用为目的的海产品消费是消费的主要方面，相关的数据显示，我国人均水产品产量比世界人均产量水平要高，以食用水产品人均值比较，我国人均消费和世界人均消费水平接近。但全球水产品消费结构中，海产品消费约占65%，而我国海产品消费约占50%。此外，同饮食习惯相似的日韩等国相比，国内人均海产品消费依旧偏低。由此可见，我国人均海产品消费仍有提升空间。

---

① 联合国粮食及农业组织.2016年世界渔业和水产养殖状况［EB/OL］.http://www.doc88.com/ p-4724548855396.html.

根据海产品消费的消费场所不同，大致可分为政务商务高端消费、大众餐饮消费和家庭消费三部分。一直以来，海产品，尤其是中高端产品主要消费渠道是餐饮，家庭消费占比较小。以鲍鱼、海参、鱼翅、龙虾为代表的海鲜食品是过去高端海鲜宴席上的常规菜品，消费价格不菲，让广大消费者望而却步，主要的消费群体以商业团体为主。但近年来，受三公消费限制的影响，高端餐饮消费一度低迷，在消费升级和渠道营销的推动下，海产品消费逐渐走向大众化，家庭海鲜消费迅速崛起。尤其是日益兴起的生鲜电商则为家庭海鲜消费带来了新的变化，2013 年被视作生鲜电商元年，生鲜电商的大力发展，从过去主打蔬菜水果到现在的海鲜水产，助力家庭海鲜消费新风尚。从近年"双 11"购物节可以清晰感受到生鲜电商的快速发展趋势，也可看到家庭海鲜消费的巨大潜力。此外，近年来，大众餐饮在业态上更加丰富多元，以海鲜为主题的餐饮业态更是不断融入大众消费，从而带动了平价海鲜消费。各地海鲜大排档已成为消费者外出餐饮的热门之选，而以海鲜自助餐厅、海鲜火锅和日式料理店等为代表的海鲜餐饮业态也迅速形成流行趋势，海鲜主题餐饮尤其受到年轻消费群体的热捧，居民外出用餐支出比重逐步提升①。

随着海产品营养和健康价值得到更多认知，以及我国居民收入水平的不断提高，中产阶级未来将持续扩容，以中产阶级为代表的中高收入人群在饮食消费上有更高诉求，这将带来居民在饮食结构上的持续改善和升级，海产品消费潜力将得到继续提升。此外，随着农村居民收入水平的提高以及流通体系的不断完善，包括海产品在内的水产品消费呈现由城市向农村扩散的状态，农村居民水产品消费的增速将快于城镇居民。受益于饮食习惯改变和冷链运输发展，海产品消费区域也在不断内扩，近年来，沿海地区的海产品消费趋势和文化不断向中西部地区扩散，加之冷链运输及电商的快速发展使海产品的销售半径大幅扩大，中西部地区的海产品消费市场未来也将有较大的提升空间。从进口方面来看，我国是最大的海产品出口国，目前是第四大海产品进口国。随着国内收入水平提升，对海产品，特别是中高端海产品的进口需求将不断增长。从价格上来看，海产品的整体批发价格自 2005 年以来呈现持续上涨态势，而淡水产品由于产量相对充足、淡水养殖比重高等原因，价格基本保持平稳，这基本也反映出价格相对更高的海水产品消费趋向景气提升的势头。

①　安信证券．舌尖上的海鲜——千亿市场待掘金消费景气行业之海水产篇［EB/OL］．http：//doc. mbalib. com/ view/3310d3cbf43de2806cd60da15c73e230. html.

4.3 海洋生物资源的综合利用——以虾的综合利用为例

海洋生物资源的综合利用简单来说就是"变废为宝"，其主要对象是被视为低值的海产原料或原来没有开发的海产原料，以及海产品在加工或被食用时产生的废弃物。海洋生物资源的综合利用涉及食品、饲料、医药、化工等多个领域，起着不可低估的作用，不但能大大提高海产品的附加值，降低主导产品的成本，取得较高的经济效益，同时还能减少环境污染，获得良好的生态和社会效益。下面以虾的综合利用为例来介绍海洋生物资源在现代生活中的综合利用。

虾含有丰富的蛋白质，而且味道鲜美，目前主要是烹调鲜吃，也有部分加工成冷冻虾、罐头、干制品、腌制品、虾肉糜制品或调味品等进入市场。目前，国际市场上常见的虾类产品主要有整肢虾、带壳去头虾、虾仁、熟制整虾、熟制虾仁、面包虾、虾罐头、虾卷、虾圈、烤虾串、虾馅饺子、虾肉肠、干腌虾、虾片、虾寿司、发酵虾、熏制虾产品、虾酱、盐渍虾等几十个品种[①]。而在加工过程中产生的大量虾头、虾壳等副产物也是一类宝贵的生物资源，其含有甲壳素、蛋白质、高级碳酸钙和虾青素等多种具有较高经济价值和利用价值的组分。利用现代生物和化学的方法从虾壳废弃物中提取并加工这些有价值的组分，不仅可以大大缓解环境污染的压力，还可以变废为宝、创造更多的高附加值产品，为海产品加工废弃物的回收再利用开辟新的道路。

4.3.1 甲壳素的利用

4.3.1.1 甲壳素及其衍生物

甲壳素（又称甲壳质、几丁质、壳多糖）的化学名为 β-（1，4）-2-乙酰氨基-2-脱氧-D葡聚糖，其分子是一种直链多糖，有三种结构，分别为 α型、β型和 γ型。这种多糖分子由葡萄糖结构单元组成，其结构与纤维素极其相似，被称为动物纤维素。甲壳素呈白色或灰白色，是一种半透明片状或粉末状的固体。甲壳素安全无毒，但由于它的分子中第二位上是乙酰胺基，使其分子间和分子内存在强烈的氢键，因此，甲壳素的化学性质不活泼，不易溶于水、稀酸、稀碱或一般的有机溶剂中，因而在应用中受到限制，平常用的大多数是甲壳素的衍生物——壳聚糖。

壳聚糖（又称脱乙酰甲壳素、脱乙酰几丁质、脱乙酰壳多糖）的化学名称为 β-（1，4）-2-氨基-2-脱氧-D-葡聚糖，是甲壳素通过水解或特定的方

---

① 吉宏武，刘书成，等. 对虾加工与利用 [M]. 北京：中国轻工业出版社，2015.

式酶解脱乙酰化达到 70% 以上的产物，是甲壳素最重要的衍生物。它含有丰富的碳和氮元素，是自然界中除蛋白质外含氮量最为丰富的有机氮源，也是唯一的碱性多糖。壳聚糖具有珍珠光泽，为白色或灰白色，与甲壳素一样是半透明的片状或粉末状固体。由于壳聚糖是甲壳素脱除了乙酰胺基所得，这使得分子链上出现了游离的氨基，极大地增强了分子的反应活性，能溶于大多数无机酸和有机酸中。壳聚糖作为甲壳质脱乙酰基的一级衍生物，其分子保留了甲壳质的结构骨架，具备一定的活性基团，可加以化学修饰，制成有特殊功能的新材料，其用途更加广泛。

在酸溶液中甲壳素和壳聚糖的主链会降解生成葡萄糖及其衍生物，利用这一特性可制备一些无法或者难以直接制备的葡萄糖衍生物。甲壳素和壳聚糖还可以通过接枝改性增加在有机溶剂中的溶解性，此外还可以通过酯化、交联、硝化、烷基化、磷酸化、脱胺化、羟乙基化、羧甲基化、氰乙基化等多种化学反应，形成甲壳素的不同衍生物，增加其特殊性能，从而进一步扩大其应用领域。

甲壳素在自然界的分布非常广泛，是地球上仅次于纤维素的第二大类有机化学物资源。在海洋生物中，甲壳素主要存在于甲壳纲的虾、蟹和水生藻类中，其中生活在海洋中的甲壳类动物就有 2 万多种（如对虾、白虾、毛虾、鹰爪虾、梭子蟹、青蟹、河蟹和红蟹等），因此，海洋中的甲壳素资源非常丰富，可以说是一种取之不尽、用之不竭的可再生生物资源。目前，人类每年仅从海洋生物中提取的甲壳素都在 10 亿吨以上，主要是利用加工甲壳类后剩下的虾壳、蟹壳废弃物来生产甲壳素或壳聚糖。

4.3.1.2 甲壳素的提取

目前，工业上一般利用水产加工厂废弃的虾壳和蟹壳为原料制备甲壳素，其甲壳素的含量一般在 15%～40%，蛋白质含量为 20%～40%，碳酸钙含量为 20%～50%[①]。虾壳和蟹壳中含有大量的蛋白质和灰分，制备甲壳素的主要操作步骤包括去除蛋白质和去除灰分（在需要去除残留色素的情况下也会有后续的脱色处理）。甲壳素提取方法很多，主要采用的方法有酸碱法、酶解法和发酵法等。

（1）酸碱法

酸碱法提取甲壳素是目前采用最广泛、工业化采用得最多、工艺最成熟的一种方法。它主要是利用酸与灰分反应、利用碱液使蛋白质水解，然后用高锰酸钾或双氧水等强氧化剂进行脱色，制得甲壳素。通常用盐酸、硝酸、亚硫

---

① 程倩，吴薇，籍保平．微生物发酵法提取甲壳素的国内外研究进展［J］．食品科技，2012，37（3）：40．

酸、乙酸和甲酸来处理虾壳中的灰分，其中盐酸的使用最为普遍；通常用氢氧化钠来去除虾壳中的蛋白质。甲壳素再进一步用浓碱脱乙酰便得到了壳聚糖。其一般工艺流程见图 4-61 所示。酸碱法具有工艺简单、处理周期短等优点，但该法需要耗用大量的酸和碱并且需要不同温度的处理，因此该法耗能较多、对环境的污染严重，还有一定的危险性。而且，长时间酸碱作用下甲壳素易发生解聚、异构化、脱乙酰化等现象导致产品结构不均一。此外，蛋白质、钙、虾青素等有效成分很难回收利用。

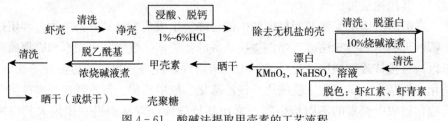

图 4-61　酸碱法提取甲壳素的工艺流程

（2）酶解法

酶解法是利用商业蛋白酶或从发酵液中分离出的蛋白酶水解虾壳中的蛋白质，由于蛋白酶酶解主要是去除蛋白质，因此通常与酸或者微波共同作用，来达到去除虾壳中蛋白质和灰分来制备甲壳素的目的。相比酸碱法而言，酶解法制备甲壳素的反应条件更加温和，对甲壳素的主链结构影响更小，但该法耗时较长，且不能彻底的去除虾壳中的蛋白质，而蛋白质的残留对甲壳素的处理和应用都会造成不利的影响。此外，由于商业酶价格较高，大规模酶解生产甲壳素需要耗费的蛋白酶量大，使得酶解法制备甲壳素的成本较高。

（3）发酵法

微生物发酵法主要是利用真菌或细菌发酵产生的有机酸和蛋白酶来去除虾壳中的灰分以及蛋白质，从而制备出纯度较高的甲壳素，这是目前制备甲壳素的研究热点。微生物发酵虾壳制备甲壳素主要分为乳酸菌发酵，芽孢杆菌发酵，假单胞菌属、片球菌属、沙雷菌属和黑曲霉等其他菌发酵以及混合菌联合发酵几种[①]。微生物发酵法相比于传统方法，其反应条件更加温和，而且不会影响甲壳素的分子结构，对环境的污染小，可大量降低生产用水。此外，该法还能产生诸如有机钙、多肽和氨基酸等副产品。

由于蛋白质和甲壳素之间有化学键的连接，使得虾壳中的蛋白质不易彻底除去，而一部分人群因对海产品中的蛋白质过敏，因此更为彻底地去除蛋白质对甲壳素在生物医药领域的应用显得尤为重要，这也是甲壳素研究需要面临的

---

① 李永强. 生物法处理虾壳制备甲壳素的研究 [D]. 武汉：华中农业大学，2016：6-9.

挑战。

4.3.1.3　甲壳素及其衍生物的多方面应用

甲壳素、壳聚糖及其衍生物是一种有着广泛应用价值的天然生物多糖高分子材料，具有很好的稳定性、韧性、酸溶性、生物安全性、金属离子结合性、保湿性、成膜性、黏度可调节性、护肤护发性、凝胶性、絮凝性、生物再生性和降解性等特点而在食品、医药、农业、化工、纺织、环保和国防等领域中有着广泛的用途。由于甲壳素及壳聚糖来源丰富，制备简单，价格便宜，用途广泛，因此其开发受到高度重视。近十几年来，全球几乎所有的国家都在研究甲壳素资源，并在多方面取得一系列的应用研究成果。但总的来说，迄今为止，甲壳质、壳聚糖的应用还处于初级阶段，随着科学技术的发展，人们对甲壳素在各个领域更深层和大规模的应用仍在不断探索中，对甲壳素的综合利用将越来越广，甲壳素的应用前景非常广阔。

（1）食品工业方面的应用

甲壳素的吸湿性比纤维素好，利用甲壳素和壳聚糖的亲水性，可作为保水剂添加于食品中以控制水分，达到增稠、胶凝、稳定乳液等效果。脱乙酰甲壳素与羟甲基纤维素等多糖在氯化钙参与下进行反应，可形成增稠性络合物，在反应中还可加入大量分离蛋白、干酪、乳清等添加剂，所形成的络合物是一种优质的食品增稠剂，可与肉、鱼等混合制成优质低热量的填充食品。将微晶甲壳素悬浮于水中，进行高速剪切作用，可形成稳定的凝胶状触变分散体，可作为花生酱玉米糊、午餐肉、奶油代用品等罐头食品的优质增稠剂。甲壳素和脱乙酰甲壳素是一种理想的天然絮凝剂，现已应用于多种流体如饮料、果汁和酒类中，效果极好。甲壳素在保护消化系统、减肥和去脂、治疗与预防高血压、增强免疫功能、延缓衰老、调节人体酸碱平衡和吸附排除人体内重金属离子等方面具有很好的功效，因此，甲壳素可以作为功能食品添加剂，产品种类主要有减肥食品、降血压食品、糖尿病防治食品、心脑血管疾病防治食品和调节菌群食品等，如市场上的喜多安、壳糖安等产品[①]。此外，将5％脱乙酰甲壳素溶液与淀粉溶液混合并经过一系列的工艺处理后，可制成具有良好的机械强度和在水中不溶化的壳聚糖淀粉薄膜，应用于食品包装上，也可将壳聚糖淀粉混合液直接喷涂在食品上，起到延长食品保鲜期的作用。

（2）医药工业方面的应用

在制备新型医用高分子材料方面，由甲壳素制成的膜无毒，且有良好的生物相容性，可降解、韧性好，可用于分离、渗透、反渗透及超滤等方面，也可

---

① 丁国芳，郑玉寅，杨最素，等.海洋保健食品研发进展［J］.浙江海洋学院学报（自然科学版），2010，29（2）：164.

用于制备人工透析膜，还可制备人造血管和人工皮肤等材料；用甲壳素制备的外科手术缝合线，具有柔软、易打结、机械度较高、易被机体吸收、促进伤口愈合的优点，且在毒性试验方面都显示阴性，与肠线相比，具有降解快、吸收完全、组织反应小的优点，国外已商品化；羧甲基甲壳素可用于制取脂质体型人工红细胞，经环氧丙烷改性后得到的羟丙基化壳聚糖可用于配制人工泪液[①]；由甲壳素和纳米级羟基磷灰石复合形成的支架，不仅具有良好的降解速率和较高的机械强度，而且能够增加人体模拟体液中的矿物质，在添加骨肉瘤细胞后，细胞亦可以在该支架上良好地附着和增殖。甲壳素、壳聚糖及其某些改性的衍生物均表现出较强的抗肿瘤活性，对血癌、肉瘤 180、肺癌 311 型和MM46 型等癌细胞具有一定的抑制作用，可用于制备抗肿瘤活性的药物。用甲壳素或其衍生物制成的纤维或薄膜是一种理想的埋置药物（如蛋白质药剂、抗菌素、抗癌药物、眼药和避孕药等）用的包裹材料，它能够均匀而缓慢地释放出药物，从而延长了药物作用的时间，当药物释放完毕后包埋药物的胶囊或薄膜材料能被组织所吸收，无毒副作用，十分安全。肝素是应用最广的血液抗凝剂，但价格昂贵，甲壳素及壳聚糖经硫酸脂化后，其结构与肝素相似，可制作成类肝素药物。甲壳素制成的甲壳素盐酸盐、甲壳素硫酸盐等可有效地用于防治风湿性关节炎、减轻关节炎引起的炎症和疼痛等各种关节病。此外，甲壳素、壳聚糖具有抑制细真菌生长活性的作用，因其良好的生物相容性及抗菌等特点，目前已用于制备伤口愈合促进剂、人工皮肤等。

（3）农业方面的应用

向土壤中施加虾蟹壳等制成的甲壳质肥料能改善由于长期使用化肥、农药使土壤菌落失衡而产生的自然灾害及环境恶化，甲壳素可以被微生物分解后作为养分供植物生长，而且可以改善土壤的微生物体系以及团粒结构。甲壳素和壳聚糖可以作为植物生长调节剂促进植物的生长，提高作物的产量、改善作物的品质。甲壳素以及壳聚糖对各种可以致人生病的细菌有良好的广谱抗性，而且具有很好的成膜性，对人无毒副作用，可作为天然果蔬保鲜剂使用。在动物体内，壳聚糖可以降低胆固醇含量，可以增强免疫力，同时又具有抑菌杀菌作用，而且安全无毒，可作为一种新型的饲料添加剂。甲壳素及壳聚糖因其具有很好成膜性可以作为包裹种子的种衣剂材料，对作物的生长发育有十分显著的影响。此外，壳聚糖可用作抗寒剂，能提高作物在低温环境下的抗逆性，维持作物较高的光合作用强度，有效地抵御低温对作物的伤害。

（4）日用品及化妆品方面的应用

壳聚糖及其衍生物与甲酸、乙酸、乳酸等反应形成的盐具有阳离子树脂的

---

① 蒋民华．神奇的新材料［M］．济南：山东科学技术出版社，2013：189.

特性，具有黏稠性、成膜性、保水性和抗静电等特点，可作洗发香波、头发调理剂的成分以及定型发胶摩丝。甲壳素和壳聚糖及其衍生物的氧化产物对人体皮肤具有良好的调理性能，且安全性高，被广泛应用于高档化妆品中。壳聚糖与其他高分子物质复合制备的面膜，对皮肤无过敏、无刺激、无毒性反应，且亲和性明显增加。膏霜类化妆品中适量加入壳聚糖可增加人体对细菌、真菌的免疫力，且能有效促进伤口愈合。用壳聚糖制备含甲醛的化妆品具有良好的杀菌效果。

（5）轻工纺织方面的应用

甲壳素及其衍生物在纺织行业用于上浆剂、减少硫化、整理剂、增强可染性、增加耐磨性等方面。甲壳素具有水溶性、粘附性、可生物降解、无毒等特点，可以用于制作抗菌织物，如甲壳素纤维被广泛用于皮肤敏感的婴幼儿衣物的制作。

（6）环境治理方面的应用

甲壳素和壳聚糖是一种良好的生物吸附剂，可用于吸附工业废水中的金属离子、放射性物质、酚类和染料等有害物质。壳聚糖及其衍生物还是一种对环境友好的促凝剂和絮凝剂，可去除重金属和其他的水污染物。

4.3.2　虾青素的利用

4.3.2.1　虾青素及其生物活性

虾青素（又称虾黄质、龙虾壳色素）的化学名称为3，3'-二羟基-4，4'-二酮基-β-胡萝卜素，是一种非维生素 A 原的类胡萝卜素，在动物体内不能转变为维生素 A。1938 年科学家从龙虾中首次分离出这种天然色素，并取名为虾青素。虾青素纯品为暗紫棕色针状结晶，具有水不溶性和亲脂性，易溶于氯仿、丙酮、苯、二硫化碳等溶剂，其氧化后即为虾红素。天然虾青素在生物体内往往与蛋白质结合存在，呈现青、棕等不同颜色；加热使蛋白质变性后，释放出的虾青素是鲜艳的红色；其分子结构式中具有羟基，易与羧基结合生成稳定的虾青素酯，因此大多数天然虾青素是以虾青素酯的状态存在，有的是一元酯，有的则是二元酯[①]。虾青素广泛存在于自然界中，主要是由藻类、细菌和浮游植物产生的，一些海洋生物物种，包括虾蟹在内的甲壳类动物通过食用这些富含虾青素的藻类和浮游生物，然后把这种色素储存在壳中。目前，虾青素的获得主要从甲壳类水产品的加工工业的废弃物（如虾壳等）中提取、藻类（如雨生红球藻等）培养提取以及酵母菌（如法夫酵母等）培养提取。

---

① 张晓燕，刘楠，周德庆．天然虾青素来源及分离的研究进展［J］．食品与机械，2012，28（1）：265.

虾青素具有很多优异的生物活性，最为显著的是其具有极强的抗氧化性，被誉为"世界上最强的抗氧化剂""超级维生素 E"，这是因为虾青素的分子结构中有很长的共轭双键，且在链末端还有由不饱和的酮基和羟基构成的 α-酮羟基，具有活泼的电子效应，从而使虾青素极易与自由基反应并将其清除，起到抗氧化作用。虾青素作为目前唯一能够通过血脑屏障、将各种抗氧化有益成分直接传送到大脑和中枢神经系统的天然抗氧化剂，其超强的抗氧化能力是通过它特殊的结构体现的，然而，不同生物来源的虾青素的化学结构是不同的，因而体现出的抗氧化能力及保健功效也不同。其中，雨生红球藻中的虾青素100％为左旋结构，是自然界中天然虾青素含量最高的生物，其抗氧化能力和各种保健功效最强，是生产天然虾青素的最佳生物原料；利用法夫酵母取得的虾青素100％为右旋结构，抗氧化能力次之；通过鱼、虾、蟹等动物中提取的虾青素为左旋结构、右旋结构和消旋结构混杂，其抗氧化能力再次之，已不能体现出其应有的保健功效；而通过化学方法人工合成的虾青素100％为消旋结构，没有任何的抗氧化及保健功效[①]。虾青素具有很高的免疫调节活性，可以促进人体免疫球蛋白的产生；与其抗氧化功能结合，可以有效地防止疾病的发生与传播。虾青素具有抗癌作用，免疫学研究表明，它具有比 β-胡萝卜素更强的抑制癌变的能力，能直接作用于免疫系统，缩小肿瘤。虾青素具有促进生长繁殖的作用，水生动物的卵子中虾青素的含量很高，这种高含量的虾青素可削弱鱼对光的敏感度，促进鱼类的生长繁殖，它作为激素能促进鱼卵受精，减少胚胎发育的死亡率，加快个体生长，增加成熟速度和生殖力。虾青素作为类胡萝卜素合成的终点，其色素沉着能力极强，它进入动物体内后不经修饰或生化转化就可以直接贮存、沉积在组织中，可以作为功能性色素应用于各个工业领域中。虾青素可解除光诱导的氧化胁迫，抑制光敏作用能力强。此外，虾青素还是终止生物体内炎症的潜在物质。

4.3.2.2　虾青素的提取

甲壳类加工尤其是虾仁加工企业的下脚料虾头、虾壳中含有大量虾青素，因此，从虾类加工下脚料中提取回收虾青素是生产天然虾青素的重要途径，主要方法有碱提法、油溶法、有机溶剂法、酶解法以及超临界二氧化碳流体萃取法等。此外，还可从甲壳素生产废水提取虾青素。下面简单介绍一下利用虾壳提取天然虾青素的几种方法。

（1）碱提法

碱提法主要是应用碱液脱蛋白的原理，甲壳加工下脚料中的虾青素大多与

---

① 高俊全，郭卫军．虾青素——健康新世纪的奥秘［M］．北京：中国医药科技出版社，2013：88.

蛋白质结合，以色素结合蛋白的形式存在，当用热碱液煮下脚料时，其中的蛋白质溶出，而与蛋白质结合的虾青素也随之溶出，从而达到提取虾青素的目的。由于碱提法加工过程需消耗大量酸碱，同时加工废水的污染也是很难解决的问题，因此近几年来对碱提法的研究报道较少。

（2）油溶法

虾青素具有良好的脂溶性，油溶法正是利用这一特性进行的。该法所用的油脂主要为可食用油脂类，最常见的是大豆油，也有用鱼油如步鱼油、鲱鱼油、鳕鱼肝油等。用油量直接影响虾青素的提取效率。提取时温度较高会影响虾青素的稳定性，另外提取后含色素的油不易浓缩，产品浓度不高，使应用范围受到限制。若想纯化，需采用层析方法。

（3）有机溶剂法

有机溶剂法是通过有机溶剂萃取而使目标产物进行富集从而分离的方法。常见的有机溶剂有丙酮、乙醇、乙醚、石油醚、氯仿、正己烷等，根据目标产物的极性和其他理化性质，不同的有机溶剂的萃取效果不同。虾青素分子结构中仅有两个羟基，却存在大量的疏水基团，因此虾青素不溶于水而溶于有机溶剂，这一性质为有机溶剂萃取虾青素提供了基础。通常提取虾青素后可将溶剂蒸发，从而将虾青素浓缩，得到浓度较大的虾青素油，同时溶剂也可回收循环利用。

（4）酶解法

酶解法是对原料虾壳蟹壳进行预处理后，加入一定的具有生物活性的酶（如铜绿假单胞菌脂肪酶、木瓜蛋白酶等）对其中的蛋白质进行酶解，沉降分离蛋白质的同时分离制取虾青素的方法。酶解法提取的虾青素具有无毒、无溶剂残留、操作简便等优点，只要解决其较高的成本问题，酶解法分离虾青素就可以产业化，具有极大的经济效益和发展前景。

（5）超临界 CO_2 流体萃取法

超临界流体萃取法是利用物理原理对目标物质进行分离的方法，它利用超临界流体的性质，高压条件时与虾壳粉碎物接触并混合，萃取出其中的虾青素，之后再利用改变条件的方法使超临界流体中的萃取物分离出来。超临界流体萃取法在虾青素的提取方面的主要手段是超临界二氧化碳流体法[①]。该法具有无毒无害、溶解能力强、溶剂残留少、产品纯度高等一系列的优点，越来越受到人们的重视。但因其投入工业生产中存在设备前期投资大、机器费用及维修费用高、生产技术要求高、整个工艺流程具有不确定隐患等一系列问题，目

---

① 武一琛，杨慧茹，方园，等．天然虾青素提取及分离纯化研究进展［J］．食品研究与开发，2014，35（12）：118.

前仅处于实验室研究阶段，用于大规模工业生产尚存在一定困难。

4.3.2.3　虾青素的多方面应用

虾青素作为一种天然制剂，具有抗氧化、保护视网膜、防紫外线辐射、着色等多种生物学性能，口服虾青素制品可以预防诸如动脉硬化、白内障、心血管疾病以及一些癌症等的发生，可以增强机体免疫力等。天然虾青素具有很高的经济价值，因其具有强大的生物学性能以及安全、无毒副作用等优势，在食品、医药、饲料、化工等行业有十分广阔的应用和发展前景。目前虾青素制品的产量和纯度都远不能满足市场需求，因此加快虾青素产品的研制开发有十分重要的意义。

（1）食品工业方面的应用

国外虾青素已被作为食品添加剂应用于食品的着色、保鲜及营养等方面。虾青素为脂溶性，具艳丽红色和强抗氧化性能，对于食品尤其是含脂类较多的食品，既有着色效果又可起到保鲜作用[①]。如日本将含虾青素的红色油剂用于蔬菜、海藻和水果的腌渍中以及用于饮料、面条、调料的着色等。国外早已开展利用虾青素合成人类保健品的研究，针对其强化免疫系统功能、抗癌、保护视网膜免受紫外辐射和光氧化、抗炎、预防血液低密度脂蛋白（LDL）—胆固醇的氧化损伤等方面功效性，开发多种含虾青素的保健食品。如今，全球的保健品企业推出了大约 200 多款虾青素软、硬胶囊、口服液的保健品，尤其是在日本这个寿命最长的国家最为受到欢迎，近年来虾青素成为日本最火爆的健康食品。

（2）医药工业方面的应用

利用虾青素的抗氧化及免疫促进作用，可以制作药物用来预防氧化组织损伤。虾青素能通过血脑屏障直接与肌肉组织结合，保护神经系统尤其是大脑和脊柱的能力，能有效治疗缺血性的重复灌注损伤等中枢神经系统损伤；有效防止视网膜的氧化和感光器细胞的损伤，在预防和治疗"年龄相关性黄斑变性"、改善视网膜功能方面具有良好效果。虾青素在体内具有显著升高高密度脂蛋白（HDL）和降低低密度脂蛋白（LDL）的功效，能减轻载脂蛋白的氧化，可作为预防动脉硬化、冠心病和缺血性脑损伤的制剂。虾青素是迄今为止发现的唯一可以有效阻止糖尿病肾损伤的物质，能预防和治疗糖尿病及其并发症（如眼病、肾病、心脑血管疾病等）。虾青素可以调节对幽门螺杆菌的免疫反应，对胃肠消化道系统有积极的作用，可预防胃溃疡、胃损伤以及胃癌。此外，虾青素还可作为普通的抗生物过氧化剂、抗癌剂以及治疗不育症，促进胚胎和精子的发育。

---

① 肖素荣，李京东. 虾青素的特性及应用前景［J］. 中国食品与营养，2011，17（5）：34.

（3）饲料工业方面的应用

虾青素最大的市场是在饲料工业，它主要用作鱼类和虾蟹等甲壳类动物及家禽的饲料添加剂，增加它们的营养价值及产品价值。虾青素作为水产养殖动物的着色剂，是通过生物体自身的富集作用完成的，安全无毒，可使水生动物呈现鲜艳的色泽，使其具有更高的观赏性、肉品更吸引消费者；在家禽饲料中添加虾青素可增加鸡蛋蛋黄色素含量，提高母鸡的产蛋率，促进蛋鸡的健康成长；虾青素能有效防治鱼类、虾蟹及禽类疾病，提高其免疫力和成活率及繁殖率。

（4）化妆品方面的应用

虾青素作为新型化妆品原料以其优良的特性广泛应用于膏霜、乳剂、唇用香脂、护肤品等各类化妆品中[①]。虾青素可有效除皱抗衰、防紫外线辐射、减少黑色素沉积以及除去因年龄所致的黄褐斑，可保持水分，让皮肤更有弹性、张力和润泽感；其具有的艳丽红色和强抗氧化性能可作为脂溶性的色素。在化妆品中，不仅能有效地起到保色、保味、保质等作用，而且还可作为长时间保持的着色剂，如唇膏、口红等。此外，还可作为一种具有突出治疗功效的助剂。

4.3.3 虾壳中蛋白质及钙的利用

4.3.3.1 虾壳中蛋白质的利用

虾壳中的蛋白质含量约为 $7\% \sim 13\%$，是一种优质的动物性蛋白质，其含有的氨基酸成分比较平衡，主要氨基酸为天冬氨酸及谷氨酸。虾壳蛋白质不仅可以用于食品、饮料中，也可完全水解后制成氨基酸营养液，还可用于调料添加剂及饲养添加剂，是一种极好的酵母饲料组分，也可将其用于制作虾黄酱、虾味素等调料或水解制取复合氨基酸，故其具有良好的应用和开发前景。目前，虾壳中蛋白质的提取主要是利用酸除去虾壳中的钙，然后用碱将虾壳中的蛋白质提取出来，调节提取液 pH，使蛋白质沉淀析出，或用盐析法将蛋白质回收。另一种方法是使用蛋白酶将虾壳中的蛋白质水解出来，所得水解液可以进一步调配制成虾油，或者经喷雾干燥制成蛋白粉。

4.3.3.2 虾壳中钙的利用

虾头、虾壳含钙量很高，是一种很好的钙源。将虾壳中的钙成分进行处理，通过科学方法制成吸收率高、溶解性好的果酸钙，具有很大的开发利用价值。果酸钙是钙、柠檬酸和苹果酸按一定比例构成的复合物，既可以作为食品添加剂，也可加入一定辅料后直接制成补钙保健品，又可用于药品和饲料的生

---

① 焦雪峰. 虾青素在化妆品中的应用 [J]. 广东化工，2006，33（153）：13-18.

产。果酸钙作为一种新型的钙营养强化剂，特别适合生理性胃酸分泌不足的老年人群补钙。用果酸钙作为钙强化剂的饮料已在世界多个地区销售，如我国食品发酵研究所以柠檬酸—苹果酸钙复合盐作为钙营养强化剂开发了"Y-97"饮料等一系列钙强化果汁饮料。日本卫生福利部已批准果酸钙作为"特殊健康食品"的原料，加拿大政府也已经批准果酸钙咀嚼片和软胶囊作为医药上的钙质补充剂，美国将柠檬酸—苹果酸钙复合盐用于幼龄肉鸡日粮饲料的钙源，取得了良好的效果。各种即冲即饮方便补钙保健品、柠檬酸—苹果酸钙咀嚼片、柠檬酸—苹果酸钙泡腾片等也已不断上市，引起人们的广泛关注①。

---

① 刘宏超．虾壳生物活性物质提取及综合利用［D］．湛江：广东海洋大学，2010：10.

5 海洋空间与现代生活

5.1 海洋空间——现代交通运输的大舞台

5.1.1 海洋空间的开发利用

海洋空间可分为海岸、海上、海中、海底四个部分。随着世界人口的迅速增长，地球陆地空间显得越来越拥挤，为缓解沿海地区人地矛盾和拓展人类生存空间，开发和利用辽阔的海洋空间受到人类的高度重视。人类从很久以前就已经懂得对于海洋空间的利用，尤其是在海洋运输方面，浩瀚的海洋为交通运输提供了无数不用投资建设的天然通道，四通八达地通往世界各地。伴随着人类社会自身的发展，人类对于海洋空间的探索也在不断向前发展。近些年来，随着社会的发展和科学技术的进步，人类在利用海洋空间上也有了更多的想法。为了交通更加便利，人类在近海的一些城市建设了跨海大桥；为了弥补陆地空间的不足，在大海上建设了海上人工岛和海上城市；随着对海底世界的探索和认识的进一步加深，在海底兴建了海底隧道和海底管道。目前，人类对海洋空间资源的开发利用主要集中在海岸、海上和海底，利用领域已从传统的交通运输扩大到生产、通信、电力输送、储藏、文化娱乐等诸多新兴领域，利用方式包括港口、海上航道及航海运河、海上桥梁、海上机场、海上人工岛、海上城市、海底隧道、海底光（电）缆、海底储藏及倾废、军事基地、海岸带旅游娱乐以及围海造田等方面。由此可见，随着人类对海洋空间的开发利用水平的日益提高，海洋空间对于人类社会的发展越来越重要，人类也越来越依赖海洋空间来发展和完善自己的生活。如今，海洋空间已成为人类生活和生产的重要场所。

根据海洋空间资源的使用，一般可将海洋空间资源分为五类：海洋运输空间（港口、轮渡、海上船舶、海上航道及航海运河、海上桥梁、海底隧道、海上机场、海底管道、海底电缆等）、海洋生活和生产空间（海上人工岛、海上城市、滨海发电厂等海上工厂、城镇建设围填海等）、海洋储藏和倾废空间（海底货场、海底仓库、海上油库、海洋废物处理场、废水混合区等）、海底军事基地（海底发射场、反潜基地、作战指挥中心、海底侦听站、海底特种武器研究所、海底兵工厂、海底补给站等）以及文化娱乐旅游空间（海洋公园、海滨浴场、海上运动区等）。限于文章篇幅，本章仅介绍海洋空间在现代交通运输方面的利用。

5.1.2 海洋空间与现代交通运输

运输是实现人和物空间位置变化的活动，与人类的生产与生活息息相关。人类社会和经济生活的一个重要属性就是移动性，人类日常生活所需的原料、能源、生产生活资料，都需要在移动中完成分配和再分配。这些移动和分配是人类日常生产、生活的重要组成部分，构成了覆盖全球的运输大系统[①]。航空、铁路、公路、水运和管道是当代五种主要的运输方式。而水运中的海洋运输是人类在海洋空间资源的开发和利用上的一个重要方面，其发展历史悠久，它是伴随着世界航海事业的兴起而发展起来的一种使用船舶等水运工具经海上航道运送货物和旅客的运输方式。早在公元前 1 000 多年的时候，地中海沿岸的一些国家已经开始进行航海活动。而在公元 1405—1433 年，当时的中国大明王朝就曾派遣郑和 7 次率领船队下"西洋"，最远甚至到达非洲的马达加斯加岛附近，并与 30 多个国家进行交往。从 15 世纪到 17 世纪，欧洲的一些经常进行海上贸易的国家为了寻找新的贸易路线和贸易伙伴，为新生的资本主义发展积累资本，大力支持海外探险，寻找新的海上航路。随着海上新航路的开辟和美洲新大陆的陆续发现，欧洲的海外贸易以及殖民扩张为其资本主义生产和发展积累了大量的原始资本，随之而来的工业革命的开展也极大地提高了生产力，进而推动了远洋航海业的蓬勃发展。随着新航道的不断开辟，到 19 世纪末，世界四大洋的主要航道基本上已经开辟完成。在 20 世纪前期，又成功开辟了通往南极的航道，没过多久，一条连接太平洋和大西洋的巴拿马运河开始出现在世人眼前，让人类展开了北极航道的定期航行。随着海上航道的开辟完成，海上货运量也在不断增长。自第二次世界大战以来，全球海上货运量已经由 1938 年的 4.7 亿吨，增长到目前的 40 亿吨；海上运输船队数量和货运量也由 1935 年的 29 071 艘、6 372 万总吨，增长为 1982 年的 7.5 万艘、4.3 亿总吨。船队和货运量的大幅增长，不仅给一些沿海国家带来巨额利润，也促进了全球经济的增长和交流。由于海洋运输具有运量大、成本低、安全性高等特点，目前，国际贸易总运量中 2/3 以上的货物都是利用海洋运输的方式来进行运输的。海洋运输已经成为国际间商品贸易和交换中最重要的运输方式之一，每年的海洋货物运输量占全部国际货物运输量的比例大约在 80% 以上，可以说海洋运输对于现代运输事业的贡献是极其巨大的。

在现代，海洋空间与现代交通运输息息相关。利用先进的科学技术，依托海洋空间资源，开发建设港口、轮渡、海上船舶、海上航道及航海运河、海上

---

① 陆琪.世界海运地理［M］.上海：上海交通大学出版社，2011.

桥梁、海底隧道、海上机场、海底管道、海底电缆等各种工程设施，在现代交通运输中发挥着越来越重要的作用。如今，海洋空间已成为现代交通运输的"大舞台"，相信在不久的将来还会有更多利用海洋空间来发展交通运输的形式出现，全球资源在世界范围内将加速流动，人和物在海洋中的运输将会更加便捷。

5.1.2.1 港口

港口是指具有水陆联运设备和装卸设施条件，供船舶安全进出、停泊以及旅客换乘的场所和终点站[①]（图5-1）。港口作为国际航运的始发站和终点站，是连接水运和陆运的中心和枢纽，在海洋运输中有着举足轻重的作用。依托于港口便利的交通和区位优势，港口城市发展成为工业和制造业的集聚区以及国际物流中心。港口的兴起不仅带动了一个地区乃至一个国家的经济发展，同时推动了国际间的科技、文化等交流合作，对于促进社会发展和人类进步具有重要意义。

图5-1 港口

5.1.2.2 轮渡

轮渡属于近海运输方式，也是人类较早利用的一种运输方式，它是指通过船舶将乘客、货物、车辆等人员物资渡过河流、湖泊、海峡以及海湾（图5-2）。轮渡的运输距离较短，成本也较低，在运输方式比较单一的时期，对两岸的交流发挥了巨大作用。但是到了现代，随着技术的进步和经济发展，轮渡已经不能满足人们日益增长的运输需求，一些更加便捷高效的运输方式应运而生。

5.1.2.3 海上船舶

船舶是航海和贸易的主要运输工具。船舶在海上航行，用于航道的投资较用于铁路、公路的投资少得多，并且通过能力几乎不受任何限制。因此，海上

---

① 孙莉. 集装箱港口资源优化配置研究［D］. 大连海事大学，2010.

图 5-2　轮渡

运输能够实现大吨位、长距离的运输，从而大大降低运输成本[1]。从发展过程来看，海上运输船只的动力已历经风力、固体燃料、液体燃料、核动力 4 个阶段。船舶吨位也由几十吨、几百吨，发展到几十万吨。按船型分，海上船舶可分为油船、散装干货船、集装箱船、滚装船、子母船（载货驳船）、液化气船、飞艇、气垫船和水翼船等类型（图 5-3）。使用大型专用船舶通过海上航道在不同国家和地区的港口之间运送货物的远洋运输是国际物流中最主要的运输方式之一。目前，远洋运输以集装箱船运输为主，集装箱船运输以其显著的优越性日益受到世界各国的青睐，是现代运用最广泛的远洋运输方式之一。

图 5-3　海上船舶

5.1.2.4　海上航道及航海运河

海上航道和航海运河均是供船舶航行的水道，是以组织海运为目的所规定或设置的船舶航行通道（图 5-4）。其中，海上航道属自然水道，是指船舶在两地间的海上航行路线，其通过能力几乎不受限制。每个航次的具体航线，都要根据航行任务和航行地区的地理、水文、气象等情况，以及船舶状况拟定。经过人们千百年来的努力和探索，加上现代化导航技术的应用，全世界各国地区间的海上航道已基本为人们所了解和掌握[2]。随着船舶吨位的增加，一些海峡或狭窄水道会限制一些船舶的通航。航海运河是指由人工开凿，主要用于船

---

① 许肖梅. 海洋技术概论 [M]. 北京：北京科学出版社，2000：261.
② 万明. 交通运输概论 [M]. 北京：人民交通出版社，2015：151.

舶通航的水路，它在缩短航线、降低运输费用、提高海运效率、扩大船舶航行范围、方便人们生产和生活等方面起着重要的作用。世界上著名的航海运河有埃及开凿的苏伊士运河和在南北美洲之间的巴拿马运河。

图5-4　海上航道及航海运河

5.1.2.5　海上桥梁

跨海大桥是指在海峡和海湾之上架设的海上桥梁设施，可使车辆畅通无阻地往返于海峡两岸，它可以极大地缩短两岸的通行时间，使两岸的联系更加紧密（图5-5）。相比跨江大桥、跨河大桥，跨海大桥的跨度要长得多，短则几千米，长达数十千米。跨海大桥要求高超的造桥工艺，建造难度和成本都很高，可以说是当今最顶尖桥梁技术的体现，它完成了古代人们难以想象的壮举。通过修建海上桥梁可替代轮渡，对于现代运输的发展和人类生活的改善意义重大。

图5-5　海上桥梁

5.1.2.6　海底隧道

在海上建设桥梁要承担很多风险，如遭受台风、海啸、潮汐等气象灾害的影响，同时跨海大桥的修建还会影响船舶的通行。用什么方法既不阻碍海上船舶的自由航行，又不受恶劣天气的影响，还能解决港湾与海峡间的交通运输问题呢？人类想到仿效在地下开凿的隧道，利用海底广阔的空间，在海底建设一条隧道来连接海峡两岸（图5-6）。然而，海底隧道的修建难度和成本相比在海上建设跨海大桥要高不少，不过随着科技的进步和经济的发展，这些棘手的问题都能迎刃而解，海底隧道的构想也得以实现。目前比较著名的海底隧道在国内有厦门翔安隧道、青岛胶州湾隧道、香港海底隧道，国外有英法海底隧道、日本青函海底隧道等。

图 5-6　海底隧道

5.1.2.7　海上机场

建造机场需要占用大量土地，而且对地理位置与自然环境的要求较高。沿海城市人口众多，特别是一些海岛国家，土地资源严重不足，因此一些岛国和沿海城市纷纷选择将机场修建在海上（图 5-7）。机场向海洋转移，既可以节约陆地土地、充分利用海上空间，又可避开噪声危害，扩展现代交通运输方式。当然，建设海上机场还有很多技术问题和生态问题需要解决，不过随着人类科技文明的进步，海洋空间会得到进一步开发，在未来，海上机场会愈来愈多，人类与海上空间的联系会更加紧密。目前海上机场的兴建主要集中在一些沿海发达国家，比较著名的有日本的长崎机场和关西机场、美国的纽约拉瓜迪亚机场、英国伦敦的第三机场等。

图 5-7　海上机场

5.1.2.8　海底管道

海底管道主要用于石油、天然气的运输，是在海底连续地输送大量油气的密闭管道，是海上油气田开发生产系统的主要组成部分，也是目前最快捷、最安全和经济可靠的海上油气运输方式（图 5-8）。海底管道的类型主要有无缝钢管、直缝埋弧焊钢管、直缝高频电阻焊钢管和螺纹焊接钢管几种。海底管道可以连续输送，几乎不受环境条件的影响，不会因海上储油设施容量限制或穿梭油轮的接运不及时而迫使油田减产或停产，故其输油效率高、运油能力大。

此外，海底管道的铺设工期短、投产快、管理方便、操作费用低。但管道处于海底，多数又需要埋设于海底土中一定深度，检查和维修较为困难，某些处于潮差或波浪破碎带的管段（尤其是立管），受风浪、潮流、冰凌等影响较大，有时可能被海中漂浮物和船舶撞击或抛锚而遭受破坏。

图 5-8　海底管道

5.1.2.9　海底电缆

海底电缆是用绝缘材料包裹的电缆，铺设在海底，通常用于远距离岛屿之间、跨海军事设施等较重要的场合，主要用于通信和电力输送（图 5-9）。全世界第一条海底电缆是 1850 年在英国和法国之间铺设，我国的第一条海底电缆是在 1988 年完成。随着光纤通信技术的发展，现代的海底电缆都使用光纤作为材料来传输电话和互联网信号。海底电缆可分海底通信电缆和海底电力输送电缆。其中，海底通信电缆包括横越大洋的洲际海底通信电缆、陆地和海上设施间的通信电缆，主要用于通信业务，费用昂贵，但保密程度高。而海底电力输送电缆的铺设距离较通信电缆要短得多，主要用于海上建筑物、石油平台等和陆地间的输送，在水下传输大功率电能。在一般情况下，应用海底电缆传输电能无疑要比同样长度的架空电缆昂贵，但用它往往比用小而孤立的发电站作地区性发电更经济，在近海地区应用好处更多，在岛屿和河流较多的国家，此种电缆应用较广泛。由于海底电缆工程被世界各国公认为复杂困难的大型工程，从环境探测、海洋物理调查，到电缆的设计、制造和安装都需要复杂技术，因此海底电缆的制造厂家在世界上为数不多，主要分布在挪威、丹麦、日本、加拿大、

图 5-9　海底电缆

美国、英国、法国、意大利等国，这些国家除制造外还提供铺设技术。

5.2 港口

5.2.1 港口的概念及其构成

5.2.1.1 港口的概念

　　港口和码头是人们常混淆的两个概念，认为码头就是港口，实则不然。港口是指在江、河、湖、海以及水库沿岸，供船舶进出、停靠、货物装卸、补充给养以及旅客上下的场所[①]。而码头是指位于海边、江河边供乘客上下、货物装卸的建筑物[②]。从概念上可以看出，港口是具有完备的船舶航行、靠泊条件和一定的客货装运设施的区域，而码头只是港口内的建筑物，港口不仅包含码头设施，还有堆场、仓库、中转站等其他必要设施。

5.2.1.2 港口的构成

　　从结构来说，港口由水域和陆域两大部分组成，水域是提供船舶安全出入和停泊的必要区域，陆域则为货物装卸、旅客换乘提供场地。水域和陆域联合在一起形成整个港口，二者相互交融，互为依存，缺一不可。

　　（1）水域

　　港口水域是指有较大的面积和足够的深度，供船舶出入、锚泊以及货物装卸的区域。水域要求水面开阔，浪小波平，流速和缓，以便船舶的安全操作。水域一般包含三个部分：进港航道、锚泊地和港池[③]（图5-10）。

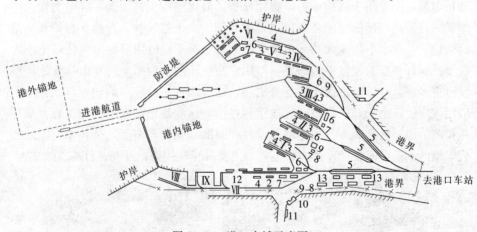

图5-10　港口水域示意图

　　① 屠德铭.漫谈港口 [J].中国港口，2006（11）：22-23.
　　② 谢海群.码头施工方案的探讨 [J].城市建设理论研究，2012，(14).
　　③ 吴春丽.关于港口工程的论述 [J].城市建设理论研究，2015，(6)：82.

① 进港航道

进港航道是海运船舶进入港口的必要通道，进港航道要求具备足够的水深和宽度以保障船舶自由进出、安全行驶。进港航道的选择应尽量避免不利的自然条件，如剧烈的横风、横流和泥沙淤积等情况。同时，航道方向以及弯道的曲率半径也是航道设计要考虑的重要因素。航道又分天然航道和人工航道，如果港口地理条件优越，位于深水区（海水退潮时航道的水深依然能够满足船舶自由出入），则没有必要修建人工航道，但是必须将船舶出入港口的路线标志出来，以便船舶更加安全、更有效率地通过航道进入港口；如果港口地理位置不佳，不能满足大型船舶任意时间段进出港口的条件，则必须修建人工航道以供船舶随时安全地出入港口。

② 锚泊地

锚泊地是供船舶停靠、避风、进行装卸货物作业的水域。锚泊地的选址一般要求具备掩护条件和足够的水深，如果自然掩护条件不够好还需修建人工屏障，以抵御强风大浪和保证船舶安全停靠。锚泊地有港内锚地和港外锚地之分。港外锚地设在港外，供船舶在进港前停泊等待引航或接受海关边防检查、检疫等用。港内锚地一般设在有掩护的水域，主要供船舶等候靠泊码头或进行水上过驳作业用。

③ 港池

港池是指与港口陆域毗邻，为船舶提供靠离码头、临时停泊和调头的水域①。港池的构造一般来说有三种形式：开敞式、挖入式和封闭式。开敞式港池是指港池不设置闸门，港池水面会随海水水位的变化而变化。封闭式港池是指在池内设有闸门以到达控制水位的目的，一般适用于潮水落差较大的地方。挖入式港池是指在岸边向内侧由人工挖掘形成的港池，一些海岸线不足、地形条件又比较合适的地区常常采用挖入式港池。

（2）陆域

港口陆域是指与水域相连，为船舶提供货物装卸转运和旅客换乘场所的陆地区域。陆域的组成部分一般包括陆上通道、码头前方作业区、港口后方区等。陆上通道是指货物通过港口陆上交通运输的通道，包括铁路、道路、运输管道等多元运输方式。码头前方作业区主要包括码头前线通道、装卸设备以及临时周转货物的前方库场等建筑设施，供装卸及转运货物使用。港口后方区包括港内通道、后方库场、停车场等建筑设施，供后方货物储存、日常行政管理等使用。

---

① 吴春丽．关于港口工程的论述［J］．城市建设理论研究，2015，（6）：82．

5.2.2　港口的发展及演变

最原始的港口一般选址于天然港湾，有自然的庇护条件供船舶停靠。随着海洋运输业的发展，港口功能逐渐多样化，运输形式也多种多样。同时，港口城市也跟着港口的发展繁荣起来，港口与现代生活的关系更加密切。

1992 年的贸易与发展会议上，联合国在《港口的发展和改善港口的现代化管理和组织原则》的报告中，将港口的发展及演变划分为三个阶段：①1950 年代以前，经济发展较为封闭，海外贸易较少，港口的功能比较单一，主要扮演海洋运输的中转站；②1950—1980 年代，集装箱的出现提高了海洋运输的效率，港口的功能增加了货物增值的工业、商业活动，成为装卸和服务的中心；③1980 年代以后，远洋运输以集装箱运输为主要方式，船舶的体积更大，载货量更多，这一时期港口的功能更加丰富，增加运输、贸易的数据收集和处理等综合服务，使港口成为贸易的物流中心[①]。

5.2.3　港口的分类

5.2.3.1　按位置分类

按所在地理位置分类，港口可分为海港、河口港和内河港。

（1）海港

海港通常位于海岸或海湾内，也有位于潟湖内的港口。如果港口位于缺少天然掩护的海岸边或者海湾内，则必须建造防波堤以抵挡海浪和海风的侵蚀，例如青岛港、连云港等。若港口位于有天然掩护屏障的港湾，则不需要修建防波堤，例如广州港、香港港等都是天然良港。潟湖是指被沙嘴、沙坝等天然屏障包围的浅海区域组成的局部水域（图 5-11）。潟湖拥有天然的屏障，只需通过人工挖掘以拓宽加深航道，潟湖便成为一个适合建港的天然水域，如广西北海港就是修建于潟湖之中。

图 5-11　潟湖

① 赵秋红，王悦. 我国港口发展趋势研究［J］. 中国外资，2012（22）：198.

(2) 河口港

河口港是指位于河流入海口的港口，其具有河港和海港的双重特性，既可为海船服务，也可为河船服务。河口港一般位于经济发达地区，地理位置十分优越，水陆交通便利。同时，河口港的运输网络通过内河水道深入内陆，辐射更为广阔的经济腹地，所以世界上许多著名港口都修建在河流入海口附近，比如荷兰的鹿特丹港、美国的纽约港、我国的上海港等。

(3) 内河港

内河港一般位于天然河流沿岸或者人工开凿的运河岸边，主要有湖泊港和水库港等。湖泊港和水库港水面宽阔，缺少自然屏障，风大浪高，一般需修建人工防波堤等设施作为船舶的抛锚地和庇护所。同海港相比，内河港的规模相对较小，一般承担内河的货物和旅客的运输任务，例如中国洪泽湖上的小型港口。

5.2.3.2　按用途分类

按用途来分类，港口可分为工业港、商港、渔港、军港等。

(1) 工业港

工业港是指专门运输石油化工原料、燃料和工业产品等大宗货物的港口，一般修建在靠近大型工矿企业的江岸、河岸、湖岸、海岸等区域，以缩短运输距离，节约运输成本。

(2) 商港

商港是指为过往商船提供停靠、装卸、转运货物等业务的港口。商港一般拥有完备的货物装卸、仓储、运输基础设施和完善的服务流程，以满足客户的各种不同需求。

(3) 渔港

渔港是指专为渔船提供停靠、抛锚、避风的港口。有的现代化渔港还为渔民提供一整套冷冻、加工和储运的设施和服务，同时还有渔船维修、通讯联络、休息娱乐和医疗救治等综合性服务场所。

(4) 军港

军港是指专供海军舰队训练、停靠、维修使用的特殊军事港口，一般不对民用开放。军港可供舰艇停泊、补给、修建、避风和获得战斗、技术、后勤等保障，具备供海军基地使用的设备和防御设施。

5.2.4　世界著名港口简介

5.2.4.1　国内著名港口

(1) 天津港

天津港（也称天津新港）是典型的河口港，地处渤海湾西端，位于天津市海河下游及入海口处（图5-12）。天津港是在淤泥质浅滩上通过人工挖海建成的，是我国目前最大的人工深水港。天津港主航道水深达21米，可供三十万吨级原油船舶和世界巨型集装箱船通行。天津港地理位置十分优越，临近首都北京，作为北京的出海通道，北京进出口贸易总量的90％以上是经天津港转运的。天津港位于环渤海经济圈和京津冀城市群的交汇处，经济腹地广袤，是华北、西北地区能源物资和原材料运输的主要中转港，也是我国北部沿海规模最大的综合性对外贸易口岸。2013年，天津港进出口货物的吞吐量首次突破五亿吨，成为中国北方第一个进入五亿吨阵营的港口。2016年底，天津港年货物吞吐量突破5.5亿吨，集装箱吞吐量超过1 450万标准箱，分列世界港口第五位和第十位；航道等级提至30万吨级，成为世界等级最高的人工深水港。

图5-12　天津港

（2）上海港

上海港位于长江入海口，地处长江三角洲东端。上海港经济腹地辐射长三角经济圈，是我国东部沿海的主要枢纽港（图5-13）。上海港是典型的河口港，港口所在的上海市是我国最大的经贸中心，也是我国最大的港口城市。上海港以上海市为依托、辐射长江流域，经济腹地十分辽阔。上海港依江临海，水陆交通非常便利，通过集合高速公路和国道、铁路干线的陆上运输、航空运输及海上运输形成立体的运输网络，可以辐射到长江流域甚至全国各地。此外，上海港处于太平洋海上航线的西岸前沿，与众多国际航线相连，是中国对外开放的重要通商口岸。作为世界最著名的港口之一，上海港的货物、集装箱吞吐量多次在我国乃至世界范围排名第一。

（3）广州港

广州港自古以来就是我国最重要的对外的通商口岸之一，早在3世纪30

图 5-13 上海港

年代起就成为海上丝绸之路南端的主要港口（图 5-14）。唐宋时期，广州港就已经发展成为中国对外贸易的最大港口，此后在很长一段时间牢牢占据第一的位置，是我国海上丝绸之路发展历史的见证者。至明清两朝，统治者奉行闭关锁国的政策，广州港是这一时期中国唯一的对外贸易港口。改革开放以来，广州港发展成为东南沿海最重要的对外贸易综合口岸。广州港是世界海洋运输史上唯一持续繁荣达 2 000 多年之久的东方大港，一直到今天广州港仍然是世界闻名的港口。广州港，以广州市为主要依托，辐射东南、西南等地区，经济腹地十分广阔，作为全国沿海主要港口和集装箱干线港，广州港是华南沿海功能最全、规模最大、辐射范围最广的综合性枢纽。2010 年广州港货物吞吐量突破了 40 000 万吨，成为我国大陆继上海港、宁波—舟山港后，第三个进入 4

图 5-14 广州港

亿吨队伍的世界大港。2016年，广州港完成货物吞吐量5.44亿吨，集装箱吞吐量1 885.8万标准箱，分别位列世界第六和第七位。

（4）香港港

香港港位于珠江口外东侧区域，在香港岛和九龙半岛之间（图5-15）。香港地处我国珠三角入口，内靠东南沿海发达地区，外接国际远洋航线，地理位置十分优越，是我国的天然良港和远东的航运中心。香港港共有15个港区，其中维多利亚港区是香港港最大的、条件最好的港区。它拥有平均超过10米深的港内航道，有足够的深度为各地的大型船舶提供安全的停泊地。香港港基础设施优良，管理水平先进，港口同时接待上百艘船舶进行装卸作业也没有压力。得益于高效的自动化作业水平和先进的管理方式，香港港的港口费率在世界上处于最低的行列。香港港是世界闻名的自由港，目前与香港港连接的海上航线多达20多条，可以通往世界120多个国家和地区近1 000个港口，每年通过香港港进出香港的旅客超过1 000万人次。

图5-15　香港港

5.2.4.2　国外著名港口

（1）荷兰的鹿特丹港

鹿特丹是著名的海洋城市，鹿特丹港区是该市的主体，占地100多平方千米，是欧洲的第一大港（图5-16）。鹿特丹港位于莱茵河与马斯河交汇处和入海口，兼有海港和河港的特点。鹿特丹港是天然的不冻港，即使是冬季港口也不会结冰，船舶照常通行无阻。鹿特丹港始建于1328年，拥有优良的自然条件和地理优势，设备完善，交通便利，素有"欧洲门户"之称。它既是欧洲最大的集装箱港口，也是最大的原油转口港。鹿特丹港区基础设施的所有人是鹿特丹市政府，鹿特丹港务局负责日常的港务管理，并将港区的基础设施承包给各类私人公司运营。鹿特丹港的服务颇具特色，它提供储存、运输、销售一条龙服务，通过将货物进行深加工，提升货物的附加值以获得更高的利润，然后通过鹿特丹发达的运输网络将货物送至欧洲乃至世界各地。

图 5-16　鹿特丹港

（2）美国的纽约港

纽约港位于美国东北部哈得孙河河口，是美国最大的河口港和天然深水良港（图 5-17）。纽约港地处大西洋东北岸，那里是美国人口最密集、商业最发达的地区。优越的地理条件使得纽约港成为美国最重要的物流运转中心。同时纽约港又毗连世界最繁忙的大西洋航线，在位置上与欧洲接近，因此使其成为全球最重要航运交通枢纽之一。纽约港的发展带动了整个纽约城市的发展，在纽约经济的发展中扮演着至关重要的角色。纽约港还为纽约带来了大批的移民人口。19 世纪初及 20 世纪末，世界各国掀起移民狂潮，来自五湖四海的海外移民通过纽约港进入美国，这些移民对于纽约乃至美国的发展是十分重要的。

图 5-17　纽约港

（3）日本的神户港

神户港位于日本兵库县芦屋川河口西岸和濑户内海西北岸，是典型的河口港（图 5-18）。神户最早只是一个渔村，因地理条件十分优良，适合建港，且毗邻日本的经济中心大阪，海洋运输需求十分旺盛，因此，随着神户港的发展，神户最终发展成为国际化的港口城市。神户港由中心区以及东西沿海两侧的工业码头所组成，中心区包括中央码头、兵库码头、新港码头、摩耶码头、港岛和六甲岛等①。日本是一个土地资源十分紧缺的岛屿国家，神户港以填海造陆的方式建造人工岛（如港岛及六甲岛等），再通过桥梁将这些人工岛与大陆连接。神户还是日本四大工业区之一阪神工业区的中心，这个工业区内有三菱电子、川崎重工等大型企业，这些企业大多分布在距离神户码头几千米的地带，交通运输十分便利。

图 5-18　神户港

（4）新加坡的新加坡港

新加坡是一个港口国家，国土面积较小，自然资源严重匮乏，粮食几乎全部要依靠进口。新加坡环境优美、交通便利，每年吸引大量游客到新加坡旅游，旅游业是新加坡主要外汇来源之一。新加坡港位于新加坡的南部沿海，马六甲海峡的东南侧，占据太平洋及印度洋之间的交通要道，地理地位十分重要（图 5-19）。从 13 世纪开始，新加坡港便是国际贸易的枢纽港，随着世界航运业的兴起，已发展成为世界闻名的转口港，是亚太地区最大的转口港。新加坡港由新加坡国际港务集团有限公司管理，新加坡国际港务集团有限公司是世界第二大的港口运营公司，拥有丰富的港口管理经验。新加坡港既是该国的政治、经济、文化中心，也是交通运输枢纽。新加坡的主要

---

① 赵刚. 基于纵向战略联盟的日照港口供应链管理研究 [D]. 南京：河海大学，2007.

支柱部门有电子电器、炼油及船舶修造。得益于优越的地理区位及较高的经济发展水平，该港高科技产业发展迅速，而且它还是世界三大炼油中心之一。

图 5-19 新加坡港

5.3 轮渡

5.3.1 轮渡的概念

轮渡就是用渡船将旅客、汽车或列车等客货、车辆渡过河流、港湾或海峡的一种交通方式。摆渡起止的地方称渡口。渡口指的是道路越过河流以船渡方式衔接两岸交通的地点，包括码头、引道及管理设施。它也指有船摆渡的，过河的地方。

渡船，是一种水上交通运输工具，它可以是一只船或舢舨等，来回于两个或者三个及以上的码头之间。渡轮用作运送乘客的，也可以被称为客轮。渡轮也可能用来运送货物（包括危险品、家畜、车辆甚至火车等）。

5.3.2 轮渡的类型

轮渡因使用的渡船种类不同而形成不同的轮渡类型。常见的渡船有旅客渡船、汽车渡船、列车渡船和新型的铁路联络船等。

5.3.2.1 旅客渡船

旅客渡船主要用来将旅客及其随身携带的物品载运过江河、湖泊、海峡，有时还会用来运送小型机动车辆和非机动车，实际上，它就是一艘进行短程运输的客船，为了保证有足够的稳定性，这种渡船会常采用双体船船型（图5-20）。

图 5-20　旅客渡船

5.3.2.2　汽车渡船

　　汽车渡船，顾名思义就是专门用于渡运汽车的渡船（图 5-21）。它的一个很大的特点是在它的首尾两端都有推进器和舵设备，而且渡船两端都可以在码头进行停靠。汽车渡船和旅客渡船的功能相似，不过它是用来载运汽车渡过江河、湖泊、海峡，主要有端靠式和侧靠式两种类型。端靠式汽车渡船的特点是首尾相同，甲板呈长方形，两端设有吊架和带铰链的跳板，汽车通过跳板上下渡船；侧靠式渡船的特点是比较宽大，汽车可直接通过码头上的跳板从两侧上下渡船。汽车渡船最大的特点是首、尾端对称，在首、尾端均装有推进器和船舵。这样船的首、尾端均可以靠岸。大型汽车渡船多为多层甲板，可装载汽车数百辆，汽车渡船有时候还兼载客或载货。

图 5-21　汽车渡船

　　目前，西门子公司已经开发出全球第一艘电动汽车轮渡。该渡船的重量只是传统渡船重量的一半，这就大大减少了渡船的能源使用，节省了成本。这款西门子公司携手挪威造船厂开发出的全球首艘电动汽车轮渡船长 80 米，可以承载 120 辆汽车和 360 位乘客。从 2015 年起，该轮渡被用于跨挪威松恩峡湾的 Lavik 和 Oppedal 两个城镇之间的航线上。该渡船所采用的电池是可以快速充电的电池，能在轮渡往返间隙进行充电，而且充电速度很快，充电过程仅需 10 分钟。目前，用于这条航线的汽车轮渡平均每年耗用近 100 万升柴油，排放 2 680 吨的二氧化碳，37 吨的氮氧化物。

5.3.2.3　列车渡船

列车渡船，又称火车渡船，就是用于载运铁路车辆渡过江河、海峡的一种交通运输工具（图 5 - 22）。它的甲板是长方形的，在甲板上面铺设有轨道。船的首尾的形状都是一样的，列车可以从两端进出。而且在船的两端都有推进器和转舵，航行时甚至都不需要调头。使用火车轮渡进行运输具有非常明显的特点和优势：一是不必像轮船运输那样还要将货物在码头上进行装卸，从而极大地避免了货物的破损、污染、丢失，节省了装卸费用；二是火车车厢可以直接上船，这样就不需要在码头建设大规模的装卸设备，从而节省了建设资金；三是在港口的作业时间比较短，可以节省很多时间，加速车船周转和货物传送，大大提高港口的吞吐能力。

我国首次出现火车轮渡是在 1933 年，并使得京沪铁路在南京浦口区首次实现了跨越长江天险的壮举，不过这个火车轮渡是用于长江而不是用于海上。南京火车轮渡始建于 1930 年 12 月 1 日，于 1933 年 9 月全部建成；同年 10 月 22 日正式通航。1968 年 10 月，南京长江大桥开通，客车及直通货物列车可以直接经过大桥通过，那个时候的轮渡只能作为非直通的货物列车的运输。1973 年 5 月 5 日，南京长江大桥及相应的新的枢纽配套工程设施相继建成使用，南京轮渡正式被封闭停航。这套火车轮渡设备在 1968 年南京长江大桥建成后，便迁移至安徽芜湖，如今芜湖长江大桥也建成了，长江上已经不再使用火车轮渡，人们便开始把目光转向跨海火车轮渡。

琼州海峡火车轮渡是我国历史上第一条跨海火车轮渡线，它起始于广东雷州半岛南端的海安港，结尾至海南岛的海口市，全长共 24 千米，只需要两三个小时便可到达。它每年的运送能力为货运 1 000 万吨，客车 8 对。在琼州海峡使用的第一艘跨海火车渡轮是粤海铁 1 号，这是由中国船舶工业 708 研究所进行设计、上海江南造船（集团）有限责任公司建造而成，为双柴油机推进，开敞式分层装载旅客、汽车和火车，全长 165.4 米，宽 22.6 米；主甲板为火车甲板，上甲板为汽车甲板，渡轮后半部设置旅客舱室。火车、汽车、旅客登离渡轮时完全分流、互不干扰。渡轮总吨位为 1.34 万吨，可装载 40 节长 14 米、重 80 吨的货车或 18 节长 26.5 米的客车，同时可载汽车 50 辆，旅客 1 360 人。

图 5-22　列车渡船

5.3.2.4　铁路联络船

在铁道运输时，由于在海洋、湖泊的水面上建造供列车行驶的防水铁轨非常有难度，因此，为使列车在运输过程中在预定航路上航行，铁道联络船出现了（图5-23）。铁路联络船的基础是传统的列车渡船，是列车渡船的一种变形，但是其功能又在列车渡船的基础上有所增加，实际是载运列车和旅客渡过海峡的多用途船。这种船通常和常规海船的首部是一样的，船的下层都铺设有轨道，用于停放列车，列车也都是由船尾上下船。船上有多层船舱建筑，这些建筑是旅客和列车乘务员在渡海航程中活动或休息的地方。铁路联络船最先出现在日本，其后，在瑞典特雷勒堡到德国萨斯尼茨的传统渡船航线上也开始采用这种新型渡船，从此铁路运输船开始普遍出现在人们的视野。

图 5-23　铁路联络船

5.3.3 轮渡的优势

轮渡运输和其他运输方式相比有其显著的特点和优势：一是它可以不用像轮船运输那样还要在码头上对货物进行倒装，从而极大地避免了货物的破损、污染、丢失，还节省了一大笔的装卸费用；二是在使用轮渡进行运输时，火车车厢可以直接上船，这样就不需要再建设大规模的码头装卸设备，从而节省了建设资金；三是车船在港口的作业时间比较短，从而缩短了车船周转和货物传送的时间，可大大提高港口的吞吐能力。一般情况下，主要将货物进行外销的铁路机车或客货车厢，如果要想通过海运运往其他国家的话，都会选择使用火车渡轮，先将外销他国的火车从本国港口铁道驶入渡轮船舱后，再开到外国港口的铁路码头并运交给国外铁路公司。

5.3.4 轮渡在我国的发展现状

我国的城市轮渡行业是伴随着现代化的机动轮船逐渐替代传统而古老的木船摆渡而产生的，至今已有上百年的悠久历史。轮渡昔日在人们的生活中有着重要的作用，作为水上交通的城市轮渡是我国湖泊众多、水系发达城市的居民赖以出行的交通工具之一①。然而，随着城市化进程的加快，社会经济的高速发展，人们出行需求的增长以及城市路桥、过江隧道、私人轿车、轻轨和地铁的大规模建设与迅猛发展，人们的出行方式可以有多种多样的选择，城市交通结构发生了深刻变化，从而导致了城市轮渡行业逐步走向衰落。突出表现为：轮渡航线急剧萎缩、年客运量骤减、企业经济效益下滑、经营亏损严重、船舶码头设备陈旧、技术人才匮乏、职工队伍不稳等。虽然轮渡运输与跨海桥梁、海底隧道相比，具有建设周期短、修建费用低以及能较快形成运输能力等优势，但是，桥梁和隧道通行既快速又便捷，更有利于提高整个线路的运输能力。随着跨海桥梁与海底隧道的兴起，一些地方的轮渡正在逐渐被桥梁和隧道取代。

而使用列车渡船和铁路联络船进行运输的铁路轮渡，是 20 世纪发展起来的一种运输方式。目前，世界上铁路轮渡运营较多的国家有英国、德国、法国、丹麦、挪威、芬兰等欧洲国家，开通航线近百条，大部分是沿海或海峡航线。而我国有较多河流、较长的海岸线、较大的海峡，为解决铁路跨江、过海问题，铁路轮渡也在我国应运而生。我国铁路轮渡有着 70 多年历史，在长江上先后建成了四条铁路轮渡，在琼州海峡和渤海海峡上建成了两条跨海铁路轮

---

① 傅志刚，周晶．双重压力下的城市轮渡行业——城市轮渡行业调查综述［J］．人民公交，2016（2）：42 - 45.

渡。目前，有江阴、粤海和烟大三条铁路轮渡线在运营。此外，国际铁路轮渡——中韩跨海铁路轮渡展开了前期研究工作，两国间政府主管部门也达成了初步合作意向。我国也是世界上少数同时拥有内河和跨海铁路轮渡的国家之一[①]。

5.4　海上船舶

5.4.1　海上船舶与远洋运输

5.4.1.1　运输用船舶分类

现代海上船舶的种类很多，作运输货物用途的船舶主要有散装干货船、集装箱船、滚装船、子母船、油船、液化气船等。

（1）散装干货船

散装干货船（又称干散货船、散装货船）是用以装载无包装的大宗货物的船舶（图5-24）。专用于运送煤炭、矿砂、谷物、化肥、水泥、钢铁等散装物资，目前其数量仅次于油船。按载运的货物不同，又可分为矿砂船、运煤船、散粮船、散装水泥船、运木船等。因为干散货船的货种单一，不需要进行包装成捆、成包、成箱的装载运输，货物不怕挤压，便于装卸，所以这种船大都为单甲板船。其舱内不设支柱，但设有隔板，用以防止在风浪中运行的舱内货物错位。舱口围板高而大，货舱横剖面成棱形，这样可减少平舱工作，货舱四角的三角形舱柜为压载水舱，可调节吃水和稳性高度。驾驶室和机舱布置在尾部，货舱口宽大；内底板与舷侧以向上倾斜的边板连接，便于货物向货舱中央集中，甲板下两舷与舱口处有倾斜的顶边舱以限制货物移动；有较多的压载水舱用于压载航行。

图5-24　散装干货船

---

① 左其华，窦希萍，等. 中国海岸工程进展［M］. 北京：海洋出版社，2014：539.

（2）集装箱船

集装箱船（又称箱装船、货柜船或货箱船）是一种专门载运集装箱的船舶，可分为部分集装箱船、全集装箱船和可变换集装箱船三种（图 5 - 25）。其中，部分集装箱船是以船的中央部位作为集装箱的专用舱位，其他舱位仍装普通杂货。全集装箱船指专门用以装运集装箱的船舶，它与一般杂货船不同，其货舱内有格栅式货架，装有垂直导轨，便于集装箱沿导轨放下，四角有格栅制约，可防倾倒。集装箱船的舱内可堆放 3～9 层集装箱，甲板上还可堆放 3～4 层。可变换集装箱船货舱内装载集装箱的结构为可拆装式的，因此，它既可装运集装箱，必要时也可装运普通杂货。大多数集装箱船本身没有起吊设备，需要依靠码头上的起吊设备进行装卸，其装卸速度高，停港时间短，大多采用高航速，通常为每小时 20～23 海里。近年来为了节能，一般采用经济航速，每小时 18 海里左右。在沿海短途航行的集装箱船，航速每小时仅 10 海里左右。由于集装箱船进行集装箱运输具有节约装卸劳动力、减少运输费用、减少货物的损耗和损失、保证运输质量，装卸效率高等诸多优点，所以，近年来集装箱船和集装箱运输得到迅速发展，美国、英国、日本等国进出口的杂货约有 70%～90% 使用集装箱运输。现代的集装箱船正向着大型化、高速化，多用途方向发展。

图 5 - 25　集装箱船

（3）滚装船

滚装船是在汽车轮渡的基础上发展演变而来的，是利用车辆上下装卸货物的多用途船舶（图 5 - 26）。滚装船船型高大，船首部大都装有球鼻，中部线型平直，尾部采用方尾，设有大门或跳板。其结构特殊，上甲板平整，无舷弧和梁拱，无起货设备，甲板层数多（2～6 层），货舱内支柱少，甲板为纵通甲板。它以装满集装箱或货物的车辆为运输单元，车辆通过船上的首门、尾门或舷门的跳板开进开出。这种船本身无须装卸设备，装载时，汽车及由牵引车辆拖带的挂车通过跳板开进舱内。到达目的港后，放下跳板，然后专门装货的车辆（拖车或铲车）从船和各层甲板开上开下进行装卸作业，车辆可直接开往收货单位。因此，滚装船又称开上开下船或滚上滚下船。为了充分利用货仓，在货仓的局部区域设有活动平台，平时翻起或贴在舷侧；需要装运车辆时，将活动平台放下，把货仓隔成2～3层，以便多装车辆。滚装船与集装箱船一样，装卸效率高、能节省大量装卸劳动力、减少船舶停靠时间、提高船舶利用率、船舶周转快、水陆直达联运方便、减少运输过程中的货损和差错，船与岸都不需起重设备，即使港口设备条件很差，滚装船也能高效率装卸。此外，滚装船具有更大适应性，它除了能装载集装箱外，还能运载特种货物和各种大件货物，有专门装运钢管、钢板的钢铁滚装船，专门装运铁路车辆的机车车辆滚装船，专门装运钻探设备、农业机械的滚装船，还可以混装多种物资及用于军事运输。可见，滚装船具有广阔的应用前景。

图 5-26　滚装船

（4）子母船

子母船（又称载货驳船）是专门载运货驳船的船舶，也就是说在大船上搭载驳船，驳船内装载货物的船舶（图5-27）。其运输方式与集装箱运输方式相仿，因为货驳亦可视为能够浮于水面的集装箱。其运输过程是：将货物先装载于统一规格的方形货驳（子船）上，再将货驳装上载驳船（母船）上，载驳船将货驳运抵目的港后，将货驳卸至水面，再由拖船分送各自目的地。载驳船的特点是不需码头和堆场，装卸效率高，便于海—河联运。子母船的优点是可以提高装卸效率，缩短船舶停港时间，加速船舶周转，而且不受港口、码头和装卸设备的限制，同时便于把海—河联运有机地结合起来。但因其造价高，需配备多套驳船以便周转，需要泊稳条件好的宽敞水域作业，且货驳的集散组织复杂，其发展也受到了限制。

（5）油船

图 5-27 子母船

　　油船是载运散装石油及成品油的液货船，是指建造或主要在其装货处装运
散装油类（原油或石油产品）的船舶，包括油类、散货两用船，以及全部或部
分装运散装货油，并符合《73/78 防污公约》附则二所规定的任何化学品液货
船（图 5-28）。油船的种类很多，按所装油品可分为原油船、成品油船、原
油/成品油兼运船、油/化学品兼运船、非石油的油类运输船。其中，原油船是
专门用于载运原油的船舶，由于原油运量巨大，油船载重量亦可达 50 多万吨，
是船舶中的最大者。原油船结构上一般为单底，随着环保要求的提高，结构正
向双壳、双底的形式演变。它的特点是舱都设在船尾，船壳本身被分隔成多个
贮油舱，由油管贯通各油舱。油舱大多采用纵向式结构，并设有纵向舱壁，在
未装满货时也能保持船舶的平稳性。原油船的上层建筑设于船尾。甲板上无大

图 5-28 油船

的舱口，用泵和管道装卸原油。油舱内设有加热设施，在低温时对原油加热，防止其凝固而影响装卸。超大型原油船的吃水可达 25 米，往往无法靠岸装卸，而必须借助于水底管道来装卸原油。成品油船是专门载运柴油、汽油、煤油和润滑油等石油制品的船舶，其结构与原油船相似，但吨位较小，有很高的防火、防爆要求。

(6) 液化气船

液化气船是专门装运液化气的液货船，可分为液化天然气船（LNG 船）、液化石油气船（LPG 船）和乙烯运输船（图 5-29）。a. 液化天然气（主要成分为甲烷）通常采用在常压下极低温（-165℃）冷冻的方法使其液化。液化后的体积只有气态时的 1/600，因而便于运输。液舱具有严格的隔热结构与材料，能保证液舱恒定低温。常见的液舱形状有球形和矩形两种，也有将液舱设计成棱柱形或圆筒形的。液化天然气船设备复杂，技术要求高，体积和载重吨位相同的油船相比较大，因此造价也大得多。液化天然气船一般都设有气体再液化装置，也可运送液化石油气。b. 液化石油气的主要成分为丙烷，运输方法有三种：一种是将其加压液化，可在常温下进行装卸，这种船叫全加压式液化石油气船，其货舱常为球形或圆柱形罐；另一种是冷冻液化，叫全冷冻式液化石油气船，其货舱可制成矩形，舱容利用率高，但需设置良好的隔热层；第三种是既加压又冷冻液化，叫半加压半冷冻式液化石油气船。液化石油气船不能运送液化天然气，所以这种船的大型化发展不如液化天然气船快，容量一般不超过 10 万立方米。c. 运输乙烯的通常做法是将其加压液化，可在常温下进行装卸，其货舱常为球形或圆柱形罐，也有采用半加压半冷冻使其液化的，货舱为圆柱形罐。

图 5-29　液化气船

5.4.1.2　远洋运输

远洋运输是国际间货物交换最主要的运输方式之一，它是指以大型船舶为运输载体从事国际间港口运输业务的海洋运输，或者称之为国际航运①。由于经济全球化和新航线的开辟，远洋运输在现代运输中占比较大。我国是一个沿海国家，海岸线长约一万八千千米，分布着众多优良的天然港口，具有发展海洋运输的地理优势和地理条件。目前，我国港口与世界各国主要港口之间已经开辟了许多定期或不定期的海上航线。随着我国进出口贸易的快速发展，越来越多的货物通过远洋运输在我国往来。据统计，目前世界有19％的大宗海运货物运往我国，有20％的集装箱运输往来于我国，远洋运输占我国进出口货运总量的比例约为90％。

对比其他运输方式，远洋运输具有以下特点。①具备天然航道。不同于铁路运输、公路运输，远洋运输可以借助天然航道运行，海洋空间十分广阔，海上运输不用受到公路、铁路等固定通道的限制，运输范围更广，运输能力更强。而且远洋运输的航线灵活多变，随着自然气象条件以及其他因素的变化，可以随时调整运输线路，不会影响货物的交付时间。②货物载运量大。随着经济全球化盛行，国际货物交易越来越频繁。国际贸易通常采用远洋运输的方式，因为大型船舶的载货量更大，非常适合国际间大宗货物的贸易往来。相比陆上运输，海上运输的载重量几乎不受限制，可以承载大量的货物，满足国际贸易的需求。而随着造船技术的不断发展和日臻完善，船舶正朝着大型化发展，目前，远洋运输多为万吨级巨轮，其运载能力远远大于铁路运输和公路运输。③运费相对低廉。因为港口设施一般由政府投资兴建，且海运通道是天然的，不需要人工修建航道，因此海运业务公司几乎没有初期投入成本。加之远洋船舶的运载量大、运输里程远、使用周期长，较其他运输方式，远洋运输的单位运输成本较低，适用于大宗货物的国际运输。当然，远洋运输也存在不足之处，比如它是各种运输工具里速度最慢的运输方式。其在海上受气候和自然条件的影响比较大，航期不易确定，风险比较大，比如一场台风就可以把一艘运输船卷入海底。远洋运输不仅货物财产的风险较高，而且船员的人身安全风险也较高，还要面临海盗的袭击风险。此外，远洋运输一般涉及国际贸易，比较依赖两端的港口设施和装卸条件，而且从港口运出必须依赖其他运输方式的交接和配合。

远洋运输一般有集装箱运输和散货运输两种运输方式，目前远洋运输以集装箱运输为主。近年来，随着港口的转型升级和现代化建设，利用集装箱船进行集装箱运输在我国远洋运输中发展迅猛，我国港口的货物吞吐量和集装箱吞吐量均居世界第一。随着我国经济对全球影响力的不断扩大，我国与世界的经贸合作越来越紧密，国际航运中心正在逐步由西方转移到东方。

---

① 许中华. 国际集装箱班轮运输航线规划策略研究 [D]. 复旦大学，2009.

5.4.2 集装箱运输的发展

5.4.2.1 集装箱运输及其发展历程

集装箱运输是指将类别相同或者运输地相同的货物打包封装于集装箱内，以集装箱运输船为载体进行的海洋运输方式。作为一种现代的、高效的运输方式，集装箱运输以集装箱（图 5-30）为运载单位进行运输，具有易装卸、易搬运的特点，更加适用于现代化港口装卸操作。国际集装箱的标准尺寸一般有两种：20 英尺[①]和 40 英尺。20 英尺的容量为 33 立方米，限重 21 吨；40 英尺的容量为 67 立方米，限重 26 吨。集装箱容积一般不小于 1 立方米。不足整箱的，可以以拼箱的方式运输。拼箱方式是承运人或代理人根据货物的类别和目的地，将分属不同客户但目的地相同的货物分类整理后，集中拼装在一个集装箱内。然后大型货船通过预定的航线，按照合约船期进行规律的往返航行。

图 5-30 集装箱

集装箱运输的出现、发展至流行经历了漫长的演变过程。其发展历程大致可分为四个时期：起步探索期、试行推广期、积极发展期和快速扩张期[②]。

（1）起步探索期（19 世纪初至 19 世纪末）：集装箱运输最早出现在英国，在 19 世纪，当时英国的海外贸易十分繁荣，为了满足更高的货运能力，急需寻找一种新型的高效的运输方式。1801 年，英国的安德森博士率先提出将货物装入集装箱进行运输的设想。19 世纪中期，在英国的兰开夏已出现一种运输棉布和棉纱的带可装卸框架的载货工具，可把车厢视作集装箱进行装运搬卸，这是集装箱的初始形态。1890 年英国正式使用了简陋的集装箱。

（2）试行推广期（20 世纪初至 50 年代）：20 世纪初期以英国为首的西方国家正式使用集装箱来运输货物。1900 年，英国在铁路上首次试行了集装箱

---

① 英尺为非法定计量单位，1 英尺＝0.304 8 米。——编者注

② 高晓莹. 论世界集装箱运输发展历程及对全球经济的重大影响 [J]. 物流技术，2010（13）：70-73.

运输，后来这种以集装箱为载体的运输方式相继传到其他欧美国家。此阶段的集装箱运输虽然取得了一定的发展，但各国集装箱的设计标准不统一、规格各异，港口、船舶、公路、铁路、吊装机械等配套设施发展缓慢，制约了集装箱优势的发挥，因此，集装箱运输并没有得到应有的重视。

（3）积极发展期（20 世纪 50 年代至 80 年代）：在这一时期，很多集装箱的新发明、新标准和现代化的管理流程被创造出来的，是国际航运进入集装箱时代的关键时期，以远洋运输为主的集装箱运输发展迅速，集装箱运输的优越性也逐渐被世界各国认可。据统计，1970 年集装箱运输总量约有 23 万 TEU，到 1983 年达到 208 万 TEU。随着远洋集装箱运输的发展，各国港口纷纷投资兴建用于集装箱运输的专用泊位。

（4）快速扩张期（20 世纪 80 年代至今）：1984 年开始，石油危机所带来的负面影响逐渐消散，国际贸易开始复苏，远洋运输业重新回到可持续发展的道路上，集装箱运输成为国际贸易运输的首选方式。据统计，到 1998 年，世界上各类集装箱船舶总计多达 6 800 多艘，集装箱运载总量达到 579 万 TEU。这一时期，发达国家的货物运输集装箱化水平已超过 80%，同时集装箱运输开始进入亚洲，在韩国、日本、新加坡，集装箱码头陆续兴建，集装箱运输业蓬勃发展，我国的香港、台湾地区也陆续兴建了集装箱码头。随着公路、铁路、航空及内河水路多种运输方式衔接的集装箱多式联运快速发展，集装箱运输的优势得以发挥，其发展日渐成熟，如今，国际社会广泛采用集装箱运输。

5.4.2.2　集装箱运输的优越性

可以毫不夸张地说，集装箱运输是现代运输的一次革命，集装箱运输的出现极大地推动了国际贸易的发展。集装箱运输具有显著的优越性，它具有装卸效率高、船舶周转快、货损货差少、运输成本低、自动化水平高和作业手续简便等优点，它的高效率和高效益是其他运输方式无可比拟的。

（1）降低货物损坏率

集装箱运输可将单件货物封装在一个密闭的集装箱内，不仅可以减少货物装卸、搬运的次数，还可以避免人为或者自然因素所造成的货物破损丢失等情况。既可以降低经济损失，又能够保证货物运输安全。

（2）减少运营费用

因为货损情况大大减少，货物的保险费用也随之降低。开展"门到门"运输业务后，可以大幅减少仓库的建造费用和管理费用等开支。

（3）节省包装材料

将货物封装在集装箱内，以集装箱为单元进行运输、装卸、搬运，可以简化运输包装，节省包装材料和费用。

（4）简化货运作业手续

货物采用集装箱运输后，以集装箱作为货物的运输单元，可以极大简化货运作业手续，减少繁复的作业流程，提高装卸作业效率，便于自动化管理。

5.5　跨海大桥

5.5.1　跨海大桥及其特点

跨海大桥于 20 世纪初开始出现，是海上交通的重要组成部分。它是横跨海峡或海湾的海上桥梁，是连接大陆与海岛、海岛与海岛的海上通道，给沿海城市的交通带来了极大的便利，从此天堑变通途，推动了沿海经济的发展。跨海大桥的跨度一般都比较长，长度从几千米到几十千米不等。它对技术的要求较高，是当今科技含量最高的桥梁之一。建设过程中涉及的工程问题包括宽阔海域施工测量、结构耐久性、灾害地质应对措施、复杂海洋环境施工等。

跨海大桥的主要特点。一是工程规模大、资金投入高。建设跨海大桥是一项浩大的工程，资金投入较高，动辄十几个亿甚至上百亿。二是自然环境恶劣、施工难度大。海上气象环境变幻莫测，台风、大风、大潮、巨浪、急流、暴雨、大雾及雷电等恶劣天气使得施工难度增大。三是技术要求高、管理难度大。因工程施工作业点多、战线长，存在同步作业、交叉作业工序，施工组织难度大，工程质量、进度、安全性及资金控制难度大。

5.5.2　世界著名跨海大桥简介

5.5.2.1　国内著名跨海大桥

（1）港珠澳大桥

在广东伶仃洋海域，举世瞩目的超级工程港珠澳大桥书写着中国桥梁工程的史诗（图 5-31、图 5-32）。这是我国继三峡工程、青藏铁路、京沪高铁之后的又一个世界级基础工程，可以说是我国从桥梁大国走向桥梁强国的里程碑之作。港珠澳大桥是一座连接香港、珠海和澳门这几个我国最具活力的大城市的巨大桥梁，它是在我国"一国两制"条件下粤港澳三地首次合作共建的超大型基础设施项目，大桥东接香港特别行政区，西接广东省（珠海市）和澳门特别行政区，是国家高速公路网规划中珠江三角洲地区环线的重要组成部分和跨越伶仃洋海域、连接珠江东西岸的关键性工程。港珠澳大桥全长 55 千米，包括 22.9 千米主体桥梁，4 个人工岛和一段 6.7 千米的世界最长的海底沉管隧道，设计使用寿命长达 120 年。港珠澳大桥集桥、岛、隧为一体，是世界上最长的跨海大桥，被英国《卫报》评为"新世界七大奇迹"之一。其桥隧组合规模世界绝无仅有，技术标准世界最高。这是我国建设史上里程最长、投资最多、施工难度最大的跨海桥梁项目，设计和施工难度在世界范围内首屈一指，

被誉为桥梁届的"珠穆朗玛峰",其修建创造了中国乃至世界桥梁建设的多项
新纪录。港珠澳大桥建成通车后,往来珠海与香港国际机场的时间将由 4 小时
缩减至约 30 分钟,并将珠三角西部纳入香港 3 小时车程范围内,对促进珠三
角地区沿岸城市经济的进一步发展和城市之间的交流具有极其重要的战略意
义。珠三角地区的各大城市将整合为一个超级都市圈——粤港澳大湾区,珠三
角将形成世界瞩目的超级城市群。

图 5-31 港珠澳大桥

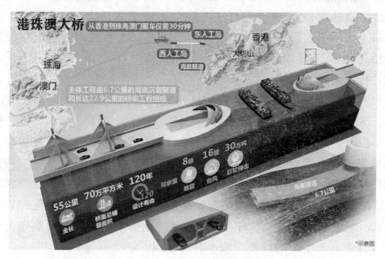

图 5-32 港珠澳大桥示意图

港珠澳大桥从动工建设到海中桥隧主体贯通,八年间攻克了一个又一个难
关。1983 年,香港著名建筑师胡应湘最早提出了建造港珠澳跨海大桥的想法,
这一想法得到领导的赞同和支持;2009 年 12 月 15 日,大桥正式动工;2011
年 1 月,岛隧工程正式动工,至年底完成东、西人工岛岛壁围护工程;2011
年 3 月 18 日,大桥珠澳口岸人工岛护岸基本形成,轮廓已浮出水面;2011 年

12月7日上午，人工岛最后一个巨型钢圆筒深入海底，人工岛主体结构工程完工；2012年7月，长达23千米的桥梁主体工程正式启动，主体桥梁工程包括3座通航孔桥（九洲航道桥、江海直达船航道桥、青州航道桥）及深、浅水区非通航孔桥；2013年5月6日，大桥岛隧工程首节巨型沉管（E1）管节与西人工岛暗埋段实现完美对接，"深海之吻"首战告捷；2013年12月2日，大桥CB05标非通航孔桥首片钢混组合梁架设成功，标志着大桥施工实现了由下部结构施工向上部结构施工的转化，终于"巨龙"出水；2014年1月19日，大桥深海区首跨钢箱梁架设成功，迈出我国外海桥梁建设长大构件吊装重要一步；2014年6月15日，CB05标水下基础施工顺利收官；2015年1月8日，大桥第一高塔成功封顶，青州航道桥主塔高度达163米，是大桥跨度最大、主塔最高的通航孔桥，主题造型为"中国结"；2015年8月23日，大桥江海直达船航道桥第一座钢索塔——140号墩钢塔成功吊装；2015年9月6日，在海上撑起大桥的208座墩台全部完工；2016年1月28日，珠海连接线横琴北互通至洪湾互通段工程正式通车；2016年4月11日，随着最后一片中跨合龙段钢箱梁安装完成，大桥青州航道桥全线顺利合龙；2016年6月2日，大桥江海直达船航道桥最后一座钢塔顺利完成安装，三只"超级海豚"形钢塔已经挺立在浩瀚的伶仃洋海面上；2016年6月29日，随着最后一个中跨钢箱梁进入江海直达船航道桥合龙口，大桥主体桥梁成功合龙。2016年9月27日，大桥主体桥梁工程贯通。2017年4月10日，大桥珠海连接线拱北隧道贯通；大桥预计2017年年底建成通车。

（2）杭州湾跨海大桥

杭州湾跨海大桥是一座横跨我国杭州湾海域的跨海大桥，全长36千米，其中桥长35.7千米，双向六车道高速公路，设计时速100千米，设计使用寿命100年以上，总投资118亿元（图5-33）。它北起嘉兴市海盐郑家埭，跨越宽阔的杭州湾海域后止于宁波市慈溪水路湾，是国道主干线——同三线跨越杭州湾的便捷通道。杭州湾跨海大桥2002年经国家计委批准立项，2003年6月7日奠基，2006年5月1日建成通车，从浙江宁波到上海莘庄的陆路距离只有179千米，缩短了120千米左右，缓解了已经拥挤不堪的沪杭甬高速公路的压力，形成以上海为中心的江浙沪两小时交通圈。

大桥建设首次引入了景观设计概念，借助"长桥卧波"的美学理念，呈现S形曲线，具有较高的观赏性、游览性。在南航道再往南1.7千米，就在离南岸大约14千米处，有一个面积达1.2万平方米的海中平台。这一海中平台是一个海中交通服务的救援平台，同时也是一个绝佳的旅游休闲观光台。大桥外观气势雄伟、沿途风景优美，在建设的过程中克服了潮差大、风浪高、工程地质条件差、台风频袭等多种不利因素的影响，采用了多项新技术、新工艺，为我国今后跨海大桥的建设积累了相对丰富的经验。由于大桥在修建过程中使用了很多比较先进的技术，获得国内国际一致好评，其中，其混凝土结构耐久性成套技术研究与应用还获得了我国2008年度中国公路学会科学技术奖特等奖。

图5-33　杭州湾跨海大桥

（3）青岛海湾大桥

青岛海湾大桥位于美丽的山东省青岛市，因为青岛湾又叫做胶州湾，所以又称作胶州湾跨海大桥（图5-34）。青岛海湾大桥是由我国科技人员完全自主设计、施工和建造的特大级别的跨海大桥。大桥自青岛主城区海尔路起，经红岛到黄岛，整座大桥全长36.48千米，投资额近100亿元，历时4年完工，于2011年6月30日全线通车。大桥的全长超过我国当时最长的跨海大桥——杭州湾跨海大桥，在当年曾是世界排名第一长的跨海大桥。2011年青岛湾大桥还光荣登上吉尼斯世界纪录和美国"福布斯"杂志，并获得"全球最棒桥梁"的荣誉称号。青岛海湾大桥在我国公路网中占有举足轻重的位置，它不仅

图5-34　青岛海湾大桥

是我国高速公路网 G22 青兰高速公路的起点段，是山东省"五纵四横一环"公路网框架的重要组成部分，还是青岛市在胶州湾规划东西两岸跨海通道"一路、一桥、一隧"中的重要一环。

5.5.2.2　国外著名跨海大桥

（1）美国金门大桥

金门大桥，相信大家都有所耳闻，因为它经常出现在美国好莱坞的大片里，如《猩球崛起》。当人们去美国时，经过太平洋，远远地就能看到一座飞架于海湾之上的巨型吊桥，这就是美国非常著名的金门大桥（图 5-35）。金门大桥的颜色并不是金色，而是朱红色，之所以叫这个名字是有原因的。在 19 世纪有一个叫约翰·傅里蒙的美国作家兼探险家，当年他周游世界探险经过金门湾，在由太平洋进入旧金山湾的时候，由于当时是早上，他看见整个海湾在阳光下闪耀着金色的光芒，就好像一扇金色的大门一般灿烂，所以他把这个港湾称为金门湾，因此，大桥就被称为金门大桥了。

金门大桥位于美国加利福尼亚州的金门海峡上，它的北部接连北加利福尼亚州，南端与旧金山半岛相连。金门大桥的桥塔特别巨大，整体高度达 342 米，高出水面部分是 227 米，看上去相当宏伟壮丽，相当于一座 70 层高的建筑物，有很多美国的好莱坞电影都在这里取景。大桥的每根钢索都是由 27 000 根钢丝绞成，重量达到 6 412 吨。整个大桥造看起来气势磅礴，早上日出之时，一轮红日在云雾缭绕的东面大海徐徐升起，看起来非常壮观。大桥的整个桥身呈朱红色，显得端庄典雅。大桥静静地横卧于碧海之上，蓝天之下，就像一个守护者一样遥遥地望着繁华的旧金山；夜幕降临，华灯初放，此时又像一条巨龙盘旋于金门湾的大海之上，使旧金山市的夜空景色更加壮丽。当然，金门大桥不仅是旧金山独特的桥梁建筑，同时也是美国的一道亮丽的风景。

图 5-35　美国金门大桥

（2）悉尼海港大桥

在澳大利亚悉尼的杰克逊海港，有一座特别宏伟的大桥，那就是著名的悉尼海港大桥（图 5-36）。这座曾号称世界第一的单孔拱桥是悉尼比较早期的代表性建筑，跟现在的悉尼歌剧院一样出名。大桥 1857 年设计、1932 年竣工，是连接港口南北两岸的重要桥梁。它气势磅礴，巍峨俊秀，像一道彩虹一样横贯在海港之上，而悉尼歌剧院就在海的另一面与悉尼海港大桥隔海相望，它们一起成为悉尼建筑的象征。悉尼海港大桥的建成对悉尼有许多重要的意义，它连接了海港两岸，使得两岸之间的沟通交流更为便利。站在悉尼海港大桥上遥望悉尼歌剧院，悉尼歌剧院的景色尽收眼底，这也是摄取港口全景的绝佳地点。

在 20 世纪 30 年代的时候，能够在大海上建造横跨海港的跨海大桥，其实还是很有难度的。大桥建好之后，由于大桥高出海面 147 米，所以，万吨级别的货轮可以在大桥之下轻松地通过，而大桥桥面宽 49 米，中间铺设有双轨铁路，两侧人行道各宽 3 米，可通行各种汽车。大桥的最大特点是拱架，其拱架跨度为 503 米，而且是单孔拱形，这是世界上少见的。大桥的钢架头搭在两个巨大的钢筋水泥桥墩上，桥墩高 12 米。两个桥墩上还各建有一座塔，塔高 95 米，全部用花岗岩建造。2012 年悉尼大桥的交通完全由电脑控制，桥上还有巡逻车巡逻，随时处理各种情况，使大桥始终保持畅通无阻。今日的悉尼海港大桥，北端弯成一个大弧形，连接北上的高速公路，南端一直伸入悉尼市区。每当夜幕降临之时，大桥之上灯火通明，远远望去，五彩缤纷，灿烂夺目。有趣的是，悉尼海港大桥还是世界上唯一允许游客爬到拱桥顶端的大桥，从1998 年开始，悉尼大桥开放给公众攀爬，整个攀桥过程非常安全，攀爬悉尼湛江大桥成为当地最受欢迎的旅游项目之一。

图 5-36　悉尼海港大桥

（3）日本濑户内海大桥

濑户内海大桥是日本一座位于本州（冈山县仓敷市）到四国（香川县坂出

市）之间，跨越濑户内海的桥梁，属于本州四国连络桥路网的三条路线之一（图5-37）。全桥由三座索桥、两座斜拉桥和一座桁架桥联结，构成壮观的桥梁群。为了不影响船只航行和景观，桥墩基本上建在海中的5个小岛上，形成6座相连的大桥，它们是：下津井濑户大桥、柜石岛桥、岩黑岛桥、与岛桥、北备赞濑户大桥、南备赞濑户大桥。濑户内海大桥总长度达37千米，跨海长度为9.4千米。该桥为公路、铁路两用桥，上层为4车道的高速公路（濑户中央自动车道），通行汽车，时速设计为100千米，下层为双线铁路，为JR四国濑户大桥线，时速设计160千米。考虑到自然灾害和船舶碰撞等问题，根据设计，大桥可抗里氏8.5级大地震和风速为每秒60米的大风。

　　该桥于1978年10月10日开工，施工耗时近10年，到1988年4月10日始全面通车。在大桥的建设过程中，日本的工程技术人员用了诸如"海底穿孔爆破法""大口径掘削法"和"灌浆混凝土"等技术，克服了许多难以想象的困难，终于建成了这座技术先进、造型美观的现代化钢铁大桥。这对本州岛和四国岛之间的经济、文化和各种信息的交流起了很大的促进作用。

图5-37　日本濑户内海大桥

5.6　海底隧道

5.6.1　海底隧道及其修建方法

　　海底隧道是为了解决横跨在海峡和海湾两岸之间的交通阻碍，在不妨碍船舶正常航运的条件下，在海底建造的供人员及车辆通行的海洋交通建筑。它是连接陆地之间的"地下通途"。

　　海底隧道的开凿有很多方法，最主要的方法有以下4种。

　　（1）钻爆法。钻爆法是主要使用钻眼爆破而修筑隧道及地下工程的施工方法。用钻爆法施工时，根据设计进行开挖，并随之修筑衬砌。我国目前已建和在建的海底隧道，如厦门翔安海底隧道、青岛胶州湾海底隧道和厦门海沧海底隧道均采用这种方法进行建设。

（2）沉管法。沉管法就是把沉管在水底下沉并进行对接来建筑隧道的一种施工方法。沉管隧道就是将提前做好的沉管分别浮运到海面（河面）现场，并将沉管逐个沉放安装在已经建设好的基槽内，以此方法修建的水下隧道。香港大多使用沉管法来建设海底隧道。

（3）掘进机法。掘进机法就是挖掘隧道、巷道及其他地下空间的一种方法。即使用特制的大型挖掘设备，将要施工进行开通的山体进行岩石压碎，然后通过相关的配套运输设备把这些压碎的碎石全部运出。连接英国和法国的英法海峡隧道就是采用掘进机法开挖建造的。

（4）盾构法。盾构法是一种全机械化施工方法，它使用一种盾状的机械，通过这种机械先将四周的墙壁土壤支撑住防止其在施工过程中出现坍塌，然后用削切机械不断地削土开挖向前推进，并通过运土机械不断地把削切下的碎土往外运送，然后使用千斤顶在削切工具后部加压顶进，再使用一种特制的混凝土管片形成隧道结构。日本东京湾海底隧道就是采用盾构法进行施工建造的。

5.6.2　海底隧道的发展

海峡像一道天堑将大陆与大陆、大陆与海岛、海岛与海岛隔开，这给人们的生活、旅行带来许多不便。于是，人们设计并建造了接通海峡两岸的海底隧道。海底隧道不占地，不妨碍航行，不影响生态环境，是一种非常安全的全天候的海峡通道[1]。因为海上交通容易受天气变化、港口布局的影响，船舶的运载速度远不如铁路快捷，海底隧道的建设大大方便了货物运输，促进了经济发展和科学文化的交流。

目前，世界上已经有很多国家建筑了海底隧道，还有一些未建但待建的项目正在研讨筹划中。世界上最早的海峡遂道是日本在20世纪40年代在关门海峡建筑的海峡隧道。由于日本地少人多，海底隧道不占地的优势使得日本没过多久便又在关门海峡建筑了两座海底隧道。1988年，在津轻海峡建成了迄今世界上最长的海峡隧道——青函隧道，从而使北海道和本州之间的铁路运输得以实现。英国和法国的英法海峡隧道从拿破仑时代（1800年）就开始动土修建，但是中间由于战争的原因曾两次停止，直到1993年的时候，这条历时长达193年的隧道才全部贯通投入运营。随后，丹麦大海峡隧道也在三年后（即1996年）竣工。而日本还在继续修建海底隧道，跨越东京湾的渡海公路隧道也是近期竣工的一项备受瞩目的工程。挪威也建筑了20多条海底隧道。

---

① 各国海底隧道简介［J］．吉林交通科技，2014（2）：38-40.

5.6.3 世界著名海底隧道简介

5.6.3.1 国内著名海底隧道

（1）香港海底隧道

香港海底隧道，又被称为红磡海底隧道（简称红隧、海隧或旧隧），是香港建成的第一条过海行车隧道，也是我国建造较早的海底隧道（图5-38）。它于1969年9月1日正式动工修建，到1972年8月2日建成通车，总耗时只有4年，而整个工程耗资共计港币3.2亿港元。整条隧道全长1.86千米，在隧道行驶时速不能超过70千米。隧道南端有一个出入口，位于香港岛东区的奇力岛。因工程施工的需要和后来的建设，该岛现在已经和香港岛连接在一起。该隧道目前共有16个收费亭，其中2个是专供巴士使用的自动缴费亭，10个是人工收费亭，还有4个为快易通客车专用的自动缴费亭。

香港海底隧道是世界上四个超级繁忙的行车隧道之一，也是香港使用率最高和最繁忙的道路。隧道通车几年后发现，由于使用当年双线双程行车的旧式设计，隧道的通车流量在隧道通车10年后就已经达到饱和状态，而且通往港岛方向的车流几乎在每日上下午的上下班时间都会出现交通特别挤塞的现象。香港政府也曾实施一些措施想要控制或者减缓车流量，但是成效甚微。该隧道当初以"建造、营运、移转"形式兴建，专营权在1999年8月31日届满后，现已移交给香港政府管理。

图5-38 香港海底隧道

（2）厦门海底隧道

厦门海底隧道又称厦门翔安海底隧道，因其连接厦门岛和大陆翔安区而得名（图5-39）。这条隧道是我国大陆修建的第一条海底隧道，工程采用钻爆法暗挖方案修建，由我国完全自主设计和施工。工程全长共有 8.695 千米，其中海底隧道部分全长 6.05 千米，占了总长度的一大半。隧道工程的最深处建设于海平面下大约 70 米的位置。隧道为双向六车道，隧道的两个主洞分别宽17.2 米，两条隧道的宽度和长度一样。

厦门海底隧道于 2005 年 4 月 30 日正式动工修建；2009 年 6 月 13 日，隧道的右线工程完成；2009 年 11 月 5 日，隧道全线贯通，当然这只是工程的完成，而隧道的全面通车是在 2010 年 4 月 26 日。建成后的厦门海底隧道是厦门半岛第五条出入岛通道，兼具公路和城市道路双重功能，它的建成通车使厦门出入岛形成了从海上到海底的全天候立体交通格局。厦门海底隧道这一宏伟工程的胜利建成，不仅圆了厦门人民百年来的穿越海底抵达彼岸的梦想，作为具有里程碑意义的国内第一条海底隧道、迄今为止世界上断面最大的钻爆法公路海底隧道，它将永远地载入中国交通的建设史册，也必将在世界海底隧道建设史上留下辉煌的一笔。

图 5 - 39　厦门海底隧道

（3）青岛胶州湾隧道

青岛胶州湾海底隧道位于山东半岛南部，是连接山东胶州湾东西两岸经济发展和贸易往来的重要大通道（图 5 - 40）。它与青岛胶州湾大桥和环胶州湾高速公路一起构成了环胶州湾路网，这条隧道的建成通车不仅可以推进青岛和黄岛之间的经济交流和协调发展，对胶州湾地区的交通起到缓解的作用，而且还可以更好地优化胶州湾区域的产业结构和城市布局，对青岛未来的发展具有重大意义。

青岛胶州湾隧道北起团岛云南路，南至黄岛区薛家岛，隧道全长 7 800米，其中在陆地区域的那一段长 3 850 米，在海底的那一段长 3 950 米。这是我国自主建成的第二条海底隧，隧道的长度目前在我国已建成的海底隧道中排名第一位，在世界的海底隧道中排名第三位。隧道共设有两条比较宽的主隧道和一条比较窄小的服务隧道。隧道为双向六车道，进出隧道的匝道设置在青岛端距离出口2 000米处。在隧道中，岩石覆盖层厚度最小的地方只有30米，在海底那段隧道顶部最深处海水深达42米，隧道拱顶距海平面最深的地方有78米，最大纵坡只有4%，建设工期长达47个月。青岛胶州湾隧道工程在2006年12月举行开工仪式，在2007年9月份正式进入土建施工阶段。2009年12月，所有已经勘测到的不良地质地段都被服务隧道工程成功穿透，2010年4月实现了主隧道的贯通，2011年6月30日正式完工实现通车。80千米/小时是胶州湾隧道内设计的最大车速，只需开车10分钟便可往返胶州湾两岸。

图5-40　青岛胶州湾海底隧道

（4）大连湾海底隧道

　　大连湾海底隧道是穿越黄海旁边的大连湾，连接大连市核心区与金州新区的一个海底隧道交通工程（图5-41）。该项目是大连市第一条大型跨海隧道项目，同时也是继超级工程港珠澳大桥后，我国北方海域的第一条大型沉管隧道工程。按照设计规划，大连湾海底隧道使用沉管法进行建造，隧道的行车单孔跨度长达17.55米，是目前世界上所知海底隧道中单孔跨度最大的沉管隧道，而且这条隧道也是使用沉管法修建的海底隧道中排行第二的隧道，其长度仅次于港珠澳大桥。大连湾海底隧道设计长5.1千米，包括沉管段3.04千米，陆域段1.8千米，接线道路0.3千米。设计双向6车道，其南侧的行车道将通过4条单行路分别与附近的民生街及疏港路等交通干道相连接，而隧道的北侧则与光明路、中华路等交通干道相连接。主体结构设计使用年限为100年。

　　大连湾海底隧道建设工程已于2017年3月开工建设，总建设工期计划50个月，预计于2021年底竣工通车，建设期静态总投资163.1亿元。建成后将为大连市增加一条纵贯南北的快速通道，不但可以有效地缓解大连新老城区之间的交通压力，而且对于推动大连湾两岸一体化，打造环渤海、黄海沿海经济圈具有重要意义。

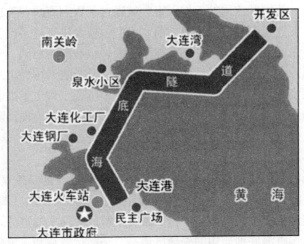

图 5-41 大连湾海底隧道

5.6.3.2 国外著名海底隧道

（1）英法海底隧道

英法海底隧道（又称英吉利海峡隧道或欧洲隧道）是连接英国与法国的一条特别重要的地下通道，也是修建时间最久的一条海底隧道（图 5-42）。英法海底隧道建成于 1994 年，隧道总长 50 千米，是世界长度排名第二的海底隧道，长度仅次于日本的青函隧道。英法海底隧道其实建于拿破仑时期，中间因为战争而两度中止，在 1986 年 2 月 12 日法、英两国重新签订关于隧道连接的坎特布利条约，到 1994 年 5 月 7 日这条历时 8 年多的海底隧道终于建成并正式通车。隧道总耗资巨大，约 100 亿英镑（约合 864 亿人民币），这个工程同时也是世界上利用私人资本建造的规模最大的工程项目。

图 5-42 英法海底隧道

几百年来，英国和法国的人们一直尝试通过英吉利海峡在英法之间建立一条地下隧道。在这条海底隧道建成之前，人们也曾经进行过多次尝试，但因各种原因而最终未能成功。这其中既有技术原因，也有政治原因。随着现代隧道掘进技术的出现，英法两国关系的重归于好，以及英法两国经济的发展，这一梦想终于得以实现，英法海底隧道的建成成为了隧道工程史上最著名的典范之一。设计师们在两个主隧道之间设计了一个用作逃生的小型辅助隧道以预防隧道中出现火灾等事故，这也成了这条隧道的一大特点。

（2）日本青函海底隧道

日本青函海底隧道是目前世界上最长的海底隧道，是一条双线铁路隧道，这条隧道因连接日本本州青森地区和北海道函馆地区而得名（图5-43）。整条隧道从津轻海峡之上横跨而过，由3条隧道组成，除主隧道外，还有两条辅助坑道：一是调查海底地质用的先导坑道；二是搬运器材和运出砂石的作业坑道。主隧道全长54千米，海底部分23千米，陆上部分本州一侧为13.55千米，北海道一侧为17千米。主坑道宽11.9米，高9米，断面80平方米。

图5-43　日本青函海底隧道

在过去，北海道与本州隔着津轻海峡，日本本州的青森与北海道的函馆两地隔海相望，海峡风大浪高，水深流急，只能靠渡轮运输，交通十分不便，两地的旅客往返和货运，除了飞机以外，就只能靠海上轮渡。如今，青函海底隧道的建成，使本州岛和北海道之间的联系更加便利，成为贯穿日本南北的大动脉。然而，修建这条隧道的代价是极其巨大的。青函海底隧道于1964年1月动工，1987年2月建成，前后共用了23年时间，这个时间很有趣，因为和它在海底的长度是一样的。其建设过程极其艰苦，共有33名工人丧生。1971年主隧道动工兴修时，预算工程的全部费用为8亿3千万美元，但后来多次追加费用，到隧道竣工时，整个工程花费27亿美元，平均每千米5千多万美元。

5.7　海上机场

5.7.1　海上机场及其类型

海上机场是指将飞机的跑道等机场设施修建在海上固定式建筑物（如人工岛）或者漂浮式建筑物上的机场[①]。与陆地机场相比，海上机场的修建成本更高，但是其具有陆地机场所不具备的优势，例如海上没有山地、丘陵及高楼大厦的阻隔，海上机场的视野更加开阔，因此在海上修建机场很适合飞机升降和运行。随着世界各国航空事业的发展，机场的数目和规模都在不断扩张，对于土地资源紧张的沿海国家，在靠近海岸的近海海面上修建机场是一个十分不错的选择。据统计，目前，全球兴建的海上机场一般分布在沿海发达国家，约有大大小小十几个。

海上机场的建造方式多种多样，一般根据当地具体的地理情况建造。海上机场根据建造方式可以分为填海式、浮动式、围海式和栈桥式等类型[②]。

1. 填海式海上机场。目前，海上机场建造数量最多的是填海式海上机场。通过填海造地修建的海上机场有日本的东京国际机场和长崎海上机场、英国伦敦的第三机场、斯里兰卡的科伦坡机场等。比较有代表性的是日本的长崎海上机场，它利用天然岛屿为地基，再通过填海扩充岛屿面积，以容纳更长的跑道和更多的机场设施。

2. 浮动式海上机场。浮动式海上机场是指通过搭建漂浮物浮动在海面上的一种机场。日本的关西新机场是目前世界上最大、最著名的浮动式海上机场。将一个个巨大的钢箱通过焊接的方式固定在漂浮于海上的钢制浮体上，再通过锚链连接固定。密闭钢箱空间的密度低，海水浮力强大，足以支撑起整个海上机场，不会沉入海底，同时也能适应潮水的起落，避免被海水淹没。

3. 围海式机场。围海式机场一般选择在浅海的海滩上修建封闭的围堤，然后把堤内海水抽干，再将机场修建在堤内。这种机场不需要填海造陆，工程造价要低于填海式和浮动式机场，而且对浅海的生态环境影响较小，但是由于其机场平面低于海平面，一旦围堤被毁将面临海水淹没的灭顶之灾，因此这种机场建造方式目前还没有被国际社会广泛采纳。

4. 栈桥式机场。栈桥式机场采用类似栈桥的修建工艺，先将大量钢桩通过机械打入海底固定，在钢桩上面建造一个高出海平面的桥墩，然后以桥墩为地基在上面建造机场。比较典型的栈桥式海上机场有美国纽约的拉瓜迪亚

---

① 林坚. 浮式防波堤运输安全及运动性能研究 [D]. 镇江：江苏科技大学，2015.
② 丛智泉. 现代海洋工程的展望 [J]. 黑龙江科技信息，2012 (7)：112.

机场。

5.7.2　海上机场的特点

海上机场具有以下几个显著的特点。一是初期投入大、后期维修成本高。海上机场的工程造价一般都十分昂贵，相比内陆机场，海上机场的初期投入要高十多倍，而且由于海洋环境复杂、气象灾害频发，机场容易受损，后续的维修费用也很高。二是建设难度大、技术要求高。修建海上机场要解决很多技术难题，如目前最普遍的填海式机场要解决人工岛负荷过大导致的地基下沉问题、变幻莫测的海洋气象造成的机场易受损问题、海上倒灌引发的机场被淹问题等。这些问题如果不处理好，将给海上飞行带来致命的安全隐患。例如：日本的关西国际机场从建设之日起就一直面临地基下沉的问题，目前机场所在的人工岛已经下陷十多厘米，机场面临很大的安全隐患。三是破坏海洋生态、污染海洋环境。通过填海造地的方式修建海上机场，会极大地影响海洋生态，破坏候鸟、海豚等海洋生物的栖息地，造成海洋生物的多样性减少。同时，海上机场运营所产生的生活垃圾，工业废水也会污染海洋环境，由此所造成的生态损失是难以估量的。四是视野开阔、起飞降落安全。海上机场一般建设在近海海域的人工岛上，远离陆地，海面上没有山地、丘陵及高楼大厦建筑物的遮挡，使得飞行视野更加开阔，更有利于飞机的运行和升降。五是城市噪声、废气污染减少。海上机场的噪声、废气排放在大海海面，可以减轻对大城市的污染，特别是噪声污染。

5.7.3　世界著名海上机场简介

5.7.3.1　日本长崎海上机场

日本是世界上最早建设海上机场的国家。日本是一个由岛屿组成的国家，国土面积十分狭小，而且地形以丘陵山地为主，十分不适宜建设机场。为了满足国内的航空运输需求，缓解国土资源紧张问题，日本选择斥巨资在海上修建机场。1975 年，日本在长崎海滨的箕岛东侧建造了第一座海上机场，也是世界最早的海上机场（图 5-44）。长崎海上机场是一座填海式海上机场，部分地基利用天然岛屿，另外通过填海造陆的方式扩大面积。机场初始设计跑道长度为 2 500 米，后来根据实际需求又向北扩建了 500 米，机场跑道长度增长至 3 000 米，修建机场共消耗土石达 2 470 万立方米①。

---

① 刘姝，陆伟．中日韩三国沿海城市填海造地战略研究［J］．国际城市规划，2015（5）：136-143.

图 5 - 44　日本长崎海上机场

5.7.3.2　日本关西海上机场

关西新机场是日本的第一座浮动式海上机场，也是目前世界上面积最大的浮动式海上机场[①]（图 5 - 45）。日本关西新机场位于大阪湾东南部，修建在离泉州 5 千米的海面上。它将众多巨大的密封钢箱通过焊接的方式固定在大量钢制的人工浮体上，再通过锚链连接固定，机场以漂浮于海面的钢箱作为地基，在上面修建跑道和机场运营设施，整个机场面积达 1 100 公顷，相当于 1 400多个足球场大小。关西新机场主要区域可分为主副着陆地带、海上设施带、沿海设施带以及连接主副着陆带的飞机桥和与陆地连接的栈桥等[②]。主着陆带的设计总长为 5 000 米，宽度为 510 米，其上建设有一条总长为 4 000 米的主跑道，承担日常主要的飞行运输任务；副着陆带的总长为 4 000 米，宽为 410米，其上建设有一条总长为 3 200 米的辅助跑道，用于缓解主着陆带的航运压力；海上设施带长 3 500 米，宽 450 米，面积为 157.5 公顷，作为机场的服务

图 5 - 45　日本关西海上机场

① 李保瑞. 离岸型海上机场运输通道配置研究［D］. 大连：大连海事大学，2011.
② 陈爽. 大连海上机场航油供应风险评价研究［D］. 大连：大连海事大学，2012.

区使用。关西新机场共分上下两层，是全天 24 小时不间断运营的机场，完全不受时间的限制。

5.7.3.3　大连金州湾国际机场

大连金州湾国际机场是我国目前正在投资兴建的海上机场，也是我国大陆第一个海上机场（图 5－46）。据悉，该机场将参考国外成熟建设技术，采用填海造陆的方式建造离岸人工岛，机场初步规划面积达 20.87 平方千米，工程总造价估计超过 263 亿元，大连金州湾国际机场建成后将成为世界最大的海上机场[①]。机场规划建设四条跑道，前期建设两条跑道，长均为 3 600 米、宽分别为 60 米和 70 米。大连金州湾国际机场将采用国际标准，按照等级最高的 4F 标准来建设，飞行区的配套设施能够满足"空中客车" A380 的起降要求。机场的总建设周期为五年，全部建成后预期旅客吞吐量将达到 7 000 万人次以上。作为国家交通运输"十二五"发展规划和国务院辽宁沿海经济带发展规划的重点项目，2011 年 2 月填海通道工程获得辽宁省政府批准，2012 年 10 月机场建设工程的各项手续陆续完成，1 期工程预计将于 2018 年完工并启用，1 期工程中，将建设一个 20 万平方米的候机楼，其投入使用后将能够满足每年近 2 000 万人次的使用需要。到 2020 年，机场每 3 分钟就将起降航班一架次。机场 2 期将再建设一条跑道和 20 万平方米的候机楼。

图 5－46　大连金州湾国际机场

---

①　大连投资数百亿移山填海造世界最大海上机场 [J]. 绿色环保建材，2014（9）：14－15.

6 海洋能源与现代生活

6.1 海洋能源——未来生活的绿色电力之源

6.1.1 现代能源短缺困境

能源是人类赖以生存和进行生产活动的重要物质基础，在经济发展中有着举足轻重的地位。自工业革命后，天然气、石油、煤炭等不可再生的化石燃料的使用率开始大幅度提升。通过对化石燃料的开采和利用，20世纪的全球工业得到了快速发展，人类近两个世纪的发展成果早已超过人类工业革命前的发展成果总和。但大量的化石燃料利用，产生了大量的污染物，污染气体衍生出了温室效应、沙尘暴、雾霾等恶劣天气，污染液体随着人类活动排入江河海流中，造成大面积水污染，野生动植物死亡。同时，由于化石燃料的不可再生性，加之上百年的无节制利用，使其存储量大大降低。据调查，现今全球化石类能源的可开采年限分别为石油39年、天然气60年、煤211年，主要分布于美国、加拿大、俄罗斯和中东地区。面对现代环境污染和能源紧缺两大严重问题，人类除了倡导可持续发展的理念，合理利用现存的资源，还急需寻找其他可替代的可再生能源，发展清洁能源已成为世界各国的必然选择。

我国幅员辽阔，但能源资源并不丰富，且人均资源占有率低。我国人口占世界的20%左右，而已探明的煤炭、原油和天然气的储量分别只占世界的11%、2.2%和1.2%；人均煤炭资源、石油资源和天然气资源分别为世界平均值的42.5%、17.1%和13.2%，人均能源资源占有量不到世界平均水平的一半[①]。经历近40年的改革开放，我国的经济建设取得了巨大的成就。然而伴随着经济的蓬勃发展，能源消耗量也因此而剧增，我国已成为一个能源消耗大国。随着经济的持续增长，我国的能源储量与未来几十年的发展需求之间的缺口将越来越大。按照专家的估算，我国煤炭可供开采量不足百年，石油可供开采量不足20年，天然气可供开采量不足40年。同时，我国能源结构不合理，能源构成中的优质能源比例很低。目前，煤炭消费量已经占我国一次能源消费总量的3/4以上，燃煤电厂排放出大量二氧化硫和氮氧化物造成酸雨，污染大气，而我国近年来的节能减排工作形势却不容乐观。因此，在满足用电需

---

① 石洪源，郭佩芳．我国潮汐能开发利用前景展望［J］．海岸工程，2012，31（1）：76.

求的同时，降低煤炭等非再生资源的消耗，减少环境污染，开发新型环保能源迫在眉睫。

6.1.2 海洋能源的开发潜力

21世纪是海洋的世纪，谁拥有了海洋，谁就拥有了未来。海洋覆盖了地球表面积的71%，汇集了地球97%的水量，拥有丰富的资源，被称为地球最后的资源宝库。海洋能量来源于海洋的周期性运动和海水中蕴含的复杂天然成分，不同的运动产生的能量衍生出不同种类的海洋能源，主要包括潮汐能、波浪能、潮流能、温差能和盐差能等海洋能源，广义上的海洋能源还包括海洋风能和海洋生物质能。除潮汐能是太阳和月亮的引力引起潮水涨跌形成的，其他能源的形成均来源于太阳辐射。若按能量储存方式分类，可将海洋能源分为机械能、热能和物理化学能。其中，潮汐能、波浪能和潮流能属于机械能，温差能属于热能，盐差能属于物理化学能。

海洋面积在地球上十分宽阔，其具有的能源十分庞大，海洋能源可谓是取之不尽、用之不竭、不存在能量约束和环境约束的可再生能源。海洋能源的蕴藏量非常巨大，全球各种海洋能源的理论蕴藏量以温差能和盐差能最大，约为百亿千瓦级，波浪能和潮汐能则以十亿千瓦的蕴藏量居中，潮流能与其他海洋能源的蕴藏量相比较少，但也有亿千瓦级的蕴藏量。根据1981年联合国教科文组织出版的《海洋能开发》估计，全球海洋能源的可再生功率为766亿千瓦，但技术可利用功率只有64亿千瓦，不到十分之一，但也为当时全球发电装机容量的两倍。此外，海洋能源的发电主要在沿岸和海上进行，不仅不占用已开发的土地资源，也不需要迁移人口，还能产生多种效益。发电无需消耗一次性的矿物燃料，不用支付燃料费，不会伴有氧化还原反应，不向大气排放有害气体和热量，不会像常规能源和原子能那样存在环境污染的威胁，尽可能减免了很多社会问题和环境问题。可见，巨大的海洋能资源在化石能源逐渐消耗殆尽的将来，具有很好的开发前景。海洋能源可以有效协调发电、环境及资源之间的关系，这无疑是开发利用新能源的一个重要方向。

6.1.3 海洋能源的分布特征

海洋能源的密度普遍较低，各有自身的富集海域，不能搬迁。如全球潮汐能的最大潮差为19米，平均较大值为8~10米，主要集中在沿海海域，如芬迪湾、品仁湾和彭特兰湾等沿海海域。我国最大潮差如杭州湾澉浦为8.9米，平均较大值为4~5米，最大海域（即舟山海域）可达全球潮流能最大流速5米/秒以上，以在东海沿海居多。全球波浪能单站点平均最高为2米以上，大洋最高为34米以上，在我国东海沿岸单站平均最大波高能达1.6米，外海则是 15 米以上，以东海和南海北部海域波浪能最大。全球潮流能最大流速达 2.0 米/秒，主要位于北半球太平洋和大西洋的西侧，最为有名的就是太平洋西侧的黑潮和大西洋西侧的墨西哥湾流等，我国潮流能最大流速为 1.5 米/秒，位于台湾东部的黑潮流域。全球温差能海水表深层最大温度差可达 24℃ 以上，主要集中在赤道两侧的大洋深水海域，在我国的南海 800 米深的深水海域，海水表深层最大温度差也可达到此值。淡水和盐度为 35 的海水间形成的渗透压可达 2.43 兆帕，即是 24 个大气压，相当于 240 米水压，主要分布在高降水量地区的世界著名大江河入海域，如亚马孙河和刚果河河口附近。我国的盐差能主要位于长江和珠江等河口，即沿岸浅海海域，海水盐度普遍较低，约在 30 以下，且渗透压相较于全球的水平低。

6.1.4 海洋能源的利用现状

人类对海洋能源的开发利用探索是在探索风能与太阳能之后进行的，目前世界上主要开发利用了潮汐能、波浪能、潮流能、温差能和海上风能这五种海洋能源。近年来，随着英国、美国等海洋强国持续加大对海洋能技术研发应用及其示范的资金投入和政策支持力度，大型跨国能源和制造业巨头也开始进军海洋能领域，国际海洋能技术取得了一系列重要进展。如世界最大的潮汐电站装机规模达 254 兆瓦，潮流能发电场（总装机 398 兆瓦）初期规模达 6 兆瓦，多个波浪能发电技术（最大 1 兆瓦）已开展多年示范运行，温差能发电及其综合利用即将开展兆瓦级工程建设[1]，海上风电累计装机容量已超过 14 000 兆瓦。海洋能利用技术在边远海岛、深远海、海底等目标领域的供电及综合利用逐步成为现实。

总体来看，目前的海洋能源利用技术虽然尚未成熟完善、经济效益较差，仅在英国、德国、美国、挪威、中国、日本等少数掌握海洋能源先进技术的国家实现小面积商业利用，但随着技术的日益更新和发展，我们相信未来人类在海洋能源的利用上会大展身手，海洋能源将会成为我们生活中的重要绿色电力之源。

6.2 潮汐能的开发利用

6.2.1 潮汐能及潮汐能发电的工作原理

地球与月亮、太阳相对运动并作用于地球表面海水的引潮力，会引发海水周期性涨退潮现象，即所谓的潮汐。它主要以下两种运动方式：海水水平流

---

① 麻常雷，夏登文，王萌，等．国际海洋能技术进展综述［J］．海洋技术学报，2017，36（4）：70．

动及垂直升降。当发生涨潮时，海水因为太阳和月球引力作用而顺势向岸边流动，岸边的海水水位顺而上升，从海水流动的动能转化为势能；当发生退潮时，原来涨潮海水将逐渐远离海岸，岸边的海水顺而下降，从海水的势能转化为动能。通常将海水涨退潮活动中海水水位垂直升、降所携带的势能称为潮汐能。潮汐能主要分布在 45°～55°大陆沿岸海湾和海峡水道，与潮差平方和港湾面积呈正相关，其潮差和流速多作半日和半月为主的周期性变化，规律性强，可用来预报。

现代潮汐能的利用主要是潮汐能发电，即通过河口、海湾等特殊地形，建立水坝，围成水库，同时在坝旁或坝中建水力发电厂房，利用潮汐涨落时海水流过水轮机时推动水轮发电机组发电。其工作原理就是利用海水在涨潮、退潮的过程中产生的巨大推动力进行发电。在涨潮时，海平面逐渐上升，海水由低处逐渐往高处上升，在海水中的水轮在大量海水的作用力下进行转动，从而带动与其相连的发电机发电；在海水退潮时，高处的海水逐渐降低，形成一种落差，利用大量海水产生的落差作用力推动水轮进行反方向的转动，也可以带动发电机进行发电。海水在升降过程中形成的正向推动力及方向落差力都会作用于水轮进行发电[1]。从能量的角度来看，潮汐能发电就是将海水的势能和动能，通过水轮发电机组转化为电能的过程。全球有多处适合建造潮汐电站的地址，研究发现，近海（距海岸 1 000 米以内）水深在 20～30 米的水域是潮汐能开发的理想海域。

6.2.2　潮汐能发电的形式

潮汐能电站按其开发方式的不同，有以下三种类型（图 6-1）。

单库单向型　　　　　单库双向型　　　　　双库单向型

图 6-1　潮汐能电站的三种形式

（1）单库单向型。涨潮时打开水库闸门，海水进入水库，平潮时关闸；落潮后，当外海与水库有一定水位差时打开闸门，驱动水轮发电机组发电。海水仅在落潮时单方向通过水轮发电机组发电。其具有设备简单、投资较少等优

① 李晨晨．潮汐能发电技术与前景研究 [J]．电力科技，2015（2）：128.

点，但潮汐能利用率低，发电不连贯。

（2）单库双向式型。向水轮机引水的管道有两套，可独立控制，在涨潮和落潮时，海水分别从各自的引水管道进入水轮机发电。单库双向式潮汐能发电站不管是在涨潮时或是在落潮时均可发电。其优点是潮汐能利用率高，但投资较大、设备比较复杂。

（3）双库单向式型。它需要两个水力相连的水库，涨潮时，海水进入高水库；落潮时，水由低水库排入大海，利用两水库间的水位差，使水轮发电机组连续单向旋转发电。其优点是可实现连续发电，但需要两个水库，占地面积广、建设投资大，工作水头有所降低。

6.2.3 潮汐能发电的主要技术问题

潮汐能是目前海洋能源开发中最具规模、技术最为纯熟的新能源。根据IPCC2011 年的报告指出，全球拥有 30 亿千瓦的理论能源储量，有 10 亿千瓦可在浅水区利用，可开发量达到 8 亿千瓦。美国伯恩斯坦研究公司曾对全球拟建或正在运行的 139 座潮汐能发电站进行统计，发现这些电站加总装机容量可达到 8 亿千瓦左右，年发电量在 2 000 亿千瓦时，业内专家估计至 2030 年，全球潮汐能发电站年发电总量可实现 $6×10^{10}$ 千瓦时。然而，目前潮汐能发电仍未形成规模，面临的诸多技术问题亟待解决。

这些技术问题主要有 5 点。①工程投资较大，机组造价较高。潮汐能发电站建设是个浩大工程，其造价不菲。其中，水轮发电机组的造价约占电站总造价的一半，而且机组的设计制造安装制约着电站的建设工期。水工建筑的造价约占电站总造价的 45%，水工建筑传统的方法是采用重力结构的钢筋混凝土坝或当地材料坝，造价较高，工程量也较大[①]。②水头低，机组耗钢多。由于涨落潮水流方向相反，水轮机体积大，耗钢量多。③发电不连续。在潮汐能电站运行时，电站的发电出力会随着潮汐的涨、落而变化。当潮位涨到顶峰或落到低谷时，潮位与水库内的水位差大，电站的发电出力就大；当潮位接近于库内水位时，电站便停止发电，造成间断性的发电。④泥沙淤积问题。潮汐电站一般建设在海湾或临近大海的河口。海湾底部或大海的泥沙容易被潮流和风浪翻起带到海湾的库区，也有一些泥沙由河流从上游带来。这些泥沙都会淤积在库区内，从而使水库的容积减小，发电量减少，并且加重对水轮机叶片的磨损，使其寿命减少，对正常运行影响很大。⑤ 机组金属结构和海工建筑物易被海水及海生物腐蚀及污黏问题。潮汐电站的水工结构物长期浸泡在海水中，海水对水工结构物中的金属部分腐蚀非常严重。同时，海水中的生物也会附着

---

① 张斌．潮汐能发电技术与前景 [J]．科技资讯，2014 (9)：3-4.

在水工结构上，如牡蛎等，有的厚度可达 10 厘米，这些附着物不会被水冲掉。附着物会使水工结构流通部分的流通面积减小、阻塞，活动部分卡涩或失灵。此外，潮汐能发电站一般建在河口、港湾区，这些区域可能是天然渔港、养殖区等，也可能会减小纳潮面积从而造或海底生物栖息区的变化，如何处理和协调好相关利益者的利益、降低对生物生长和繁殖的影响以及提高电站的经济效益等也是需要关注和解决的问题。

6.2.4 国内外潮汐能开发利用现状

6.2.4.1 国内潮汐能开发利用现状

（1）国内潮汐能开发利用现状

我国拥有 18 000 千米长的大陆海岸线，有 200 个海湾和河口，在如此辽阔的近岸海域中蕴藏着丰富的潮汐能资源，蕴藏量约为 110 吉瓦，主要集中在福建、浙江两省和上市沿海区域。根据《中国沿海潮汐能资源普查》对全国 426 个大于 200 千瓦的海湾和河口的坝址的数据统计，我国沿岸潮汐能发电站的总装机容量达到 $2\,179 \times 10^4$ 千瓦，年发电量为 624×10^4 千瓦时。当然该统计还是相对比较保守，尚未包括沿较平直海岸滩涂的潮汐能发电能源。而目前已被开发利用的潮汐能还不到 1%，可见我国的潮汐能开发潜力非常巨大。

我国潮汐能开发至今已有 1 000 多年的历史，早期潮汐能是用于农业生产，以潮汐磨为代表。我国的潮汐电站技术世界领先，从 20 世纪 50 年代起，我国开始进行小型潮汐能发电站的研制试验，1956 年于福州建成我国第一个小型潮汐能发电站。1958 年我国共建设有 40 多座潮汐试验电站，又在 20 世纪 70 年代增建了 10 余座潮汐电站。后来，由于站址选择不当、设备简陋、海水腐蚀等种种原因，多数潮汐电站已停办或被废弃，至今仍在运行的不多。截至 2011 年，我国仍在运行发电的潮汐电站共有 8 座（包括浙江乐清湾的江厦潮汐试验电站、海山潮汐电站、沙山潮汐电站、山东乳山县的白沙口潮汐电站、浙江象山县岳浦潮汐电站、江苏太仓县浏河潮汐电站、广西钦州湾果子山潮汐电站和福建平潭县幸福洋潮汐电站），总装机容量为 6 120 千瓦，年发电量 1 000 万余度（表 6-1）。其中，浙江温岭的江厦潮汐电站的装机容量为约占总量的 1/2，其余电站的装机容量均较小。为进一步发展潮汐能，2010 年我国启动了"海洋可再生能源专项资金""乳山口 4 万千瓦级潮汐能发电站站址勘探及工程可研项目""福建沙埕港八尺门万千瓦级潮汐能发电站站址勘查及工程可研项目""厦门市马銮湾万千瓦级潮汐能发电站站址勘查、选划及工程可研项目""利用海湾内外潮波相位差潮汐能发电的环境友好型潮汐能利用方式的可行性研究"等重大项目得到专项资金支持。目前，浙江三门湾潮汐电站、厦门马銮湾潮汐电站、福建八尺门潮汐电站和温州瓯飞潮汐电站正处于前期研究中。其中，温州瓯飞潮汐能电站规划装机容量为 40 万千瓦，总投资 335 亿元，规模世界第一。

虽然国家对潮汐能电站建设的支持给我国潮汐能的开发利用带来一丝曙光，但发电成本高、经济效益差仍是目前阻碍潮汐能电站发展的最重要因素，要实现我国潮汐能发电产业的持续健康发展仍任重道远。

表 6-1 我国部分潮汐能电站发电状况

站名	建成年份	平均潮差（米）	开发方式	总装机容量（千瓦）	年发电量（亿千瓦时）
浙江江厦潮汐试验电站	1980 年	5.08	单库双向	3 900	0.11
福建幸福洋试验潮汐电站	1989 年	4.54	单库单向	1 280	0.032
浙江海山潮汐电站	1975 年	4.91	双库单向	150	0.003 1

（2）国内潮汐能利用工程实例——江厦潮汐试验电站

20 世纪 70 年代，在国家科委和水利部等国家部委的牵头下，我国开始组织系统针对潮汐能利用和发电装备研制的研究，在 70 年代末建造了一批较有规模的潮汐发电站，最为典型的就是国科委"六五"攻关项目——江厦潮汐试验电站。它是目前我国重点国家科技攻关项目的重大成果转化的最大、最先进的潮汐能发电站，装机容量全国第一，在世界上仅次于韩国的始华湖潮汐发电站、法国的朗斯潮汐电站和加拿大的安娜波利斯潮汐试验电站，位列世界第四位。

江厦潮汐试验电站建在浙江省温岭市乐清湾北端江厦港，最大潮差为 8.32 米，平均潮差为 5.08 米。乐清湾泥沙淤积甚微，不会危及发电站的供应发电。江厦潮汐试验电站是在"七一"塘围垦工程基础上建设的，电站建筑物有堤坝、水闸、发电厂房和升压站各一座。堤坝为黏土心墙堆石坝，在海中抛石、土而成。坝基为饱和海涂淤泥质黏土，层厚 46 米。堤坝全长 670 米，最大坝高 15.1 米。

江厦潮汐试验电站于 1972 年经当时的国家计委批准建设，电站工程被列为水利电力潮汐电站项目，研究重点包括潮汐能特点、潮汐机组研制、海工建筑物技术问题、综合利用等。电站当时设计安装 6 台双向灯泡贯流式机组，1 号机组于 1980 年 5 月 4 日投产发电，到 1985 年 12 月完成了共 5 台机组的安装建设和并网发电，当时总装机容量为 3 200 千瓦。2007 年 10 月又完成了第 6 台 700 千瓦机组的安装，从而使江厦潮汐能电站的总装机容量达到 3 900 千瓦。其规模至今是亚洲第二，年平均发电量为 720 万千瓦时。2010 年江夏电站全年发电量达 731.74 万千瓦时。

江厦潮汐试验电站是我国第一座双向潮汐电站，技术较为先进。电站安装了三种型号的双向灯泡贯流式机组，一、二号机组为同一型号，水轮机和发电机间安装增速器使水轮机从低转速 118 转/分，提高到了电机同步转速 500 转/分，1 号机组额定功率为 500 千瓦，2 号机组为 600 千瓦；三、四、五号机组同一型号，水轮机和发电机直接连接，转速 125 转/分，额定功率都是 700 千瓦。六号机组被列入国家"863"高新技术发展研究项目，代表着国内最高技术水平，是一台新型的双向卧轴泡贯流式水轮/水泵、发电/电动机组，单机容量 700 千瓦，与前 5 台相比，增加了正反水泵运行工况。电站所采用的静动态性主要指标接近法国朗斯潮汐发电站的水平，能适应潮汐的大范围变化而对机组的导叶与桨叶进行双调整，适应多工组的灯泡发电和承受正反向推力。为防止海水腐蚀和海洋生物污损，电站采取了以防腐、防污涂料为主，外加电流阴极保护和牺牲阳极的方法，采用了高接触型氧化亚铜涂料防污和不锈钢制水轮机叶轮。此外，电站堤坝建于承载力小于 0.1 千克/平方厘米的海相淤积黏土层，建筑物稳定可靠，不存在沉陷、断裂或倾斜等现象。江厦潮汐试验电站的成功建设受到国外专家学者的一致好评，俄罗斯的一位发电专家称"江厦潮汐试验电站不仅对中国甚至世界的潮汐能发电站的建设具有划时代的意义"。

自投产以来，江厦潮汐试验电站的上网电价已变更过多次。由于刚开始电站划归浙江省电力公司，厂网一家，无所谓亏损，因此，从 1982 年开始其上网电价一直很低，甚至比浙江温岭县小水电上网价格还要低。直到 2003 年电力体制改革之后，电站划归国电龙源，企业自负盈亏，当时 0.4 元多的电价已无法维持电站的正常运营，最终核算后将上网电价定为 2.58 元，才与浙江温岭县小水电上网价格一样。

此外，江厦潮汐试验电站在建设和运营过程中注重电站的综合使用，其集发电、围垦种植、海水养殖和旅游业于一体，兼并多项综合效益。除发电外，电站建成后为当地围垦 5 600 亩农田，可耕地 4 700 亩，几乎相当于当时全县耕地面积的 1%，围垦土地种植水稻、棉花或建果园种植柑桔的年收入超过 1 000 万元，其库区水产养殖业年产值更是在 1 500 万元以上[①]。

6.2.4.2　国外潮汐能开发利用现状

（1）国外潮汐能开发利用现状

在全球范围内，潮汐能是海洋能中技术最成熟和利用规模最大的一种，国外对潮汐能发电的研究已有一百多年的历史。欧洲拥有丰富的潮汐能资源，也是潮汐发电技术的起源地，在开发利用潮汐能方面一直走在世界前列。世界上第一座潮汐发电站始建于德国，1912 年德国在胡苏姆兴建了一座小型潮汐电

---

① 　肖蔷．中国能源报［EB/OL］．http：//paper．people．com．cn/zgnyb/ html/2013 - 04/01/ content _ 1220485．htm，2013 - 04 - 01．

站，开创了潮汐发电的新纪元。其后，潮汐电站事业在世界各地蓬勃发展，英国、美国、法国、加拿大、俄罗斯、韩国等国都纷纷加大兴建潮汐电站的人力物力投入。如今，国外已陆续建成许多大型潮汐电站，如著名的法国朗斯潮汐电站、加拿大安娜波利斯潮汐试验电站、俄罗斯基斯洛湾潮汐电站等。近些年，英国、俄罗斯、澳大利亚、韩国和阿根廷等国还对规模数十万到数百万千瓦的潮汐电站建设方案作了不同深度的研究，拟建10余座大型潮汐能发电站（表6-2）。

图6-2 江厦潮汐试验电站

韩国近年在潮汐能开发利用方面发展势头较为强劲。韩国三面环海，潮汐能资源非常丰富，西海岸和南海岸的海水涨退潮间落差大、海岸地形易于储蓄大量海水，为韩国利用潮汐能发电提供了得天独厚的条件。虽然韩国进入潮汐能发电领域较晚，但近年来，韩国政府积极落实本国的低碳绿色发展战略，大力推进潮汐能电站建设，技术水平已接近欧洲发达国家。韩国于2007年在全南南海郡和津岛郡之间的津岛海域建设了1 000千瓦级试验型潮汐能发电站，并在此基础上，开始建设始华湖潮汐能发电站，2011年，装机容量为25.4万千瓦的始华湖潮汐发电站建成并投产，成为当前世界上最大的潮汐电站。此外，韩国政府还在泰安郡、江华岛、平泽以及永宗岛北端等地区大力推进潮力发电站建设。

目前，全球潮汐能发电站的理论总装机量可达 $4\,370\times10^4$ 千瓦，年发电量为 6.4×10^8 千瓦时，开发利用潮汐能是未来新能源规模发展的新趋势。由于潮汐能发电的发展主要受高成本因素制约，而建立大型潮汐电站将可有效地降低单位发电成本，因此，很多国家都致力于大型化潮汐能电站的兴建，预计未来 $10\sim15$ 年将会建成百万千瓦级的潮汐发电站。此外，为降低潮汐能电站的发电成本，一些潮汐能发电站通过生产燃料和发展观光旅游等产业来创造新效益，以期快速回收投资成本，推动产业化发展。在燃料生产方面，利用潮汐能产生的热量、以海水和空气作为原料生产氢、氨或甲醇，以液化的方式贮存，供应市场。在潮汐能发电站的综合利用方面，由于站址一带风景秀丽，可通过建设旅游设施和海上乐园，在周边进行填海造地、建高档住宅区和旅游等综合开发区等，推动海洋新兴产业发展，以获得远高于潮汐能发电的收益。

表 6-2 国外建成或研究中的潮汐能电站状况

站名	国别	地点	潮差（米）	机组形式	开发方式	单机容量（兆瓦）	总装机容量（兆瓦）	年发电量（亿千瓦时）
朗斯（1966年）	法国	圣玛洛湾	最大 13.5 平均 8.0	灯泡贯流式	单库双向	10	240	5.44
基斯洛（1968年）	俄罗斯	普里杜卡角基斯洛河口	平均 5.5	灯泡贯流式	单库双向	0.40	0.8	0.028
安娜波利斯（1984年）	加拿大	芬地湾	平均 5.5	全贯流式	单库单向	17.8	17.8	0.50
始华湖（2010年）	韩国	仁川海湾	最大 9.16	灯泡贯流式	单库单向	25.4	254	5.53
美晋（预研）	俄罗斯	美晋湾	平均 5.66	正交式	单库双向	—	15 000	500
塞汶（预研）	英国	塞汶河口	平均 8.4	灯泡式	单库单向	—	4 000	144
金伯利（预研）	澳大利亚	金伯利湾	平均 8.4	—	单库双向	—	900	30
加露林（预研）	韩国	加露林湾	平均 4.7	灯泡贯流式	单库单向	25	500	12
圣何塞（预研）	阿根廷	圣何塞湾	平均 6.5	—	单库单向	—	4 950	120

（2）国外著名潮汐能发电站

① 韩国始华湖潮汐发电站

韩国始华湖潮汐发电站位于京畿道安山市大阜洞始华防波堤正中央的海埔新生地，占地面积约 14 万平方米，是当今世界上规模最大的潮汐能发电站（图6-3）。发电站共有 10 个灯泡连贯式发电机组和 8 个排水闸门，转轮直径 7.5 米，设计水头 5.82 米，装机容量为 25.4 万千瓦，年发电量达 5.527 亿千瓦时，可供 50 万人口的城市使用，其规模和发电量超过了号称世界最大的法国朗斯潮汐发电站。

始华湖潮汐发电站于 2004 年建设开工；2010 年 4 月，首批 6 台发电机进入阶段性试运转，比原计划提前了 3 个月，其余的 4 台发电机于同年 11 月进入试运营，2011 年 8 月 3 日，始华湖潮汐发电厂正式开始运营。预计能为韩国每年减少 86.2 万桶原油进口以及 32 万吨温室气体排放。

为打造多功能绿色发电厂，始华湖潮汐发电站在利用潮汐发电的同时，也在探索海上风力发电和太阳能发电。发电站风景优美，配套建设了观景平台、"空中"咖啡厅、纪念品商店等观光休闲设施。

图6-3　韩国始华湖潮汐发电站

② 法国朗斯潮汐电站

法国朗斯潮汐电站是世界上最早建成的潮汐发电站之一，也曾是世界上最大的潮汐发电站，是目前世界排名第二的潮汐发电站（图6-4）。其土建工程和机电工程技术相当成熟，为世界开发大型潮汐能源提供了宝贵的经验。

朗斯潮汐电站位于法国圣马诺湾朗斯河口，这里是世界上著名大潮差地点之一，平均大汛潮差 10.85 米，最大潮差 13.5 米。朗斯潮汐电站于 1959 年开工建设，1966 年建成投产。站址处河面宽 700 米，地基虽然良好，但施工现场常年承受潮位的剧烈变化，因此围堰工程艰巨，共分 6 期围堰进行。电站投产以来，库区未出现淤积，机组运行良好。朗斯潮汐电站长 750 米，坝内安装有直径为 5.35 米的可逆水轮机 24 台，每台功率 1 万千瓦，总装机容量为 240

兆瓦，每年可供电 530 亿瓦·小时。电站的开发方式为单库双向型，选用了能涨落潮双向发电、双向抽水、双向泄水，有 6 种运行方式的灯泡式水轮发电机组，以最经济的办法最大限度地克服了潮汐电力间歇性的缺点，并为减少工程量和增加发电量创造了条件。

自 1966 年起，法国电力公司就一直成功地运行着朗斯电站，50 年来未出现严重问题。该电站不仅是布列塔尼地区的主要电力设施，而且还是法国第一大工业旅游景点，每年接待游客几十万人[①]。

图 6-4　法国朗斯潮汐电站

③ 加拿大安娜波利斯潮汐试验电站

1984 年建成的安娜波利斯潮汐试验电站位于加拿大东海岸芬地湾新斯科舍省安娜波利斯河河口（图 6-5），芬地湾是世界上潮汐能最大的地方，其潮差最大可达 18 米。

电站采取落潮发电运行，该区平均潮差为 4.2～8.5 米。电站采用单库单向开发方式，安装一台 2×10^4 千瓦容量的全贯流式水轮发电组，直径 7.6 米，额定水头 5.5 米，额定出力为 1.78×10^4 千瓦，最大出力为 1.99×10^4 千瓦，额定转速达到 50 转/分，连同发电机组在内，总的发电装置的质量加总为 950 吨，电机可利用率达到 90％～95％，年发电量 5 000 万千瓦时。由于电站采用了新型全贯流式水轮发电机组，减少了 20％ 的投资，取得了良好的经济效益。该电站是建设芬迪湾大型潮汐电站坎伯兰和科别库依德的试验电站，它的建成和良好效益，证明了芬迪湾建大型潮汐电站的可行性，加拿大因此计划推进大型潮汐电站的兴建。

---

① C. 阿波奈，等. 法国朗斯潮汐电站的运行管理经验 [J]. 水利水电快报，2011，32（9）：29-32.

图6-5　加拿大安娜波利斯潮汐试验电站

6.3　波浪能的开发利用

6.3.1　波浪能及波浪能发电的工作原理

波浪能是海洋能源中能量最不稳定的一种能源，它是指海洋表面波浪所具有的动能和势能，波浪的能量与波高的平方、波浪的运动周期以及迎波面的宽度成正比。波浪能是由风把能量传递给海洋而产生的，它实质上是吸收了风能而形成的。其能量传递速率和风速有关，也和风与水相互作用的距离（即风区）有关。水团相对于海平面发生位移时，使波浪具有势能，而水团的运动则使波浪具有动能。贮存的能量通过摩擦和湍动而消散，其消散速度的大小取决于波浪特征和水深。深水海区大浪的能量消散速度很慢，从而导致了波浪系统的复杂性，使它常常伴有局地风和几天前在远处产生的风暴的影响。可见，波浪能的开发利用比潮流能更具复杂性和艰巨性。

波浪能具有总储量大、波能密度低、资源分布广泛但分布明显不均、能量具有多样性并随时间和地域变化的特点[①]。其主要分布在北半球两大洋东北部和南极风暴带，在赤道两旁的低气压带内的低速风也会产生持久稳定的波候，此区域的低速风比较有规律。在风速较快和风量较多的沿海，波浪能一般比较密集。如美国西部沿海地区、英国沿海地区、新西兰南部沿海地区等都是风区，波候优质。我国浙江、广东、福建和台湾沿海也拥有充裕的波浪能储备。由于海洋深处中的波浪能提取困难，因此，目前可供利用的波浪能仅局限于接

---

① Wang T Q, Yuan P. Technological Economic Study for Ocean Energy Development in China [C]. The IEEE International Conference on Industrial Engineering and Engineering Management. Singapore，2011：610-614.

近海岸线的地方，但即便如此，在条件比较好的沿海区的波浪能资源储藏量大概也超过 2 特瓦。据有关调查显示，现今全球波浪能可开发利用的总功率将达到 2.5 特瓦。在我国沿海区域可利用的波列约为 2～3 米、周期为 9 秒，此波浪功率可达 17～39 千瓦/米。其中，渤海湾风速较大，其波浪功率超过 42 千瓦/米。

波浪能可用于抽水、供热、海水淡化以及制氢等方面，但主要被利用来发电，它是继潮汐能发电后发展最快的一种海洋能源。理论装机容量达 $1\ 600 \times 10^4$ 千瓦，理论年发电量为 $1\ 401 \times 10^8$ 千瓦时。波浪能发电就是利用波浪运动的位能差、往复力或浮力产生动力，通过发电机来产生电能。其基本原理是利用物体在波浪作用下的升沉和摇摆运动将波浪能转换为机械能、利用波浪的爬升将波浪能转换成水的势能等。因此，波浪能转换装置是波浪能转换成电能的关键。绝大多数波浪能转换系统由三级能量转换装置组成。第一级为受波体，是海浪的吸收装置，即装置直接与波浪相互作用，把波浪能转换成水的势能、装置的动能或者是中间介质如空气的动能等。第二级为中间转换装置，其作用是将第一级转换效率优化，释放出足量的能量。即通过空气透平、液压马达或水轮机等设备传动或短期储存机械能，使一级转换所得的能量转换成旋转机械的动能，更适合用于驱动发电机运行。第三级为发电装置，将释放的能量转化为电量。即将旋转机械的动能通过发电机转换成电能。有些采用某种特殊发电机的波浪能转换系统，可以实现波能俘获装置对发电机的直接驱动，这些系统没有二级能源转换环节。经过数十年的发展，如今波浪能发电技术已非常接近可应用水平。

6.3.2　波浪能发电站选址

波浪能发电站选址是波浪能发电装置进行现场试验以及电站投产建设的基础工作，是装置正常运行的先决条件。站址的设立首先要考虑年均波浪能功率大的地方，还要尽可能避免过大的潮流。不同的波浪能发电装置对水深的要求不一样，漂浮式波浪能发电装置一般水深为 20～30 米；悬挂摆或浮力摆等摆式波浪能发电装置多为以坐底形式固定离岸振荡水柱装置，水深一般为 5～10 米；建造岸式波浪能发电装置对水深要求很大，且在其海域要有陡峭而完整的岩石海岸。

波浪能发电站的选址主要基于技术开发，多是建在波浪能功率密度较高和资源禀赋丰富的海域，规模选择与潮汐能发电站类似。我国的南方沿岸海域、外海、外围岛屿的波浪功率比北方沿岸海域、大陆、沿岸岛屿海域集中程度要高。目前，我国浙江南部（如台州椒江区上下大陈岛和温州平阳县南北麂岛）、福建北部和南部（如福州连江县黄岐镇和平潭县牛山岛）、广东西南部和北部

（如汕尾遮浪镇大头尾、珠海担杆岛、北尖岛和大万山岛）以及海南西南部沿海海域等地方的波浪能较为丰富，是波浪能发电站站址的不二之选。

（1）浙江

浙江波浪能较为丰富，沿岸多数海域的波高均长在 0.5 米以上，个别可达1.5 米左右，最大可达到 8 米左右。最值得开发海域主要有：台州椒江区大陈岛海域，波高均长为 1.3 米，功率密度达到 5 千瓦/米；平阳北麂岛和南麂岛附近海域，年均波高为 1.2 米，功率密度在 5 千瓦/米。这些岛屿多为基岩海岸，具有利用波浪能资源的优势。

（2）福建

福建海域波高多为 0.5 米以上，少数站点可达 1.5 米左右，最大高达 14米左右。最值得开发的海域主要有：宁德台山列岛附近海域，波高均长在 1.2米左右，功率密度约为 5 千瓦/米以上；平潭沿岸海域，周围波浪能功率密度达 5 千瓦/米，外侧牛山岛屿的波浪能功率密度约为 6 千瓦/米。这些岛屿深水逼岸，波浪较大，且易受台风的影响，在设置时要做好防台防暴工作。

（3）广东

广东大部分沿海海域的波高均长在 0.5 米以上，个别可达到 1.5 米左右，最大可达到 12 米左右。目前用于波浪能发电站设计和开发的海域有：汕尾市遮浪角附近的海域，波高均长为 1.4 米左右，波浪能功率密度达到 5 千瓦/米以上；珠海担杆岛和大万山岛海域，海域波浪能功率密度达到 5 千瓦/米以上，外围海域可达到 7 千瓦/米。此外，广东季节气候变化小，潮差变化也小，由于其处于南海沿海海域，台风较多，在设置时要做好防台风工作。

（4）海南省

海南东部和南部的沿海海域的波高均长在 1.5 米左右，波浪能功率密度达到 4 千瓦/米以上。由于海南冬季波浪变化较大，受外海涌浪的影响，波浪能功率密度也较高。尤其在西沙群岛海域的波浪较大，波浪能功率密度也很高，开发价值极高。

6.3.3　波浪能利用技术

根据第一级能源转换装置的转换原理，可以将目前世界上的波浪能利用技术大致划分为振荡水柱式技术、摆式技术、收缩波道技术、点吸收（振荡浮子）技术、鸭式技术、筏式技术、波流转子技术、虎鲸技术、波整流技术、波浪旋流技术等。

6.3.3.1　振荡水柱式技术

（1）振荡水柱式技术简介

振荡水柱式波浪能装置利用空气作为转换的介质（图 6-6）。该系统的一级能量转换装置为气室，其下部开口在水下，与海水连通，上部也开口（喷嘴），与大气连通。在波浪力的冲击下，装置内的振荡水柱不停冲击致使气室上半部的空气做强迫运动，空气往复穿过气室右上方的出气孔，将波浪能转换成空气的势能和动能。该系统的二级能量转换装置为空气透平，在喷嘴处安装一个空气透平，并将透平转轴与发电机相连，则可利用压缩气流驱使透平旋转并带动发电机发电。该装置的优点是转动装置不与海水接触，因而防腐性能好、故障率低、维修简便，但其转换效率较低，且受建造条件的限制、风险较大、成本较高。

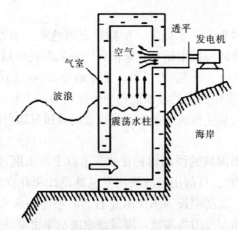

图 6-6　振荡水柱式波浪能转换装置

（2）振荡水柱式技术的应用实例

①我国航标灯用波浪能转换装置

1986 年，我国科学院广州能源研究所开始对 10 瓦航标灯用波浪能设备进行研制，专为航标灯提供电能，避免渔船夜间出海迷路。到 2003 年解决了中心管式漂浮振荡水柱式设备的叶片断裂和轴承锈蚀等问题，足以在波高 0.3 米和周期 3 秒浪况下满足航标灯浮标用电，慢慢研发成为成熟产品。现在，第三代 10 瓦中心管航标灯用波浪设备（图 6-7）已连续工作五年有余，总销售达 700 多台，逐渐形成商业化产品，主要在广东近海珠江口、湛江和福建泉州等地使用，并出口到日本和英国等地。另外，还研制出了集浮标、波力发电设备、蓄电池和航标灯器于一体的 10 瓦波浪能发电设备航标灯（图 6-8）①。

②我国 3 千瓦岸式振荡水柱式波力发电

我国科学院广州能源研究所于 1987 年试研 3 千瓦岸式振荡水柱式波浪设

① R. Mueser. A generalized signal detection model to predict rational variation in base rate use [J]. Cognition，2003，3（69）：267-312.

图 6-7　10 瓦航标灯用微型波力发电设备

图 6-8　10 瓦波浪能发电供电航标灯

备，并于 1989 年在广东珠海大万山岛投产（图 6-9）。项目建在悬崖下一块完整的巨大石块上，采用爆破方法，在石块上预留岩坝、开挖基坑和建成设备

图 6-9　我国 3 千瓦岸式振荡水柱式波浪能设备

主体等，再采用控制爆破消除岩坝。经过 1989—1991 年的试验，3 千瓦岸式振荡水柱式波浪设备虽偏小，但发电效率却很高，提供的轴功率远超于 3 千瓦。此外，该装置的实海况性能强，气室的平均效率能达到 50%～150%，最大可达到 250%，而电站的平均总效率较多是在 10%～35%，最大可达到 40%。

③ 我国 20 千瓦岸式振荡水柱式波力发电

我国科学院广州能源研究所于 1996 年在原 3 千瓦波浪能发电上，采用带有破浪锥的过渡气室及气道，该机房通过气道引导海面 15 米高处，而在气道下设置了限压阀，成功研制出 20 千瓦岸式振荡水柱式波力发电装备（图 6 - 10），既避免了内压气道的破坏，又避免了水柱进入气道。该装置主要由前港、气室、透平和发电机组成，平均输出功率约在 4～5 千瓦，最大功率可达到 19.6 千瓦，装置的总转换率在 15%～60%，平均有 26% 左右。由于其气室的吸波性能强，捕获宽度比最大可达到 280%，最小为 20%，最大的则为最小的 6 倍，可达到 120%。而且，20 千瓦岸式振荡式水柱波力发电是我国第一台与柴油发电机并联发电、实现稳定输出的波浪能气站。15 千瓦装机容量的柴油发电机组与 20 千瓦的波浪能发电设备结合，无法实现电力的稳态输出，其设备的水动力性能较好，随机波下的最大俘获宽度比可达 250%[1]。

图 6 - 10　我国 20 千瓦岸式振荡水柱式波浪能发电设备

④ 我国 100 千瓦岸式振荡水柱式波力发电装置

2001 年，中国科学院广州能源研究所在 3 千瓦和 20 千瓦的波浪能发电站的基础上，于广东汕尾遮浪镇研建了第一座装机容量为 100 千瓦的岸式振荡水柱式波力发电站（图 6 - 11），并用于发电上网。囿于地形条件，该装置采用了 100 千瓦永磁异步发电机，并用钢模建造方法，沿着前港、气室、机房和控

① J. Simmie. Innovation and Urban Regions as National and International Nodes for the Transfer and Sharing of Knowledge [J] . Regional Studies, 2005, 6 (37)：114 - 125.

制室于一体的空间结构，以发电上网的方式给周边居民输送电能。但是，该装置的发电机组存在较大的摩擦阻力，装置作业时耗能高，以致整个发电系统都存在低效率和高能耗等问题，造价极高。目前，通过与中国海洋大学进行产学研合作，将与防波堤相结合。

图 6-11　我国 100 千瓦岸式振荡水柱式波力发电站

⑤ 英国 LIMPET 500 千瓦岸式振荡水柱式波力发电站

2000 年 11 月，由欧共体资助英国波浪能量公司，并与英国女王大学合作建造的 LIMPET 500 千瓦岸式振荡水柱式波力发电站于苏格兰 Islay 岛建成。其站址选择在已有岸线的陡峭岸壁处，钢筋混凝土的前壁结构伸入水面以下，气室的底部与海水相连，顶部为空气柱。站址处的波能功率密度为 25 千瓦/米，LIMPET 的能量采集系统由三个气室构成，并装备有两台功率为 250 千瓦的威尔斯透平发电机组，并发电上网，电站与苏格兰公共电力供应商签订了 15 年的供电合同。

图 6-12　英国 LIMPET 500 千瓦固定式波力发电站

⑥ 澳大利亚 500 千瓦离岸固定式振荡水柱式波浪能发电装置

澳大利亚 Oceanlinx（原名 Energetech）公司研制的离岸固定式振荡水柱式波浪能装置 Uisce Beatha（代号 MK1）采用了抛物面挡板聚波，以及可控制的 Denniss-Auld 水轮机进行发电，其运行时可采取漂浮方式也可固定安装在近海海底或岸边。装机容量为 450 千瓦、标称功率因数为 0.95 的 MK1 于 2005 年 10 月试验发电，并与当地 Integral Energy 电力公司签订了电力购买合同，通过 11 千伏的电缆同当地的电网相连，经过四年的海上试验获得了大量试验数据及业务化运行数据；2007 年底，Oceanlinx 的第二代波浪能装置 MK2 在海上试验数月，获取具体技术数据；2010 年 2 月，其第三代的预商业波浪能装置 MK3 在澳大利亚 Kembla 进行最后试验，实现了并网发电，并为当地用户提供近两个月的电力。

图 6-13　澳大利亚 500 千瓦漂浮式振荡水柱式波浪能装置

6.3.3.2　摆式技术

（1）摆式技术简介

摆式波浪能发电装置（图 6-14）发电的原理是波浪力的冲击摆板围绕摆轴发生前后摆动，将波浪能转换为摆轴的机械动能，与摆轴相连的大多为液压集成装置，它将摆板的动能转换成液压能，进而带动发电机发电。摆式波浪能发电装置是一种固定式、直接与波浪接触的发电装置，摆体的运动很符合波浪低频率、大推力的特点。因此，摆式波浪能装置的转换效率较高，但机械和液压机构的维护不太方便。

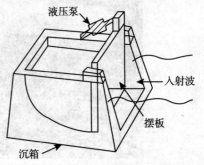

图 6-14　摆式波浪能转换装置

（2）摆式技术的应用实例

① 我国 8 千瓦悬挂摆式波力发电站

国家海洋总局海洋技术研究中心在 1991—1995 年于山东青岛小麦岛依岸礁石研建了由波能吸收、机电转换和供配电系统所组成的 8 千瓦悬挂摆式波力发电站。波能吸收发电系统由摆板、摆轴和轴座所该组成的水室摆板机构所构成，其中水室则是由依岸边礁石砌筑而成。机电转换系统则是由离合器、增速器和发电机所构成的，供电系统包括控制器、蓄电瓶、逆变器和配电柜等。

② 我国 30 千瓦重力摆式波浪能装置

2001 年，山东在国家"九五"科技攻关项目的支持下，在即墨市大管岛建设了 30 千瓦重力摆式波浪能装置。该装置与原小麦岛依礁石建筑发电站不同之处在于其采用的是由液化泵、蓄能器、调速马达和发电机组成的液压传动模式。当摆板工作时，波浪将由喇叭口进入水室，以所产生的冲击力推动摆板，用摆轴作为轴心摆动，将波浪能转化为摆轴转动的机械能。

③ 我国 100 千瓦浮力摆式波浪能发电站

2008 年山东获得国家"十一五"科技项目支撑，于 2012 年在即墨市大管岛研制成功 100 千瓦浮力摆式波浪能发电站，目前该电站正在进行海试运行。波浪能发电系统采用离岸浮力摆形式，由摆板、液压传动系统和电控系统三部分组成。摆板的摆轴位于摆板底部，摆板在波浪的作用下偏离平衡位置，此时摆板在浮力作用下向平衡位置恢复，同时摆板还受到重力和水的阻力作用，从而使摆板绕摆轴前后摆动。其采取模块化设计，即由两个独立发电系统和电控系统所组成，每个系统为 50 千瓦，最大抗风能力为 12 级，具有长期运行与维护能力。

④ 英国的 Oyster 摆式波浪能装置

Oyster（牡蛎）是由英国绿色能源公司研发的一种底部铰接浮力摆式波浪能装置（图 6 - 15）。其于 2003 年进行模型试验，2005 年商品化，2009 年研制的 Oyster 1 - 315 千瓦型全比例样机实现并网发电。目前有两台 Oyster 800 - 800 千瓦型全比例样机在英国欧洲海洋能源中心进行业务化测试并实现并网发电。Oyster 浮力摆由一组垂直排列的漂浮管组成，与底部基座由铰接连接，可最大限度地减少摆的重量。浮力摆与液压缸相连，波浪因浮力摆的摆动将驱动液压缸，并通过水下管道泵送高压海水到岸上驱动水轮机进行发电，多个 Oyster 装置可以通过多路管道将高压水泵入同一岸基发电系统。Oyster 波浪能发电装置具有结构简单、生存性高、岸基发电等特点。

图 6-15　英国的 Oyster 摆式波浪能装置

6.3.3.3　点吸收（振荡浮子）技术

（1）点吸收（振荡浮子）技术简介

点吸收式装置的尺度与波浪尺度相比很小，它利用波浪的升沉运动来吸收波浪能（图 6-16）。点吸收式装置由相对运动的浮体、锚链、液压或发电装置组成。浮体中有动浮体和相对稳定的静浮体，依靠动浮子与静浮体之间的相对运动吸收波浪能，然后再通过液压、机械或直驱的动力摄取技术发电。该装置不仅转换效率比较高，而且减少了水下施工，建造难度小，成本较低廉，但是液压传动机构保养和维修困难，整个装置密封精度较高，易受海水腐蚀。

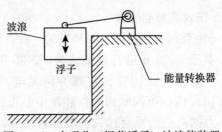

图 6-16　点吸收（振荡浮子）波浪能装置

（2）点吸收（振荡浮子）技术的应用实例

① 瑞典的 Aqua Buoy 点吸收波浪能装置

Aqua Buoy 的 1/2 尺寸装置于 1982 年进行了海上试验，采用 IPS 公司所制的浮子驱动软管泵形成高压水流发电，2007 年 Aqua Buoy 的原型机在美国俄勒冈州海岸附近研建并测试。

② 美国的 Power Buoy（波浪发电浮标）点吸收波浪能装置

Power Buoy 是美国海洋电力技术公司研制的点吸收波浪能装置，已成功研发单机功率 40 千瓦和 150 千瓦型装置，目前正在研发 500 千瓦型装置，该项技术已进入商业化应用阶段。它是一个漂浮式点吸收浮标，利用浮标内外两部分的相对运动来工作。浮标内层为长圆柱体结构，外层为水平环形，其形状和浮力可使其保持在水面附近随波浪振荡，与内层附体产生相对运动，压缩其中的气囊，从而驱动传动装置实现发电，通过水下电缆将电力传送至岸上。该浮标体可以为任何离岸的测量传感器（搭载在浮标上部、水面以下及浮标周围海域）提供相对高水平的供给能源，布放深度只要大于 35 米，波高大于 0.3 米就可以发电。采用锚泊方式固定，安装在 Power Buoy 上的传感器可持续监视系统的整体性能和周围海洋环境情况，并将数据实时传输至岸上。若有巨浪袭来，系统将自动上锁并停止发电。当波高恢复至正常值时，系统解锁并重新开始发电。同时由于安装位置离岸较远，通常为 5～6 千米，因此对海区景观影响非常小。

6.3.3.4　鸭式技术

（1）鸭式技术简介

鸭式波浪能装置是一种经过缜密推理设计出的一种具有特殊外形的波能装置，它由鸭体、水下浮体、系泊系统、液压转换系统和发配电系统组成，通过鸭体与水下浮体之间的相对运动俘获波浪能（图 6-17）。水下浮体具有水平板结构和铅垂板结构，在运动时能够带动周边的海水一起运动，形成附加质量，达到抑制水下浮体运动的目的。该装置的效率高，但其抗浪能力还需要提高。

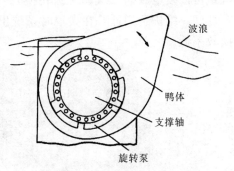

图 6-17　鸭式波浪能转换装置

（2）鸭式技术的应用实例

加拿大的 WET EnGen 鸭式波浪能装置是一个底座锚固于海底的定向吸收浮子装置（图 6-18）。一个长的倾斜的桅杆从底座延伸至水面，吸收浮子可随着波浪沿着桅杆向上和向下运动。桅杆可以旋转，使浮子可以旋转，以面对来自任何方向的波浪。WET EnGen 在大西洋海上试验场进行海上试验的检测结果表明，其具有比其他波浪能发电装置更高的能量转换效率。目前，WET EnGen 发电成本仅约 0.08～0.15 美元/千瓦时，具备与风能发电成本竞争的优势；同时能够生产淡化水，成本约 2～4 美元/吨，未来发电及浇水成本更是能分别下降到 0.05 美元/千瓦时和 1.5 美元/吨。

图 6-18　加拿大的 WET EnGen 鸭式波浪能装置进行海上试验

6.3.3.5　收缩波道技术

（1）收缩波道技术简介

收缩波道装置由收缩波道、高位水库、水轮机、发电机组成（图 6-19）。其中，喇叭形的收缩波道为一级能量转换装置。波道与海连通的一面开口宽，然后逐渐收缩通至高位水库。波浪在逐渐变窄的波道中，波高不断被放大，直至波峰溢过收缩波道边墙，进入高位水库，将波浪能转换成势能（即一级转换）。高位水库与外海间的水头落差可达 3～8 米，利用水轮发电机组可以发电（即二级、三级转换）。该装置的一级转换没有活动部件，可靠性好，维护费用低，在大浪时系统出力稳定，但在小浪的情况下其系统转换效率低。

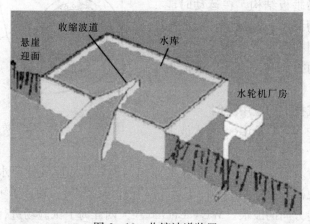

图 6-19　收缩波道装置

（2）收缩波道技术的应用实例

① 挪威的 350 千瓦固定式收缩波道装置

挪威 350 千瓦固定式收缩波道装置建成于 1986 年，其收缩坡道的开口约

60 米宽，约 30 米长，喇叭形。它的水库主要位于与喇叭形导槽相邻的面积 8 500 平方米、与海平面约 3~8 米的落差处。该发电机组采用常规水轮机组，转换效率高，具有较好的发电稳定性，故障少，持续运行多年。可惜的是，该发电机组设置不合理，为更好利用小波能量而收缩坡道末端，以致石块过多堆积在收缩道处而遭到废弃。

② 丹麦的 Wave Dragon 波浪能发电装置

丹麦的 Wave Drogon 波浪能发电装置是一种离岸的漂浮式装置，该装置具有两个导浪墙，呈扇形布置，引导海浪进入装置中心，并通过低水头水轮机发电。Wave Dragon 通过调整开放式气室的气压，不断调整自体的漂浮高度，从而适应不同波高的波浪，以实现最大的波浪能俘获能力。2003 年 20 千瓦型样机实现了并网发电，2011 年开始，设计了宽 170 米的 1.5 兆瓦型 Wave Dragon，主要采用钢筋混凝土结构，2012 年开始制造。

6.3.3.6 筏式技术

（1）筏式技术简介

筏式波浪能发电装置是波面筏通过铰链相互铰接在一起，能量转换装置置于每一铰链处，波浪的运动使波面筏沿着铰链处弯曲，从而反复压缩液力活塞并输出机械能（图 6-20）。当装置的固有频率与波浪的频率相一致或接近时，装置的输出效率最高。筏式技术的优点是筏体之间仅有角位移，即使在大浪下，该位移也不会过大，故抗浪性能较好。但是，装置顺浪向布置，单位功率下材料的用量比垂直浪向布置的装置大，可能提高装置成本。

（2）筏式技术的应用实例

① 英国的 Pelamis 筏式波浪能装置

英国苏格兰的波浪能电力公司研制的 Pelamis（海蛇）波浪能发电装置于 2004 年 8 月成功实现并网发电，是世界上第一个商用波浪能电站（图 6-21）。该装置采用半潜式设计，通过铰接接头连接在一起，由纵摇和横摇的数个筒状构件组成。其中，每个浮筒都有独立的液压油缸、蓄能器和液压电机。在有效波高 5.5 米的情况下，最大输出功率为 250 千瓦。装置迎着波浪方向布放，当海浪冲击装置时，各浮筒会发生弯曲，驱动接头处的液压缸，从而实现装置发电。

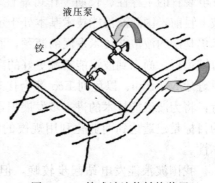

图 6-20 筏式波浪能转换装置

图 6-21 英国的第二代 Pelamis 筏式波浪能装置

② 英国 McCabe 波浪泵

英国 Cork 大学和女王大学研究的 McCabe 波浪泵，由 3 个宽 4 米的钢浮体铰接而成，其中间浮体较小，但其下有一块板，可以增加附加质量，使中间浮体运动幅度相对较小，以增大前后两端浮体相对中间浮体的角位移。该装置可以为海水淡化装置提供能量，也可用来发电。

6.3.3.7　国内外波浪能利用技术进展

波浪能发电是继潮汐发电之后，发展最快的一种海洋能源的利用。国际波浪能利用技术在近年来得到了迅速发展，大致经历了理论研究、装置发明、实验室试验研究、实海况应用示范等几个阶段，设计和建造中的问题也已基本解决，现在已具备应用条件。但波浪能技术种类比较分散，尚未进入技术收敛期。尽管全球有不少波浪能发电装置进行了长期海试，但在恶劣环境下波浪能发电装置的生存性、长期工作可靠性、高效转换等关键技术问题仍然有待突破。目前，国际波浪能技术基本处于示范运行阶段，可靠性、生存性等关键技术仍是制约波浪能技术发展的瓶颈，而且现有波浪能发电装置基本安装在近岸海域运行，尚未到波浪能资源更好的离岸 6 千米以外开展示范运行。同时，以西班牙 Mutriku、以色列 Eco 等为代表的小功率波浪能发电技术实现并网运行，将为波浪能技术的进一步发展积累重要的运行经验。波浪能利用的下一步的目标是建造达到商业化利用规模的波能装置，以降低成本、提高效率和可靠性。

我国波浪能发电站起步较晚，但发展迅速，其中对振荡水柱式和摆式波浪能发电技术的研究与国外相当，但是装机容量却远远比不上国外。随着微型发电技术的日趋成熟，小型岸式波浪能发电技术走在了世界前列，但规模较小。总体上，我国波浪能利用技术还不够成熟，各方面仍亟待发展。

6.3.3.8 波浪能利用技术的发展趋势

在优化现有技术的基础上，各国在波浪能发电技术的研发方面呈现如下发展趋势[①]：

① 研发基于新原理的或改进的波浪能发电技术。如澳大利亚基于振荡水柱式工作原理，采用多气室、单发电机结构建造的 IVEC 浮式波浪能电站，与传统振荡水柱式单气室结构相比，可以在整个波周期内进行能量转换，从而大大提高装置的波浪能俘获能力。

② 由单一的波浪能发电技术向波浪能与其他能源发电技术集成应用发展。如苏格兰在其研制的 Ocean Treader 振荡浮子式波浪能发电技术基础上，结合风力发电技术研制了 Wave Treader 波浪能风能综合发电装置，该装置在海上风机平台基座上安装了一堆浮体，浮体随海浪运动驱动平台中心处的液压缸轴，经由蓄能器、旋转液压引擎和发电机进行发电，与风机发电经由同一海底电缆输至岸上电网。

③ 由波浪能发电向波浪能综合利用发展。如澳大利亚研发的 CETO 波浪能综合利用装置利用波浪能把高压海水泵到岸上，可同时用于发电及淡化海水；美国研发的气动式海上平台（PSP）由于平台气室具有良好的波能吸收作用，当波浪经过平台时会迅速减弱，从而使 PSP 平台具有良好的稳定性，可在平台顶端安装风机以及其他海上作业装置，开展单平台多用途研究。

④ 由波浪能近岸应用向深海应用发展。如美国采用其专利技术——磁流体发电机（MHD）作为波浪能二级能量转换装置用于其研发的 MWEC 点吸收式波浪能发电装置，可有效解决深海区域波浪发电装置生存能力差等问题，可为水下无人潜水器、深海油气平台等海洋装备进行水下供电。

6.3.4 国内外波浪能开发利用现状

6.3.4.1 国内波浪能开发利用现状

我国是世界上主要的波浪能研究开发国家之一，但起步较欧洲晚，于 20 世纪 60 年代开始波浪能发电的研究工作，80 年代后获得较快发展。"八五""九五"期间，我国分别研建了 8 千瓦和 30 千瓦悬挂摆式波浪发电装置为岛上居民供电。其中，30 千瓦装置在山东省即墨市大管岛建造完成，发电状况良

---

① 李永国，汪振，王世明，等．国外波浪能开发利用技术进展［J］．工程研究——跨学科视野中的工程，2014，6（4）：377－379.

好，目前仍在运行。2012 年 7 月，100 千瓦摆式发电装置开始示范运行。1984 年，我国研制了航标式微型波能转换装置并在沿海海域投入使用。1989 年，在珠海大万山岛建成了第一座试验波浪电站——装机容量为 3 千瓦的多谐振荡水柱型沿岸固定式电站，并在后来改建成一座 20 千瓦的波浪电站，于 1996 年试发电成功。"九五"期间，在汕尾研建了 100 千瓦波浪电站，并与电网并网运行，2006 年又在同一海域建成了 50 千瓦岸式振荡浮子发电站。2008 年，我国成功研制出具有高能源转化率、较大功率密度且便于安装维护的液态金属磁流体波浪能发电装置。2011 年，我国研制的"哪吒 1 号"直驱式海试装置在珠海大万山岛海域投放成功，设计发电功率为 10 千瓦，海试时最高输出相电压 381 伏。2013 年，装机功率为 20 千瓦的"哪吒 2 号"也投入运行，采用整流—蓄电池—逆变系统直接为风速仪供电，提供 220 伏电源输出。同年，"鹰式一号"漂浮式波浪能发电装置在万山群岛海域正式投放并成功发电。2015 年，顺利投放了鹰式"万山号"120 千瓦波浪能发电装置。2013 年，山东大学开发完成了适用于波浪发电的双定子、双电压结构的 120 千瓦漂浮点吸收式液压波浪发电系统。2014 年，中国海洋大学主持研制的"10 千瓦级组合型振荡浮子波能发电装置"在青岛市黄岛区斋堂岛海域成功投放，该装置运用组合式陀螺体型振荡浮子与双路液压系统将波浪能转化为电能，并使用潜浮体和张力锚链进行海上安装定位[①]。

经过几十年的发展，我国的波浪能技术研究取得了一定的进展，商业化产品主要为 10 瓦航标灯用微型波力发电装置，与日本共同研制的后弯管型浮标发电装置也已向国外销售。虽然国内多项波浪能装置具备持续工作能力，但其利用技术还没有成熟，大部分处于示范研究阶段，不具备商业化条件。总体上看，转换效率低、造价高和可靠性差等问题还需进一步深入研究解决。

6.3.4.2 国外波浪能开发利用现状

人类对波浪能的开发利用已有 200 多年历史，法国是世界上最早开始研究波浪能的国家，早在 1799 年，法国的 Girard 父子就申请了全世界第一个波浪能技术专利。此后，英国、美国、挪威、瑞典、日本等国相继开展了波浪能的研究，尤其是 1973 年爆发的第一次石油危机大大地激发了人们对波浪能发电技术的浓厚兴趣，从而推动了波浪能利用技术的发展，很多国家把波浪能发电作为解决未来能源问题的重要一环。近年来，英国、美国、挪威、澳大利亚、爱尔兰和丹麦等国陆续投入大量资金进行波浪能发电装置的研究，开发出了各种各样的波浪能利用装置，波浪能发电及传输技术得到了迅速发展，但除个别

---

① 刘延俊，贺彤彤. 波浪能利用发展历史与关键技术［J］. 海洋技术学报，2017，36（4）：77.

技术外，波浪能技术尚未实现普遍商业化。目前，英国的 Pelamis（海蛇）波浪能发电装置、Oyster（牡蛎）摆式发电装置已经实现商业化运行；丹麦的 Wave Star 阵列式波浪发电站于 2006 年进行了模型海试，具有较高的捕获效率和应用价值；加拿大的振荡浮子式波浪发电站 Aqua Buoy 于 2007 年在美国俄勒冈州海岸进行了海试；2009 年，美国的 Power Buoy 波浪发电和海底输电实验获成功，目前正在进行商业化推广。总体来说，波浪能发电技术经历了从理论论证到样机海试的过程，不断向高效率、高可靠性、低造价的方向发展，正在逐步走向成熟。

日本与英国的波浪能发电技术走在世界前列。日本是海岛国家，陆上资源有限，因此日本一直非常重视海洋资源的利用。日本现今已成功研发 1 500 多座波浪能发电装置，且建成了 4 座单机容量为 40～125 千瓦的岸基固定式和防波堤式波浪能电站。英国拥有异常优质的波浪能资源，从 20 世纪 70 年代开始，英国把对波浪能的研发放在可再生能源研究的重要位置，后经十余年的潜心研究，在 20 世纪 80 年代初，英国就已成为当时世界波浪能研发中心。20 世纪 90 年代初，英国分别在苏格兰伊斯莱岛和奥斯普雷建成 75 千瓦和 20 兆瓦振荡水柱式和岸基固定式波浪能发电站。2000 年 11 月，英国在苏格兰伊斯莱岛附近建成世界上第一个波浪能发电厂，并开始商业化运行，至今它仍在正常工作。

6.4　潮流能的开发利用

6.4.1　潮流能及潮流能发电的工作原理

潮流能（又称海流能）是由海水温度和盐度分布不均匀所引起密度、压力梯度或海面上风作用影响产生的，并且所产生的海流是具有动能的，与海流流速的平方和流量成正比，时间变化上比较平稳，具有较强的规律性和可预测性。在广阔的海洋中由于没有参照物，潮流不太明显，但在岸边、海峡、岛屿之间的水道或湾口则潮流速度很大，而且海岸的集流作用能使潮流更为丰富，是潮流利用的有利条件。一般认为，最大流速在 2 米/秒以上的水道，其潮流能才具有实际开发价值。全球潮流能储藏量约 5×10^9 千瓦，可开发利用的潮流能总量达 3×10^8 千瓦，主要集中于北半球的大西洋和太平洋西侧，如北大西洋的墨西哥湾暖流、北大西洋海流、太平洋的黑潮暖流和赤道潜流。世界潮流能储量丰富的地区包括中国、英国、日本、韩国、新西兰、加拿大等。我国的潮流能较为丰富，属于世界上功率密度最大的地区之一，辽宁、山东、浙江、福建和台湾沿海的不少水道的能量密度为 15～30 千瓦/平方米，具有良好的开发价值。特别是浙江舟山群岛的金塘、龟山和西候门水道，平均功率密度在 20 千瓦/平方米以上，开发环境和条件很好。

目前，人们对潮流能的利用主要集中在发电领域。它不同于潮汐电站，一般无需拦海筑坝，不但对海洋环境影响小，也不占用宝贵的土地资源，还能节省大量的建筑费用并大大缩短建设周期，因此各国对潮流能的开发利用较为关注。潮流能发电的基本原理和风力发电相似，即将海水的动能转换为机械能，然后再将机械能转换为电能。几乎任何一个风力发电装置都可以改造成为潮流能发电装置。但由于海水的密度约为空气的 1 000 倍，且潮流能发电装置必须放于水下，故潮流能发电存在安装维护、电力输送、防腐、海洋环境中的载荷与安全性能等一系列关键技术问题。此外，潮流能发电装置和风力发电装置的固定形式和设计也有很大的不同，潮流装置可以安装固定于海底，也可以安装于浮体的底部，而浮体通过锚链固定于海上。

潮流能发电装置是将潮流动能转换为电能的装置或系统，由海上支撑载体、发电机、电能变换与控制系统、潮流能获取装置（水轮机）、负载系统与电力传输等 5 个子系统组成。潮流能发电装置通过水流的单向（双向）流动的动能推动水轮机运转，从而带动发动机发电。潮流流速是影响发电机输出功率的重要因素，流速越大，发电机输出功率越高。

6.4.2 潮流能利用技术

潮流能发电近年受到人们的高度关注，已成为近年来发展较为迅速的新技术。世界各国已围绕着其开发利用进行了多种尝试，各种潮流能发电技术不断突破，并涌现了大批形式多样的潮流能发电装置。

潮流能发电装置按照其支撑载体不同可分为固定式、漂浮式和悬浮式三种，固定式的好处是装置被固定，较为稳定，不会因为环境的作用而被冲走。固定式又可分为桩柱式和坐底式，桩柱式配置导管和基底两部分，基地固定在海底，装置可随导管升降，方便维修，但需要在一定深度的水域才能使其效率最大；坐底式主要安置在海底，利用重力使其固定在海底，需要重压，这种方式对航行船只的影响较小，但在安装、回收维修和检测等方面都具有一定的困难，海底与装置接触面有一定限制条件，平滑有泥沙的海底最为合适。漂浮式利用锚、绳索等工具使其固定于海床，对于海底面貌和水深没有太大要求，同时在维修检测和回收等方面较方便，不足之处是由于采用绳索固定，故稳定性较弱，容易随着水流飘动。悬浮式和漂浮式形式类似，不过获能装置一般悬浮于海水中，具体位置需要依据具体的海域流速分布来确定，稳定性较漂浮型支撑好，可以抵御一定的台风。目前，漂浮式装置的综合评价高于固定式装置，其对外部条件要求不高，更有利于深海作业，前景广阔。另外，按照是否有导流罩又分为有导流罩式和无导流罩式。

潮流能获取装置（水轮机）的设计是潮流能发电的关键，其性能优劣直接决定着发电效率的高低。按照水轮机的不同类型分，目前潮流能发电可分为水平轴潮流能水轮机、垂直轴潮流能水轮机、振荡水翼潮流能水轮机、柔性叶片潮流能水轮机四大主要技术形式。

6.4.2.1 水平轴潮流能水轮机

（1）水平轴潮流能水轮机简介

水平轴潮流能水轮机（又叫轴流式水轮机），因其叶轮的旋转轴与水流方向平行而得名（图6-22）。水平轴潮流能水轮机类似于大型风力机，利用水流推动旋转桨叶发电。它是现代应用技术中较为主流的一种，已有兆瓦级项目建成，并投入商业运行。其工作原理是：当垂直于水流方向的叶片旋转时，会产生推动叶轮转动的升力和转矩，从而将水流的动能转化成叶轮的旋转机械能，通过主轴和传动系统带动发电机进而转化为电能。由于水流的不稳定因素导致其输出的电压也是不稳定的，所以后续还需要安装变频装置稳定电压后传送至局部电网。发动机一般还要具备偏导系统调整水轮旋转轴适应水流的方向，从而发挥出水流的最大动能。如果采用系统中有变桨或者对流机制可帮助机器克服潮流双向流动的困难。

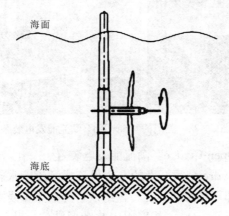

图6-22 水平轴潮流能水轮机概念图

水平轴潮流能水轮机的效率和自启性要优于垂直轴潮流能水轮机，转动稳定，与风力发电机设计原理相似，研究难度较低。但因水轮机叶片一般是按照定桨距均匀分布，不能高效地收集海水的动能，且发动机置于水下，需要变桨和偏导装置稳定水流方向和水流流速，运行成本较高。水平轴潮流能水轮机主要有风车式水轮机、空心贯流式水轮机和导流罩式水轮机等几种类型。

（2）水平轴潮流能水轮机的开发实例

① 英国的"SeaGen"潮流能发电装置

2008 年 5 月，英国 MCT 公司研制的世界上首台商用潮流能发电装置——1.2 兆瓦"SeaGen"在北爱尔兰 Strangford 湖并网投入运行（图 6 - 23）。"SeaGen"水轮机采用双转子结构，水轮机转子直径 16 米，额定速 2.25 米/秒，最低工作流速为 0.8 米/秒，设计获能系数 0.45，装置传动比为 69.9，水轮机转子额定转速为 14.3 转/分。潮流发电装置的桩柱高 40.7 米，直径 3.025 米，横梁长 29 米。整个装置包括 2 台可变桨双叶片式水轮机，分别固定在横梁的两端。"SeaGen"水轮机的叶片可 180°变角，因此机组在退潮和涨潮时均可发电。从安装到 2010 年 8 月，该装置累计发电 2×10^6 千瓦时，该装置的能量转换效率达到了 48%，处于世界领先水平，但与风力机能量转换效率还有一定差距[①]。目前，MCT 公司已完成了商用 2 兆瓦 Sea Gen-SMK2 的研究，正在研发适应深水的 3 兆瓦装置 Sea Gen U，计划在加拿大 Fundy 湾测试。

图 6 - 23 英国的"SeaGen"潮流能发电装置

②爱尔兰的"Open-Centre"潮流能发电装置

爱尔兰 Open Hydro 公司开发的空心贯流式潮流能水轮机"Open-Centre"无轴，由固定的外部环和内部的旋转盘组成，分别布置线圈和永久磁铁，组成一台永磁发电机（图 6 - 24）。其采用中空叶栅结构，叶片连接直驱发电机的转子，导流罩和转子连接，保证了其自启动流速较低。Open Hydro 公司研制的 250 千瓦示范样机已在 Orkney 岛成功并网发电。2009 年为加拿大 Nova Scotia Power 公司设计建造了 1 台 1 000 千瓦商业型示范样机，直径 10 米，重 400 吨，同年 11 月成功安装于加拿大 Fundy Ocean Research Centre for Energy 试验场。

---

① 张理，李志川. 潮流能开发现状、发展趋势及面临的力学问题［J］. 力学学报，2016，48（5）：1022 - 1023.

6-24 爱尔兰的"Open-Centre"潮流能发电装置

③ 英国的导流罩式潮流能发电装置

英国 Lunar Energy 公司潮流能发电装置技术来源于英国 Rotech 公司的 RTT（Rotech Tidal Turbine）技术。该公司设计的 1 兆瓦导流罩式潮流能水轮机于 2007 年完成了全尺寸装置试验（图 6-25）。其导流罩的直径为 15 米，长度为 19.2 米，水轮机转子直径 1.5 米。另外，公司正在开发 2 兆瓦导流罩式水轮机，其导流罩的直径为 25 米，水轮机转子直径为 19.5 米。2008 年，Lunar Energy 公司与韩国 Midland 动力公司签订[①]协议，为韩国全罗南道莞岛郡 Hoenggan 水道潮流能电场提供 300 台 1 兆瓦（水轮机直径 11.5 米）潮流能发电装置。

图 6-25 英国的导流罩式潮流能发电装置

① 戴庆忠. 潮流能发电及潮流能发电装置［J］. 东方电机，2010（2）：58.

④ 我国"海明Ⅰ"潮流能发电装置

由哈尔滨工程大学研发的 10 千瓦潮流能发电装置"海明Ⅰ"采用水平轴定桨距直驱潮流能发电机，支撑结构为坐海底式（图 6-26）。三腿底座支撑一个框架和水轮发电机，必要时吊出水面进行维护。开发了高效扩张型导流罩和自适应换向机构，导流和无导流两叶片叶轮直径分别为 2 和 2.5 米，自适应180°换向尾翼使叶轮自动迎着双向潮流运行，避免电缆缠绕。整体结构9.0 米×7.5 米×6.5 米，重 20 吨。2011 年 9 月底投放于岱山县小门头水道运行至今，发出的电力与岸上 1 千瓦风电集成互补，为"海上生明月"灯塔照明和供热。期间，先后进行有、无导流罩的装备运行测试：在 2.0 和 2.3 米/秒流速下，导流和非导流型发电功率均为 10 千瓦，系统效率分别为 78%和 34.5%[①]。

图 6-26　我国"海明Ⅰ"潮流能发电装置

6.4.2.2　垂直轴潮流能水轮机

（1）垂直轴潮流能水轮机简介

垂直轴式潮流能水轮机（称横流叶片式水轮机）是最早发明的潮流发电机，因其叶轮的旋转轴与水流方向垂直而得名（图 6-27）。其工作原理是：叶轮旋转轴垂直于水流方向，叶片均匀分布在轮毂上，在水流作用下产生升力、阻力和转矩用于驱动叶轮旋转，主轴驱动齿轮箱传动，带动发电机发电。

垂直轴式潮流能水轮机的优点是叶轮叶片简单，安装方便，水流方向不影响发动机的叶片转动方向，发电机可置于水面之上，降低水下运行成本，且噪声小，转速较低，大大降低了对周围海生生物及生态环境的影响。缺点是转换效率比较低，叶轮在旋转过程中受到的载荷呈现升力、阻力交替变化，对结构设计要求较高。垂直轴式潮流能水轮机可分为升力型、阻力型和升阻力混合型，叶片有直叶型或螺旋叶型，还可设计成变桨距或固定桨距两种结构，叶片

---

① 张亮，李新仲，耿敬，等. 潮流能研究现状 [J]. 新能源进展，2013 (1)：53-68.

变桨有主动和被动两种方式。

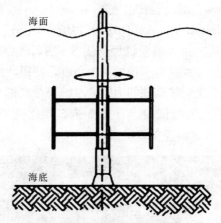

图 6-27 垂直轴潮流能水轮机概念图

（2）垂直轴潮流能水轮机的开发实例

① 意大利的"Kobold"潮流能发电装置

意大利 Pontedi Archimede（PdA）公司研制的"Kobold"潮流能发电装置（图 6-28），采用漂浮式垂直轴直叶片变桨水轮机方案，2002 年安装在在墨西拿海峡运行，由 4 组尼龙锚绳和水泥重块固定与海床。3 叶片叶轮直径 6 米，叶片长 5 米，弦长 0.4 米；载体体呈圆形（直径 10 米），甲板上方六角形机舱内放置齿轮箱、发电机和电控系统。后期，在浮体上安装了太阳能装置，铺设了海底电缆，上岸并网发电，这是世界上第一个接入电网的垂直轴潮流能

图 6-28 意大利的"Kobold"潮流能发电装置

电站，计算得水轮机一级能量利用率系数约 0.23[①]。

② 美国的 "Gorlov" 潮流能发电装置

由美国 Gorlov Helical Turbine 公司设计的 "Gorlov" 水轮机是螺旋叶型垂直轴式潮流能水轮机的一个典型机型（图 6 - 29）。该装置由三片非传统的螺旋形叶片构成，螺旋叶片具有一定的扭曲角度，使得叶片在转动过程中，阻力与升力都能有效地产生对转动轴的力矩，从而可使获能效率最高达到 35%。2002 年进行了 1.5 千瓦模型试验，直径 1 米，叶片弦长 140 毫米，螺旋角 67°，叶轮高 2.5 米，额定流速 1.5 米/秒。

图 6 - 29　美国的 "Gorlov" 潮流能发电装置

③ 我国的 "海能 I" 潮流能发电装置

哈尔滨工程大学自主研发的 "海能 I" 2×150 千瓦潮流能发电装置，采用漂浮式垂直轴叶轮直驱发电机方案（图 6 - 30），由 4 套锚系固定的双体船载体（长 24 米、宽 13.9 米、型深 3.0 米）搭载 2 台 150 千瓦机组和控制设备；叶轮直径 4 米。该装置采用了两套不同的叶轮，其中一个叶轮采用 4 个可变桨距叶片，另外一个叶轮采用的是十字交叉叶轮，2 台低速发电机独立运行，发出的电力通过 350 米海底电缆上岸，为水道附近的官山岛居民提供源源不断的电能。2012 年 8 月安装于龟山水道测试运行，是我国首座漂浮式垂直轴潮流能示范电站。

6.4.2.3　振荡水翼潮流能水轮机

振荡水翼式潮流水轮机借鉴了 "游鱼" 的尾部运动特征，通过潮流作用使

① 王世明，任万超，吕超. 海洋潮流能发电装置综述 [J]. 海洋通报，2016，35（6）：603 - 604.

图6-30 我国的"海能Ⅰ"潮流能发电装置

发电系统尾翼上下摆动而产生动能,进而转换为电能[①]。其造型类似于机翼,主要由翼板、摇臂和支撑结构组成,摇臂底部与垂直结构相接,顶部与水平翼板相接。在垂直结构和摇臂之间有液压油缸,上下振荡的摇臂压缩活塞运动,将机械能转换为高压能量,再通过液压马达将压力能转变为旋转机械能,带动发电机发电。当水流达到一定值时,通过升力阻力使水翼向上运动,摆臂向液压缸施压,驱动发电机发电,当水翼升至最高点,水翼攻角反向,水翼向下降落。这种装置的特点是用往复运动的水翼代替了旋转叶片。第一架振荡水翼式潮流水轮机是由英国Engineering Business(EB)公司开发设计的"Stingray"(图6-31),EB公司共进行了两次试验,第一次于2002年在Yell Sound展开为期一个月的试验,记录流速为1.5米/秒,功率输出峰值250千瓦,平均功率90千瓦;于2008年针对水翼控制改进版进行了为期4周的测试,效能得到提升。

图6-31 英国的"Stingray"潮流能发电装置

---

① 白杨,杜敏,周庆伟,等.潮流能发电装置现状分析[J].海洋开发与管理,2016(3):61.

6.4.2.4 柔性叶片潮流能水轮机

柔性叶片潮流能水轮机是中国海洋大学在国家"863"计划项目资助下，与中国机械科学院总院共同开发的潮流能发电装置（图6-32）。该装置采用创新性的柔性叶片方案，基于帆翼的原理，其叶片为三角形，叶轮直径为1.3米，总高为1.5米。2008年，5千瓦柔性叶片潮流能发电水轮机在斋堂岛水道进行海上样机试验。该水轮机在结构、性能上均具有独到优势：在结构上，叶片采用高分子薄膜材料、帆布等柔性材料直接剪裁制作成形，易于维护、保养和更换，特别是当作较大装机容量水轮机时柔性叶片在加工、运输、维护上体现出较大的优势，同时柔性叶片具有重量轻、造价低廉、耐腐蚀的独特优点；在性能上，柔性叶片潮流能水轮机具有单向旋转特性，其转向与来流方向无关，仅与叶片安装方向有关；具有不同于纯升力型或阻力型水轮机的独特水动力学特性，在旋转过程的绝大多数位置产生同向力矩，具有较高效率；水轮机起转流速低，在水槽实验中0.3米/秒流速下转子便可很好起转，海上样机实验中，0.5米/秒流速下已开始较为稳定地发出电能，具有良好的推广应用前景。

图6-32 我国的柔性叶片潮流能发电装置

6.4.2.5 国内外潮流能技术进展

随着潮流能利用技术的快速发展，至今国内外已有几十种潮流能发电装置问世（表6-3、表6-4）。目前，大部分水轮机的尺寸都在20米以下，额定功率逐渐从千瓦级向兆瓦级过渡，装机容量呈现大型化趋势。从表中可以看出，水平轴发电装置的占有率较高，垂直轴发电装置紧随其后，而其他形式的发电装置开发较少，具备导流罩的装置明显发电效率要高。大量实验表明，漂浮式发电装置的环境适应性较高，对于近海、远海环境都有较强的可操作性，更具发展潜力。与传统的水轮机相比，导流罩能使能量集中起来，以获取更高的能效利用率，因此开发加装导流聚能装置的潮流能水轮机系统，是未来一段时间内的技术发展趋势。此外，较深海域的稳定高流速区域自然是安置潮流能发电水轮机的理想场所，随着潮流能利用向深水、复杂海域推进，对潮流能水轮机的深海生存能力，特别是抗倾覆性能提出了更高的要求。因此，发展适应于深海环境的水下锚系、悬浮型潮流能水轮发电系统，并提高其根据海流方向做自适应调整的能力，是潮流能水轮机大型化、深水化拓展所需要进行的技术改进举措之一。

目前，国际潮流能技术已迈向商业化应用，在2016年以前，英国和美国已成功利用潮流能并网发电，而其他国家也在不断努力实验当中。国际上已有数个单机兆瓦级机组实现并网发电，同时也有单机百千瓦级机组并网发电，从技术的工程实现来看，小装机容量潮流能技术适合安装于浅水海域，可有效降低开发成本和风险，促进技术累积和工程经验的获取，为下一步开发大功率机组奠定基础。但总体来看，随着兆瓦级潮流能技术的商业化进程加快，潮流能发电成本下降至有竞争力的水平将很快实现。如今，众多大容量开发项目正在筹划建设中，预计未来几年将会有数个10兆瓦级电站建成，潮流能发电离我们的生活越来越近。

我国开展潮流能发电研究的时间较晚，结构种类不全面，主要集中在水平轴和垂直轴结构。国内的潮流能发电装置具备导流罩的较少，故发电效率处于较低水平。海洋潮流能发电机组的大型化研发和商业化应用，是我国一直在努力攻克的世界性难题。近年来，在国家的重视以及相应政策的大力扶持下，潮流能发电领域得到蓬勃发展，在潮流能商业化方面也取得重大突破。2016年，我国LHD科研团队研发的世界首台"3.4兆瓦LHD模块化大型海洋潮流能发电机组"首批两套1兆瓦涡轮发电模块机组正式并入国家电网。这是完全由我国科研人员研发、完全拥有自主知识产权、世界上装机容量最大的模块化大型潮流能发电机组，标志着我国在海洋潮流能开发利用领域走在了世界前列。

表 6-3　国外潮流能发电装置

序号	机型	尺寸参数	额定功率（千瓦）	装置类型	基础形式	获能效率	运行状况	研发国家
1	SeaFlow	11米	300	水平轴	/	/	2003年开始运行，建成发电站	英国
2	SeaGen	16米×2	1 200	水平轴导流罩	桩柱式	0.48	2008年开始运行，建成发电站	英国

（续）

序号	机型	尺寸参数	额定功率（千瓦）	装置类型	基础形式	获能效率	运行状况	研发国家
3	Open-center	15米×2	1 520	空心贯流式	桩柱式	0.51	研制中	爱尔兰
4	Gorlov	/	1 000	垂直轴螺旋状	/	/	建成发电站	韩国
5	Free Flow System	/	35.9	水平轴	桩柱式	/	2011年完成测试	英国
6	GHT	1米×2.5米（D×H）	1.5	垂直轴、螺旋叶片		0.36	2009年投入运行	英国
7	Kobold	6米×5米	2	垂直轴、直叶片	漂浮式	0.23	250千瓦在建	意大利
8	UEK	5.18米×2	400	水平轴导流罩	锚链式	0.7	/	美国
9	RITE	5米	2.2	水平轴	坐底式	0.34	2008年投入运行	美国
10	Cleaner Current turbine	17米	1 000	水平轴导流罩	桩柱式	0.5	正在测试	加拿大
11	stingray	弦长3米展长15米	150	振荡水翼式	坐底式	/	投产发电	英国
12	Hytide	/	3 000	水平轴	坐底式	/	研制中	德—韩
13	Tideng	展长20米叶片长2米	4 200	Tideng式	坐底式	/	在建	丹麦
14	HS300	/	300	水平轴	坐底式	/	投入运行	挪威
15	HS1000	/	1 000	水平轴	坐底式	/	投入运行	
16	TiDEL	18.5米×2	1 000	水平轴	漂浮式	0.31	/	英国
17	RTT	19.5米	2 000	水平轴导流罩	坐底式	0.50	/	英国
18	Seapower	1米×1.5米（D×H）	2	垂直轴	/	0.17	/	瑞典

表6-4　国内潮流能发电装置

序号	额定功率（千瓦）	尺寸参数	装置类型	基础形式	获能效率	运行状况	研发单位
1	1	/	水平轴、导流罩	漂浮式	/	样机试验	东北师范大学
2	5	1.5米×1.3米（D×H）	垂直轴导流罩、柔性叶片	漂浮式	0.28	2008年研制成功	中国海洋大学和机械科学研究院

（续）

序号	额定功率 （千瓦）	尺寸 参数	装置 类型	基础 形式	获能 效率	运行 状况	研发 单位
3	5.7	/	卧式螺旋桨	/	/	1978 年研制成功	舟山企业家何世钧
4	10	/	垂直轴	漂浮式	/	20 世纪 80 年代完成样机设计	哈尔滨工程大学
5	70	2.5×2.5 米 （D×H）	垂直轴	漂浮式	0.26	2000 年试验发电站	哈尔滨工程大学
6	5	1.3 米	水平轴	坐底式	0.24	2009 年研制成功	浙江大学
7	40	2.5×2.5 米 （D×H）	垂直轴导流罩	坐底式	0.26	2006 年建成发电站	哈尔滨工程大学
8	300	/	垂直轴	坐底式	/	2013 年建成发电站	哈尔滨工程大学
9	3400	70 米×20 米 （D×H）	/	/	/	2016 年 8 月 15 日发电，年底并入国家电网	林东团队

6.4.3 国内外潮流能的开发利用现状

6.4.3.1 国内潮流能的开发利用现状

我国对潮流能发电的研究始于 20 世纪 70 年代末，当时浙江企业家何世钧使用两台输出功率为 5.7 千瓦的卧轴螺旋桨水轮机，在流速为 3 米/秒的舟山群岛西候门进行了现场测试。我国潮流能研究前期发展较为缓慢，国内对潮流能利用的研究主要集中在高校和研究院，如哈尔滨工程大学、中国海洋大学、浙江大学等高校研究院，由于高校分布在不同城市，故研究力量较为分散。

哈尔滨工程大学是国内对潮流能研究比较早的科研院所。"八五计划"期间，哈尔滨工程大学研制了 40 千瓦漂流式垂直轴发电装置，该装置采用了漂浮结构，直叶片摆线式可变攻角形式，工作流速范围最高可达 4 米/秒。采用该装置建成的潮流能试验发电站"万向Ⅰ号"，建于舟山市岱山县龟山水道内，水深 40~70 米，离岸 100 米，是全球首座漂浮式潮流能试验电站。该电站采用的两座 40 千瓦坐底式垂直轴潮流发电装置分别被国家科技攻关计划和国家 "863" 计划收录。"九五"期间，哈尔滨工程大学又研制了 40 千瓦的海底固定式垂直轴潮流能发电装置，该发电装置在导流罩中心位置安装可控变攻角水轮机。采用该发电装置建成的试验发电站"万向Ⅱ号"位于岱山县仙洲桥下。自从 2000 年之后，投身到潮流能发电领域的单位越来越多，东北师范大学、中国海洋大学、浙江大学等单位都研究出了不同形式的样机并进行了海试，主要类型集中在垂直轴、水平轴；漂浮式、悬浮式、坐底式等类型样机的研究，发电效率也从 100～600 千瓦不等，为我国潮流能发电项目积累了丰富的经验。东北师范大学研制了 1 千瓦水下悬浮式水平轴潮流发电机，采用软轴，水轮机与电机相连，水流直接进入水轮机内，有效解决了调整水平轴桨距和因潮流变向装置效率变低两大问题；其后开发了 2 千瓦表层潮流直驱式水平轴发电系统，可放入深度为 100 米（极限 300 米）的水下，同时有效解决了水下发电机利用海水冷却、润滑的技术问题；研制的 20 千瓦桁架座底潮流能发电装置于 2013 年 4 月底装于斋堂岛水道测试运行。浙江大学研制了 1 千瓦"水下风车"潮流能发电装置，在舟山岱山县完成测试；又研发了 25 千瓦半驱式潮流发电机组和 20 千瓦液压传动式潮流发电机组，于 2009 年在岱山县完成测试。2008 年中国海洋大学和机械科学研究总院共同研制了 5 千瓦帆翼式柔性水轮机，该装置采用柔性叶片，不仅解决了刚性叶片加工运输问题，同时使水流利用率大幅度提高。

2010 年，国家财政部设立海洋可再生能源专项，从政策面和资金面双管齐下推动海洋能的开发应用，将更多的大型国有和民营企业、高等学府、研究机构吸引到海洋能技术研发队伍中，使我国潮流能技术开发进入快速发展时期。至今，我国在潮流能转换与发电系统的设计方法研究、关键技术和试验装置研发等方面取得了长足的进步。2011 年哈尔滨工程大学研制的 10 千瓦水平轴潮流能发电装置组成"海明Ⅰ"号小型潮流发电实验电站，是国内独立开发的第一座持续运行的座海底式水平轴潮流能独立发电系统。由中海油研究总院联合中国海洋大学研制的 2 台 50 千瓦座底式潮流能发电装置于 2013 年 7 月已完成岸上组装，8 月安装于青岛市斋堂岛海域，通过 1 千米海缆上岸接入中央控制室 500 千瓦多能互补独立电力系统。2014 年，我国众多研究院独立开发的"海能Ⅲ"号立轴潮流发电站在舟山成功运行。浙江大学研制的 60 千瓦半直驱潮流能发电机组采用水平轴三叶片水轮机、半直驱式传动系统，支撑结构为漂浮式载体，2014 年完成了海上安装，并成功发电。2016 年 8 月 15 日，我国历时七年，自主研发的世界首台 3.4 兆瓦大型海洋潮流能发电机组在浙江舟山市岱山县秀山岛南部海域成功运行发电，使我国成为继英国、美国之后，亚洲第一个、世界第三个掌握潮流能发电并网技术的国家。

6.4.3.2 国外潮流能开发利用现状

人类对潮流现象的观察、认识由来已久,但是,直到 20 世纪人类才开始研究潮流能的利用问题。从 20 世纪 70 年代开始,科学家开始对潮流能进行发电技术的基础性研究,发现潮流能具有量级强、功率密度大、对海洋环境影响较小、前期投资较少等优点,这一时期主要是研究潮流能的基础性质、能量预测、小型试验等可行性分析和探索的阶段。近年来,由于传统潮汐发电因影响环境等问题在许多国家受阻,人们对利用潮流能发电愈发重视和关注,科学家对潮流能发电研究进入了实际应用阶段。特别是近十年呈现出快速发展势态,新概念、新技术和新装置如雨后春笋般出现,涌现出多个具有良好前景的装置[①]。国外发达国家纷纷开始试验潮流能发电装置,建设潮流能发电项目。如今,潮流能发电装置已广布在全世界 100 多个区域进行潮流能发电测试,其中,英国占据了其中的大部分区域,成为潮流能技术研发和示范的中心,其余分布在美国、日本、加拿大、德国、意大利、中国等国家。英国、美国、加拿大、韩国等国家已有较大规模的项目正在实施,未来几年将会有数个十兆瓦级电站建成。

(1) 英国

英国是目前世界潮流能发电技术的领跑者,也是世界上潮流能开发利用较早、开发规模较大的国家。英国拥有众多水流湍急的海峡和水道,因而其潮流能开发潜力巨大。英国 MCT(Marine Current Turbine)公司是全球最早从事潮流能研究的知名企业之一,如今在英国已能提供相当比例的电力需求。2003年,MCT 公司第一期工程项目研制的水平轴式潮流能发电机 "SeaFlow"(装机容量为 300 千瓦)在英国 Devon 郡海域完成测试;2008 年,第二期工程的 "SeaFlow" 升级版 "SeaGen" 装机容量为 1 200 千瓦,在斯特兰福德港完成测试。"SeaGen" 是世界上首台兆瓦级并网输电的潮流能发电机,标志着潮流能发电机商业化使用的开端,突破了潮流能发电机只用于试验的局限性,对于潮流能发电技术的发展具有里程碑式的意义。MCT 公司在英国工业贸易部的经费支持下,将单台机器建设成多台发电装置的潮流发电站,实现了潮流能应用从研究试验阶段向商业化发展的过渡。此外,英国海流涡轮公司于 2004 年开发出英国第一台 300 千瓦并网型水下风车机组,次年又研制出 1 兆瓦水下机组,计划于 2006 年构造 10 台 1 兆瓦的小型水下发电厂。英国 Lunar Energy公司与 E.ON 合作,计划于 2010 年建立 8 兆瓦商业潮流发电站;与韩国签订开发世界最大潮流能项目,计划装机 300 台,容量总计 300 兆瓦,已于 2009

---

① 张理,李志川.潮流能开发现状、发展趋势及面临的力学问题 [J].力学学报,2016,48 (5):1022.

年完成样机测试工作。英国还在威尔士 Pembrokshire 沿岸建设具备多种型号发电机的"Lunar Energy"大型深海潮流发电场，从浅海技术逐步向深海技术发展。

（2）美国

美国是世界上最早将潮流能应用于实践的国家之一，1973 年就在佛罗里达海域实施"科里奥利斯"巨型潮流发电方案。当时机械置于水下 30 米，潮流流速 2.3 米/秒，获得了 83 兆瓦电量。1985 年，美国开始试验 2 千瓦和 20 千瓦的海流水轮机。美国的绿色能源（Verdant Power）公司是潮流能技术应用较为成熟的公司，在 2002 年启动了 RITE（Verdant Power's Roosevelt Island Tidal Energy）项目，这个兆瓦级的潮流能利用项目的实施可划分为三个阶段，即模型测试阶段（2002—2006 年）、示范验证阶段（2006—2008 年）、项目建设及商业运作阶段（2009—2012 年）。自 2006 年起该公司就在纽约河东部放置了 6 个水下涡轮测试潮流能转换。此外，该公司还实施了装机 15 兆瓦的 CORE（Cornwall Ontario River Energy）项目，并于 2012 年获得了美国潮流商业许可，此后预备开发 1 兆瓦的机组为美国提供电力。2007 年 4 月，美国绿色能源公司在纽约东河试验了美国史上重要的大型潮流发电项目，总装机容量为 10 兆瓦。

（3）挪威

挪威的 Hammerfest Strom 是全球潮流能领先技术的开发商之一，其研制的世界首个并网潮流水轮机 HS300 于挪威 Kvalsund 水下 50 米进行了长达四年的运行测试，该项技术已经持续发电超过 17 500 小时，发电效率达到 98% 的最高纪录，率先实现了大规模设备并网运转。此后在此基础上，该公司又开展了 1 兆瓦"HS1000"潮流水轮机研发，向众多供应商推广此项目。2003 年挪威建设潮流发电站，于 2009 年运行使用，在全球率先完成了大规模并网发电的潮流能项目。

（4）意大利与加拿大

加拿大 Blue Energy 公司在 20 世纪 80 年代就已研发出垂直轴潮流能水轮机，此后 New Energy Corporation 公司开发了 En Current 垂直轴潮流发电系统，其研制的 5 千瓦和 15 千瓦机型在加拿大和美国测试成功，此后又研发了 250 千瓦机型。加拿大 BC Tidal Energy 公司与英国的 MCT 公司合作，在温哥华 Campbell 河建设 1.2 兆瓦的 SeaGen 潮流发电场。加拿大 Clean Current 公司研制出了具有导流罩的 65 千瓦的变速永磁发电机，其中一个样机结合水轮机、太阳能以及蓄电池系统，取代采油设备，为偏远地区供电。意大利 PDA 公司设计的 Kobold 垂直轴潮流能发电机，2005 年在意大利墨西拿海峡组成漂浮式电站，成为世界上第一台并入发电网的垂直轴潮流能发电机型。

（5）韩国

韩国是亚洲地区海洋能利用开发技术较为先进的国家，在潮流能、波浪能、盐差能等方面都有相应的研究。从 2000 年开始，韩国采用两台 500 千瓦垂直轴螺旋水轮机，在珍岛建立 1 兆瓦的珍岛潮流能示范电站，经过十年系列测试运行，2011 年正式投入发电使用。此外，韩国与 Voith Hydro Tidal 公司共同合作建立一座装机容量为 600 兆瓦的"海龟"潮流发电站，计划在 2018 年完工。此外，韩国还研制了兆瓦级潮流装置和 10 千瓦便携式潮流水轮机进行系列测试。

6.5　温差能的开发利用

6.5.1　温差能及温差能发电的工作原理

海洋温差能是指以表、深层海水的温度差的形式所储存的海洋热能，其能量主要来源于蕴藏在海洋中的太阳辐射能。由于对太阳能的吸收程度不同，海洋表层海水和 500～1 000 米深层海水存在温差。因海水的导热系数普遍较低，故海水水温与深度呈反比，太阳能中有 15% 左右的能量以热能的形式存储在海水表层中，热带海水表层常年温度超过 25℃，而深层的海水温度仅 4～6℃。辽阔的海洋是地球上最大的太阳能存储器，体积为 6.0×10^7 立方千米的热带海洋的海水每天吸收的能量相当于 2.45×10^{11} 桶原油的热量，可见，海洋里的温差能储量非常巨大。在多种海洋能资源中，温差能的资源储量仅次于波浪能，排在第二位。足够温差海域的流水量和温差成正比，随时间变化相对稳定。

由于 800 米以下的海水温度恒定在 4℃左右，因此海洋温差能的资源分布主要取决于海水的表层温度，而海洋表层海水温度主要随着纬度的变化而变化，低纬度地区水温高，高纬度地区水温低，赤道附近太阳直射多，海域表层温度可达 25～28℃，与深层海水间的最大温差可达 24℃，是海洋温差能资源蕴藏最为丰富的地区。可开发的温差能资源主要在水深超过 800 米、温差超过 18℃的海域，广泛分布在除了南美洲西岸海域的北纬 10°到南纬 10°之间的赤道地区，横跨太平洋、大西洋及印度洋，有 98 个国家和地区都在距其经济区 200 海里的范围内有可利用的温差能资源[①]。就海域温差能分布来看，我国可开发海洋温差能资源主要分布在北回归线以南广大的南海海域和台湾以东海域，而渤海、黄海和东海的平均水深较浅，海水表深层的温差相对较小。在南

---

①　苏佳纯，曾恒一，肖钢，等．海洋温差能发电技术研究现状及在我国的发展前景［J］．中国海上油气，2012，24（4）：84.

海海域，位于北回归线以南的是典型热带海洋，表层水温为 25℃ 以上，受太阳辐射较为强烈，而 500～800 米以下的海水深层温度在 5℃ 以下，海水表深层温度差可达 20～24℃。据测算统计，南海海域温差能资源理论蕴藏量约为 (1.19～1.33)×10^{19} 千焦，技术上可开发利用的能量（热效率取 7%）约为 (8.33～9.31)×10^{17} 千焦。在台湾岛以东海域，表层水温与 500～800 米深层水温相差 20～24℃。据台湾电力专家估计，该区域温差能资源蕴藏量约 2.16×10^{14} 千焦。

海洋温差能利用以发电为主，温差能发电主要是利用海洋热能转化技术将深层海水抽取到海平面，使深层冰冷的海水受到海平面高温汽化而产生热量，通过温差能发电装置进行发电。如今的新型温差能发电装置，先将普通海水抽至太阳能加温池，通过太阳能自动加热至 50℃ 以上，再灌入真空汽锅进行发电。温差能发电装置即利用表层温海水加热某些低沸点工质（工质即工作介质，是实现热能和机械能相互转化的媒介物质，如氨、丙烷或氟利昂）并使之汽化（或通过降压使海水汽化），以驱动汽轮机发电；同时利用深层冷海水将做功后的乏汽冷凝重新变为液体，形成系统循环。海洋温差能发电的理论装机容量为 36 713×10^4 千瓦，年发电量为 32 161×10^8 千瓦时，技术装机容量为 2 570×10^4 千瓦，技术年发电量为 2 251×10^8 千瓦时[①]。利用海洋表层和深层两层海水的热能差不但可以实现热力循环并发电，同时还可生产淡水、提供空调冷源等，10 万千瓦的温差能发电站 24 小时可产出 378 立方米的淡水量。因此，海洋温差能极具开发价值。

6.5.2　温差能利用技术

海洋温差能发电装置的热电转换主要依靠其循环系统完成。温差能发电装置使用的主要循环系统有三种：开式循环发电系统，闭式循环发电系统以及两者的结合混合式发电循环系统，接近实用化的是闭式循环方式。海洋温差能发电装置可以建设在岸上，也可以建设在海上。

6.5.2.1　开式循环发电系统

（1）开式循环发电系统简介

开式循环发电系统的工作原理是以在真空下不断蒸发的温海水蒸汽为工作流体，推动透平做功，然后在冷凝器中被深层海水冷却（图 6-33）。开式循环发电系统主要由六大部分组成，即真空泵、温海水泵、冷海水泵、冷凝器、透平（汽轮机）和发电机。其中，真空泵将系统内部的部分空气抽出，使系统

---

① Manabu Ta Kao. A Twin Unidirectional Impulse Turbine for Wave Energy Conversion [J]. Journal of Thermal Science, 2011, 20 (5)：394-397.

保持部分真空，再使用温水泵将温海水输送至闪蒸器，使其在系统内部保持真空状态，温海水在系统内部便沸腾汽化，在喷嘴口喷出的蒸汽推动透平转动，从而启动发电机。从透平出来的乏汽在凝结器中被冷海水冷却重新变为液体，排入海中，这样就形成了一次工质的循环。淡水即可从冷凝水中获得，冷凝器中的冷量由深层海水提供。

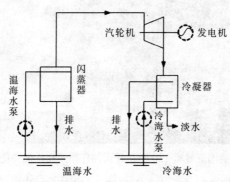

图6-33　开式循环发电系统原理图

开式循环发电系统无需其他介质，无需海水与工质的热交换，结构相对简单；如采用间壁式冷凝器，还可以得到淡水；其以海水作为工作流体和介质，闪蒸器和冷凝器本身差异少；海水经过蒸发和冷凝两大过程后直接排入海水，物理使用海水过程使海水不受污染排出系统，极大减少了污染物质的扩散。但系统处于负压，汽轮机（即蒸气透平）压降较低、效率低、设备和管道体积庞大，海水需要脱气处理，由于真空泵和抽水水泵功耗高，大大影响了它的发电效率，其经济效益并不乐观。

（2）开式循环发电系统应用实例

太平洋国际高技术研究中心于1993年4月在美国夏威夷柯纳海岸建成了210千瓦的首个开式循环岸式海洋温差能发电系统（图6-34）。其设备投资为500万美元，以海水为工质，热水平均温度为26℃，冷水平均温度为6℃，冷热水温差为20℃，冷水管长2 040米，直径1米，电站平均输出功率为255千瓦（温差为最大值），向电网输出功率为10^3千瓦（温差为最大值）。装置连续运转8天，10%的蒸汽用以产生淡水，每天成功产出26.5立方米淡水。

6.5.2.2 闭式循环发电系统

（1）闭式循环发电系统简介

闭式循环系统区别于开式循环发电系统的其中一点是通过一些低沸点物质（如丙烷、氟利昂和氨等）作为工作介质，在闭合状态中实现循环蒸发、膨胀和冷凝。其工作原理为低沸点工质吸收表层海水的热量而成为蒸汽，推动涡轮

图 6-34　美国夏威夷 210 千瓦开式循环岸式海洋温差能发电系统

机带动发电机发电，然后工质进入冷凝器中被深层海水冷凝，通过泵把液态工质重新打入蒸发器循环发电（图 6-35）。相较于开式循环发电系统，闭式循环发电系统将闪蒸器改为蒸发器，以温水泵将表层海水抽上送往蒸发器，海水本身不蒸发，通过蒸发器内的盘管将部分热量传送给低沸点的工作流体，如氨水。当温水的温度降低，氨水的温度升高，开始沸腾转化为氨气。经过透平的叶片通道，膨胀做功，推动透平旋转，排出的氨气进入冷凝器，再经冷水泵抽上的深层海水冷却后重新转化为液态氨，再用氨泵即工质泵把冷凝器的液态氨重新压进蒸发器，供循环使用。

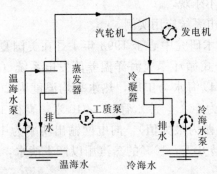

图 6-35　闭式循环发电系统原理图

　　由于所选用的是低沸点工质，装置（特别是透平机组）尺寸大大缩小；使用低沸点工质，没有不凝性气体对系统的影响；整个循环系统容易进行工业放大。但海水与工质需要二次换热，减小了可利用温差；蒸发器和冷凝器体积增大，材料金属耗量大，维护困难；不能产生淡水。

（2）闭式循环发电系统应用实例

① 美国夏威夷 100 千瓦温差能电站

2010 年，美国马凯海洋工程公司在夏威夷自然能源实验室（NELHA）建成海洋温差能发电热交换测试系统。2014 年，安装完成透平发电机及两台换热器，建成 100 千瓦海洋温差能发电示范电站；2015 年 8 月试发电成功并连网（图 6-36）。据报道，该电站耗资 500 万美元建成，是全球第一个真正的闭式温差能电站并成功并入美国国家电网，可以满足夏威夷 120 户家庭年用电需求，目前上网电价约 19 美分/千瓦时，剩余电能出售产生的收益将用于温差能技术的发展和研究。整套发电系统形成高 40 英寸的塔状，为今后在该岛建造 10 兆瓦大型海水温差发电站做准备。该系统共有两台换热器，每台换热器的热负荷为 2 兆瓦。由于换热系统是模块化组件，因此可以进行适当的小规模测试。例如，原型换热器的横截面积为 1 平方米，高为 2～8 米，需要设计海水流量为 0.25 米³/秒。氨工质循环系统配有两台工质循环泵和储存罐。该装置还可以通过海水流速、温度差、氨流量测蒸发器和冷凝器的性能。此外，NELHA 可以提供 98 立方米的冷海水及相应温海水，是全球可以提供深海水流量最大的实验室，深层海水通过 620 米深的 40 英寸[①]海水管道或 914 米深的 55 英寸管道获得[②]。

图 6-36　美国夏威夷 100 千瓦温差能电站

② 日本冲绳县 50 千瓦海洋温差能电站

2013 年 3 月，冲绳县久米岛 50 千瓦海洋温差能电站首次发电成功（图 6-37）。该温差能电站由日本冲绳海洋深水研究院于 2013 年建成，最大发电功率为 50 千瓦，表层海水温度为 27℃，冷水源抽取 612 米深处海水，温度为 8.8℃，采用闭式循环系统，工质为四氟乙烷（R134a）。

---

① 英寸为非法定计量单位，1 英寸＝0.025 4 米。——编者注

② 岳娟，于汀，李大树，等.国内外海洋温差能发电技术最新进展及发展建议［J］.海洋技术学报，2017，36（4）：83.

图 6-37　日本冲绳县 50 千瓦海洋温差能电站

6.5.2.3　混合式循环系统

混合式循环发电系统是在闭式循环的基础上结合开式循环改造而成的（图 6-38）。温海水先经过闪蒸器，将部分海水转化为水蒸气后马上将蒸汽导入第二个蒸发器，将水蒸气冷却，释放能量，然后用释放的能量将低沸点工质流体蒸发，使工作流体循环，形成封闭式循环系统。

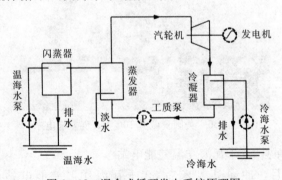

图 6-38　混合式循环发电系统原理图

混合式循环发电系统能避免温海水对热交换产生的生物附着，既可发电又可产生淡水，具有开式循环和闭式循环的优点，但系统较复杂，工程造价较高。

6.5.2.4　国内外温差能技术进展

海洋温差能发电在原理、技术上都被证明是可行的，经过多年的努力，温差能发电装置核心技术的研究已取得了一定进展。近年来，随着越来越多国际知名研究机构进军海洋温差能产业，海洋温差能产业化进程正在不断加快。目前，温差能开发利用处于商业化开发前期的示范阶段，设计建造规模为 10 兆瓦的温差能发电装置的相关技术已经成熟，并且在现有条件下与其他可再生能源相比已经具有了一定的经济性，已经进行了示范运行，而发电规模在 100 兆瓦级别的装置在技术上还存在着较多瓶颈问题，有待进一步研发以满足商业化装置的要求。总体来看，国际温差能技术仍处于核心技术突破阶段，其冷水管技术、平台水管接口技术、热力循环技术以及整体集成技术等方面仍存在一定问题。此外，由于海洋温差能处于海洋环境之中，温差能发电站的建设费用和能量传输费用比其他可再生能源利用都要大得多，导致其在经济上暂时还不具备市场竞争力，因此，至今仍没有一个示范性商业电站投入运行。温差能发电要突破高发电成本的制约，一方面需要向十兆瓦甚至百兆瓦电站规模发展，同时还可利用其在海水淡化、制氢、空调制冷、深水养殖等方面的综合利用优势，降低发电成本。

虽然我国温差能发电技术在循环效率等方面处于国际先进水平，但相比于国外温差能技术的发展，我国温差能发电技术还不是很成熟，目前我国对于海洋温差能的研究仍处于实验室阶段，与发达国家的水平还有一定差距。近年来，日本、美国、印度等国建造了几个百千瓦级温差能发电及综合利用示范电站，取得了较好的运行效果，为兆瓦级电站建造积累了重要经验，法国、美国、韩国等国已经启动了兆瓦级温差能电站建设。台湾在其东部近海建了一座将发电、水产养殖和娱乐集于一身的 5 000 千瓦的海洋温差能转换发电站[①]。而我国大陆只是对温差能的"雾滴提升循环"方法、闭式和混合式海洋能源温差能发电站试验进行了研究，缺乏示范工程应用经验，需要在南海尽快开展百千瓦级甚至兆瓦级温差能示范电站建设。

6.5.3　国内外温差能开发利用现状

6.5.3.1　国内温差能开发利用现状

我国对海洋温差能的研究开发滞后于发达国家，目前，仍处于实验室理论研究以及实验阶段。

我国台湾于 1980 年就开始对温差能发电站进行建设设计，采用马鞍山核电站排出的 36～38℃ 的废热水及 300 米深的冷海水（约 12℃）的温差能发电。其中，铺设的冷水管长约 3 200 米，内径约为 3 米，延伸到台湾海峡的 300 米的深水海沟。温差能电力发电站的电量输出为 $1.425×10^4$ 千瓦，净发电量为

---

① 高艳波，柴玉萍，李慧清，等．海洋可再生能源技术发展现状及对策建议 [J]．可再生能源，2011（2）：152-156.

0.874×10⁴ 千瓦（已扣除动力消耗费）①。台湾电力公司在 1995 年曾计划采用闭式循环设计建造一座岸式示范电站，后由于当局能源计划导向问题而搁置，一直到 2005 年因环境污染世界能源危机才又逐渐受到重视。

20 世纪 80 年代初，中国科学院广州能源研究所、中国海洋大学和天津国家海洋局海洋技术中心研究所等单位开始温差能发电研究。1986 年中国科学院广州能源研究所研制完成开式温差能转换试验模拟装置，利用 30℃以下的温水，在温差 20℃的情况下，实现电能转换。1985 年，广州能源研究所开始研究温差能利用中的"雾滴提升循环"方法，其原理是利用表层和深层海水间的温度差异产生的热量来提高海水位能。研究得知，当温度从20℃降到 7℃时，海水所释放的热能足以将海水的高度提升到 125 米，再通过水轮机进行发电。1989 年，广州能源研究所将雾滴高度提升到 21 米，同时该所还对开式循环过程进行了实验室研究，分别建造了 10 瓦和 60 瓦的温差能发电试验台。在 2004—2005 年，天津大学完成了对混合式海洋温差能利用系统理论研究课题，并就小型化试验用 200 瓦氨饱和蒸汽透平进行了研究开发②。2008 年，国家海洋局第一研究所承担了"十一五""国家科技支撑计划"重点项目"15 千瓦海洋温差能关键技术与设备的研制"，并于 2012年建成了利用电厂蒸汽余热加热介质进行热循环的温差能发电装置用以进行模拟研究，设计功率为 15 千瓦，目前还未开机发电。该项目的成功实验是我国在开发温差能方面的巨大进步，对于未来我国实质性开发利用温差能起到了基础性作用，意义重大。

6.5.3.2 国外温差能开发利用现状

人类对海洋温差能发电技术的研究已有一百多年的历史，1881 年，法国人 J. D Arsonval 率先提出海洋温差发电的概念。1926 年，他的学生 G Claude首次进行了海洋温差能利用的实验室原理试验并于 1929 年在古巴萨斯海湾沿海建成了一座开式循环发电装置，输出功率为 22 千瓦。直到 20 世纪 70 年代第一次石油危机才使美国、日本等国家把海洋温差能发电研究列入基础研究范围，并相继建设了海洋温差能的发电装置或是小型发电站。随着科技的进步，能源利用率得以提升，现代海洋温差能发电站的容量较以前也显著提升，一些国家的温差发电站容量已超过 10 000 千瓦。

美国的温差能发电利用技术起步于 20 世纪 70 年代，相继研建了迷你型50 千瓦温差能发电站、海洋温差能发电-Ⅰ温差能实验电站和开式循环温差能

---

① Qiu Dahong. Effect of end plates on the Performance of a Wells Turbine for Wave Energy Conversion [J]. Journal of Thermal Science, 2006, 15 (4): 319 - 323.

② 刘奕晴. 混合式海洋温差能利用系统的理论研究 [D]. 天津: 天津大学, 2004.

发电站。其中，迷你型 50 千瓦温差能发电站由夏威夷州政府和几家私营部门集资 300 万美元建立在一艘美国海军租借的驳船上，1978 年开式实施，共计 15 个月的时间，又进行了 4 个月的试验，采用闭式循环系统，热水口的平均温度为 26.1℃，冷水口的平均温度为 5.6℃，尤其在温差为 20℃时，热力循环系统输出功率超过了 2.5%，电站的均输出功率达到 48.7 千瓦，这是人类首次通过海洋温差能来得到有实用价值的电能。1980 年，美国于夏威夷岛上建立海洋温差能发电-Ⅰ温差能发电实验站，其采取闭式系统，从事热力系统研究，没有安装透平发电机组，重点是管壳式热交换器和冷水管性能。1990 年，太平洋国际高技术研究中心启动了开式循环温差能利用计划，于 1991 年 11 月在夏威夷进行开式循环净功率输出的试验，于 1993 年 4 月建成，发电功率为 210 千瓦，净输出功率为 40～50 千瓦，并具有生产淡水之功能。2008 年，美国能源总局另提供了 500 万美元的资金支持，致力于温差能和波浪能技术的研发。

日本在海洋温差能研究开发方面的投资力很大，并把温差能发电纳入其解决能源问题的"阳光"计划，成立了海洋温差能发电研究所，做了很多基础研究和试验工作，在海洋热能发电系统和换热器技术方面领先于美国。日本东京电力公司于 1980 年 6 月和日本政府各出资 50% 在南太平洋的瑙鲁研建了一座 100 千瓦全岸基的闭式循环温差能发电装置，合计 11 亿日元，于 1981 年 10 月投产使用，试行一年后，该发电装置的电站年均发电功率输出为 100.5 千瓦，均净输出为 14.9 千瓦。1981 年 8 月，日本九州电力公司等将 50 千瓦的温差能试验发电站建设在鹿儿岛县的德之岛，于 1982 年 9 月投入试验，于 1994 年 8 月停止，总投资 10 亿日元，企业和日本各占 50%，采用板式热交换器的混合型电站，热源温度可达 40.5℃，冷水口温度为 12℃，温度差约为 28.5℃，净输出功率达到 32 千瓦。1985 年日本佐贺大学成立了佐贺大学海洋能源协会，于离佐贺县 50 多千米的伊万里坝区建立试验中心，耗资 45 亿日元，建设了净输出为 35 千瓦的 75 千瓦温差能发电站。1994 年，日本佐贺大学建成新型闭式循环（上原循环）的 9 千瓦实验设施并进行海水淡化方面的研究。

印度政府将海洋温差能作为未来的重要能源之一进行开发，1997 年印度国家海洋技术研究所与日本佐贺大学签订协议，共同进行印度洋海洋温差发电的开发，并准备在印度国内投资建立商业化的海洋温差能发电系统。1999 年，在印度东南部海上运转成功了世界上第一套 1 兆瓦海洋温差发电实验装置。2005 年，印度在 Kavaratti 岛架设了海水温差淡水生产设备，利用海水温差进行海水淡化，满足了岛上淡水的需要。2012 年，印度在米尼科伊岛（Minicoy）建造了日产淡水约 100t 的温差能海水制淡示范电站。

此外，韩国海洋科学与技术研究所于 2013 年建成 20 千瓦温差能试验电站，法国 DCNS 公司正在塔希提开展 10 兆瓦温差能电站建设可行性研究。

6.6　海上风能的开发利用

6.6.1　海上风能及海上风能发电的工作原理

海上风能是海面不同区域的空气流动而形成的能量。太阳照射在不同区域的海面上，因各处的气温不同，从而产生不同的气压，在同一层面上，高气压空气向低气压空气流动，产生气流，从而形成了海风。海上风能密度和可利用的海上风能年累积小时数决定了海上风能资源的总量。风能密度指的是海上迎面来风单位面积所获得的功率。世界海上风能总量约为 1 300 亿千瓦，是陆上风能的三倍，资源丰富，还具有陆上风能所没有的优点。①风力强。在海面经过太阳照射容易产生高低气压流动，且海面没有遮挡，风力不容易减弱。风力比陆上风力高约 20%，海上风力发电装置效率达 70%。② 湍流小。海面上的风湍流小，降低了湍流对风电机组叶根的疲劳载荷的不良影响。③ 海上风能产生于海洋，开发海上风能，不用使住户迁徙他处。④ 海上风能产生没有阻挡，风速不容易减小，而且海平面较为平滑，摩擦力较小，风力机电塔架不用像陆上塔架那么高，成本显著降低，使用寿命亦比陆上风力发电装置延长数年。

海上风能主要用于发电领域，海上风能发电装置要比陆上风力发电装置复杂得多，为了充分利用海上丰富的风能，风电装置的装机功率必须增大。目前海上风力发电装置主要采用 3~5 兆瓦的大功率风机。更大功率的风机正在开发当中。风电装置的基础主要由塔架和海底基础组成，考虑到气压、腐蚀性、海水冲击的原因，海底基础远比陆上基础复杂。现有三种结构已经投入实践：单桩结构、重力结构和多桩结构。

6.6.2　海上风能的利用技术

6.6.2.1　海上风能发电站的选址

海上风能发电站的选址影响因素主要有风能资源因素、海床的地质结构、海底深度和最高海浪级别。风力因素是风电场选址的第一因素，平均风速、风频及主要风向分布、风功率密度、年风能可利用时间是风电场选址中一定要考虑的几个风能评估参数。优质的风力资源会提升发电站使用的效率、资金投资回报。一般对风力资源的评价指标如表 6-5 所示。

表 6-5　风力资源的评价指标

平均风速（米/秒）	基于欧洲经验
6～7	低风速，海上效益不好
7～8	中等风速，投资回报期长
8～9	高风速，中等投资期，利润合理
9～10	最佳风能资源，投资回收期短，利润可观

在风力资源上，要求平均风速达到 6 米/秒以上，50 米的风力功率密度不小于 200 瓦/米²。我国最佳的风力资源区主要在台湾，平均风速达到 8 米/秒以上，功率密度达到 700 瓦/米²，第二级是广东、第三级是上海江浙一带，最后就是山东、河北等沿海省份。全世界的海上风电选址 90％集中于北欧地区。台风是影响海上风电使用效率的最大负面因素。大量级的台风往往对叶片、机身整体都会造成一定的损害。风塔基础在海上风电建设成本中占据了较大比重，因此海上风电对海床地质要求很高，尽量要求平滑的海床条件，要通过地质勘探和设计布点。同时也要考虑海床的深度对发电机组基础和施工的难度影响，以当今的技术，一般小于 40 米操作较为容易。如今，欧洲海上风电项目的开发趋向于更大、更远、更深，建设的海上风电场最深的是 Beatrice 商业示范项目，大约位于 40 米水深范围。5 米的水深是近海岸的临界值，大多海上风电项目都在水深 5～40 米建造。

6.6.2.2　海上风电技术

海上风力发电装置与陆上风力发电装置因其装置安放位置有很大差异，故二者的基础机组处有很大不同，海上风能发电装置基底的防腐性、防水性等性质要明显强于陆上风能发电装置，设计也要比陆上风力发电装置复杂。

海上风力发电装置由塔头和支撑结构两大部分组成，塔头包括风轮和机舱，支撑结构包括塔架、水下结构和地基三大部分。支撑结构的塔架露出水面，施工的难度主要集中在水下结构和地基部分。海上风力发电装置基础结构可分为单桩结构、三脚架结构、重力结构、漂浮结构等。

单桩基础最大的优点是具有简易性，不用建造地基，通过钻孔、打桩等形式将直径为 4～6 米钢制圆柱安置在 20～30 米深的海底，通过钢柱的连接适应不同的深度，但是深处海水的柔性较大，安装相对困难，越深的水域对于钢柱连接单桩基础的稳定性也有一定影响，同时坚硬的海床也会加大安装的成本（图 6-39）。单桩基础是目前海上风力发电机采用的最普遍的形式，国外海上风力发电厂 80％使用的都是单桩基础。

重力结构的特点是依靠自身基底的重力维持装置的稳定，不适合在流沙式

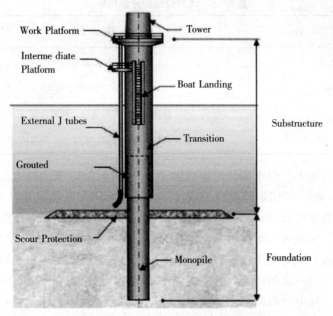

图 6-39 海上风电发电机的单桩基础

海床处安置，适用于岩石较多的海床地带（图 6-40）。重力结构装置一般重达 1 000 吨以上，运输和安装成本较大，防腐性也较差。

图 6-40 海上风能发电机的重力结构

三脚架结构为多桩模式，采用三角钢套管，三条钢桩埋入海底，分散塔架对于基底的压力，增加装置稳定性（图 6-41）。其劣势是加大了钢柱结冰的可能性，安装的成本较大。

悬浮式基础是为适应深海区域开发的基础装置，可适用于 50～100 米的水深，扩展了海上风力发电厂的选址区域（图 6-42）。悬浮式基础通过多条链绳和自身重力来维持风机的稳定性，应用于海浪较小的情况。

图6-41 海上风能发电机的三脚架结构

图6-42 海上风力发电机悬浮式基础

6.6.2.3 国内外海上风能利用技术进展

国内外风电机组设计主要朝着大功率、风轮直径加长的方向发展。8兆瓦的机型是迄今为止研制的功率最大的海上风电机，由丹麦维斯塔斯（Vestas）公司生产，且已经投入商业化运营。而我国海上最大风机为5兆瓦湘电XE128-5000机型，于2015年底在福建莆田平海湾安装成功。通过调查，我国海上风机带齿轮箱的传动系统生产厂家较多，无齿轮箱的较少，发电机基本为永磁同步发电机。部分机型为我国完全自主研发自主生产的机型，突破了多个技术难题，我国的海上风电技术又向前迈进一大步。

6.6.3 国内外海上风能的开发利用现状

6.6.3.1 国内海上风能的开发利用现状

我国海岸线漫长，风能资源十分丰富，风力时间持续长，风力强度较大。面对不可再生能源的日渐枯竭，我国也将目光投向海上风能的开发。我国风力资源主要集中在三北地区（东北、华北、西北）和东南沿海地区，据调查，海上风力资源是陆上风力资源的3倍，具有广阔的开发前景。

我国并网风电始于20世纪80年代，"十一五"期间得到大力发展，截至2011年，累计装机量达到45 894台，装机容量为62 364.2兆瓦，同比增长38.4%。我国海上风电的研究起步晚于欧洲。2007年11月，我国第一个海上风力发电示范项目实现投产，该发电站建于辽东湾的绥中36-1油田，与油田电站并网运行，为油田电站提供生产电力，并减少二氧化碳和有害气体的排放（图6-43）。

图6-43 我国第一座海上风力发电站

2009年10月，我国首批2台1 500千瓦风力发电机组在江苏龙源如东海上完成并网发电。2010年8月上海东海大桥采用34台3兆瓦华锐风机组的10万千瓦大型海上风电场经过240个小时顺利竣工。这是我国第一座大型海上风电场，完全采用自主研发的风力发电机组，可供20万居民的日常用电。同年9月，江苏盐城取得了我国4个首批招标的海上风电特许权项目中的1个，装机总量为1 000兆瓦。2011年6月，江苏龙源如东海上150兆瓦的大型海上（潮间带）风电场开始建造。2016年，莆田南日岛海上风电场获批了海上安装100台单机容量4 000千瓦的海上风力发电机组的项目，总装机量达到4兆瓦，项目总投资达到82.25亿，建成之后可替代煤45万吨，减少用水439万吨，极大降低了污水和废气的排放，节约了工业用水。

截至2015年底，全国（除台湾地区外）海上风电组新增360.5兆瓦，同比增长14.4%，累计海上风电装机容量为1 014.68兆瓦，同比增长55%，

图 6-44 2009—2015 年我国海上风电组新增和累计风电装机容量

2015 年新装机容量达到全球第三。根据国内各省市海上风力发展规划显示，预计到 2020 年，我国累计装机总量有望达到 3 000 万千瓦，成为除德国、英国以外装机容量最多的国家。如今，我国的风电发电总量已超过总发电量的 3%，相对于英国、德国，还有较大的上升空间。

6.6.3.2 国外海上风能的开发利用现状

国外海上风能开发始于 20 世纪 80 年代，丹麦、德国、英国等欧洲国家的技术开发较为成熟，现已能利用大功率海上风能发电机发电。而海上风能发电机相比其他新能源发电装置，需要安置在远海区域，其机器本身功率大于陆上风力发电装置。对于应对深海区域的压力和腐蚀性方面，欧洲国家的技术全球领先。目前，欧洲海上风能发电的价格已接近煤电发电的价格，开发成本大大低于其他新能源开发成本，可观的经济性使海上风能发电具有极为广阔的发展前景。丹麦、英国、瑞典等国家都已建立海上风力发电厂，欧洲其他国家也纷纷制定了建立海上风力发电厂的计划。欧洲风能协会是全球风能产业的代表，囊括了欧洲 27 个国家，旨在不断为欧洲乃至全球提供行业最新资讯动态和技术帮助，推动全球风能产业发展。如今，全球海上风电总装机量已超过 100 万千瓦。

（1）丹麦

丹麦是欧洲的一个岛国，四面环海，且海风时速稳定，有利于开发海上风能。丹麦是世界上最早进行海上风力发电厂建设的国家。1991 年，世界上第一个海上风力发电厂在丹麦波罗的海的西北沿海建立。2001 年，全球第一个商业化海上风电场在丹麦的哥本哈根附近海域建立，配备了 20 台 2 兆瓦风力发电机。同年，丹麦在日德兰半岛开始建设 HornsRev 大型海上风电场（图 6-45），配备 80 台 2 兆瓦风力发电机，2003 年实验完毕，投入使用。同年 11 月，世界上最大海上风电场之一——Nysted 海上风电场在丹麦 Loland 建成，

装机总量达到 6 516 兆瓦,年底并网投入运行。丹麦的 Federikshaven、Samso
和 Ronland 等大型海上风电场相继建成并投入使用。如今,丹麦年风力发电占
比例超过 45%。

图 6 - 45 丹麦 HornsRev 海上风电场

  Vestas 公司属于丹麦的跨国集团,是世界风力发电行业技术的领航者,
70 年的精湛工艺使其成为世界上最大风电设备供应商,是全球三大风叶制造
商之一。HornsRev 大型海上风电场配备的 80 台 2 兆瓦风力发电机就是 Ves-
tas 提供的。全球风机叶片三大巨头之一的 LM Wind Power 公司与 Adwen 公
司合力开发了全球最大风力发电机"AD8 - 180"(图 6 - 46),其拥有全球最
长、最先进的 88.4 米的叶片,单机容量功率达 8 兆瓦,可供 1 万居民的生活
用电,极大降低了海上平准化能源成本(LCOE)。目前海上风电逐渐从小功
率向大功率转变,发电装置体积不断变大,可以转化更多的能量加以利用。在
众多优秀的风电企业共同努力下,丹麦的海上风力发电技术如今走在了世界的
前列。

图 6 - 46 Vestas 公司生产的世界最长叶片风力发电机

(2)德国

  德国的风电技术一直处于世界的尖端水平。截至 2015 年底,德国海上风
力发电已累计并网装机 792 台,总装机功率达到 3 294.9 兆瓦,较 2014 年增

长了 225%。

德国政府计划在 2020 年退出核电站的使用，目前核能发电占据了德国发电市场的 23%，为在短期填补这个空缺，风力发电被寄予厚望和重任。如今陆上的风力发电趋近于饱和，政府从 2010 年开始，将目标投向了海上风力发电，计划到 2025 年风力发电总量将占据全国发电总量的 25%，而一般国家这个比例仅为 10%。2010 年，德国首个海上风电场 Alpha Ventus 在北海博尔库姆岛北部进行并网发电，该发电厂装备了 12 台 5 兆瓦风机，发电机通过电缆连接，间距 761～852 米，电压从 30 千伏并入 110 千伏三相电路，再接入路上总电网，总发电量可满足 5 万个住户日常用电（图 6 - 47）。

图 6 - 47　德国首个海上风电场 Alpha Ventus

2011 年，"巴德尔一号海上风电场" 16 台风电机组开始发电，同年五月"波罗的海一号"在 Darss 半岛并网发电。2011 下半年和 2012 年，北海地区 Trianel "Borkum West Ⅱ"，"Nordsee Ost"（295 兆瓦）、"Dan Tysk"、"Meerwind"（288 兆瓦）、"Global Tech Ⅰ"（400 兆瓦）和 "Riffgat" 六个海上风电场陆续开始建设。德国于 2015 年海上风电机组累计装机 546 台，成功完成首次并网，装机容量突破 2 000 兆瓦。同年，9 个海上风电项目也已实现整体并网，另外 4 个海上风电项目开始动工。德国海上风电场主要分布在德国北海和波罗的海区域，截至 2015 年底，德国在北海区域累计成功装机达 690 台，累计总装机容量为 2 956.1 兆瓦，波罗的海区域成功装机 102 台，总装机容量为 338.8 兆瓦，两区域机组都已实现并网[①]。通过调研勘测，德国政府计划向 1 200 万家庭输送由波罗的海和北海区域计划修建的八十余个海上风电场发出的电量。截至 2015 年底，德国新增海上风电装机容量达到 2 282.4 兆瓦，

---

① 夏云峰 . 2016 年上半年德国海上风电新增并网容量 258MW [J] . 风能，2016（7）：36 - 38.

占全球新增规模总量的 67%。由于海上风力发电要比陆上风力发电的开发成本昂贵，政府为了促进海上风力发电的发展，必须长期对海上风电场进行补贴。

（3）英国

英国作为一个有着 1.1 万千米海岸线的岛国，风力资源极其丰富。据相关数据显示，英国具有商业价值可开发的风力资源约为 48 吉瓦，约占欧洲风力资源的 30%。2002 年，15 个风电项目开始筹建，总装机量约为 7 吉瓦。2004年，英国第一座大型海上风电场 North Hoyle 投入使用。2013 年，装机总容量为 630 兆瓦的全球最大海上风电站"伦敦阵列"开始建设。截至 2015 年，英国海上风电总装机量排在世界首位，累计装机量为 5 061 兆瓦。近期，英国首相特蕾莎批准建设现今全球最大海上风电项目——霍恩锡（Hornsea）二期，继续推动英国清洁能源发展和使用。

英国成立了海上风电投资组织（OWIO），不仅大幅度增加了可再生能源的投资，也为英国工人创造了上万个就业岗位。英国的可再生能源利用技术一直处于世界的前列，政府的大力投资是可再生能源技术成果转化的经济后盾。预计到 2020 年，英国海上风力发电总量可达到 18 吉瓦。

7 海水资源与现代生活

7.1 海水资源——开发水资源及化学资源的宝库

7.1.1 21 世纪水资源危机

水是地球上最丰富的自然资源之一。转动地球仪可以看到，地球表面的绝大部分是蓝色的水面，覆盖了地球表面 71％的面积，大致接近 14 亿立方千米，平铺在地球表面上约有 3 千米高，因此有人将地球称为一个"大水球"。自然界赋予人类的宝贵资源——水，对人类极其重要。她是人类的生命之源，更是人类赖以生存和发展的物质基础。然而，在现代社会，面对人口膨胀、城市化进程加快、工业发展、资源消耗增长等造成的水资源需求增加，人类非理性活动造成的水资源污染、浪费加剧以及全球性气候变化等多重压力，水资源危机正一步步向人类逼近。可利用的水资源总量减少，供需矛盾突出，直接影响人类生存、工农业生产和生态环境保护等方面，水资源短缺已成为全球重大社会和环境问题之一，成为人类生存发展的障碍。1973 年联合国第一次环境与发展大会就庄严地宣告：石油危机后，下一个危机就是水危机。1977 年联合国大会进一步强调：水，不久将成为一个深刻的社会危机。1997 年联合国再次呼吁：目前地区性的水危机预示着全球性水危机的到来。

7.1.1.1 水资源对人类的重要性

（1）水是人类生命的源泉

在外星探测中，科学家判定一个星球是否具有生命的重要依据就是看是否有水的存在。地球上的生命起源于水，经过漫长化学过程形成的复杂有机化合物进入水体，并在水溶液中进化（演化）为原始生物，开始了生命进化过程。水不仅孕育了生命，更是延续生命的保证。水是生物机体的主要组成部分，一切生物和非生物都含有水，哺乳动物体内的水分平均为体重的 60％～70％，而成年人人体中的水分也高达 65％。各种天然水中都含有人体生长发育和生理机能所必需的化学元素，如碘、钙、钾、钠、铁、镁、氟等，除食物之外，饮水是人体获得这些必需元素的重要来源。同时，水是人体内有机和无机物质的溶剂，消化、新陈代谢、造血、组织合成都是在水溶液中进行。每人每日约需 2～3 升的水才能维持正常生存，如果一个人没有水的摄入，几天之内就可能死亡。

（2）水是构成人类环境的重要环境要素

人类环境是指人类生存的环境，以人为主体，其他的生命物体和非生命物质均被视为环境要素。没有适宜的人类环境，人类就不可能生存。人类生活的地球表面是土壤—岩石圈、水圈、大气圈和生物圈的交汇处，是无机界和有机界交互作用最集中的区域，为人类的生存和发展提供了最适宜的环境。水作为构成人类环境的要素之一，对于经过漫长进化过程而形成的适宜人类生存的稳定环境发挥着极其重要的作用。水循环使地球上各水体组合成一个连续的、统一的水圈，并把地球上四大圈层（大气圈、岩石圈、水圈和生物圈）联立组成既相互联系、又互相制约的有机整体。水在吸热和散热过程中参与了气温调节，使地球表面的温度不至于出现剧烈变化，其中，海洋以及从海洋进入大气层的水蒸气是调节地球气候的主要因素，为地球上生物体创造了适应生存与繁衍的条件。同时，水与水循环深刻影响着全球环境的结构和环境的演变，影响自然界中一系列的物理过程、化学过程和生物学过程，水循环使地球上的物质和能量得到传递和输送。它把地表上获得的太阳辐射能重新分布，使地区之间得到调节；水量和热量的不同组合，又使地表形成不同的自然带，组成丰富多彩的自然景观[①]。此外，水环境还与水生物密切相关，相互依存，互为因果，构成水生态系统，并保持着动态平衡。水环境物理、化学等条件的变化会引起水生物种群结构和功能的变化。

（3）水是人类生产、生活不可或缺的物质基础

人体离不开水，人类的生产、生活活动同样离不开水，水深刻地影响着人类社会的进步和经济发展。人类几千年的发展史表明：人类文明的形成与发展都与水息息相关，世界四大文明古国最初都是以大河为基础发展起来的。古巴比伦的两河流域、古埃及的尼罗河、中国的黄河、古印度的恒河，都是人类最早文明的发祥地。在现代社会，水既是生活资料，又是生产资料，工业生产、农业生产和生活供水都要消耗大量水。人类对水的依赖程度越来越高，每年消耗的水资源数量远远超过其他任何资源的数量。水对于农业生产至关重要。农作物体内的水分占 75%～85%，任何农作物的发芽、生长、发育和结实都离不开水，一旦缺水农作物便会减产甚至死亡。水还能直接滋生繁育大量的鱼类和其他水生动植物，向人类提供丰富的营养物质，若缺水或失水都会对生物机体的生长造成严重后果。对于现代工业而言，水就像工业的血液一样不可或缺。工业部门需要用水作为原料或介质进行蒸煮、清洁、溶解、浸透、加热、冷却、洗涤、结晶等。水参与大多数化学产品如碱、硝酸、氧、氢、酒精等的

---

① 刘文祥，等. 水资源危机 21 世纪全球热点资源环境问题［M］. 贵阳：贵州科技出版社，2001：7-8.

生产。每一个行业无时无刻都在和水发生着直接或间接的联系。对于食品企业来说，水是进行工业生产重要的原材料；对于钢铁企业来说，水是进行设备清洗的洗涤剂；对于纺织企业来说，水是参与生产的重要资源①。而随着社会的进步和人类生活水平的提高，水对于人类生活活动越发重要，需求也越来越大。人类的生活起居、维持舒适的工作和生活环境、保证良好的卫生环境等方面都离不开水，水是人类生活中的必需品。

7.1.1.2　全球水资源危机

尽管地球的水资源储量十分巨大，但在地球全部水资源中，又苦又咸的海水占了97.5%，淡水仅占2.5%，世界淡水总储量约为0.35万亿立方千米。而在这有限的淡水中，又有87%是以固态水的形式分布在人类难以利用的极冰盖、高山冰川和永冻土层之中，每年可通过蒸发—降水而得到更新的淡水资源量不足5万立方千米。人类在现有条件下能够利用的淡水资源仅占地球总水量的0.26%，还不到全球水总量的万分之一。若把一桶水比为地球的水，人类可用的淡水只有几滴②，因此，地球上的淡水资源并不丰富。这些有限的淡水分布极不均衡，南美洲拥有全球1/4的水资源，而南美大陆的人口仅占世界人口的1/6；全球60%的人口生活在亚洲，而亚洲却只占有全球30%的水资源。从国家来看，巴西、俄罗斯、加拿大、中国、美国等不到10个国家的淡水资源占了世界淡水资源总量的60%，而约占世界人口总数40%的80个国家和地区水资源则较稀缺。

地球上的淡水资源虽然有限，但相对于早期的人口与社会生产力水平来说还是绰绰有余的。如200年前，全球人口仅10亿左右，人均淡水资源量达4万立方米以上；100年前，全球人口约17亿，人均淡水资源量仍达2.8万立方米；但随着工农业的快速发展、人口的持续增加以及城市化进程的加快，全世界用水量在20世纪急剧增加，人均淡水资源量也在不断减少。20世纪全球用水量增加了6倍，其增长速度是人口增速的2倍。有关数据显示，1900—2000年，全球农业用水量从3 500亿立方米增加至3.4万亿立方米，平均每十年就增长1倍；工业用水量增长速度也十分惊人，在1900年用水量仅为300亿立方米，到2000年增至60倍以上，达到1.9万亿立方米；城市用水量相对较小，但在百年之间增长了22倍，2000年为4 400亿立方米。据联合国教科文组织2012年发布的《世界水发展报告》预测，在农业用水方面，预计到2050年，人类对粮食的需求将会比现在增加70%，到2050年全球农业耗水量（包括雨养农业和灌溉农业）大约会增长19%，每年耗水总量达到85 150亿立

---

①　李战．浅谈我国水资源保护问题及其对策［J］．内蒙古水利，2015（4）：68.
②　陶金．世界水资源态势［J］．决策与信息，2012（10）：6.

方米，2008—2050 年灌溉农业耗水量将增长 11％，这将会使当前 27 400 亿立方米的灌溉取水量增加 5％；工业用水总量将由 2010 年的 8 000 亿立方米增加到 2030 年的 15 000 亿立方米；在能源生产用水方面，2007—2035 年，全球的能源生产和消耗预计会增加 49％，如果继续保持当前的能源消耗模式，预计能源生产的需水量到 2050 年将增加 11.2％[①]。不难预见，全球水资源的供需矛盾还将更加尖锐。

另一方面，在过去 50 年，经济社会用水增长导致对地表水和地下水过度抽取，世界上大部分地区取水速度超过了流域内水资源的再生速度，致使生态系统受到大范围的破坏。以地下水为例，其开发速率每年增加 1％～2％，2010 年全世界地下水开采量超过 1 万亿立方米，占全球取水量的 26％，而地下水补给率不足 8％。此外，随着世界人口和经济的持续发展，尤其是在广大的发展中国家，为了摆脱落后和贫困，继续着工业化国家的发展之路，伴随着工业快速发展，农业集约化、城市化进程不断推进，排放到环境中的污水、废水量日益增多。目前，全球范围内约有 80％的废水没有经过收集或处理就直接排放。据有关统计，全世界污水排放量已达到 4 000 亿立方米，使 5.5 万亿立方米水体受到污染，占全世界径流总量的 14％以上，并且这个数值还在上升。即便是美国，也约有 40％的河流被严重污染[②]。农业生产中大量使用肥料和杀虫剂也成为水环境沉重的负担。水环境恶化不但降低了水资源的质量，对人类身体健康和工农业用水带来不利影响，同时，也使原本可以被利用的清洁水资源失去了利用的价值，造成"水质型缺水"，进一步加剧了水资源短缺的严重性。

进入 21 世纪，人类社会的科技高速发展，人类开发利用和保护水资源的能力虽有明显提高，但受水资源自身的有限性与分布不均匀性、全球气候等自然因素、人口增加、城市化、工农业发展、生态系统破坏、环境污染等人为因素的影响，水资源的供需矛盾问题呈现加重趋势。目前，全球人均淡水资源量已减少到 7 200 立方米左右，有 1/6 的人口得不到安全、洁净的饮用水，有 1/3 的人口缺乏最基本的卫生设施，有 50 个国家的人均淡水资源量低于 2 000 立方米，其中有 16 个国家的人均淡水资源量低于 300 立方米[③]。放眼全球，无论发达国家还是发展中国家，绝大多数国家都面临着缺水和水污染的严重困扰，日益严峻的水资源危机已成为人类在 21 世纪面临的重大挑战之一。

---

①② 金海，刘蒨，等. 《世界水发展报告》及其对我国的启示（上）[J]. 水利发展研究，2014（12）：92-94.

③ 王浩. 中国水资源问题与可持续发展战略研究 [M]. 北京：中国电力出版社，2010.

7.1.1.3 中国水资源危机

我国地域辽阔，地处亚欧大陆东南部，濒临太平洋，地形西高东低，境内山脉、丘陵、盆地、平原相互交错，构成众多江河湖泊。从总量上看，我国水资源总量较为丰富，属于丰水国，与巴西、俄罗斯、加拿大、美国、印度尼西亚等国位居世界前列。2016 年，我国水资源总量为 32 466.4 亿立方米，其中，地表水资源量 31 273.9 亿立方米，地下水资源量 8 854.8 亿立方米，地下水与地表水资源不重复量为 1 192.5 亿立方米[①]。但由于人口基数大，我国人均水资源占有量较小，2016 年我国人均水资源量为 2 346 立方米/人，仅为世界人均水平 1/4 左右，是世界上 13 个贫水国家之一。

我国的水资源在时间和空间上分布极不平衡。受季风气候的影响，我国降水量年内分配不均、年际变化较大，大部分地区降水夏秋多、冬春少，汛期降水量占全年的 60%～80%。连续多年枯水或丰水的情况频发，洪涝和干旱灾害严重，使本来就有限的水资源难以被充分有效地利用，影响我国的工农业生产和人们的日常生活。从地区分布上看，我国水资源总体情况表现为东南多、西北少，沿海多、内陆少，山区多、平原少，水资源的地区分布与人口和耕地的分布表现出较大的不适应。长江流域及其以南地区人口占了全国的 54%，耕地面积只占全国的 35.9%，但水资源却占到了全国水资源总量的 81%，人均水资源量约为全国平均的 1.6 倍，亩均水量为全国平均的 2.3 倍；长江以北地区人口占 46%，耕地面积占到了全国的 64.1%，但水资源量只占全国水资源总量的 19%[②]。

近年来，随着我国经济社会的快速发展、人口日渐增多以及城市化规模持续扩大，我国在生产、生活、商业服务等领域对于水资源有了更大的需求，年用水量也不断上升（图 7-1），而随之而来的是水资源需求量加大与水资源供给不足之间矛盾的进一步激化。目前，我国年用水总量 6 000 多亿立方米，正常年份缺水 500 多亿立方米，缺水状况在我国普遍存在，全国六百多个城市中，有 2/3 以上存在不同程度缺水，其中严重缺水的城市有一百多个。

面对水资源的严重不足，我国通过水利基础设施建设及水资源统一管理，多渠道开源节流，使得国民经济农业用水、工业用水、人民生活用水得到了基本保障，但是，一些地区对地表水和地下水超采严重，使我国水资源开发利用已逼近红线。有关数据显示，海河、黄河、辽河流域的水资源开发利用率达

---

① 中华人民共和国水利部. 2016 年中国水资源公报 [EB/OL]. [2017 - 07 - 11]. http：//www.mwr.gov.cn/sj/ tjgb/szygb/201707/t20170711_955305.html.

② 吕睿. 浅谈我国水资源保护 [J]. 黑河学刊，2017 (1)：1.

图7-1 2005—2016年我国总用水量
资料来源：2005—2016年中国水资源公报。

106%、82%、76%，西北内陆河流开发利用已接近甚至超出水资源承载能力①。过度的开发利用，引发了河流断流、湖泊干涸、地面沉降、地下水漏斗和海水入浸等一系列生态环境问题。以河北省为例。河北省多年平均水资源总量205亿立方米，人均水资源量仅为全国平均水平的1/7，水资源严重短缺。自20世纪80年代以来，河北省年均超采50多亿立方米地下水，平原超采区面积达到6.7万平方千米，超采量和超采区面积均为全国的1/3，长期透支地下水使其形成了7个大型地下水漏斗区（高蠡清、肃宁、石家庄、宁柏隆、衡水、南宫、沧州）②。

与此同时，由于我国工农业生产的不断发展以及长期以来人们对水资源保护意识不强，我国水环境持续恶化，水污染事故频发，水资源质量不断下降。据监测，全国废污水排放量由1980年的315亿吨增加到2016年的765亿吨。2016年，全国十大流域水质均受到不同程度的污染（图7-2），劣V类水河长占各类评价河长的9.8%；全国118个主要湖泊中，全年总体水质为Ⅳ～Ⅴ类湖泊69个，劣V类湖泊21个，分别占评价湖泊总数的58.5%和17.8%；湖泊富营养化现象严重，处于中营养状态的湖泊占21.4%，处于富营养状态的湖泊占78.6%。6 124个地下水水质监测点中，约六成水质较差和极差，其

---

① 新华网. 我国水资源开发利用逼近红线［EB/OL］.［2015-03-23］. http：// news. xinhuanet. com/ politics/2015-03/23/c_127607097. htm.
② 中国新闻网. 河北长期超采地下水形成7大漏斗区［EB/OL］.［2014-12-09］. http： // www. chinanews. com/ sh/2014/12-09/6860890. shtml.

中，水质较差级的监测点比例为 45.4％，极差级的监测点比例为 14.7％[①]。日趋严重的水污染不仅严重威胁到居民的饮水安全和健康，还降低了水体的使用功能，进一步加剧了水资源短缺的矛盾。

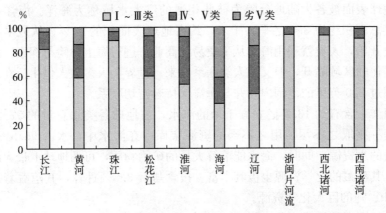

图 7 - 2 2016 年我国七大流域和浙闽片河流、西北诸河、西南诸河水质状况

资料来源：2016 年中国环境状况公报。

另一方面，由于农业灌溉设备、技术落后和人们节水意识淡薄，我国水资源浪费现象严重。我国大部分耕地仍然采用传统粗放式漫灌技术，渠道输水损失以及田间深层渗漏损失的水资源达到灌溉用水量的 70％，致使我国大部分地区灌溉水有效利用系数较低，2016 年全国的平均水平约为 0.54，低于 0.7～0.8 的世界先进水平，万元工业增加值用水量高于世界先进水平。城市供水管网老化、质量不过关、建设标准低，致使国内 600 多个城市供水管网的平均漏损率超过 15％，大量水资源流失，城市废水利用几乎没有。此外，在日常生活中，人们的不良用水习惯也使大量珍贵的水资源被白白浪费掉。

由此可见，我国人均水资源量偏少、资源分配不均，地表、地下水过度开发利用，水体污染加剧，用水方式粗放浪费等使我国水资源形势不容乐观。我国正面临一场严重的水资源危机，水资源短缺已成为制约我国国民经济社会可持续发展的重大瓶颈。据预测，到 2030 年，全国将缺水 4 000～4 500 亿立方米；2050 年，全国将缺水 6 000～7 000 立方米[②]。

---

① 中华人民共和国环境保护部 . 2016 年中国环境状况公报［EB/OL］.［2017 - 06 - 05］. http：//www.zhb.gov.cn/hjzl/zghjzkgb/lnzghjzkgb/201706/ P020170605833655914077. pdf.

② 吕忠梅 . 环境资源法视野下的新《水法》［J］. 法商研究，2003（4）：5.

7.1.2 海水资源及其开发利用的意义

7.1.2.1 海水资源

地球表面被各大陆地分隔为彼此相通的广大水域称为海洋。海洋浩瀚无比，其总面积约为 3.6 亿平方千米，约占地球表面积的 71%。从最早有记载的历史开始，人类就利用海洋从事贸易和商业、进行海上冒险与探索。海洋把人类居住的区域隔开，但又把人类联系起来。世界上大多数人仍生活在距离海洋不超过 200 英里的范围内，并与海洋保持着密切联系。

海洋中含有约 13.5 亿立方千米的海水，占地球各类水总量的 97% 以上。海水是一座取之不尽、用之不竭的资源宝库。在海水中，水占 96.5% 左右，是宝贵的水资源，同时，海水能溶解大量的矿物物质，可谓地球上最大的连续矿体，其蕴藏的化学资源也极其丰富。按含盐量 3.5% 计算，其蕴藏着总计约 4.8×10^{16} 吨的巨大化学资源。

（1）海水的组成成分

海水是一个多组分、多相态的复杂体系。在海水中，除了肉眼看得见的动植物、悬浮颗粒物之外，还有许多看不见的溶解在海水中的化学物质。它们的数量大得惊人，其中盐类的含量最多。迄今为止，在人类已知的一百多种化学元素中就有 80 多种可以在海水中找到，可供提取利用的元素有 50 多种。各种元素的含量差别很大，如含量最多的氯元素总量约为 2.57 亿亿吨，而含量最少的氡元素总量才 793 克，两者相差约 20 个数量级。

海水中的成分大体可划分为五类：

① 海水中的常量元素

海水中的常量元素是指海水中浓度大于 1 毫克/升的元素，除 H、O 外，还包括 Cl、Na、K、Mg、Ca、S、C、F、B、Br、Sr 11 种元素。这些溶解于海水中的常量元素绝大多数是以离子的形式存在的，如阳离子 Na^+、K^+、Mg^{2+}、Ca^{2+} 和 Sr^{2+}，阴离子 Cl^-、SO_4^{2-}、Br^-、HCO_3^-（CO_3^{2-}）、F^-，还有分子形式的 H_3BO_3。各种常量元素在海水中的总量占海水总盐分的 99.9%，是海水的主要成分（表 7-1）。由于此类元素在海水中的含量较大且性质稳定，基本不受生物活动的影响，在海水中浓度间的比值基本恒定，所以又称为保守元素。目前，已经开发利用的海水化学资源多属于此类，如 Cl、Na、K、Mg、Br 等。

表 7 - 1 海水中主要成分（盐度 S＝35‰）①

主要溶解成分	主要化学物种存在形式	含量（克/千克）	氯度比值
Na^+	Na^+	10.76	0.555 56
Mg^{2+}	Mg^{2+}	1.294	0.066 80
Ca^{2+}	Ca^{2+}	0.411 7	0.021 25
K^+	K^+	0.399 1	0.206 0
Sr^{2+}	Sr^{2+}	0.007 9	0.000 41
Cl^-	Cl^-	19.35	0.998 94
SO_4^{2-}	SO_4^{2-}，$NaSO_4^-$	2.712	0.140 00
HCO_3^-	HCO_3^-，CO_3^{2-}，CO_2	0.142	0.007 35
Br^-	Br^-	0.067 2	0.003 74
F^-	F^-，MgF^+	0.001 30	0.000 067
H_3BO_3	$B(OH)_3$，$B(OH)_4^-$	0.025 6	0.001 32

② 海水中的营养元素

海水中的营养元素也称为营养盐、生源要素或生物制约要素，主要是指与海洋植物生长有关的元素，通常是指 N、P 及 Si 三种元素，它们是海洋生物生长繁殖不可缺少的成分，是海洋初级生产力和食物链的基础。由于此类元素与海洋生物关系密切，所以它们在海水中的含量分布在很大程度上受到海洋生物活动的影响。营养元素之所以称为营养盐，是因为这些元素都是以溶解的无机盐的形式被吸收利用的。如无机氮主要以硝酸盐、亚硝酸盐和铵盐的形式存在，无机磷主要以 $H_2PO_4^-$、HPO_4^{2-}、PO_4^{3-} 的形式存在，无机硅主要以硅酸盐的形式存在。营养元素的浓度直接影响着海洋生物的生命活动，浓度过低时会限制植物的正常生长，而浓度过度时就会造成海水富营养化，给海洋生物的生存带来极大的危害，如可能引发赤潮，造成大量物种死亡。

③ 海水中的微量元素

海水中的微量元素是指海水中浓度小于 1 毫克/升的元素，大多数含量在微克/升（10^{-6}）或纳克/升（10^{-9}）数量级。海水中除常量元素和营养元素 N、P、Si 以外的其他元素都属于这一类元素。它们在海水中的含量非常低，仅占海水总盐量的 0.1% 左右，但其种类繁多，有 60 余种，有 Li、Rb、I、Mo、U、Pb、V、Ba、Cu、Ag 和 Au 等。虽然海水中的微量元素浓度很低，但由于海水的体积很大，故其总储量仍然相当大。例如，海水中的 U 含量仅

---

① 管华诗. 海洋探秘 [M]. 济南：山东科学技术出版社，2013：16.

为 3 微克/升，但其在海水中的总储量多达 45 亿吨，约为陆地储量的 4 500 倍。海水中的微量元素具有两面性。一方面，它们对海洋生物的生长起促进作用，如作为催化剂可激发或增强生物体中酶的活性。这些宝贵的化学资源也可以为人类所开发利用，如 U 是高能量的核燃料，1 000 克 U 所产生的能量相当于 2 250 吨优质煤，从海水中提取 U 可用作工业能源。但另一方面，它们也可能是造成海洋污染的元凶，如海水中的重金属元素 Hg、Pb、Cr、Cu 是海水化学污染的重要成分，再如 U、Pa、Th、Ac、Ra 等海水中存在的放射性核素，也是海洋中放射性污染的源头所在，这些微量元素一旦过量就会对生物体产生毒性效应。

④ 海水中的溶解气体

海水中的溶解气体主要包括参与海水中的化学和生物反应的 O_2、CO_2 以及不参与海水中化学和生物反应的 N_2、Ar 等惰性气体。海水的表面与大气不断进行着气体交换，因此海水中的溶解气体与大气组成有关，同时还受到海洋中生物、化学、物理过程的影响。海水中溶解最多的气体是 CO_2，约为 46 毫升/升海水，其次是 N_2，第三是 O_2。海水中有些气体含量的变化较为明显，如 O_2 和 CO_2，因为这些气体与海洋中的生物、化学、物理过程密切相关。而 H_2、CH_4、CO 等主要受生物活动的影响，时空变化极大。惰性气体如 N_2、Ar 较为稳定，其含量小，变化也不显著。

⑤ 海水中的有机物质

海水中的有机物质十分复杂，主要来源于海洋生物（包括微生物）的代谢过程以及死亡生物体的分解，以及陆地径流和大气中的陆源有机物。按其状态可分为溶解有机物、颗粒有机物和挥发性有机物三类[①]。目前已了解的溶解有机物仅占总量的 10%，包括氨基酸、碳水化合物、烃和氯代烃、维生素等，其在大洋中的大体分布为表层水浓度较高，深层水浓度较低，近岸、河口区浓度较高，大洋区域浓度较低，且有较明显的季节性变化。在溶解有机物中，含有一部分相对分子质量较高的大分子化合物，其粒径范围为 0.001～1.0 微米，约占溶解有机物的 50%，称为胶体有机。它具有较大的表面积，且含有多种有机配体，可与痕量金属发生吸附或络合作用，从而影响痕量金属元素在水体中的迁移、毒性和生物利用性。颗粒有机物主要指直径大于 0.45 微米的有机物，这些有机物在某种适宜的条件下可进一步分解变成溶解有机物及其化产物。在大洋的上层水中，颗粒有机物的含量相对较低，碳含量仅有溶解有机碳的 10%，而在海洋深处则更小，只有 2%。近岸海域颗粒有机碳较大洋海域要高 10～100 倍。挥发性有机物主要是蒸气压高、相对分子质量小和溶解度小的

---

① 管华诗. 海洋探秘［M］. 济南：山东科学技术出版社，2013：19-20.

有机化合物，如一些低分子烃（CH_4、C_2H_6 等）、氯代低分子烃、氟代低分子烃、滴滴涕的残留物等，其含量仅占总有机物的 2%～6%，它们在波浪、风力等动力的作用下，可以蒸发而进入海洋上空的大气中去。上述这三类海洋有机物在海洋中经历着错综复杂的相互转变，大部分有机物最终被氧化成 CO_2，后者又经浮游植物吸收，通过光合作用而重新变成有机碳，形成了有机碳在海洋中的循环。其中，溶解有机物对海水的性质和海洋生物的影响最为突出。

（2）海水的理化特性

海水的平均盐度为 35，海水盐度的变化主要取决于影响海水水量平衡的各种自然因素和过程，如蒸发与降水、结冰与融冰、洋流和大陆径流等。海水呈弱碱性，其 pH 通常在 7.5～8.4。海水的温度处于 −2℃～30℃，一般随着深度的增加而呈不均匀递减，表层水温随着纬度的升高而降低，其季节性变化较陆地要小得多，大洋表面年平均温度为 17.4℃。海水的冰点比纯水低，沸点比纯水略高。海水的密度是由海水温度、海水盐度及所在的深度（即压力）决定的，平均密度为 1.025×10^3 千克/米^3。海水具有很大的渗透压，且随着盐度的增加、温度的提高而加大。海水具有很高的电导率，一般比江河高出几个数量级。海水的水色和透明度取决于海水的光学特性，在大洋中的海水颜色多呈蓝色，透明度大，近岸海水的水色多呈黄色、浅蓝或绿色，透明度小。

7.1.2.2　开发利用海水资源对现代生活的意义

（1）开发利用海水水资源是缓解沿海国家和地区水资源短缺的重要手段

水是基础性自然资源和战略性经济资源。近年来，由于人口增长、城市化进程加快、粮食和能源安全政策的实施、贸易全球化等经济活动的全面开展、饮食习惯改变以及消费量增加，全球对水资源的需求日益增长。自 20 世纪 80 年代以来，全球淡水使用量以年均 1% 的速度增长。然而，随着人类对淡水取用量的持续增长，地球的淡水资源也日渐枯竭，目前，全球面临着日益严重的缺水危机。根据世界银行发布的 2012 年世界发展指标，全球 90 个国家和地区出现了不同程度的缺水[1]，其中轻度缺水（人均水资源量 1 700～3 000 立方米）国家和地区 23 个、中度缺水（人均水资源量 1 000～1 700 立方米）国家和地区 25 个、重度缺水（人均水资源量 500～1 000 立方米）国家和地区 14 个、极度缺水（人均水资源量 <500 立方米）国家和地区 28 个。据《2015 年联合国世界水资源开发报告》显示，到 2050 年，全球对水资源需求量预计将增加 55%，主要由于来自制造业、热力发电，以及家庭用水需求量的增长。其中，全球制造业对水资源的需求预计从 2000—2050 年将会增长 400%。预

---

① The World Bank Group. Renewable internal freshwater resources per capita（cubic meters）[DB/OL]．[2014-06-03]．http：//data. worldbank. org/indicator/ER. H20. LNTR. PC.

计到 2025 年，全球将有 18 亿人口生活在绝对缺水的国家或地区。即使在人均水资源量大于 3 000 立方米的国家中，水资源危机也以不同形式逐步凸现，如一些国家水资源也存在着时空分布不均、局部地区水资源开发利用过度、水资源量受气候影响较大、主要河流水环境恶化等问题。大量事实和研究表明，可用水资源的减少会使农业、生态维护、人居、工业和能源生产等行业水需求的矛盾进一步尖锐，影响地区水、能源和粮食安全，并可能影响地缘政治安全，造成不同程度和规模的人口迁徙。如何解决水资源危机已成为世界各国最紧迫的生存和发展问题。海水淡化作为一种可实现水资源可持续利用的开源增量技术，不受气候影响，水质好，能较好地弥补蓄水、跨流域调水等传统手段的不足。2015 年全球海水淡化工程规模已达到 8 655 万吨/日，60％用于市政用水，可以解决 2 亿多人的用水问题[①]，工程遍布亚洲、非洲、欧洲、南北美洲、大洋洲，尤在中东和一些岛屿地区，海水淡化水已成为基本水源。海水直流利用作为一种水资源的开源节流技术，具有量大、面广的特点，可替代沿海地区大量的工业或生活用水，还可用于浇灌农作物等。2010 年世界海水直接利用量近 6 000 亿吨，淡水资源节约效果显著。可见，海水淡化及海水直接利用均已成为全球解决沿海地区淡水资源短缺危机的重要手段。大力发展海水淡化、海水直流利用，对于缓解沿海缺水地区和海岛水资源短缺形势，优化沿海水资源结构，保障沿海地区社会经济可持续发展，意义重大。

2016 年，我国沿海 11 个省（自治区、直辖市）以全国 15％的土地，养活了全国 41.6％的人口，创造了全国 56.3％的国内生产总值（GDP）（数据来自表 7-2 计算所得），在我国经济社会生活中占有举足轻重的地位。但是，我国沿海地区人均水资源量仅为 1 764 立方米，是全国人均水资源量的 3/4 左右；总用水量 2 382 亿立方米，为全国的 40％左右；辽宁、天津、河北、山东、江苏和上海属于重度缺水的省市，浙江和广东处于轻度缺水状态。目前，我国很多城市都面临着非常严峻的供水形势。未来随着沿海地区人口增长、产业结构变化、农业发展和生态环境用水需求加大，沿海地我水资源缺口还将继续扩大。据水利部发布的《全国水资源综合规划》预测，到 2030 年，我国沿海地区年缺水量将达到 214×10^8 立方米。面对北方沿海地区资源型缺水和南方沿海部分地区水质型缺水和资源型缺水的严峻形势，除加大再生水回用、雨水集蓄利用等非常规水源利用外，积极开展海水淡化和海水直接利用既紧迫又任重道远，未来将会成为优化沿海地区供水结构、保证沿海城市供水安全，化解沿海地区水资源危机的一项重要措施。尤其是随着沿海地区大力发展蓝色经济和

---

① 国家发展改革委，国家海洋局 . 全国海水利用"十三五"规划［EB/OL］．［2016 - 12 - 28］. http://hzs. ndrc. gov. cn/newjs/201701/t20170104 _ 834285. html.

临海型工业的产业结构调整，临海工业和临海产业集群成为沿海省市经济发展的重要支柱产业，其中能源电力、石油化工、装备制造、钢铁、冶金等高耗水行业趋海分布明显，利用海水作为工业冷却用水、海水淡化作为工业锅炉用水是缓解沿海地区水资源短缺的必然选择。此外，我国是世界上海岛最多的国家之一，面积大于 500 平方米的海岛超过 7 300 个，有常驻居民的岛屿 500 余个，已利用的无居民海岛 1 900 余个[①]。海岛作为我国海洋国土的重要组成部分，具有优越的地理位置和重要的经济、军事战略地位，是我国建设海洋强国的基本支撑单元。然而，我国大多数海岛因缺乏淡水而无法居住和开发，即使已开发利用的岛屿中也普遍因淡水资源短缺而受到诸多制约。目前，随着蓝色经济的不断发力，海岛开发进入前所未有的快速发展时期，各项海岛建设如火如荼，淡水资源供应与需求之间的矛盾越来越突出。大力发展海水淡化和海水直接利用无疑对解决海岛的用水问题，具有非常紧迫和极为重要的意义。

表 7 - 2　我国全国及沿海 11 个省市 2016 年的人口数量、GDP 等情况

	人口 （万人）	GDP （亿元）	水资源总量 （亿立方米）	人均水资源 （立方米）	用水总量 （亿立方米）
全国	138 271	744 127	32 466	2 346	6 040
辽宁	4 375	22 038	332	758	135
天津	1 294	17 885	19	146	27
河北	7 185	31 828	208	290	183
山东	9 579	67 008	220	230	214
江苏	7 866	76 086	742	943	577
上海	2 301	27 466	61	265	105
浙江	5 442	46 485	1 323	2 432	181
福建	3 552	28 519	2 109	5 938	189
广东	10 430	79 512	2 459	2 357	435
广西	4 603	18 245	2 179	4 733	291
海南	867	4 045	489	5 639	45

（2）开发海水化学资源是解决陆地矿物资源储量不足的战略途径

浩瀚的大海中溶存着大量陆地紧缺的矿物资源，如 Na、K、Br、Mg、Li 和 U 等，其总量十分巨大。其中，K、Li、U 的总储量分别达 600×10^{12} 吨、$2\,600 \times 10^8$ 吨、45×10^8 吨，是世界陆地总资源量的几千至几万倍，全球的溴

---

① 国家海洋局. 全国海岛保护规划［EB/OL］. ［2012 - 04 - 19］. http：//www. soa. gov. cn/ xw/hyyw _ 90/201211/ t20121109 _ 1171. html.

资源几乎全部储存在海水中。由此可见，海水为人类社会的可持续发展提供了巨大而丰富的潜在矿物资源，并且属于可再生、可持续开发的资源。随着全球经济社会的不断发展，面对地球矿物资源的日益匮乏，从海水中提取化学资源将成为未来解决陆地矿物资源不足的有效途径。以铀资源为例，铀资源是核工业赖以发展的基础资源，是国家核能发展的战略资源，被公认为是核电发展的未来。随着世界核电事业的蓬勃发展，全球每年所需的铀资源量也在不断增加。虽然根据数据显示，全球铀资源量超过了 1 500 万吨，但是，陆地已知常规天然铀储量，即开采成本低于每千克 130 美元（通常指具有经济性的开采成本）的铀矿储量仅不超过 500 万吨。有专家预计，低成本铀矿只可供全世界现有规模核电站使用六七十年[①]。核燃料铀的保障问题已日渐突显出来，因此，要保障核能的长远发展，对非常规铀资源进行开发具有重要的战略意义。而海水中蕴藏着约 45 亿吨铀，如果能够将海水中的铀资源利用起来，铀将会是一种"取之不尽"的资源，足以保证人类能源的可持续发展。更被核电科学家看重的是，从海水中提取铀在环保方面具有很大优势。由于传统的铀矿开采中，会产生具有污染的废水，对环境产生破坏性等不利影响，且对矿工的健康构成威胁。而从海水中提取铀化物，则不存在这一问题。

在我国，与国民经济发展密切相关的固体矿产资源十分短缺。据对 45 种主要矿产对国民经济保证程度的分析，进入 21 世纪，有 1/2 不能满足需要，而到 2020 年多数资源将出现枯竭的局面，仅有 9 种满足需要，矿产资源将出现全面紧张。以钾肥为例，我国是一个农业大国，钾肥是农业生产中三大肥料之一。然而，据国土资源部发布的《2005 年中国国土资源公报》，我国是一个陆地钾矿资源十分贫乏的国家，经过 50 余年的勘查发现的盐湖钾矿储量不足 5×10^8 吨，仅占世界总储量的 2.2%，且呈下降趋势。2014 年我国农业生产需用钾肥量接近 1500×10^4 吨，年生产能力为 $600 \times 10^4 \sim 700 \times 10^4$ 吨，资源保障度仅为 50%，供需矛盾十分突出。为此，国土资源部已把钾盐列入包括石油、铁矿共 3 种重点监控的矿产资源之一。目前我国钾肥主要依赖进口，并且近几年钾肥进口价格不断攀升，据海关统计，2013 年进口钾肥 730×10^4 吨，支出外汇超过百亿美元，因为进口钾肥，每年消耗大量外汇，而且钾肥资源短缺使我国农业、人口及粮食安全受到极大威胁，给我国的经济发展带来潜在的不安定因素。因此，开拓钾肥来源迫在眉睫，海水中蕴藏的巨大钾资源成为钾肥来源的一个重要宝库。又如，溴素在现代社会中被广泛应用于阻燃剂、石油开采、杀菌剂、农药、感光材料、医药及军工等领域，是一种非常重要的化工原料。但是溴素属于不可再生的紧缺资源，并且区域分布不均，导致了全

① 张慧. 探索海水提铀 [J]. 能源，2013 (8)：96.

球溴素市场产不敷销，价格持续高涨①。我国溴素资源主要来源于山东省的地下卤水资源，近年来随着山东地区地下卤水的不断开采，溴素资源日益匮乏，使得我国溴素资源的产量不断下降，国内溴素产量已经难以满足国内需求。而地表99％的溴存在于海水中，是溴素资源提取的主要来源，因此，开发海水溴素资源势在必行。加快对各类海水化学资源的开发利用，可为解决我国陆地矿物资源短缺问题、保障我国国民经济建设和社会可持续发展做出重大贡献。

7.1.3　海水资源开发利用的主要领域

海水资源包括海水水资源和海水化学资源两大类，因此，对海水资源的开发利用主要集中在海水水资源利用和海水化学资源利用方面，其中，海水水资源根据开发利用的方式，又可以分为海水直接利用和海水淡化利用两个亚类。

海水淡化即利用海水脱盐生产淡水。海水淡化利用是高层次的海水水资源利用，也是海水水资源利用发展的最终目标。它通过水处理技术脱除海水中的大部分盐类，使处理后的海水达到生活用水或工业生产用水标准，主要用作沿海电力、化工等企业的锅炉、生产工艺用水及沿海城市和海岛居民饮用水。

海水直接利用即以海水为原水，直接替代淡水作为工业用水和生活用水等。海水直接利用主要在四个方面：一是用海水替代淡水直接做工业用水，用量最大的是做工业冷却用水，其次是用在洗涤、除尘、冲灰、冲渣、制碱、印染等生产工艺；二是作为生活杂水，作为生活中的洗刷、冲厕所、消防和游泳池用水等，主要作冲厕用水；三是作为环境工程用水，把海水用于烟气脱硫、城市污水海洋处置工程和生成絮凝剂用于废水处理等；四是作为农业灌溉用水。

海水化学资源综合利用即从海水中提取化学元素、化学品及深加工等。海水中含有80多种化学元素，其中，Na、K、Br、Mg 等是重要的基础化工原料，U、Li、^{2}H 等是陆地资源储量极少的重要能源和战略物资。海水化学资源综合利用主要包括海水制盐、苦卤化工，海水或浓海水中提取 K、Mg、Br、Li、U 及其深加工等，并逐步向海洋精细化工方向发展。

7.2　海水淡化

7.2.1　海水淡化简介

海水淡化是指从海水中获取淡水的技术和过程。从海水中取出淡水或者除去海水中的盐分，都可以达到淡化的目的。利用海水淡化技术获取淡水不受时

---

① 王法. 卤水提溴吹出液再利用的探讨 [J]. 盐业与化工，2012，41 (6)：45-46.

空和气候影响，水质好、价格合理，可以为沿海地区提供稳定的市政供水与工业用水。作为一种综合性应用技术，海水淡化技术已成为沿海国家和地区开发利用海水水资源的重要手段。

海水淡化的方法有很多，目前，投入商业运行的海水淡化方法主要有多级闪蒸、多效蒸馏、压汽蒸馏、反渗透和电渗析，世界上采用较多的海水淡化技术方法是多级闪蒸、低温多效蒸馏和反渗透。当前，海水淡化技术的发展方兴未艾，对现有工艺技术的优化及提升、相关技术的耦合、海水的综合利用、新能源的利用和新技术的开发成为海水淡化技术发展的重要方向。

7.2.2　海水淡化技术

海水淡化是利用物理或化学等方法，将海水里面的溶解性矿物质盐分、有机物、细菌和病毒以及固体分离出来从而获得淡水的过程。根据盐水分离过程的不同，海水淡化技术的分类如图 7-3 所示。当盐水分离过程中有新物质生成时，则该海水淡化方法属于化学方法，反之则属于物理方法。在物理方法中，利用热能作为驱动力，盐水分离过程中涉及相变的归类为热法，主要包括多级闪蒸、多效蒸馏、压汽蒸馏、冷冻法和增湿除湿等方法；利用膜（半透膜

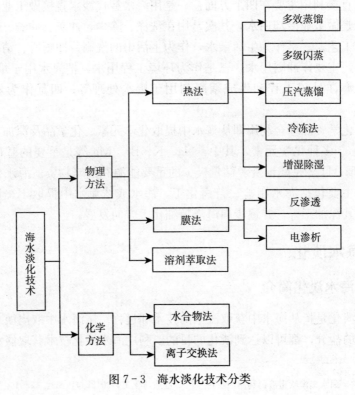

图 7-3　海水淡化技术分类

或离子交换膜等）进行盐水分离且不涉及相变的则归类为膜法，主要包括反渗透和电渗析等方法；此外，物理方法中还包括溶剂萃取法。而化学方法主要包括水合物法和离子交换法[①]。当前，国际上被广泛认可和接受且在工业上大规模应用的主流海水淡化技术有多效蒸馏、多级闪蒸和反渗透法。

7.2.2.1　主流海水淡化技术

（1）多效蒸馏（multi-effect distillation，MED）海水淡化

多效蒸馏是使用最早的海水淡化技术，它是在单效蒸馏的基础上发展起来的蒸发技术，其起源可追溯到19世纪30年代，在20世纪60年代前，多效蒸馏一直是最主要的商业化海水淡化技术。多效蒸馏由多个蒸发容器串联而成，蒸发容器的个数称为效数（effect），多效蒸馏法的命名也由此而来。但早期多效蒸馏法一直受换热表面容易结垢（水垢）的制约，直至20世纪60年代，低温多效蒸馏（low temperature MED，LT‐MED）技术的开发才使得结垢和腐蚀问题得到缓解。

① 多效蒸馏海水淡化的基本原理

多效蒸馏通常是由一系列的蒸发器串联起来组成，加热蒸汽首先进入第一效蒸发器管内，与管外的海水热交换后，被冷凝成水；管外的海水被蒸发，产生的二次蒸汽进入第二效蒸发器作为加热蒸汽，并使用几乎同量的海水以比第一效更低的温度蒸发，自身又被冷凝。这一过程一直重复到最后一效，连续产出淡化水[②]。

② 低温多效蒸馏海水淡化的工艺流程

按蒸发器最高蒸发温度，多效蒸馏海水淡化技术分为高温多效蒸馏和低温多效蒸馏。目前，国际上多效蒸馏技术以低温多效蒸馏技术为主。低温多效蒸馏的盐水最高蒸发温度不超过70℃，这是因为当蒸发温度低于70℃时，蒸发表面海水中盐类结晶的速率将大大降低，从而可避免或减缓设备结垢的产生。低温多效蒸馏将一系列的水平管或垂直管与膜蒸发器串联起来，并被分为若干效组，后面一效的压力均低于前面一效，从而后面一效的蒸发温度均低于前面一效，利用前一效内加热海水获得的蒸汽作为热源加热后面一效的海水，从而得到多倍于加热蒸汽量的淡化效果，其工艺流程如图7-4所示。

③ 低温多效蒸馏海水淡化的优缺点

优点：预处理工艺简单、系统操作弹性大、动力消耗小、传热系数高、系

---

① 郑智颖，李凤臣，等. 海水淡化技术应用研究及发展现状［J］. 科学通报，2016，61（21）.

② 侯纯扬. 中国近海海洋——海水资源开发利用［M］. 北京：海洋出版社，2012：35.

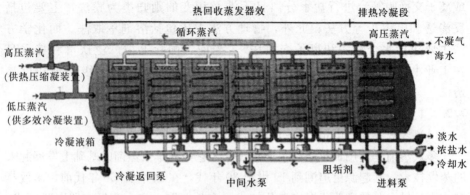

图 7-4 低温多效蒸馏海水淡化的工艺流程

统操作安全可靠、产品水质量高、操作温度低、腐蚀和结垢倾向小等。

缺点：设备体积较大，运行成本较高，低温要求使热效率进一步提高受限等。

低温多效蒸馏海水淡化技术可利用电厂、化工厂、低温核反应堆或其他余热提供的低品位蒸汽将海水多次蒸发和冷凝达到很高的造水比，特别适合与低位余热结合建设大中型海水淡化厂，是国际上主流的海水淡化技术之一。

④ 多效蒸馏海水淡化工程实例——阿拉伯联合酋长国 Jubail 80×10^4 吨/天海水淡化厂[①]

沙特阿拉伯国有公用事业公司 Marafiq 在 2007 年启动了该发电站与海水淡化项目，海水淡化设备由 Veolia Sidem 提供，并于 2010 年投入运行，同年该项目获得 GWI 颁发的国际水奖。项目的概况见表 7-3。

表 7-3 阿拉伯联合酋长国 Jubail 80×10^4 吨/天海水淡化厂概况

项目类型	电厂/海水淡化厂	工程总投资	3 400 000 000 美元
合同类型	IWPP	EPC 成本	945 000 000 美元
交易模式	BOOT	产水成本	0.827 美元/米³
特许权期限	20 年	工程装置	标准
合同范围	EPC	技术类型	MED
装置类型	双重目的	产水量	800 000 米³/天
安装地点类型	陆基	原水类型	海水 (TDS20 000$\times10^{-6}$ ～ <50 000$\times10^{-6}$)

---

① GWI. Desalination Markets 2010 [M] . Oxford：Media Analytics Ltd，2010：1-69.

（续）

项目类型	电厂/海水淡化厂	工程总投资	3 400 000 000 美元
用户类型	当地饮用水（TDS 10×10^{-6} ～ $< 1\,000 \times 10^{-6}$）	最低原水温度	35℃
工程状态	运行	最高原水温度	66℃
装置台数	27	单机效数	8
单机规模	29 629 米³/天	低压蒸汽压力	2.7bar

（2）多级闪蒸（multi-stage flash，MSF）海水淡化

为了克服早期多效蒸馏结垢严重的问题，多级闪蒸于 20 世纪 50 年代被提出并开始发展。由于多级闪蒸具有结垢倾向小等优点，因此在被提出后就得以快速发展，成为当前技术最成熟、应用最广泛的大规模工业海水淡化技术。多级闪蒸同样是由多个蒸发容器（闪蒸室）串联而成，闪蒸室的个数通常称为级数。

① 多级闪蒸海水淡化的基本原理

所谓闪蒸，是指一定温度的海水在压力突然降低的条件下，部分海水急骤蒸发的现象。多级闪蒸海水淡化的基本原理就是：将原料海水加热到一定温度后引入一个闪蒸室，室内的压力被控制在低于热海水温度所对应的饱和蒸汽压，热海水由于相对过热而急速部分气化，从而使自身温度降低，所产生的蒸汽冷凝后即为所需的淡水。多级闪蒸海水淡化就是以此原理为基础，使海水依次流经若干个压力逐渐降低的闪蒸室，逐级蒸发降温，同时盐水也逐级增浓，直到其温度接近（但高于）天然海水温度[①]。

② 多级闪蒸海水淡化的工艺流程

多级闪蒸海水淡化的主要设备有盐水加热器、多级闪蒸装置热回收段、排热段、海水前处理装置、排不凝气装置真空系统、盐水循环泵和进出水泵等。其工艺流程为：进料海水→排热段闪蒸器→前处理（混凝、消毒、杀藻、软化、除垢）→循环盐水泵→热回收段闪蒸器各级（图 7-5）。

③ 多级闪蒸海水淡化的优缺点

优点：工艺成熟、防垢性能好、单台装机容量大、易于大型化、运行安全可靠、预处理简单、产品水质高等。

缺点：设备材料费用较高、设备腐蚀快、泵的动力消耗大、传热效率低、设备操作弹性小等。

多级闪蒸适合于大型和超大型淡化装置，多级闪蒸海水淡化总是与火力电

---

① 张百忠．多级闪蒸海水淡化技术 [J]．一重技术，2008（4）：48-49.

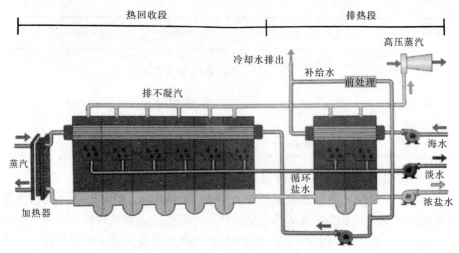

图7-5 多级闪蒸海水淡化的工艺流程

站联合运行，以汽轮机低压抽气作为热源，实现电水联产。

④ 多级闪蒸海水淡化工程实例——沙特阿拉伯Shuaiba 3多级闪蒸海水淡化工程

沙特阿拉伯Shuaiba 3多级闪蒸海水淡化工程是目前已建最大的多级闪蒸海水淡化厂，其设计规模已达$88×10^4$米^3/天设备供应商是韩国Doosan。其工程概况见表7-4。

表7-4 沙特阿拉伯Shuaiba 3多级闪蒸海水淡化工程概况

项目类型	电厂/海水淡化厂	工程配置	标准
合同类型	IWPP	产水成本	0.57 美元/米^3
交易模式	BOO	技术类型	MSF
特许权期限	20 年	产水量	880 000 米^3/天
合同范围	EPC	原水类型	海水（TDS20 000×10^{-6} ～<50 000×10^{-6}）
装置类型	双重目的	原水盐度	39 000.0×10^{-6}
安装地点类型	陆基	装置台数	12
用户类型	当地饮用水（TDS10×10^{-6}～<1 000×10^{-6}）	装置类型	水平组
工程状态	运行	GOR	8.86 千克/千焦
工程总投资	2 560 000 000 美元		

（3）**反渗透（reverse osmosis，RO）海水淡化**

反渗透是利用只允许溶剂透过、不允许溶质透过的半透膜，将海水中的淡水同盐类等分离的技术。其利用反渗透原理，集成海水取水、预处理、高压给水、淡化海水、能量回收、淡化水后处理、浓海水排放等工艺技术和设备，将海水中的盐分脱除，变成可供饮用或生产生活使用的淡水。这种技术起源于20世纪50年代，并于20世纪70年代在商业上开始得到应用，之后由于其能耗低的特点，因而得以飞速发展。随着膜材料技术的进步和成本的降低，目前，其装机容量在全球海水淡化总装机容量中占主导地位，已成为当前国际上应用最广泛、最成功的淡化技术之一。

①　反渗透的基本原理

通常情况下，用半透膜将淡水和盐水隔开，淡水通过半透膜扩散到盐水一侧，从而使盐水一侧的液面逐渐升高，直至一定的高度才停止，这个过程称为渗透。此时，达到新的化学平衡时半透膜两侧溶液的液位差产生的压力即为渗透压。如果对盐水一侧施加一大于盐水渗透压的压力，那么盐水中的纯水将会逆向渗透到淡水侧，该过程与自然渗透方向相反，因而被称为反渗透，利用该原理的淡化技术即反渗透海水淡化技术。实际上为了提高单位膜面积的水通量，通常采用的操作压力为海水渗透压的2～4倍[①]。

②　反渗透海水淡化的工艺流程

反渗透海水淡化的流程包括预处理、高压泵产生压力差、膜组件水处理、后处理四个步骤。预处理是对进料海水进行处理，通常包括去除悬浮固体、有机物、胶体物质、微生物、细菌等，调节pH，脱气和软化处理以控制碳酸钙和硫酸钙结垢等，目的都是为了保护膜组件；高压泵用于对进料海水加压，使之达到适合所用膜和进料海水所需要的压力；膜组件的核心是半透膜，用于截留溶解的盐类让不含盐的水通过；后处理主要是进行稳定处理，包括pH调节、氯杀菌和脱气处理等。其工艺流程如图7-6所示。而水通过半透膜的机理是水分子通过亲水性半透膜而扩散的能力要远强于盐分和海水中的其他成

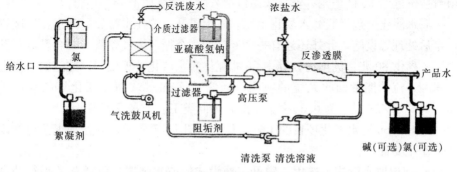

图7-6　反渗透海水淡化的工艺流程

---

①　满日南，王晓娟，等．海水淡化技术研究新进展和发展趋势［J］．工业水处理，2014，34（11）：9.

分，这也是半透膜半透性的本质所在。

由于反渗透海水淡化大部分的能量损失来源于排放的海水的压力，因而在商业中通常配置能量回收装置以回收排放的浓盐水中的机械压缩能，从而提高反渗透海水淡化的能量使用效率。

③ 反渗透海水淡化的优缺点

优点：能量消耗低、工程投资少、造水成本较低、占地省、建造设计周期短、工艺流程简单、装置紧凑、较为灵活等。

缺点：预处理要求严格、容易生成水垢和污垢、水质略低、温度降低产水量下降、膜元件需要特别保养等。

目前，除海湾国家外，美洲、亚洲和欧洲，大中生产规模的装置都以反渗透法为首选。反渗透海水淡化技术应用于市政供水具有较大优势，对于要求提供锅炉补给水和工艺纯水，且有低品位蒸汽或余热可利用的电力、石化等企业，低温多效蒸馏技术仍具有一定的竞争性。

④ 反渗透海水淡化工程实例——以色列南部 Ashkelon 33×10^4 米³/天反渗透海水淡化项目[①]

Ashkelon 海水反渗透厂位于以色列南部地区，建成于 2005 年，是当时世界最大的采用膜技术进行海水淡化的工厂。每年为南部城市提供 1×10^8 米³ 的饮用水，相当于以色列生活用水总量的 15%，目前该厂可提供饮用水量为 33×10^4 米³/天。该项目作为以色列 2000 年启动的海水淡化规划的一部分，旨在解决该国长期存在的供水问题。

Ashkelon 海水淡化厂由 VID 海水淡化有限公司运营，该公司是由 Veolia（占 25%）及其以色列合伙人——IDE（占 50%）和 Elran（占 25%）组成的合资公司。25 年的运营协议期满之后，海水淡化厂将移交给以色列政府。该项目造价近 2.12 亿美元，资金来源包括入股和贷款两部分。

海水淡化厂包括膜海水淡化单元和海水提升、浓盐水排放、原水预处理和产水后处理等设施，此外还建有一个专门的联合循环燃气轮机（联合发电）发电厂，提供 80 兆瓦的电力，其中 56 兆瓦供海水淡化处理使用。先进的反渗透技术和一流的能量回收系统的应用，降低了 Ashkelon 海水淡化厂的运营成本，其吨水处理成本为 0.53 美元/米³，为同类工艺吨水成本最低。

Ashkelon 海水淡化项目的工艺流程图如图 7-7 所示，其处理工艺包括以下 5 个主要部分：

a. 海岸取水设施。选用了敞开、浸没式的取水装置，包括 3 条平行的高

---

① 赵欣，丁明亮，等. 反渗透技术在以色列 Ashkelon 海水淡化项目中的应用 [J]. 中国给水排水，2010，26（10）：81-84.

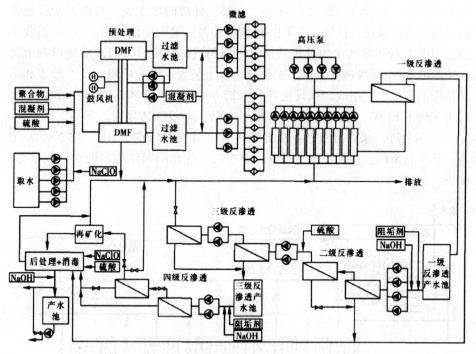

图 7-7 Ashkelon 海水淡化项目工艺流程

密度聚乙烯管道（管径为 DN1600，长度为 1 千米），以及为了保证安全取水的特殊构造。

　　b. 海水取水与预处理。进水泵站配有 5 台流量为 35 000 米³/小时的立式泵，通过两根管线将海水送到预处理设施，每根管线对应着 20 个双层滤料重力滤池。过滤前添加化学药剂，并通过静态混合器混合。在预处理阶段采用硫酸亚铁作为混凝剂、硫酸作为 pH 调节剂，以便在预处理阶段有效地降低 SDI 值。此外，还安装有其他化学药剂投加设备（冲击加氯、聚合物），以便在海水水质恶化时使用。

　　c. 高压泵和能量回收系统。反渗透系统所需的进水压力为 7 兆帕，是最为耗能的一个部分。ERD（能量回收装置）的引入为降低能耗提供了可能。在工厂设计初期，ERD 装置就被引入处理系统，该装置对排放浓水中机械能的回收率可达 96%，同传统工艺相比，吨水能耗可降低 35% 左右。

　　d. 反渗透。过滤后的海水经过高压泵流向反渗透设备，这些设备与先进的双工作交换能量回收设施联系在一起。高压泵和能量回收设备可以各自独立运行，这有助于提高系统的灵活性和效率。考虑到出水水质（氯化物＜20 毫克/升，硼＜0.4 毫克/升），海水淡化设施采用由四阶段系统组成。第一阶段是传统的海水反渗透系统，回收率约为 45%；第二阶段采用高 pH，提高膜对硼的去除率，此阶段的回收率为85％；第三处理阶段主要是对第二阶段处理的浓盐水进行软化，在低pH下回收率为85％；第四阶段采用高pH，回收率达到90％，经过第四阶段处理后的水可以与成品水混合。海水淡化设施由第一阶段的32个反渗透装置、第二阶段的8个装置、第三阶段的2个装置和第四阶段的2个装置组成。该设施共采用25 600支海水膜和15 100支苦咸水膜。最终采用了DOW（陶氏）公司的Filmtec膜用于反渗透处理。

e. 后处理。采用石灰进行后处理，然后用NaOH调节pH、用NaClO消毒。该项目采用独特的三中心设计：泵中心、优化的膜组件、能量回收中心，如图7-8所示。

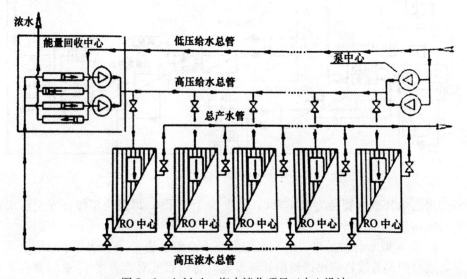

图7-8　Ashkelon海水淡化项目三中心设计

7.2.2.2　其他海水淡化技术[①]

（1）压汽蒸馏法（vapor compression，VC）

压汽蒸馏法与LT-MED类似，不同的是VC结合了热泵，通过压缩蒸汽来驱动盐水分离过程。压汽蒸馏法是利用机械压缩机把蒸汽压缩、升压和升温（温度升高10℃左右），并作为加热和使海水蒸发的热源，因此压汽蒸馏法在运行后不需外部提供加热蒸汽，靠机械能转化为热能，热效率高，能耗较低，而且过程不需冷却水，海水预处理工艺简单，工艺设备结构紧凑，产品淡水质量高，但压缩机造价较高，容易腐蚀、结垢，故只适用于小型海水淡化工程，难以进一步大型化。

---

　　① 郑智颖，李凤臣，等. 海水淡化技术应用研究及发展现状［J］. 科学通报，2016，61（21）：2348-2350.

（2）冷冻法（freezing-melting）

冷冻法通过相变（由液体变固体）来实现盐水分离，其基本原理为：海水在结冰时，水首先被冷冻从而生成冰晶，而盐分被排除在冰晶之外存在于剩余的浓海水中，将冰晶从浓海水中分离出来，经过清洗和融化后即可得到淡水。按照冰晶生成方式的不同，冷冻法可以分为天然冷冻法和人工冷冻法，其中人工冷冻法又可以分为直接接触冷冻法、间接接触冷冻法、真空冷冻法和共晶分离冷冻法。冷冻法能耗较低，操作温度较低，可减少水垢和腐蚀问题，预处理工艺简单，但工艺繁琐复杂，运行可靠性不高，投资和运营成本较高，冰晶的洗涤和分离较困难，清洗冰晶的过程中需要用到部分产品水，且结晶过程中冰晶中会残留有部分盐分，还需要利用高品位能源。目前，冷冻法在海水淡化上还没有得到商业应用，一些关键技术问题有待进一步研究。

（3）增湿除湿法（humidification-dehumidification，HDH）

增湿除湿法基于自然界中的雨水循环，可以被视为一个人造雨水循环，其基本工艺流程为：流动空气在增湿器（蒸发器）内与加热后的海水充分接触，在此过程中一定量的蒸汽被空气提取出来，被加湿后的空气被输送到除湿器（冷凝器）内，在流经换热管时湿空气中的部分蒸汽在管外壁冷凝形成淡水，冷凝过程释放的潜热传递给管内流动的海水对其进行预热，从除湿器流出的湿度降低的空气被输送回增湿器内。增湿除湿法可利用低品位热源（如太阳能和地热），设备腐蚀轻，适用于对水需求较为分散的干旱地区。

（4）溶剂萃取法（solvent extraction）

溶剂萃取法有两种途径，一是利用萃取剂除去海水中的盐而得到淡水，但由于海水的成分复杂，需要采用能同时萃取多种成分的萃取剂或多种萃取剂，因此工艺流程较为复杂和困难，一般不予采用。另一种途径是利用萃取剂（一般为聚合物）在低温下萃取出海水中的水，然后升高温度使溶剂与水分离。在这个方法中，需要海水与萃取剂接触以形成两相，一相为能溶解水的聚合物萃取相，另一相为盐水，当海水与萃取剂充分接触后，聚合物萃取相里面不含有盐分，对萃取相进行加热后可将萃取剂和水分离开来，分离得到的水即为产品水，而萃取剂则被回收以循环使用。溶剂萃取法耗能少、腐蚀轻，但其萃取性能随海水含氧量的增大而降低，而且溶剂在水中有一定的溶解度，会影响产品水质量。

（5）电渗析法（electrodialysis，ED）

电渗析法与 RO 同属于膜法，不同的是 ED 中是由于海水中的盐分通过离子交换膜迁移从而产生盐水分离。电渗析法是利用具有选择性的离子交换膜在外加直流电场的作用下，使水中的离子定向迁移，并有选择性地通过带有不同电荷的离子交换膜，从而达到溶质和溶剂分离的目的。电渗析法的预处理工艺简单，水回收率高，结构简单紧凑，其使用的离子交换膜比 RO 中的半透膜具有更高的化学和机械稳定性，也可以在更宽的温度范围内运行，对不同的水质有较好的灵活性。但是，电渗析过程对不带电荷的物质如有机物、胶体、细菌、悬浮物等无脱出能力，因此电渗析法不适用于淡化制备饮用水；电渗析过程的能耗和给水含盐量有密切的关系，给水含盐量越高、能耗越大，所以电渗析法比较适合低盐苦咸水的淡化；电荷会在电极和离子交换膜表面聚集，随着时间的推移会导致污垢的生成，因而需要定期进行清洗。

（6）水合物法（gas hydrate）

水合物法的基本原理为：海水中的水分子与较易生成水合物的水合剂结晶聚合形成笼状水合物晶体，通过物理方法将水合物晶体从剩下的海水中分离后，经过清洗和升高温度而融化，水合物晶体分解即可得到淡水，挥发出来的气体可以回收并被再利用。笼状水合物晶体通常在中等高压下形成，但是其凝固温度可高达 $12℃$。已知的水合剂包括轻烃（如 C_3H_8）、氯氟烃制冷剂（如 $CHClF_2$）和 CO_2。水合物法的能耗低、设备简单紧凑、成本低、无毒、无爆炸危险，但初级淡化水水质低，需二次或多级淡化才能达到生活用水标准。操作温度稍高于冷冻法，但是操作压力较高。

（7）离子交换法（ion exchange）

离子交换法的基本原理是：利用某些有机或无机固体（离子交换剂）本身所具有的离子与海水中带同性电荷的离子相互交换，比如海水中的 Na^+ 和 Cl^- 分别与阳离子交换剂中的 H^+ 和阴离子交换剂中的 OH^- 相互交换，从而实现盐水分离。上述过程可以通过用酸再生阳离子交换剂和用碱再生阴离子交换剂从而实现可逆。离子交换法的成本较高，主要用于苦咸水淡化和应急状况下的海水淡化，在工业海水淡化中主要应用在预处理的软化工艺和后处理的选择性去除污染物（如硼）工艺中。

7.2.2.3 海水淡化的技术发展前沿

近年来，为克服和改善传统海水淡化技术的缺点和不足，进一步降低海水淡化能耗，各国科研人员提出了很多旨在优化传统方法海水淡化性能的改进方法，并开发了不同的新型海水淡化技术。总的来说，当前海水淡化的技术的发展前沿主要有以下四个方面：①就当前现有海水淡化方法中的关键技术或设备进行改进，如对热蒸馏法、RO 海水淡化技术的改进等；②发展不同海水淡化技术之间相互结合的混合海水淡化方法，如膜蒸馏、填充床电渗析等；③开发利用可再生能源或新能源的海水淡化方法，如太阳能、风能、地热能、海洋能、核能海水淡化；④基于先前未曾利用过的物理现象，发展新型海水淡化技术，如正渗透、电容去离子、离子浓差极化、电化学介导海水淡化、碳纳米管、旋转离心力、超临界海水淡化、磁流体、超空化等[1]。在众多新型海水淡化技术中，膜蒸馏技术和正渗透技术被认为是最有应用潜力的海水淡化技术，受到广泛的关注。

（1）膜蒸馏技术（membrane distillation，MD）

膜蒸馏技术是一种将膜法和热蒸馏法结合起来的新型脱盐技术。在 MD 过程中既有常规蒸馏的蒸汽传质与冷凝过程，又有分离物质扩散透过膜的膜分离过程，膜蒸馏是一种结合了蒸馏过程的膜过程。

MD 的基本工艺流程是：海水加热后被输送到疏水性微孔膜的表面，由于疏水性微孔膜的表面张力大，因而只允许海水蒸发得到的蒸汽通过膜上的微孔，而液态水则被阻止通过，通过疏水性微孔膜的蒸汽被冷凝而形成淡水。MD 中盐水分离过程的驱动力为膜两侧的蒸汽压力差。增大 MD 的膜通量和热效率是当前的研究热点。根据蒸汽收集方式和冷凝机理的不同，MD 可分为直接接触式（DCMD）、气隙式（AGMD）、气体吹扫式（SGMD）和真空式（VMD）4 类。

MD 的主要特点有：①操作温度低（60～90℃），蒸发效率高、可利用低品位废热或太阳能等可再生能源，从而对远离海洋的偏远地区供水；②结构简单、紧凑，采用聚合物作为结构材料可防止腐蚀并大大降低建设成本；③蒸汽空间需求比热蒸馏法小，操作压力低于 RO；④疏水膜对结垢和沉淀不敏感，预处理需求小，水质适应性强；⑤不论原水质量如何都能获得高纯度水，理论上脱盐率可达 100%；⑥能同其他脱盐技术（RO、MED 等）联用以提高整个系统的效率；⑦随时间的推移，膜上污垢的生成和疏水性的损失会造成膜退化。

膜蒸馏脱盐技术是目前国内外研究的热点，在高浓盐水体系的脱盐方面具有独特优势。迄今膜蒸馏技术已有小规模工业应用，还没有大规模产业化应用。

（2）正渗透技术（forward osmosis，FO）

相对膜蒸馏技术而言，正渗透技术是一种更加新颖的膜技术。它与 RO 相同，采用半透膜将淡水和海水分隔开，但不同于利用外加压力作为驱动力实现淡水通过半透膜，FO 利用的是由高盐度汲取液（又称驱动液）产生的自然的压力梯度，与另一侧的海水相比，汲取液具有更高的渗透压和更低的化学势，从而使海水内的水通过半透膜向汲取液一侧移动。由于无需外加压力，正渗透技术的节能优势十分明显，但该过程中淡水从原料液转移到驱动液中之后，还

① 郑智颖，李凤臣，等. 海水淡化技术应用研究及发展现状 [J]. 科学通报，2016，61（21）：2350-2358.

需要对驱动液进行脱盐处理，才能达到海水淡化的目的。因此，正渗透技术需结合其他的脱盐技术才能达到海水淡化的目的[①]。即汲取液中的淡水还要通过其他分离方式进行分离，而分离方式依赖于汲取液的特性，分离出来的汲取液可以回收再利用于 FO 工艺中。

　　FO 具有低能耗、膜污染倾向小和低成本等优势，但当前 FO 海水淡化仍面临浓差极化、膜污染、溶质逆向扩散、膜的选择和开发以及汲取液的选择和发展等问题。对该技术的研究正处于概念研究阶段，尚未实现工业应用，但长期来看该技术的应用前景广阔。

7.2.3　国内外海水淡化发展现状

7.2.3.1　国外海水淡化发展现状

　　最早对海水做脱盐的处理可以追溯到公元前 1400 年，一些海边居民通过简单蒸馏获取淡水；至公元 200 年，简易的海水蒸馏装置开始出现，主要用于远航船上为船员提供淡水；1560 年，世界上第一个陆基海水脱盐厂在突尼斯的一个海岛上建成；1675 年和 1680 年海水蒸馏淡化的专利在英国诞生，并开始出现对海水蒸馏淡化的报道；18 世纪，提出了冰冻海水淡化技术；19 世纪以来，伴随着蒸汽机的发明，各个殖民国家鉴于航海技术的发展，开始对海水淡化进行研究，出现了浸没式蒸馏器；1872 年，智利研发出了世界首台太阳能海水淡化装置，日产 2 万立方米淡水；1884 年，英国建成第一台船用海水淡化器；1898 年，俄罗斯投产了本国第一家基于多效蒸发原理的海水淡化工厂，日产淡水达到 1 230 立方米。20 世纪早期，仅有少数几个国家（英国、美国、法国和德国）掌握海水淡化设备制造技术，也只有在蒸汽轮船上和中东少数几个港口使用到海水淡化装备。二次世界大战期间，海水淡化以蒸馏法为主得到大力发展，战后中东地区石油遭到国际资本的大力开发，为解决该地区淡水资源短缺问题，海水淡化产业在大规模化发展。1954 年，电渗析海水淡化装置问世。1957 年，R S Silver 和 A Frankel 发明的多级闪蒸海水淡化技术（MSF）克服了多效蒸发易结垢、易腐蚀的缺点，揭开了海水淡化发展历史上的新一页，迅速在中东地区得以应用发展，标志着海水淡化进入大规模实际应用新阶段。1960 年，反渗透法海水淡化装置问世。1975 年，低温多效海水淡化技术在原有多效蒸馏基础上进行改进后，得到一定规模的推广。20 世纪 80 年代以来，反渗透技术不断取得突破，使其成为耗能最低、投资运行最快的海

---

① 余乾洪，迟莉娜，周伟丽，等. 正渗透膜分离技术及其在水处理中的应用与研究 [J]. 环境科学与技术，2010，33（3）：117-122.

水淡化技术，得到迅速的发展[①]。目前，主流技术日趋成熟，新技术研发活跃，各种海水淡化技术共存互补、并行发展。出于解决本国水资源短缺问题（如中东国家沙特、以色列等）或保护本国的淡水资源（如发达国家美国、西班牙、日本等）考虑，许多国家和地区纷纷研究和发展海水淡化技术以保证淡水资源的充足。截至2010年底，海水淡化产业及装置已覆盖沙特阿拉伯、阿曼、阿拉伯联合酋长国、西班牙、塞浦路斯、马耳他、直布罗陀、佛得角、葡萄牙、希腊、意大利、印度、中国、日本和澳大利亚等世界150多个国家和地区。海湾地区国家、欧美发达国家通过数十年的发展，技术路线和产品应用都基本稳定，产业已经从成长期逐步进入成熟期[②]。目前，国际上海水淡化继续保持快速发展态势，全球海水淡化年增长率达到8％。海水淡化工程规模不断扩大，淡化水产量的增长趋势非常迅猛，从日产几百立方米到几十万立方米，2016年全球累计已完成产能 88.6×10^6 米^3/天[③]（图7-9），60％用于市政用水，可以解决2亿多人的用水问题。从海水淡化技术应用来看，以反渗透（RO）为主的膜法海水淡化工艺和以多级闪蒸（MSF）、低温多效（MED）为主的热法海水淡化工艺是目前及未来较长时间内的主流工艺。2015—2016年，全球海水淡化应用膜法占93％，热法占7％[④]。国外一些海水淡化产业发达地区的技术已经从RO、MSF、MED等单种技术向MED-RO、MSF-RO等热膜耦合法转化，海水淡化关键技术不断创新，成套装备技术水平不断提升。海水淡化设备的容量也向大型化和小型化两个方向发展，以大规模海水淡化厂的建设降低淡化成本，同时也通过小型便携化的淡化设备研制扩大海水淡化技术的应用面。与此同时，海水淡化投资和成本也逐步降低，海水淡化产业朝着环境友好化、低能耗、低成本等方向发展。海湾地区国家在保证政府对淡化水控制权的前提下引入竞争机制，在引进社会资本和国外资本介入的方式上，主要采用BOT（建设—经营—转移）和BOO（建设—拥有—经营）模式。一批沿海国家加强政策制定、加大资金投入、抢占技术制高点，不断加快发展海水淡化产业、扩大海水淡化应用规模。

① 朱淑飞，薛立波，徐子丹. 国内外海水淡化发展历史及现状分析 [J]. 水处理技术，2014，40（7）：12-13.

② 郑连革，盛来芳. 海水淡化产业发展之国外经验 [J]. 浙江经济，2013，（12）：35.

③ 张夏卿，王琪. 2015—2016全球海水淡化概况（译文）[J]. 水处理技术，2017，43（1）：12.

④ 张夏卿，王琪. 2015—2016全球海水淡化概况（译文）[J]. 水处理技术，2017，43（1）：15.

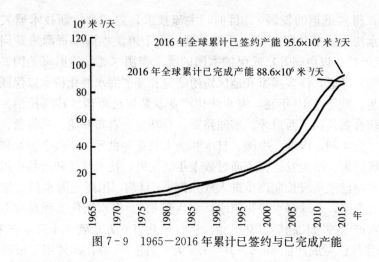

图 7-9 1965—2016 年累计已签约与已完成产能

（1）西亚

西亚即传统的"中东"，气候炎热、降水稀少、土地干旱，是世界水资源严重匮乏的地区之一，有对海水淡化技术和装置的迫切需求，但同时又是世界石油资源富集地区，经济实力雄厚，具备海水淡化产业化发展的经济基础。因此，该地区成为目前世界海水淡化装置的主要分布地区，仅这一地区的沙特阿拉伯、阿拉伯联合酋长国、科威特、卡塔尔和巴林五国的海水淡化装置总产水量几乎占到全球总产量的一半。在波斯湾的沿岸地区，有的国家的淡化海水量已经占到了本国淡水使用量的 80%～90%。其中，西亚最大的国家——沙特阿拉伯的海水淡化工业始于 90 多年前，为解决严重的水资源短缺问题，沙特阿拉伯政府投入巨资，现已在东、西海岸的 15 个地区建起 30 余座大型海水淡化工厂，产能超过 500 万立方米/日，遍及 46 个城市，可满足 60% 人口的用水需求，是全球第一大淡化海水生产国。沙特阿拉伯的海水淡化工厂不仅向沿海城市提供淡化水，而且还向内地一些人口稠密和缺乏饮用水的城市和地区提供淡化水，用钢铁和水泥等各种材料建造的输水管总长达 2 080 千米，已形成一个遍布全国的庞大供水网。在有些地区，甚至还用淡化海水发展灌溉农业[①]。为满足国内巨大的淡水需求，一半是海水一半是沙漠的阿拉伯联合酋长国自 20 世纪 60 年代中期开始投资海水淡化行业，目前阿拉伯联合酋长国海水淡化能力位居世界第二，2014 年淡化水产量达到 17 亿立方米。2013 年 4 月，迪拜在波斯湾和阿拉伯沙漠之间建造了 Jebel Ali 海水淡化厂，是阿拉伯联合酋长国规模最大的发电项目和海水淡化项目，其海水淡化系统的八个单元每天

---

① 马成祥，唐小娟. 浅谈沙特阿拉伯水资源开发利用途径 [J]. 甘肃水利水电技术，2016，52（6）：7.

可以生产淡水1.4亿加仑。以色列在海水淡化技术的选择与发展非常超前和成功，目前，以色列拥有的水资源已经超过需求①，大约80％的饮用水来自海水淡化，拥有Ashkelon，Hadera和Sorek多座大型海水淡化厂，其中Sorek是世界上最大的反渗透的海水淡化厂，年处理量高达1.5亿立方米，还产生了著名的海水淡化国际巨头IDE公司。

（2）日本

日本应用海水淡化技术始于20世纪40年代初期，自60年代首创全球第一张电渗析均相离子交换膜，以海水浓缩起步推动电渗析的全面应用，建成了最大的野岛电渗析海水淡化厂之后，便开创了膜法海水脱盐的新纪元。自1974年开始，日本将海水淡化技术的研究重点转向反渗透，其发展非常迅猛。2005年建成的福冈海中道奈多海水淡化中心是日本最大的海水淡化设施，采用反渗透海水淡化方法，目前海水淡化约占福冈总供水量的十二分之一，海水淡化已成为日本福冈地区水源的重要组成部分，且稳定性高，海水淡化水成本约为210日元/米³。日本海水淡化产业的发展是由本国的科技与产业政策推动的，从1968年将海水淡化技术列入首批六大国家重点扶持技术之一，到21世纪日本政府提出将水务（海水淡化是其中最具成长性的产业）产业发展作为日本经济复兴重要支撑产业，日本海水淡化产业的发展一直被政府悉心呵护，受政策的影响极大②。日本政府主要采用委托与联合研发的模式，资助具有一定产业条件与技术基础的相关企业开展海水淡化技术的研发。技术创新推动了日本海水淡化产业的不断发展，目前，日本已经成为世界上热法和膜法两大主流海水淡化技术装备最重要的供应商之一，其产品与技术在许多领域居于国际领先水平。

（3）澳大利亚

澳大利亚的海水淡化起步于20世纪初，但其真正的大发展是进入21世纪后，特别是2006—2012年澳大利亚的淡化产水能力实现指数增长。2005年以前，澳大利亚海水淡化工程是非常少的，直到2007年珀斯海水淡化工程建成后，全国海水淡化应用才开始迅速增加③。截至2015年8月，澳大利亚已建淡化厂276座，总产水能力共计约225.5万吨/日；其中海水淡化厂65座，产水能力约180万吨/日④。大型海水淡化项目主要有珀斯、黄金海岸、悉尼、阿德莱德、墨尔本等。反渗透是澳大利亚当前淡化业的主流优势技术，占淡化

---

① 葛利云．以色列证明海水淡化时代的来临［J］．世界科学，2016（11）：48.
② 郭永清．日本海水淡化产业政策对中国的启示［J］．海洋经济，2013，3（3）：59.
③ 王静，刘淑静，等．澳大利亚海水淡化对我国的借鉴研究［J］．海洋信息，2013（1）：55.
④ 刘伟，张铭．澳大利亚环境友好型海水淡化产业发展分析［J］．海洋经济，2015，5（5）：49.

产能的97.7%。淡化产水主要用于市政，其次为工业、发电等，海水淡化已成为澳大利亚沿海城市的重要饮用水源之一。为尽量降低海水淡化工程可能产生的负面影响，澳大利亚注重可再生能源在海水淡化中的利用，多个已建、在建的大型海水淡化工程都采用了可再生能源供能，是全球可再生能源淡化产水能力最高的国家。2007—2012年投产的六大反渗透海水淡化厂均间接使用可再生能源作为全部动力来源，主要技术方式是将风电场和太阳能电场生产的电能供入智能电网，间接为淡化厂提供动力。

7.2.3.2 国内海水淡化发展现状

我国海水淡化研究最早于1958年，国家海洋局第二海洋研究所首先在我国开展离子交换膜电渗析海水淡化的研究；1965年山东海洋学院在国内最先进行反渗透CA不对称膜的研究；1970年，海水淡化会战主力汇集杭州，组织了全国第一个海水淡化研究室；1981年第一个日产200吨的电渗析海水淡化站在西沙群岛建成；1982年，中国海水淡化与水再利用学会经中科协学会部批准在杭州水处理技术研究开发中心成立；1984年，国家海洋局天津海水淡化与综合利用研究所成立，开始蒸馏法海水淡化装置的研究；1987年，大港电厂从美国引进2套3 000米^3/天MSF海水淡化装置，与离子交换法结合，解决锅炉补给水的供应；1997年，我国第一套500米^3/天反渗透海水淡化装置在浙江舟山嵊山县投产建成，开创了国内海水淡化规模化应用的历史先河；2000年，河北沧州建设18 000米^3/天反渗透苦咸水淡化厂；2003年，山东荣成建成万吨级反渗透海水淡化示范工程；2003年，河北黄烨发电厂引进20 000米^3/天多效蒸馏海水淡化装置；2004年，我国首台自主知识产权的3 000米^3/天低温多效蒸馏海水淡化装置在山东黄岛建成[①]。

通过科技支撑计划、863计划、973计划和海洋公益性行业科研专项等科技计划的部署实施，以及《海水利用专项规划》（2005年发布）、《国家中长期科学和技术发展规划纲要（2006—2020年）》（2006年发布）、《"十二五"海水淡化科技发展重点专项规划》（2012年发布）、《全国海水利用"十三五"规划》（2016年发布）等一系列鼓励海水淡化与综合利用技术和产业发展的规划、政策与措施的出台，我国海水淡化技术和工程能力取得长足发展，关键技术和设备的研发取得了多项突破和重大成果，我国海水淡化装备制造能力、配套设备和组器技术水平以及工程设计、设备安装能力都有了很大的提高。目前，我国海水淡化单机产能达到国际通用水平，具备了单机规模2.5万吨/日低温多效蒸馏法装置和单机2万吨/日反渗透膜法海水淡化装置的制备能力，

---

① 朱淑飞，薛立波，徐子丹. 国内外海水淡化发展历史及现状分析 [J]. 水处理技术，2014，40 (7)：14.

大部分海水淡化核心设备已经具备国产化能力[①]。国内海水淡化企业创新能力逐步提升，在基本满足国内市场需求的同时，在国际海水淡化市场上逐渐崭露头角。

近年我国海水淡化产业步入大发展阶段，海水淡化工程总体规模呈稳步增长态势（图 7 - 10），海水淡化工程规模和单机规模也趋于大型化，与国际上的差距逐渐缩短。截至 2016 年，全国已建成海水淡化工程 131 个，工程规模 1 188 065 吨/日。其中，已建成万吨级以上海水淡化工程 36 个，工程规模 1 059 600 吨/日；千吨级以上、万吨级以下海水淡化工程 38 个，工程规模 117 500 吨/日；千吨级以下海水淡化工程 57 个，工程规模 10 965 吨/日。全国已建成最大海水淡化工程规模 200 000 吨/日。从区域分布来看，全国海水淡化工程在我国沿海分布不均衡（图 7 - 11），地区差异显著。其中，浙江、山东、天津、河北等沿海先发省市已经进入产业成长期，而其他海水淡化应用和技术欠发达的地区正处于进入期。北方以大规模的工业用海水淡化工程为主，主要集中在天津、山东、河北等地的电力、钢铁等高耗水行业；南方以民用海岛海水淡化工程居多，主要分布在浙江等地，以百吨级和千吨级工程为主。在技术应用方面，我国已掌握反渗透和低温多效两大主流海水淡化技术，相关技术达到或接近国际先进水平。截至 2016 年，在已建成的海水淡化工程中，应用反渗透技术的工程 112 个，工程规模 812 615 吨/日，占全国总工程规模的 68.40%；应用低温多效技术的工程 16 个，工程规模 369 150 吨/日，占全国总工程规模的 31.07%；应用多级闪蒸技术的工程 1 个，工程规模 6 000 吨/日，占全国总工程规模的 0.50%；应用电渗析技术的工程 2 个，工程规模 300 吨/日，占全国总工程规模的 0.03%（图 7 - 12）。可见，反渗透技术是我国海水淡化工程采用的主要技术，其次是低温多效蒸馏技术。从产水用途来看，我国已建成海水淡化产能中，民用占 1/3，为 392 705 吨/日；2/3 为工业用途，为 791 385 吨/日，其中，火电企业为 31.60%，核电企业为 4.61%，化工企业为 5.05%，石化企业为 12.30%，钢铁企业为 13.05%；用于绿化等其他用水占 0.34%（图 7 - 13）[②]。我国海水淡化产水成本主要集中在 5～8 元/吨，万吨及以上海水淡化工程产水成本平均为 6.22 元/吨；千吨级海水淡化工程产水成本平均为 7.20 元/吨；部分使用本厂自发电的海水淡化工程产水成本可以达到 4～5 元/吨。全国已建成海水淡化工程的能源供给以电力为主，在海

---

① 科技部. 科技部 国家海洋局关于印发《海水淡化与综合利用关键技术和装备成果汇编》的通知［EB/OL］.［2015 - 12 - 04］. http：//www. most. gov. cn/tztg/201512/t20151204_122625. htm.

② 国家海洋局. 2016 年全国海水利用报告［EB/OL］.［2017 - 07 - 19］. http：//www. soa. gov. cn/zwgk/hygb/ hykjnb_2186/201707/t20170719_57029. html.

水淡化与可再生能源耦合技术研究应用方面也取得了阶段性成果，新建成100吨/日厦门小嶝岛风能、太阳能海水淡化综合利用工程，海洋平台核能海水淡化系统完成试验样机方案设计。国内海水淡化产业的投融资仍然以政府财政资金投资为主导，但在工业用水上通过与大型电厂、重化工企业的联建联产，以整体项目融资的方式解决海水淡化设施的资金筹措问题，有效地推动了海水淡化产业规模的迅速提升。

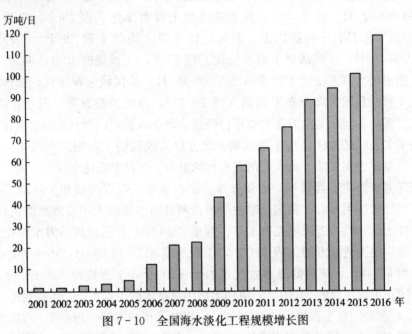

图 7-10　全国海水淡化工程规模增长图

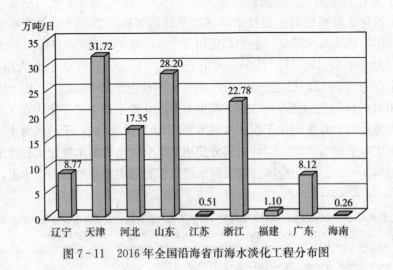

图 7-11　2016 年全国沿海省市海水淡化工程分布图

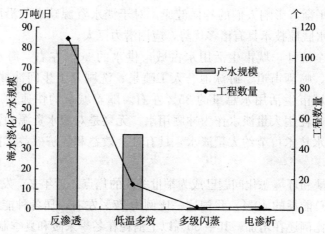

图 7-12 2016 年全国海水淡化工程技术应用情况分布图

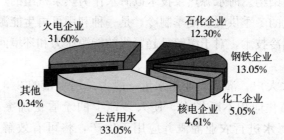

图 7-13 全国已建成海水淡化工程产水用途分布图

7.3 海水直接利用

7.3.1 海水直接利用简介

海水直接利用是指以海水直接代替淡水作为工业用水和生活用水等的技术和过程，主要包括海水冷却（海水直流冷却、海水循环冷却）、海水脱硫、大生活用海水（主要为海水冲厕）、海水源热泵和海水灌溉农业等几个主要方面。

据统计，城市用水中约 70%～80% 是工业用水，工业用水中约 70%～80% 是工业冷却用水。因此，在沿海城市和地区采用海水作冷却水水源，把海水冷却技术广泛用于沿海城市和苦咸水地区的电力、石化、化工、钢铁等多种行业，是解决沿海城市和地区水资源短缺问题的重要途径之一。

随着工业的迅速发展，火电燃煤机组装机容量的不断增长，工业含硫燃料燃烧后排放烟气中的二氧化硫含量增多,导致酸雨污染越来越严重,极大地破坏了生态的平衡,影响人们的身体健康。对于淡水资源缺乏的沿海城市和地区,利用海水脱硫技术具有诸多优势,应用潜力巨大。

据不完全统计,城市生活用水占城市供水的 30% 左右,海水可替代淡水用于消防、喷洒街道、游泳池、人工喷泉、洗刷及卫生间冲厕等,其中,冲厕用水占城市生活用水总量的 35% 左右。随着城市的快速发展,这个比例还在增大,耗用大量淡水作为冲厕用水,无疑是对淡水资源的浪费。采用大生活用海水技术可节约大量淡水,具有社会效益和经济效益,推广前景极其广阔。

能源紧缺和环境恶化问题已成为举世关注的焦点。近年来,发达国家的建筑能耗约占总能耗的 40%,我国这一比例为 27% 左右,居各种能耗首位,并且建筑用能比例还在增加,其中 50% 以上消耗在冬季采暖和夏季制冷上[①]。这不仅对电力供应带来严重压力,且长期使用煤炭等一次性不可再生能源还会向大气排放大量污染物。海水源热泵技术以海水作为热泵机组的热源或冷源,用于解决沿海建筑的冬季供暖和夏季制冷,是一种利用可再生能源的节能、环保的绿色供暖和制冷技术,对于缓解日趋紧张的能源压力和环境问题具有重要的现实意义。

农业是用水大户,灌溉农业用水量一般占总用水量的 2/3 以上。土地盐碱化、次生盐渍化面积不断扩大,使人多地少的矛盾更加突出。若能实现大规模地利用海水进行农业灌溉并应用于生产,将可有效解决农业灌溉淡水水量不足、滨海盐碱地农业利用问题,保障粮食和营养安全,以淡水灌溉支持的传统农业将发生巨大变化,农业生产将进入一个更为广阔的发展空间。

7.3.2　海水直接利用技术

7.3.2.1　海水直流冷却

(1) 海水直流冷却技术简介

由于海水具有取水温度低、受季节影响不大、冷却效果好和水源充足等优点,是沿海工业装置较理想的冷却水源,可大大节约淡水用量。世界上大多数沿海国家和地区都大量采用海水作工业用水,且主要是作工业冷却水,其中又以采用海水直流冷却技术为主。海水直流冷却技术,是以原海水为冷却介质,

---

① 刘业风,代彦军,王如竹.太阳能光热技术在建筑节能中的应用 [J].建筑热能通风空调,2001 (1):39-41.

经换热设备完成一次性冷却后，即直接排海的冷却水处理技术①，其工艺流程如图7-14所示，被广泛应用于沿海电力、化工、石化、钢铁等行业。海水直流冷却技术具有深层取水温度低、冷却效果好、运行管理简单等优点，但也存在诸多问题，包括工程一次性投资大、排水构筑物规模大、施工难、建设工期长、腐蚀、取水量大、排污量大、海体污染明显和海洋生物附着等，在海水浊度小、取水方便、取水能耗小的处理场适合采用此方式。由于海水中含盐量远高于淡水，因此海水对金属材料的腐蚀也远高于一般淡水，且海水中富含种类众多的微生物，在工程中极易引起附着，因此，防腐技术和防生物附着技术是海水直流冷却技术的关键。

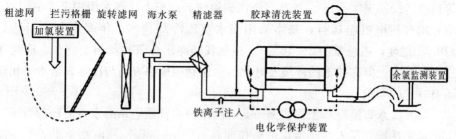

图7-14 海水直流冷却工艺流程

（2）国内外海水直流冷却技术发展现状

国外海水直流冷却技术发展至今已有上百年历史，被广泛用于沿海电力、冶金、化工、石油、煤炭、建材、纺织、船舶、食品、医药等工业领域，其相关设备及防腐、防生物附着关键技术已成熟。许多沿海国家都大量采用海水代替淡水直接作工业冷却水。其中，美国、日本及欧洲各国是用量较大、应用时间较长、海水直流冷却技术先进的国家。美国从20世纪60年代开始大量利用海水作冷却水，20世纪70年代末至80年代初，海水的直接利用量已达720亿米³，2000年工业用海水达到30%，如今沿海地区火电、核电等行业广泛应用海水直流冷却技术。日本早在20世纪30年代就使用海水作为工业冷却水，到60年代几乎沿海所有的电力、钢铁、化工等企业都采用海水直流冷却，到1980年，沿海大多数火力发电、核电、冶金、石油化工，利用海水冷却的已达80%，仅电力企业的海水用量就达1 000亿米³。英国几乎所有的核电站都建在海边，以海水作为直流冷却水。世界第一座发电量达到1万亿千瓦时的核电站——位于法国的格拉弗林核电站总发电容量5 400兆瓦，海水直流冷却总规模为90×10^4米³/小时。

我国海水直流冷却已有70多年的应用历史，沿海工业城市如大连、青岛

① 侯纯扬. 海水冷却技术［J］. 海洋技术，2002，21（4）：33-34.

等是较早开发海水资源直接利用作为工业冷却水的地区。大连化工厂和大连石油七厂从 20 世纪 30 年代建厂时就采用海水直流冷却技术;青岛电厂在 1935 年采用海水进行冷凝器冷却、冲灰,每小时最大用量达 $5×10^4$ 米^3。"九五"期间,我国有关科研院所经过联合攻关,系统开展了海水直流冷却关键技术的研究,并编制完成《海水直流冷却实用技术指南》,该指南是我国首次系统规范海水直流冷却取水、预处理、防腐、防海洋生物附着和排水等技术,对我国海水直流冷却技术的发展和工程应用发挥了重要的指导和促进作用。经过多年的发展,目前,我国海水直流冷却已具有一定基础和规模,海水直流冷却防腐和防生物附着关键技术已基本成熟,主要应用于沿海火电、核电及石化、钢铁等行业。2016 年,辽宁、江苏、浙江、福建、广东、广西和海南 7 个省(区、市)均有核电机组运行,基本采用海水直流冷却技术,年海水利用量达到470.51 亿吨,占总量的 39.16%[1]。虽然我国海水直流冷却历史悠久、应用规模不断扩大,但在技术的环境友好化、总体利用规格方面与国际先进水平相比还有一定的差距。

(3)海水直流冷却工程实例——法国格拉弗林核电站海水直流冷却系统

位于法国北部大西洋沿岸的格拉弗林(Gravelines)核电站是世界第一座发电量达到 1 万亿千瓦时的核电站(图 7-15),占地面积 150 公顷,电站有 6 个核反应堆,总发电容量为 5 400 兆瓦,核电站冷却系统利用北海海水进行直流冷却,总规模为 $90×10^4$ 米^3/小时,抽水器设置金属滤网防止海洋大生物进入系统。冷却系统采用加氯防生物附着,加氯量为 0.8~1.0 毫克/升。海水经

图 7-15　法国格拉弗林核电站海水直流冷却系统

① 国家海洋局.2016 年全国海水利用报告[EB/OL].[2017-07-19].http://www.soa.gov.cn/zwgk/hygb/hykjnb_2186/201707/t20170719_57029.html.

热交换后水温升高 11℃，温排水造成排放门周围 1 千米海域内的海水升高 3℃，夏季海水从 18℃升至 20～21℃，冬季从 8℃升至 10℃～11℃。当地充分利用核电站温排水的大量余热养殖欧洲鲈鱼、金头鲷等，可明显促进鱼类生长，效益显著。

7.3.2.2 海水循环冷却

（1）海水循环冷却技术简介

海水循环冷却技术是在海水直流冷却技术和淡水循环冷却技术基础上提出的，是一种海水直流冷却的替代技术，该技术是以原海水为冷却介质，经换热设备完成一次冷却后，再经冷却塔冷却并循环使用的冷却水处理技术[1]，其工艺流程见图 7-16。海水循环冷却技术具有取水量小、工程投资和运行费用低及排污量小等优点。与同等规模的海水直流冷却系统相比，海水循环冷却系统由于循环使用海水，在取水量和排污量上均要减少 95％以上，但同时增加了海水冷却塔，因而其产生的盐雾飞溅问题也受到环境保护者的关注[2]。海水循环冷却技术可广泛用于沿海城市和苦咸水地区的化工、石化、电力、冶金等行业。由于海水循环冷却技术的取、排水量比海水直流少，大大降低了热污染和药剂污染，有利于海洋环境保护和维护生态平衡，社会效益和环境效益显著，是今后海水冷却技术的主要发展方向之一。

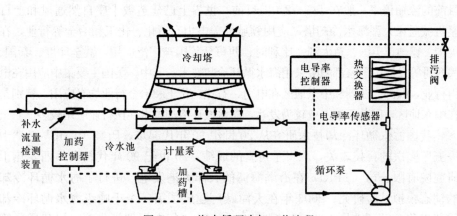

图 7-16 海水循环冷却工艺流程

海水含盐量高，具有腐蚀和结垢性的离子浓度远高于一般淡水，且微生物含量高，微生物种类繁多，不符合国家标准《工业循环冷却水处理设计规范》规定的循环冷却水的水质要求，因此，海水循环冷却系统存在着严重的腐蚀、污损生物附着、结垢以及海水冷却塔的盐沉积、盐雾飞溅、侵蚀等问题，海水

① 侯纯扬．海水冷却技术［J］．海洋技术，2002，21（4）：35.
② 李亚红．海水循环冷却在中国的发展研究［J］．盐业与化工，2016，45（6）：10.

循环冷却水处理较之淡水和其他再生水源在技术上难度更大。海水循环冷却的关键技术主要包括：海水冷却塔、防腐技术、阻垢技术和防生物附着技术。

（2）国内外海水循环冷却技术发展现状

国外的海水循环冷却技术始于 20 世纪 70 年代，美国等国家率先在电力、化工等行业推广应用。1973 年，美国在大西洋城某电站建成第一个海水循环水系统，循环水量为 14 423 米³/小时，在海水预处理部分，该厂采用了大量添加防腐、阻垢和菌藻杀生剂的方法对循环海水进行处理，取得了很好的效果，冷却系统运行十分稳定。1978 年，美国埃克森公司和德鲁公司报道了海水循环冷却水处理技术，该研究采用碳钢、铜、海军铜和钛等材料作为循环系统管道的主要材料，其中海军铜的腐蚀率最低，与此同时海水浓缩倍数最佳控制范围是在 1.5～2.0，使用自动加药系统加药来防止腐蚀、阻垢、生物附着的问题[1]。美国新泽西州 Hope Creek 核电站装备 3 台 1 100 兆瓦机组。其中，建于 1979 年的 2 套 1 100 兆瓦机组采用海水直流冷却技术；建于 1986 年的第 3 套 1 100 兆瓦机组出于经济和环保等方面的考虑，采用了海水循环冷却技术，其海水循环量达 152 000 米³/小时[2]。经过近 40 年的发展，国外的海水循环冷却技术已进入大规模应用阶段，单套系统的海水循环量均在万吨级以上，现有最高循环量达 150 000 米³/小时，防腐、阻垢、防生物附着和海水冷却等关键技术日趋成熟，目前的浓缩倍率一般在 1.5～2.0。目前，世界上已建造数十座自然通风和上百座机械通风大型海水冷却塔，应用领域覆盖电力、石化、化工和冶金等行业，在美国、德国、英国、意大利、比利时、西班牙等国被广泛应用，甚至印度、泰国、墨西哥等发展中国家都积极采用海水循环冷却技术。其中，美国主要集中应用在电力行业，欧洲、亚洲和中东地区在电力、石化、化工和冶金行业均有应用，特别是在中东地区，因其石油工业较为发达，海水循环冷却技术在该行业应用较多。

我国海水循环冷却技术研究从 20 世纪 90 年代起步，历经"八五"至"十一五"多次的科技攻关，取得了可喜的成绩。20 世纪 90 年代初期，西安热工研究院有限公司（TPRI）在沿渤海湾的天津大港发电厂进行了海水循环冷却的动态模拟试验研究；2003 年在天津碱厂建成了第一个千吨级海水循环冷却示范工程，循环水量为 2 500 米³/小时[3]；2004 年在深圳福华德电厂建成了第一个万吨级海水循环冷却示范工程，循环水量为 2.8×10^4 米³/小时[4]；2009 年在浙江国华宁海电厂建成了第一个十万吨级海水循环冷却示范工程，循环水

① 张伟琦. 海水循环冷却工艺的研究 [D]. 大连：大连理工大学，2014：3.

② 王广珠，李承蓉，等. 海水循环冷却技术的研究与应用现状 [J]. 热力发电，2007 (11)：69.

③ 水信息网. 全国首个千吨级海水循环冷却示范工程通过验收 [J]. 海河水利，2004 (6)：61.

④ 阳明，关秀彦，罗奖合，等. 万吨级海水循环冷却系统的特点和运行经验 [J]. 热力发电，2007 (8)：88 - 90.

量为 10×10^4 米³/小时。目前，我国已基本掌握海水循环冷却关键技术，无论是在海水冷却塔设计和装备制造方面，还是在水处理药剂的研发和生产方面，都已拥有自主知识产权，总体技术达到国际先进水平。千吨级、万吨级和十万吨级这3套系统的相继投运，标志着我国海水循环冷却技术进入规模化和产业化发展时期。截至2016年底，我国已建成海水循环冷却工程17个，总循环量124.48万吨/小时，新增海水循环冷却循环量24.10万吨/小时，海水循环冷却工程主要分布在天津、河北、山东、浙江和广东[①]。年海水冷却利用量超过百亿吨的省份有广东、浙江、福建，利用量分别为386.06亿吨/年、305.55亿吨/年、178.19亿吨/年。

（3）海水循环冷却工程实例——深圳福华德电厂 $2 \times 14\ 000$ 米³/小时海水循环冷却示范工程

福华德电力有限公司是深圳东部最大的调峰电厂，2004年起，电厂扩建 $2 \times S109E$ 联合循环发电机组，总功率为360兆瓦。由于电厂周围严重缺乏淡水，根本无法满足电厂冷却的需要，且考虑到海水直流冷却技术投资大、建设工期长、对海洋环境污染严重的现实，经过广泛调研和严格论证，决定采用先进的海水循环冷却技术。在国家海洋局天津海水淡化与综合利用研究所的技术支持下，2004年9月，福华德电厂成功建成我国首例电力系统万吨级海水循环冷却示范工程（图7-17）。2006年5月，国家发改委正式批复将福华德电厂海水循环冷却项目列为国家级循环经济示范项目。该海水循环冷却系统设计参数如表7-5所示。

图7-17　深圳福华德电厂 $2 \times 14\ 000$ 米³/小时海水循环冷却示范工程

①、国家海洋局.2016年全国海水利用报告［EB/OL］.［2017-07-19］.http：//www.soa.gov.cn/zwgk/hygb/hykjnb_2186/201707/t20170719_57029.html.

表 7-5 循环系统设计参数

系统参数	单位	设计值
海水循环量	米³/小时	28 000
海水浓缩倍数	一	2.0±0.2
进、出水温差	℃	10
蒸发水量	米³/小时	357.3
补充水量	米³/小时	714.6
排污水量	米³/小时	356.7
风吹损失	米³/小时	0.6
系统容积	米³	5 600

海水取水：海水循环冷却补充水采用近岸表层取水，取水口离岸约 1.7 千米，取水深度为海平面下 4 米，配备 3 台海水取水泵（2 用 1 备）。原海水未进行预处理，直接进入循环系统。

循环水泵：海水循环冷却系统配备 4 台海水循环泵，泵体为镍铬合金铸铁，水泵叶轮采用锡青铜材质，其他部件（轴和轴套等）采用 0Cr13 制造。海水泵额定流量为 7 365 米³/小时，扬程 23 米，电动机功率 630 千瓦/台。

循环水管：工程采用 DN2200 预应力钢筒混凝土管。

海水冷却塔：工程配置 8 座 L92 型机械通风海水冷却塔，钢筋混凝土结构，每座塔海水流量为 3 500 米³/小时。塔体混凝土表面刷耐海水防腐涂料；冷却塔采用 PVC 材质的斜波类填料，片距为 31 毫米。

工程采用我国自主研制的海水阻垢分散剂 SW203 和海水菌藻抑制剂 SW303 控制海水结垢和微生物污染，各项指标均达到设计要求。运行期间，系统水质稳定，无结垢倾向，ΔA（冷却水氯离子浓缩倍数与碱度浓缩倍数之差）远低于 0.2 的考核指标，较好地控制了结垢问题；系统异养菌数小于 5.0×10^5 CFU/毫升，微生物控制良好。凝汽器运行良好，真空度保持在 95 千帕左右，水室和管板均无明显的生物黏泥。换热钛管内部表观光亮，无明显结垢。至今，工程已连续稳定运行多年，运行效果良好，保证了电厂的正常生产需求。工程年节约淡水近 300×10^4 吨，运行成本比淡水循环降低 50% 以上，与海水直流相比，海水排污量降低 98% 以上，社会、经济和环境效益显著。

7.3.2.3 海水脱硫

(1) 海水脱硫技术简介

海水的碱度为 1.2~2.5 毫克当量/升，pH 在 8.0 左右，海水中含有大量的碳酸根和碳酸氢根，因而具有很好的酸碱缓冲能力和吸收二氧化硫的能力，二氧化硫被海水吸收后，最终生成可溶性的硫酸盐，对海洋的影响较小。海水脱硫技术是一种利用海水的天然弱碱性吸收酸性成分二氧化硫的湿法脱硫技术，以脱除工业烟气中的二氧化硫，最终达到净化烟气的目的。

海水脱硫工艺主要由烟气处理系统、烟气吸收系统、海水供排系统、海水恢复系统和电气控制系统等组成，其主要流程是：锅炉排出的烟气经除尘器后，通过风机增压，再经过烟气—烟气换热器（GGH）冷却，进入吸收塔。在吸收塔中，烟气中的二氧化硫首先成为可溶解的二氧化硫，逆流与喷淋而下的海水接触，进而转化成亚硫酸氢根离子和硫酸氢根离子，最后与空气中的氧气接触反应，最终经氧化成为硫酸根离子。净化后的烟气通过 GGH 升温后，经高烟囱排入大气。含二氧化硫的酸性海水与一部分新鲜海水一起排入曝气池，在曝气池中充分混合，同时向池内鼓入适量的空气，使海水中的亚硫酸盐转化为稳定无害的硫酸盐，放出二氧化碳，并使海水的 pH 回升到 6.5 以上，达标后排入大海[①]。海水脱硫的工艺流程如图 7-18 所示。

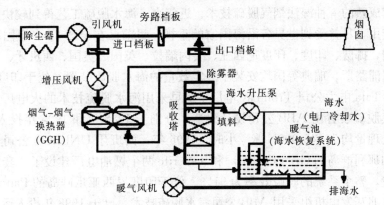

图 7-18　海水脱硫工艺流程

目前，海水脱硫工艺根据是否添加化学吸收剂可分为两种，一种是不添加任何化学物质，用纯海水作为二氧化硫吸收剂的工艺，以挪威 ABB 公司开发的 Flakt-Hydro 工艺为典型，已得到广泛的工业化应用；另一种是在海水中添加一定量石灰（或 NaOH），调节吸收液的碱度，以提高脱硫率，以 Bechtel

---

① 吴俊芬，虞启义．火电厂海水烟气脱硫的探讨［J］．能源工程，2006（3）：45.

工艺为代表，在美国建成了示范工程，近年来逐步得到推广应用[①]。

海水脱硫技术以来源广泛的海水作为吸收剂，副产物硫酸盐为海水天然成分，经简单处理即可符合海水水质标准，且在脱硫过程中无废弃物产生，不会对环境造成二次污染，脱硫工艺简单，运行可靠，脱硫效率高（一般能达到90％），不添加其他任何化学物质，无脱硫灰渣产生，设备腐蚀、堵塞问题较少，无须专门的制浆系统、取水系统，占地面积小，投资成本和运行费用低，适合于沿海火力发电厂、冶金、化工、造纸等行业的含硫烟气治理。但由于选取海水为吸收剂，因而受到地域限制较大，且因海域不同，海水的 pH 不同，缓冲能力有限，对低硫的烟气脱硫效果不错，但对于中高浓度的烟气脱硫效果不佳，所以，只能应用于沿海地区，仅适用于处理中、低硫煤燃烧产生的烟气。海水恢复系统占地面积较大，海水介质的强腐蚀性对脱硫设备要求较高。脱硫后的海水呈酸性，腐蚀性更强，对材料提出了更高的要求。对海水能否产生长久影响尚需要长时间的考验。

（2）国内外海水脱硫技术发展现状

自 20 世纪 60 年代末美国加利福尼亚州伯克利大学 Bromley 教授首次提出海水脱硫技术，海水脱硫在世界已有近 50 年的发展应用历史，以不添加任何化学药剂的纯海水工艺占绝对主流，从最早的炼铝、炼钢及工业燃油烟气净化处理到如今的大型燃煤电厂烟气脱硫[②]，海水脱硫技术已成为工业应用前景较好、较成熟的一种湿法烟气脱硫技术。近年来，海水脱硫工艺得到较快发展和广泛应用，日益受到世界各沿海国家的重视，目前已在全球 20 多个国家和地区运用，挪威、印度、印度尼西亚、委内瑞拉、英国、美国、西班牙、马来西亚、塞浦路斯、瑞典等国均安装了一定数量的海水脱硫装置。位于印度 Bombay 的 Tata 电力公司 Trombay 电厂是最早采用海水脱硫技术的火电厂，该电厂 2 套脱硫装置由 ABB 公司设计建造，分别于 1988 年和 1995 年投入运行，烟气处理量均为 445 000N 米³/小时。1995 年，西班牙 UNELCO 公司先后在位于加那利群岛的 Gran Carnaria 和 Tenerife 两个燃油电厂建设了 4 套海水脱硫装置，整个系统的脱硫效率为 91％。位于印度尼西亚爪哇岛的 Paiton 电厂的 670 兆瓦发电机组采用 ABB 公司海水脱硫技术，已于 1998 年投入运行。英国 Longannet 电厂采用苏格兰地区所产的低硫煤（含硫量 0.5％）为燃料，2005 年开工建设其 600 兆瓦×4 电力机组的海水脱硫装置。马来西亚 Johor 省的 Tanjung 电厂的 700 兆瓦×3 电力机组均安装了海水脱硫装置。挪威 ABB 公司在海水脱硫方面走在世界前列，挪威所有烟气脱硫都采用了海水烟气脱硫

① 毛艳丽，曲余玲，陈妍．海水脱硫工艺及其应用［J］．鞍钢技术，2009（6）：6.
② 姚彤．海水烟气脱硫工艺在我国的应用状况及发展前景［J］．工程建设与设计，2004（8）.

技术，效果很好。目前，海水脱硫在燃煤或燃油电厂烟气脱硫中的应用规模不断增大，单机容量由 80 兆瓦、125 兆瓦向 300 兆瓦、700 兆瓦、1 000 兆瓦发展，火电厂烟气脱硫已成为这项技术主要的应用领域。

我国海水脱硫技术虽然起步较晚，但通过展开大量研究，在 20 世纪末开始获得迅速发展与推广应用。我国通过"863"课题完成了海水脱硫工艺及核心装备的国产化[①]，海水脱硫技术已日臻成熟，并且应用规模越来越大，成为了沿海地区烟气脱硫的主要的工艺技术。作为全国首家烟气海水脱硫示范工程的深圳西部电厂 4 号机组（300 兆瓦，引进挪威 ABB 公司技术及设备）海水脱硫系统于 1999 年投入商业运行，目前运行良好，脱硫效率达 92%～97%，2004 年该电厂 5 号和 6 号机组海水脱硫系统也投入应用。华能大连电厂 3 号和 4 号机组采用海水脱硫工艺分别于 1998 年 11 月 9 日和 1998 年 11 月 24 日投入运行。一次设计、分期连续建设、建设规模为 6×600 兆瓦的漳州后石电厂，其超临界机组也采用了烟气脱硫技术，1 号机组海水脱硫工艺于 1999 年投入运行，此后其他机组相继投入运行。在引进吸收国外先进技术的基础上，我国自主海水脱硫技术工程应用也取得重大突破。2005 年 3 月，东方锅炉厂在石灰石—石膏湿法烟气脱硫经验的基础上，自主开发了纯海水烟气脱硫工艺，该工艺已被成功用于厦门华夏国际电力发展有限公司 4×300 兆瓦机组海水烟气脱硫工程，机组脱硫效率达 95% 以上，各项指标均达到国际领先水平。此外，华能海门电厂作为世界首例海水脱硫 1 000 兆瓦机组于 2009 年投产发电[②]。经过多年发展，我国已成为世界上大型海水脱硫装置建设经验最丰富的国家之一，海水脱硫实用技术走在世界前列。

（3）海水脱硫工程实例——我国深圳西部电厂 4 号机（300 兆瓦）海水脱硫示范工程

深圳西部电厂位于深圳市南头半岛西南端的妈湾港码头区。电厂西临珠江口的内伶仃洋，厂区基本为开山填海而成，除了东侧沿山地代为陆域外，其余为海域。深圳西部电厂根据自身条件经过反复论证，决定在 4 号机组（300 兆瓦）采用技术先进、经济可靠的海水脱硫工艺，投资 2.15 亿元，引进原挪威 ABB 海水脱硫技术，于 1999 年 3 月成功建成我国首个电厂海水脱硫示范工程（图 7-19），各项性能指标均达到或超过了设计值，处理烟气量为 110×10^4 米^3/小时，系统脱硫效率达到 92%～97%。

---

① 薛军，杨东，陈玉乐，等. 烟气海水脱硫技术的研发与应用. [J] 电力科技与环保，2010，26（1）：36-38.

② 张晓波，潘卫国，等. 海水脱硫技术应用及比较 [J]. 上海电力学院学报，2011，27（1）：40.

图 7-19 深圳西部电厂海水脱硫装置

该海水脱硫系统设计参数如表 7-6 所示。

表 7-6 海水脱硫设计参数

项目	单位	考核工况	校核工况
燃煤含硫量	%	0.63	0.75
锅炉出口烟气量	米³/小时	1 100 000	1 100 000
冷却海水总量	米³/小时	43 200	43 200
海水含盐量	%	2.3	1.8
海水 pH	—	7.5	7.5
海水温度（最高/最低）	℃	27.1/40.7	27.1/40.7
引风机出口烟气含尘量	毫克/米³	190	190

烟气处理系统：烟气自电厂 4 号机组引风机出口联络烟道引出，系统进口挡板门前设有 100% 旁路烟道。海水脱硫系统正常运行时，旁路挡板门关闭，全部烟气经脱硫后由烟囱排出。海水脱硫系统停止运行时，旁路烟道开启，海

水脱硫系统进、出口烟道挡板门关闭，烟气直接进入烟囱排放。海水脱硫系统内的烟气经增压风机进入气—气换热器（GGH）降温后再到吸收塔，净化后的烟气经气—气换热器升温后，由烟囱排入大气。

烟气吸收系统：海水脱硫吸收塔采用钢筋混凝土填料塔，填料层高 4 米，填料为雪花片状。烟气自吸收塔下部引进，向上流经吸收区，在填料格栅表面与喷入吸收塔的海水充分反应，净化后的烟气经塔顶部的除雾器除去水滴后排出塔体。洗涤烟气后的海水收集在塔底部，并依靠重力排入海水恢复系统。

海水供排系统：西部电厂采用海水直流式单元制供水系统，冷却水取自伶仃洋矾石水道，由 2 号取水口取深层海水供 4 号机组使用。海水脱硫系统水源直接取自 4 号机组凝汽器排水口的虹吸井，部分海水进入吸水池，经升压泵送入吸收塔内洗涤烟气，吸收塔排出的海水自流进入曝气池，在此与虹吸井直接排入曝气池的海水汇流并充分混合，处理达标的海水经 4 号机组排水沟入海。

海水恢复系统：主体构筑物是曝气池，来自吸收塔的酸性海水与凝汽器排出的偏碱性海水在曝气池中充分混合，同时通过曝气系统向池中鼓入适量压缩空气，使海水中的亚硫酸盐转化为稳定无害的硫酸盐，同时释放出 CO_2，使海水的 pH 升高到 6.5 以上，达标后排放入海。

深圳西部电厂海水脱硫工程于 1999 年 3 月 8 日顺利通过 72 小时的连续运行并移交生产，7 月完成性能考核，海水脱硫系统运行稳定值，设备状况良好，主要性能指标达到或超过了设计值。投资和运行费用低，每年可减少二氧化硫排放 5 000～7 000 吨，环境和社会效益显著。

7.3.2.4 大生活用海水

（1）大生活用海水技术简介

大生活用海水技术是指将海水作为城市生活杂用水（主要用于冲厕）。大生活用海水技术是一项涉及面很广的综合技术，其关键技术包括海水取水和前处理净化技术、海水输送技术、防腐蚀技术、防海洋生物附着技术、异味去除技术、大生活用海水生化处理技术、大生活用海水海洋处置技术等[①]。目前，防腐技术和防生物附着技术已基本成熟，大生活用海水技术的关键是冲厕海水后处理技术，其内容主要包括：冲厕海水与城市污水混合后的污水生化处理技术和冲厕海水的海洋处置技术。大生活用海水具有工艺相对简单、使用安全、处理成本低、投资少、运行管理简单、规模可大可小等特点，是一种便捷而有

---

① 成玉，王树勋，等. 大生活用海水技术研究现状及进展［J］. 海洋开发与管理，2013（S1）：52.

效的节水技术。采用大生活用海水技术可以节约大量淡水，对缓解沿海城市及海岛的淡水资源紧缺状况具有重要意义。

（2）我国大生活用海水技术发展现状

除我国香港地区以外，世界范围内尚未有其他地区大规模采用大生活用海水技术。香港早于1950年后期率先设立海水供应系统，为政府及政府补助的高密度住宅发展计划供应海水作冲厕用途。发展至今，香港成为世界上海水冲厕使用率最高、技术最为成熟的少数地区之一，海水冲厕覆盖率高达85％，有效减少淡水总用量达20％，逐步形成了一套完整的处理系统和管理体系，并形成法律法规和相应的水质标准，极大地缓解了该地区的淡水危机。2016年，香港冲厕用海水量占12.47亿立方米，占总耗水量的21％[①]。

大生活用海水技术作为海水资源开发利用领域的一个重要组成部分，在国家"九五""十五"等科技攻关（支撑）计划和地方科技计划的支持下，国家海洋局天津海水淡化与综合利用研究所等单位经过多年不懈的努力，解决了多项大生活用海水使用过程中的关键技术，目前，我国内地大生活用海水技术已经成熟，形成了大生活用海水净化、防生物附着、生化处理技术、海洋处置技术、系统集成及水质标准和排放标准等成套技术，其中大生活用海水生化处理等后处理技术居国际先进水平，为大生活用海水技术推广利用奠定了坚实的基础。在"十一五"国家科技支撑计划课题"大生活用海水集成技术研究及应用"研究中，初步构建了大生活用海水（主要是指海水冲厕）技术标准体系框架，包括技术术语符号、水质要求、排放要求、工程设计、运行管理评价、药剂技术要求等六类标准[②]，完善了我国大生活用海水的相关设计规范体系。沿海很多缺水城市都在积极探索海水利用技术、方法与措施等，青岛、厦门、深圳、天津和大连等沿海城市走在前列[③]。20世纪90年代，天津、大连、宁波和厦门等地先后尝试并建立海水冲厕示范点。青岛市政府对大生活用海水技术非常重视，2004年初，青岛市南姜小区海水冲厕示范工程的技术可行性研究报告获得市计委批准，成为国内首个大规模利用海水替代淡水冲厕的试点；2006年，青岛胶南的"海之韵"小区46万立方米大生活用海水示范工程正式启动，工程规划海水利用量约1 000立方米/日，其供水成本约为0.7元/吨，远低于自来水和中水回用成本，该工程已于2008年竣工，2009年顺利通过验收，开始进行应用实践；2007年6月，青岛市海水冲厕工程扩大试点范围的规划面世，在崂

① 香港特别行政区政府水务署．全面水资源管理策略［EB/OL］．［2017 - 06 - 30］http：// www. wsd. gov. hk/ tc/core-businesses/total-water-management-strategy/index. html.

② 苗英霞，王树勋，等．对我国海水冲厕立法的思考［J］．水资源保护，2014，30（4）：94.

③ 陈东景，于婧，等．大生活用海水使用状况调查与思考——以青岛市海之韵小区为例［J］．海洋经济，2013，3（5）：10.

山区前海一线区域全面试行海水冲厕。如今，厦门、深圳、浙江、青岛等地均将大生活用海水利用技术列入了城市总体规划，如深圳市盐田区海水利用工程，就主要采用海水作为生活冲厕用水和港口冲洗用水兼顾消防用水。目前，利用海水冲厕在我国沿海一些城市已有成功的范例，可为沿海城市推行海水冲厕提供成功的技术和经验。随着社会各界对大生活用海水技术优越性认识的加深，大生活用海水技术将会发挥优势，为全社会创造更大的效益。

（3）大生活用海水工程实例——香港海水冲厕

香港人口稠密、供水需水量大、水资源严重短缺。利用海水作冲厕水，是香港节约淡水资源的特色。从 20 世纪 50 年代末开始，香港政府在高密度发展区及政府建筑物引入海水冲厕。从 1965 年起，香港地区在新开发市镇同时铺设淡水、海水两套管网系统，为了推广海水冲厕，节约淡水，香港政府制定了一些有关法规，如《建筑物条例》中规定，所有新建楼宇均应安装冲厕供水管系统；《水务设施规例》中规定，未经许可，在任何处所使用来自水务设施的淡水冲洗水厕、厕所或尿厕，则属违法。在有海水供应的地区，必须用海水冲厕，目的是节约宝贵的淡水资源。从经济方面考虑，在住户较少时，先用淡水冲厕，在人口达到一定数量后即将冲厕淡水改为海水，对临时使用淡水冲厕，今后将使用海水冲厕的地区，也必须设置一套独立的海水冲厕系统。对海水供应系统的材质也要求采用耐海水侵蚀材料。海水冲厕系统由政府投资，不设置计量设施，所用运行费用和水费均由政府负担。随着冲厕用海水供应系统不断扩展，目前，香港已为大部分市区及新市镇提供冲厕海水服务，覆盖全港85％的人口，年冲厕海水用量达 2.5 亿立方米左右。

香港利用海水冲厕的具体情况如下[①]：

① 海水供应系统：在香港有一个完全独立的海水冲厕供应系统（图

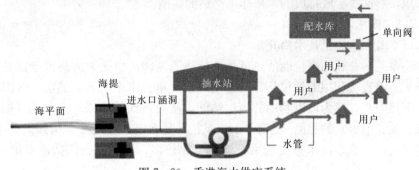

图 7-20 香港海水供应系统

① 寇希元，张雨山，王静. 海水冲厕技术研究与应用进展［J］. 海岸工程，2009，28（2）：86-87.

7-20)，其主要由供水站、配水管、调蓄水池等组成，冲厕海水由海水抽水站提升送至区域配水库，再经输配水管网分送用户。香港规定所有建筑物都应有两个供水系统，一是淡水供应系统，另一是冲厕水供应系统，即使暂时没有海水供应的地区也是如此。海水冲厕系统与淡水供应系统相似，当海水冲厕系统发生故障时，由淡水作为补充。

② 海水的处理：海水先经过进水口处的不锈钢隔栅，通过网孔截留并去除大颗粒杂质；为避免供水系统中因细菌和生物繁殖对水质造成不良影响，在海水供水站根据水质状况加氯，保证管网末梢有 1 毫克/升的余氯，所用氯气通过电解海水直接在现场制取。冲厕海水水质需符合水务署规定的颜色、混浊度、气味等要求才输送至配水库予用户使用。

③ 防腐技术：由于海水中的氯化物和硫酸盐含量甚高，海水冲厕供应系统的每个部分，均需以适用于海水的材料建造。直接与海水接触的泵部件采用不锈钢材料，输配海水的管材，直径 600 毫米以上的用钢管，内衬里为抗硫酸盐混凝土；直径小于 600 毫米的用抗硫酸盐混凝土衬里的球墨铸铁管或 PVC-U 管。在内部供水设施方面，球墨铸铁管及低塑性聚氯乙烯管最为常用。冲厕水箱和关联的配件和接管等，均要用获得水务监督批准的抗海水材料制造，如：PVC-U、玻璃钢、铸铁、炮铜等。

④ 冲厕海水污水的处理：海水冲厕后与使用过的淡水一并进入城市污水管网，由于污水管网一般采用混凝土管，腐蚀问题未带来明显危害。海水盐分得到较大稀释，香港的污水处理一般采用传统的活性污泥法，进行二级处理后向深海排放。

⑤ 海水水质的保护：香港过去由于生活污水和工厂废水随意排放，污染也曾较为严重。为保护海水冲厕的水源，现在根据防止水污染条例划分了 10 个水域，对这些水域排放的水质作了严格的限制。

7.3.2.5 海水源热泵

（1）海水源热泵技术简介

热泵是一种利用高位能使热量从低位热源流向高位热源的高效节能装置，可以把不能直接利用的低位热源（如空气、土壤、水中所含的热能、太阳能、工业废热等）转换为可以利用的高位热能，从而达到节约部分高位能（如煤、燃气、油、电等）的目的[①]。海水源热泵技术是在淡水热泵技术基础上衍生出来的，是所有热泵技术难度较大，涉猎专业较多，发展前景广阔的节能环保技术。

海洋是一个储量巨大、可再生的清洁能源库，进入海洋中的太阳辐射能大

---

① 姚杨，马最良．浅议热泵定义 [J]．暖通空调，2002，32（3）：1-3.

部分以热能的形式储存在海水中。海水源热泵就是利用海水作为热泵的冷、热源，为建筑物供冷、供热的系统。它的原理是：利用海水吸收太阳能形成的低温低位热能资源，采用热泵原理，通过输入少量的高位电能，实现低位热能向高位热能转移。冬季，把存于海水中的低位能量"取"出来，给建筑物供热；夏季则把建筑物内的能量"取"出来释放到海水中，以达到调节室内温度的目的。因海水温度具有波动小、夏天低于空气温度、冬天高于空气温度的良好特性，相比常规空调具有高效、节能、环保的独特优势。通常海水源热泵消耗 1 千瓦的能量，用户可以得到 3～4 千瓦以上的热量或冷量；制冷制热性能系数高出常规空调机组 30％～40％[1]，运行费用仅为常规中央空调的 60％～70％。

整个海水源热泵系统主要包括：海水取泄放系统、热泵、热交换器和输送管网，图 7-21 给出一个典型的海水源热泵系统，其关键技术主要包括取水装置、防海水腐蚀和海生物附着等。海水中蕴含的热能是一种清洁性可再生能源，因此，海水源热泵技术属可再生能源利用技术，具有高效节能、运行费用低、运行稳定、可靠性高、绿色环保、环境效益显著，机房占地小、节省空间，一机多用、应用范围广[2]等优点。目前沿海城市是发展最快的地区，建筑物分布密集度高，对环保及节能的要求很高，同时沿海城市又是冷、热负荷最集中的地区[3]。随着可再生能源的推广应用，直接利用海水作为冷热源，海水

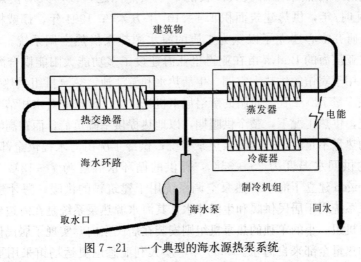

图 7-21 一个典型的海水源热泵系统

① 王生辉，潘献辉，赵河立，等．海水淡化的取水工程及设计要点［J］．中国给水排水．2009，25（6）：98-101.
② 李金伟．海水源热泵特性分析及其在青岛地区的应用［J］．煤气与热力，2011，31（3）：8.
③ 吴丹，张雨山，等．海水作冷热源的热泵节能技术发展和应用研究［J］．盐业与化工，2012，41（12）：15.

热泵系统可以部分甚至全部取代传统空调和供热系统中的冷冻机和锅炉，已成为可再生能源利用的实用技术之一。

（2）国内外海水源热泵技术发展现状

国外对海水源热泵技术的研究与应用始于 20 世纪 70 年代，近几年取得了很大的发展，防腐、防生物附着关键技术已基本成熟，海水源热泵技术在全球范围内已得到广泛应用。目前，中欧、北欧以及北美等地区在利用海水源热泵集中供热、供冷方面积累了丰富的经验，其中，北欧在海水源热泵方面的应用比较领先，瑞典和挪威已经达到规模化应用的程度，美国、加拿大、日本等地的海水源热泵也得到了广泛的应用，并取得了很好的节能和环保效果。比较出名的项目有加拿大的哈利法克斯省 Purdy's Wharf 项目，新斯科舍 Nova-Scotia Power 项目和多伦多的利用安大略湖水供冷工程以及美国夏威夷、纽约、佛罗里达地区的几个项目[①]。1984—1986 年，世界上最大的海水源热泵系统在瑞典首都斯德哥尔摩的 Värtan Ropsten 供热站安装，用于区域供热，制热量为 180 兆瓦；1995 年该市开始实行区域供冷，区域供冷冷负荷 60 兆瓦，2005 年装机容量达到 180 兆瓦，单台供热能力/总供热能力/单台耗电 30 兆瓦/180 兆瓦/8 兆瓦，是利用海水制冷制热的典范。1987 年，挪威的 Stokmarknes 医院，采用海水源热泵来解决其漫长的冬季供热问题，该热泵的供热能力为 2 200 兆瓦时/年，供热建筑面积 1.4×10^4 平方米[②]；1994 年，挪威特隆赫姆的 Staoil 研究中心建立了以氨为工质的海水源热泵供热空调系统。1984 年，斯洛文尼亚滨海的 Budva 市在亚得里亚海建设了多功能太阳能耦合海水源热泵系统，用于宾馆的供热、空调、生活热水和游泳池，热泵机组供热量为 930 千瓦，供冷量 720 千瓦。希腊的萨洛尼卡机场建立了地热和海水相结合的热泵空调系统，供热工况下，整个供暖期，以地热提供基础负荷，而在高峰期地热水提供的热量不足时，开启海水热泵系统；供冷工况由海水提供全部的冷量，其海水的供回水温度为 25～35℃，提供的循环水温度为 7～12℃。荷兰的 Scheveningen 建立了海水源热泵空调系统用于建筑物的供暖；海牙建立了海水源热泵系统用于居民供暖和生活热水，其海水源热泵系统是在海边建立换热站和热泵机组，小的单独的热泵机组则安装在居民家内，实现了居民供暖和生活热水的热量全部来自海水。2000 年，澳大利亚悉尼奥运场馆采用了海水源热泵技术。日本 Nishikawatsu 大学的研究人员对海水源热泵进行了研究，利用海水的潜热作为热泵系统的热源，2006 年该热泵系统在日本清水港水族馆

---

① 蒋爽，李震，等. 海水热泵系统的应用及发展前景 [J]. 节能与环保，2005（10）：12.

② Ole Rist，Stokmarknes sykehus. Heat Pumps for Cold Climates：the Heat Pump in Stokmarknes Hospital，Norway [C]. 15th IFHE CONGRESS. Edinborough，Scotland. 1998：199‒201.

投入使用。

　　我国海水源热泵技术的研究和发展起步于 20 世纪 90 年代中期，主要集中在北方沿海城市，如大连、青岛、天津等地，近几年，随着我国海水源热泵技术的日臻成熟，浙江、厦门等地也开始采用海水源热泵空调用于建筑物的供暖和制冷。大连在海水源热泵技术应用方面走在全国前列。2000 年小型海水源热泵在大连初步试制成功以后，经过进一步的研究和开发，于 2003 年首先在大连港大窑湾 30 万吨矿石码头 2 万平方米建筑中应用，并于 2004 年 6 月正式实施供冷，2004 年 11 月供暖，使用效果良好，达到预期目的。该项目为我国大中型海水源热泵工程的应用提供了可资借鉴的成功经验，自此海水源热泵技术在大连逐步得到推广和应用，在 2004—2010 年，大连相继完成了 6 项（共 7.3 万平方米）海水源热泵技术应用工程[①]。2006 年 6 月，大连被国家建设部确定为海水源热泵示范城市。大窑湾集装箱海水源热泵项目一、二期工程供热供冷面积 3.46 万平方米于 2005 年 11 月投入运行，三期供热供冷面积 16 万平方米于 2007 年末投入运行[②]；2005 年 8 月，国内最大的海水源热泵中央空调工程——大连星海假日酒店正式启动；大连星海湾商务区海水源热泵一期工程规模为 3 台 10 兆瓦热泵机组，供热供冷面积 26 万平方米，于 2007 年 3 月正式投入运行，供热、供冷效果良好[③]；2007 年 11 月，长海县獐子岛镇海水源热泵供热改造项目完成，为 5 万平方米居民住宅实施海水源热泵供热。青岛在推广应用海水源热泵技术方面也取得不错的成果。2004 年 11 月，我国第一个海水源热泵项目在华电青岛发电公司建成使用，主要用于该公司总建筑面积为 1 871 平方米的职工食堂冬季供热和夏季供冷，并向职工浴室提供洗浴热水[④]，该海水源热泵系统供热供冷面积达 6 000 平方米；2008 年北京奥运会青岛国际帆船中心媒体中心采用海水源热泵作为该建筑的空调水系统冷热源，开创了我国公共建筑应用海水源热泵技术的先例；2008 年 2 月，全国首个社区海水源热泵项目在青岛开发区千禧龙花园住宅小区内建成，覆盖建筑面积 6.5×10^4 平方米[⑤]。2005 年，天津港船闸管理所引进最新的 LSBLGR—S 系列海水源热

① 王文桐. 大连市海水源热泵城市级示范 [J]. 建设科技，2008 (7)：58 - 60.

② 王大方，苗润卿，许水，等. 浅析海水源热泵技术的研发和应用 [J]. 城乡建设，2010，5 (2)：48 - 51.

③ 端木琳，李震，蒋爽，等. 大连星海湾海水源热泵空调系统热扩散数值模拟研究 [J]. 太阳能学报，2008，29 (7)：832 - 836.

④ 张莉，胡松涛. 海水作为热泵系统冷热源的研究 [J]. 建筑热能通风空调，2006，25 (3)：34 - 38.

⑤ 李金伟. 海水源热泵特性分析及其在青岛地区的应用 [J]. 煤气与热力，2011，31 (3)：10 - 11.

泵机组设备对其办公室进行冬季取暖和夏季制冷[①]；天津港 30 万吨油码头办公楼采用的海水源热泵空调系统于 2008 年冬季开始运行。目前，随着技术的不断进步，我国海水源热泵技术的工程应用不断增多，沿海各地呈现出良好的发展态势。

（3）海水源热泵技术工程实例——瑞典斯德哥尔摩 180 兆瓦海水源热泵站[②]

斯德哥尔摩是瑞典的首府，位于 14 个岛屿上。斯德哥尔摩从 20 世纪 60 年代就开始采用热泵技术进行区域采暖，大约 60% 的用户使用区域采暖系统。50% 的区域供暖采用热泵系统，其区域供热网络已经遍布全市，连接 2 000 多万平方米建筑，供暖温度约为 80℃，室内温度维持在 20℃ 以上。Värtan Ropsten 区域供热站为 Central Network 提供了大约 60% 的总能量输入。在 20 世纪 80 年代初期，石油价格上升，电价便宜，提升了人们对热泵的兴趣。1984—1986 年，一个具有制热量 180 兆瓦，世界上最大的基于海水的热泵在 Vartan Ropsten 供热站安装，用于区域供热，制热量为 180 兆瓦。该系统共有 6 台瑞士 AXIMA 制冷公司生产的整机离心热泵机组，单机供热能力为 30 兆瓦，单机耗电量 8 兆瓦，蒸发温度和冷凝温度分别为 −3℃ 和 82℃；海水进、出口温度分别为 2.5 和 0.5℃；供水、回水温度为 57℃ 和 80℃。最初，所有机组使用制冷剂 R22，2003 年，第一台热泵的制冷剂更换成 R134a。为了防止海水的腐蚀，换热器采用钛板换热器。冬季，进水口 15 米深，水温大约固定在 3℃ 左右。海水由一个大功率的海水泵供到 2 个薄膜蒸发器，每台热泵机组都安装有两个这样的蒸发器，薄膜蒸发器可以运行在非常低的温差下，使系统运行的可靠性增加。

1995 年 5 月，Stockholm Energi 开始用它新的区域制冷系统对斯德哥尔摩中心地区进行舒适性和各种工艺处理过程的供冷。这个工程独特的地方在于系统制冷的能量大部分来自于波罗的海的海水。制冷设备位于离城市 4 千米的 Värtan 热泵站的临近。热泵站有 4 台热泵，每台容量为 25 兆瓦，从海水获得能量。在热泵站制备出来的热量被送到区域供热管网。热泵站有两个取水口，一个在表面，另一个在深度为 20 米的海底。冷量的产生，是通过吸入取水口的低温海水，送入热泵，然后通过 6 个平板换热器，来冷却供往区域供冷管网的水。为了抵挡腐蚀性的、有盐分的海水，换热器平板由钛组成。离开泵站的冷水温度是 6℃ 或更低，从输送管网回来的回水，在负荷较高时温度为 16℃，

① 赵月玲，樊幸福，姚占龙.LSBLGR—S 系列海水源热泵机组设备在天津港船闸所的应用 [J].水道港口，2007，28（1）：72−73.

② 蒋爽，李震，等.海水热泵系统的应用及发展前景 [J].节能与环保，2005（10）：12−14.

负荷较低时温度较低一些。区域供冷系统设计最大负荷是 60 兆瓦。在通过热交换器之后，被加热的海水释放到海洋中，或者回到热泵中，取决于当前的运行模式。在海水温度不是足够的运行阶段，进入热交换器的水首先通过热泵被冷却到一个合适的温度。制备出来的冷水通过一个 4 千米长，直径为 800 毫米的运输管线从冷站进入城市。该系统 2003 年装机容量达到 136 兆瓦，2004 年达到 125 兆瓦，2005 年达到 180 兆瓦，单台供热能力/总供热能力/单台耗电 30 兆瓦/180 兆瓦/8 兆瓦，是目前世界上最大的集中供热供冷系统。

7.3.2.6　海水灌溉农业

（1）海水灌溉农业简介

海水灌溉农业有狭义和广义之分。广义的海水灌溉农业是按照生物学和经济学原理，运用现代管理手段，在生物科技、土壤改良和引水灌溉等技术的支撑下，在滨海盐碱地或者少数内陆盐碱荒地上对适合的耐盐植物进行地下咸水、全海水或者部分海水的灌溉以获取较高经济效益的农业生产活动[①]。狭义的海水灌溉农业是指以滨海盐碱地资源为载体，以生物技术为依托，对先天具有较强耐盐能力以及后天选育驯化的耐盐植物进行全海水灌溉或者海水与淡水混合灌溉的农业生产经济活动[②]。

海水灌溉农业是一项集海水等咸水、滨海盐碱地、耐盐植物资源综合开发利用的系统生态工程和特殊产业，是集约型、高效型、生态型和高技术型农业的典型代表，集节约土地资源和淡水资源、保障粮食和营养安全、提高经济效益和生态效益的功效于一身，是未来沿海农业发展的重要方向之一。开展滨海滩涂地、盐碱地适生的耐盐植物新品种选育，以海水灌溉技术与生物技术相结合，进行土壤、水分、盐分和作物的水盐调控技术和管理模式研究，是发展海水灌溉或者盐水灌溉农业的基础[③]。培育低成本、高经济附加值的优良耐盐生物品种是海水灌溉农业持续发展的关键。耐盐植物可通过多种途径获得，如通过遗传改良，将耐海水和耐盐碱的野生植物改良成可栽培的农作物品种；或通过基因工程和细胞工程技术及常规育种技术，将不耐海水的植物育成耐海水的植物[④]。目前，国内外耐盐植物研究主要集中在两方面：一是引种、驯化经济价值有潜力的耐盐植物，二是利用种质资源筛选、细胞工程和基因工程培育耐盐新品种。世界上盐生植物种类约 2 000～3 000 种，已经鉴定 1 500 种左右，

---

① 张振，韩立民，王金环．山东省海水灌溉农业的战略定位及其发展措施［J］．山东农业大学学报（社会科学版），2015（3）：38 - 39.

② 韩立民，张振．海水灌溉农业的属性特征及其发展［J］．海洋开发与管理，2014（9）：1 - 6.

③ 王欣，张可，吴惠惠．我国海水灌溉农业研究概况与实践进展［J］．天津农业科学，2017，23（2）：32.

④ 徐宪斌，夏文荣，等．海水农业研究进展［J］．河北农业科学，2007，11（5）：79.

包括草生植物、灌木和树木，分布于湿地、沿海滩涂、沼泽地带到干旱、内陆盐化沙漠。目前，我国已经发现的盐生植物有 424 种，占世界盐生植物种类的四分之一[①]。其中海蓬子、碱蓬是已经查明的可以直接用海水灌溉、经济价值很高的耐盐种质资源。表 7-7 简单列举了几种前景较好的耐盐经济植物。海水灌溉农业作为现代农业发展的新领域，现已成为滩涂地、沿海岸线、盐碱地、沙漠和荒漠等地区发展农业的重要方向。

表 7-7 前景较好的耐盐经济植物

耐盐植物	土壤即灌溉要求	种植周期（月）	收货物	亩产量	用途
碱蓬	0.6%～1.5% 的盐土生长，用含盐 1.5%～2.0% 的海水灌溉	4—10 月营养生长	嫩茎叶	8 000～1 000 千克（鲜重）	蔬菜
		11 月收获种子	种子	100 千克（干重）	榨油
海蓬子	0.6%～1% 的盐土生长，用含盐 1%～1.5% 的海水灌溉	2—9 月生长期	嫩茎、嫩尖	1 100～1 300 千克（鲜重）	蔬菜
		10 月收获种子	种子	120～150 千克（干重）	榨油
菊芋	0.6%～0.8% 的盐土生长，用含盐 0.9%～1.5% 的海水灌溉	5—11 月生长期，12 月收获	地下块茎	3 000～4 000 千克	特菜、提炼酒精和果糖
怪柳	1%～1.5% 的盐土生长，用含盐 0.4%～2.4% 的海水灌溉	2～3 年	苗木	100～350 株	绿化、薪柴

（2）国内外海水灌溉农业技术发展现状

20 世纪 40 年代末期，海水灌溉农业的雏形开始出现。1949 年生态学者 Hugo Boyko 和园艺学者 Elisabeth Boyko 在以色列城市埃拉特，在沙地上用淡水与海水的混合水灌溉植物[②]，宣告海水灌溉农业的诞生。20 世纪 80 年代，随着全球淡水危机的意识觉醒，海水灌溉农业逐步走向深入。20 世纪 90 年

---

① 王欣，张可，吴惠惠. 我国海水灌溉农业研究概况与实践进展 [J]. 天津农业科学，2017，23（2）：32.

② 王霞，王金满. 海水灌溉农业发展状况及其前景 [J]. 新疆农垦经济，2003（6）：48.

代，美国科学家成功将海草的基因注入高粱，美国亚利桑那州立大学塔可逊环境研究实验室从约 800 种耐盐植物中筛选出一种可以直接用全海水灌溉的植物海蓬子，并先后培育出海蓬子 SOS—7、SOS—10 号两个品系，这标志着海水灌溉农业取得了里程碑式的发展。另外，美国已成功培育出全海水灌溉小麦、海水与淡水混合灌溉春小麦和耐 2/3 海水的番茄。美国的一些公司在加利福尼亚、墨西哥、沙特阿拉伯、埃及、巴基斯坦和印度创建了喜盐植物农场，但尚没有大面积生产。近年来，海水农业开始受到各国的广泛关注，以色列、沙特阿拉伯、墨西哥、印度等国在海水灌溉农业方面的研究和应用也取得一定成果。如以色列从 70 年代开始，利用远缘杂交方法，培育了一系列耐盐番茄品系，并已经建成利用海水浇灌、生产的规模化工厂；印度已培育出耐 80％海水的春小麦①；墨西哥栽培的海蓬子也可以用全海水灌溉，且生产过程中无需使用农药和化肥，已出口数十个国家；加拿大也已培育出耐盐、耐寒的紫羊茅品系；日本用海水灌溉苜蓿等技术世界领先。从全球来看，沙特阿拉伯和墨西哥等国已成为发展海水灌溉农业的大国，其他各国纷纷加快进军海水灌溉农业的步伐。许多国家的科学家正致力于将培养的细胞或愈伤组织通过盐胁迫诱导耐盐突变体，已经在部分农作物、牧草、草坪草、烟草、部分果树、林木上取得一定成功②。以海蓬子为代表的部分海水灌溉农业已进入专业化和规模化的生产阶段。

我国海水灌溉农业的研究和试验开始较早，目前已从传统方法发展到充分利用先进的生物技术培养和驯化耐海水耐盐碱农作物和植物，某些研究具有国际或国内领先水平。通过国外引进、国内收集筛选、胁迫培育相结合等方法，我国已获得一系列较高经济价值的耐海水作物，包括海水蔬菜、油料作物、牲畜草料、医药原料等③。在 20 世纪 60 年代，南京大学从英国引进了耐盐植物大米草，在江苏以固堤促淤为目的进行种植，20 世纪 70 年代末又从美国引进互花米草，在消浪固堤、促淤造陆、净化环境、改良土壤等方面效果显著。自 20 世纪 90 年代以来，我国科学家逐渐在山东、江苏、广东和海南等省约 30 万公顷的沿海滩涂地尝试海水灌溉农业，1993 年，中国科学院海洋研究所成功筛选出可用全海水直接灌溉的优良碱蓬品种，在青岛市试验种植几百亩，平均亩产 120 千克④。海南大学利用生物工程技术已获得了可用海水直接浇灌的耐盐豇豆、辣椒、茄子和番茄等作物并繁殖到第四代，被列为国家"九五"重

①　徐质斌.创建中国的海水灌溉农业［J］.科技文萃，2000（5）：16-17.

②　刘春辉.海水灌溉芦荟活性成分分析及多糖的研究［D］.大连：大连理工大学，2007.

③　王金环，韩立民.海水灌溉农业的内涵、特征及发展对策建议［J］.浙江海洋学院学报（人文科学版），2013，30（4）：7.

④　王霞，王金满.海水灌溉农业发展状况及其前景［J］.新疆农垦经济，2003（6）：48-51.

点科技攻关项目。1996 年山东省东营农业学校和山东师范大学在东营市合作建成我国第一家盐生植物园，占地 50 余亩，收集保存耐盐植物 150 多种，成功培育和引进耐盐经济作物 80 多种[①]。2001 年江苏大丰晶隆海洋发有限公司被中国科学院植物保护研究所确认为海水灌溉农业的中试基地，目前已成为全国最大的耐海水蔬菜生产基地。山东寿光投资 2.16 亿元建设了国内首家海水蔬菜高科技产业园，主要以种植黑枸杞、海虫草（西洋海笋）、海芹等品种为主，同时，海滨甘蓝等新品种正在进行试种。2013 年，山东寿光海水蔬菜产品通过了中绿华夏"有机蔬菜"认证，成为我国海水蔬菜规模化发展的领军者。经过多年研究，我国海水灌溉农业虽然取得了一些突破性进展，但是整个行业仍处在初级阶段，仅有为数不多的品种（如海蓬子、黑枸杞等）进入产业化生产阶段。其他传统淡水粮食和蔬菜作物的海水灌溉多处于试验阶段，距离产业化仍有较大距离。

7.4 海水化学资源利用

7.4.1 海水化学资源利用简介

海水蕴藏着丰富的化学资源，在我们的地球上已发现的一百多种化学元素中，海水中就含有 80 多种。每 1 立方千米海水含有 3 500 万吨固体物质，其中大部分是有用元素，总价值约 1 亿美元，可见海水是巨大的液体矿物资源[②]，有些化学元素的总储量是世界陆地总资源量的几千甚至几万倍。海水中的 K、Na、Br、Mg 等是世界各国国民经济发展的重要的基础化工原料；U、Li、I、^{2}H 等是 21 世纪的重要能源和战略物资。因此，多途径开发利用海水化学资源，实现海水的资源化利用，可有效缓解陆地化学矿物资源的短缺。

海水化学资源利用是指从海水中提取化学元素（化学品）及其深加工的技术和过程。虽然海水化学资源开发利用的历史悠久，但限于经济和技术条件，目前，人们从海水中提取的还主要限于食盐和 Br、K、Mg 及其化合物，Li、U、重水等原料。其中，海水制盐工业技术已经成熟，海水提 Br、海水提 Mg 技术已进入高值化应用阶段，海水提 K、海水提 U 技术正向产业化迈进，海水提 Li、海水提 I、海水提 ^{2}H、海水提 B、海水提 Cs 等技术的研究也在不断深入。

近年来，随着世界各国海水淡化产业的快速发展，对淡化后浓海水的综合

① 徐宪斌，夏文荣，等．海水农业研究进展 [J]．河北农业科学，2007 (5)：79-87.
② 王国强，冯厚军，张凤友．海水化学资源综合利用发展前景概述 [J]．海洋技术，2002，21 (4)：61.

利用、新技术的开发利用已成为海水化学资源领域研究的重点。海水淡化副产的浓海水中化学组分的浓度为标准海水浓度的近 2 倍，若获取相同的化学资源，浓海水处理量仅为直接处理海水量的一半，可显著降低提取成本。此外，利用浓海水进行化学资源提取无须设置取海水和加氯杀菌等预处理设备，可大大节约投资和工程造价；并且，海水淡化操作过程中副产浓海水的温度、流量参数稳定，便于化学资源提取过程的常年平稳运行[①]。因此，发展海水化学资源综合利用，可有效利用海水淡化工程中宝贵的化学资源、降低海水利用成本，并能够实现"零排放"的处理效果，有益于环境保护，在未来势必将发挥出巨大的潜能。

7.4.2 海水化学资源利用技术

7.4.2.1 海水制盐

（1）氯化钠（盐）简介

氯化钠（英文名 Sodium chloride，化学式 NaCl）即盐，是无色立方结晶或细小结晶粉末，味咸。不管是作为一种原料还是作为一种产品，氯化钠支撑着一个庞大的化工体系，因此被誉为"化学工业之母"。基本化学工业生产的主要原料为盐酸、烧碱、纯碱，绝大多数是用原盐生产出来的，这些产品的用途极为广泛，涉及国民经济各个部门和人们的衣、食、住、行各个方面。制造化学肥料氯化铵等也离不开原盐。近代有机合成工业飞速发展，化纤、塑料、氯丁橡胶等有机合成产品所需的氯和钠的产品也取之于原盐。总之，在化学工业上凡用到合成钠或氯的产品，绝大多数都是从原盐中获得的。又因盐溶液的冰点很低（随浓度不同，其冰点不同），可作制冷剂。在肥皂、染料等工业上又常用于盐析作用。此外，在石油、冶金、皮革、陶瓷、道路稳定、软化水、电解和食品等轻工业上都离不开原盐。国外有利用原盐作添加剂、催化剂和助燃剂等。食盐是人类生活的必需品，它不仅具有调味的功效，还与人体健康有着密切关系。在人体血浆中含有钠和氯（为无机质中最多），它是维持血液渗透压力的主要物质，保证人体内新陈代谢正常进行。盐在医疗和防治病上用途很多。氯化钠高渗溶液（2%～10%的盐溶液）可用于洗涤伤口，治疗化脓性创伤。含氯化钠 0.9%的溶液还可作生理盐水，可用作静脉注射、输液、灌肠等。食用加碘盐能有效地防治克山病。盐在农业上可用于选种、施肥等，增加作物产量。盐在畜牧业上是牲畜生长、肥壮和防病治病等所必需的。盐也是渔业、食品加工和贮藏以及国防和国家储备所不可少的物质。

① 袁俊生，纪志永，等. 海水淡化副产浓海水的资源化利用［J］. 河北工业大学学报，2013，42（1）：30.

海水中溶解有各种盐分，主要盐分以氯化钠最多，占 88.6%。以海水（包括沿海地下卤水）为原料晒制的氯化钠（NaCl）为主要成分的产品称为海盐。海洋是人类获取盐的主要源泉之一，世界上各大洋的氯化钠储量约为 5×10^{16} 吨。

（2）海水制盐的主要方法

海水制盐是指以海水为原料抽取盐的工艺过程。目前常用的海水或浓海水制盐技术主要有盐田法、电渗析法、冷冻法、膜蒸馏—结晶法和太阳池法。

① 盐田法

盐田法是海水制盐的传统方法，也是目前利用浓海水制盐最普遍的方法。使用该法需要在气候温和、光照充足的地区选择大片平坦的海边滩涂构建盐田。其制盐过程包括纳潮、制卤、结晶、采盐、贮运等步骤。纳潮就是把含盐量高的海水积存于修好的盐田中。制卤就是利用太阳能让海水蒸发，浓度逐渐加大，当水分蒸发到海水中的氯化钠达到饱和时，要及时将卤水转移到结晶池中。卤水在结晶池中继续蒸发，原盐就会渐渐地沉积在池底，形成结晶，达到一定程度就可以采集了。盐田法制盐工艺简单、操作方便、生产规模不受限制，但是受环境影响很大，海水的盐度、地理位置、降水量、蒸发量等因素都会直接影响盐的产量，且该法占用的土地和人力资源也比较大，尤其是随着滨海地区经济高速发展，土地资源日益紧张，盐田法海水制盐的进一步发展将受到制约。

② 电渗析法

电渗析法是随着海水淡化工业发展而产生的一种新的制盐方法，是目前最有前途的生产方法。它通过选择性离子交换膜电渗析浓缩制卤，真空蒸发制盐。它可以充分利用海水淡化所产生的大量含盐量高的浓海水为原料来生产食盐。20 世纪 70 年代电渗析法浓缩制盐就已经实现工业化。电渗析法制盐的工艺流程是：海水→过滤→电渗析制浓缩咸水→咸水蒸发结晶→干燥→包装成品。与盐田法相比，电渗析法节省了大量的土地，不受季节影响，节省人力，基建投资少，卤水纯度和浓度较高，易于实现自动化，但耗电量较大，存在电极寿命短、电渗析膜结垢和清洗等问题。

③ 冷冻法

冷冻法是地处高纬度国家采用的一种生产海盐的技术，俄罗斯、瑞典等国家多用此法制盐。这种方法的原理是：当海水冷却到海水冰点（－1.8℃）时海水就结冰，海水结冰时只有纯水呈冰晶析出，盐则不随同析出，而是浓缩于剩下的溶液中。取冰融化，即得淡水。去掉冰晶，就等于晒盐法中的水分蒸发，剩下浓海水就可以制取原盐。

④ 膜蒸馏—结晶法

该技术将膜分离技术与结晶技术结合，将浓海水加热后通入膜组件，利用膜蒸馏对浓海水进行脱水浓缩至饱和状态，然后利用结晶技术析出原盐，同时将膜组件中的水蒸气冷却制得淡水。膜蒸馏—结晶后得到的副产物还可用来提取 Br、K、Mg 等。该技术需要的温度低，而且析出的晶体形态好，但膜蒸馏需要的膜易于污染从而导致其应用成本较高，因而难以大规模应用。

⑤ 太阳池法

太阳池是一个盐度由上而下逐渐增加的盐水池，能够大面积吸收并储存太阳能。太阳池吸收的太阳能储存在其下层的盐水中，因此，最底层的温度最高，可以达到 70～100℃，可以利用池底的热能制盐。利用太阳池技术生产原盐，先将浓海水在普通盐池中浓缩，然后利用太阳池最底层的高温将浓缩液加热，最后进行闪蒸脱水得到 NaCl 晶体。与普通盐田相比，太阳池制盐单位面积盐产量高，而且得到的原盐质量高。但太阳池的建造受太阳能、盐以及水利与地质状况等的影响严重，因此限制了太阳池的使用。

（3）国内外海水制盐的发展现状

在全世界 100 多个产盐国有中，多数国家都利用海洋生产盐，海盐约占世界全部盐产量的 30%。从海水中制盐的国家主要有中国、印度、日本、土耳其、菲律宾、泰国、西班牙、法国、意大利、希腊、墨西哥、巴西、阿根廷、哥伦比亚、澳大利亚、新西兰、埃及、突尼斯、埃塞俄比亚等。在长期的实践中，采用最为广泛的是传统的盐田法。这种方法工艺简单，操作方便，规模大小不受限制。但是，它的产量受海水含盐量、地理位置、气候条件等影响。20世纪中期开始，许国沿海国家向着大型化发展，并力求使盐场结构合理化、工艺科学化、生产机械化。国外大型海盐场，如世界最大海盐场——墨西哥的黑勇士盐场、世界第二大海盐场——澳大利亚的丹皮尔盐场，因当地气候干燥，滩涂广阔，都采取死碴盐、盐池板、长期结晶的工艺，扬水、制卤、结晶、堆坨四大步骤集中，各项操作全部机械化，并重视减少渗漏，促进蒸发，净化卤水，以提高盐的产量和质量，产盐全部经过洗涤，质量高[1]。电渗析法在淡化海水的同时也用于海水制盐。日本是最早开始电渗析海水制盐的国家，从 20世纪 60 年代初开展以海水浓缩制盐为目标的电渗析技术研究，20 世纪 70 年代电渗析法就已经在日韩等国家用于海盐的工业生产。目前，日本是世界上唯一用电渗析制盐完全取代盐田法制盐的国家，其沿海共有 7 家制盐企业利用电渗析法生产[2]。此外，国外还注意海盐工业与制碱、海水淡化等企业联产，以及苦卤综合利用等问题，从根本上提高了企业的经济效益。如以色列盐业集团利用浓海水进行制盐已有十多年的历史。

---

[1][2] 张德安．中国制盐技术发展与展望［J］．盐业与化工，2016，45（1）：8.

我国海水制盐业历史悠久。相传炎帝时（公元前 4 千多年）夙沙氏就教民煮海水为盐。从福建省出土的古物中有熬盐工具，证明早在仰韶时期（公元前 2 000～3 000 年）当地已用海水煮盐。春秋时期，齐国管仲曾专设盐官煮盐。到战国时，齐国的海盐生产已经发展到相当的规模，每年从盐业生产和贸易中获得了大量的财富。约在明朝永乐年间，开始废锅灶，建盐田，改煎煮为日晒，使海盐生产进入了一个新的时期。我国海盐生产条件十分优越，许多地区海水含盐量高，是世界第一大海盐生产国，多年来海盐年产量一直居世界首位。2014 年我国海盐产量 3 085.23 万吨，占全部原盐产量的 33.59% 左右[1]。我国海盐生产具有明显的地域特征，沿海 10 个省份具备海盐生产的滩涂条件，其中浙江、福建、广东、广西、海南历史以来称之为南方海盐区，北方海盐区分布在黄海、渤海区域，主要省份有辽宁、山东、河北、天津和江苏。著名的盐场有长芦盐场、复州湾盐场、塘沽盐场、南堡盐场、羊口盐场、青岛盐场、苏北盐场、莺歌海盐场、布袋盐场等。目前，我国海盐主要是露天生产，普遍采用盐田法制盐和制卤。基于气象条件和滩涂利用率的差异，我国历史以来形成了南方海盐和北方海盐不同的生产工艺，且海盐产量的巨大差异。南方海盐是短期结晶法生产，常年生产，随时结晶随时收盐，2014 年其产量仅占全部海盐产量的 1.59%；而北方海盐生产则是春季纳潮，常年制卤，长期结晶，春秋两季收盐，其主要产区是山东省，2014 年山东的海盐产量占北方海盐产量的 76.58%，占全国海盐产量的 75.07%[2]。随着经济发展和工业盐需求的日益增加，我国海盐业的技术也在不断进步，部分企业在海盐采集、运输、堆垛等生产技术方面已接近发达国家水平，许多盐场也逐步实现了机械化、自动化生产，海水制盐效率大为提高。1960 年原塘沽盐场率先研发并推广"新、深、长"晒盐工艺，1963年又研究成功越冬晒盐工艺[3]。由于海盐生产的丰歉程度 70% 取决于气象因素，为应对降雨对海盐生产的影响，我国海盐企业发明了"塑料苫盖"技术，起到了提高产量的作用，并在海盐区得到推广，2014 年我国海盐区的塑料苫盖面积达到了 2.5 万公顷[4]。该技术是在结晶区利用塑料和浮卷机把降雨的淡水与较高浓度的卤水隔绝，减少对结晶区卤水的稀释，通过设计单独的淡水排除线路保持了结晶区卤水的浓度。近年来，由于盐田晒盐的土地产出值较低，越来越多的土地转让出来用于现代化工业生产，造成制盐企业

① 中国海洋年鉴编纂委员会.2015 中国海洋年鉴 [M].北京：海洋出版社，2016：81.
② 中国海洋年鉴编纂委员会.2015 中国海洋年鉴 [M].北京：海洋出版社，2016：82.
③ 张德强，夏德富.天津长芦海晶集团结晶池塑苫技术的回顾与展望 [J].中国盐业，2016(6)：34.
④ 中国海洋年鉴编纂委员会.2015 中国海洋年鉴 [M].北京：海洋出版社，2016：82.

的盐及盐化工产品产量不断下降，加之我国海水淡化行业迅速发展，其副产的浓海水为海水制盐提供了优质原料，在此背景下，我国相关企业，如发电厂、海水淡化企业和盐场联合起来，积极探索海水资源的综合有效利用。以新疆北部电厂为例，它是国家首批循环经济试点项目，是集发电、海水淡化、浓海水制盐一体化运营模式建设的高效大型火力发电厂，其已建成一期 $10×10^4$ 吨/天低温多效海水淡化装置，年产淡水 $6\ 570×10^4$ 吨，同时，通过将淡化后的浓海水引入天津汉沽盐场晒盐，盐场年产量可提高 $50×10^4$ 吨，且制盐母液可进入盐化工生产流程[①]。

7.4.2.2　海水提钾

（1）钾元素简介

钾（英文名称 Potassium，元素符号 K）是一种软质、蜡状的银白色碱金属。钾在自然界没有单质形态存在，只以化合物形式存在，是人体肌肉组织和神经组织中的重要成分。钾是植物生长所必需的三大元素之一，它与植物体内各种糖类的代谢作用有很大关系。以钾为主要养分的肥料——钾肥对农业生产具有十分重要意义，它能增强植物的抗旱、抗寒、抗倒伏、抗病虫等能力，并能提高产量。钾在工业方面可用于制造主要由二氧化硅、氧化钙和氧化钾组成的钾玻璃，亦称为硬玻璃，它一般没有颜色，比钠玻璃难于熔化，不易受化学药品的腐蚀，常用于制造化学仪器和装饰品等。钾亦可以制造软皂，它是高级脂肪酸的钾盐，一般用于医药等方面的洗涤剂或消毒剂，也用于汽车和飞机的清洁剂。此外，钾铝矾（即明矾）可以作净水剂和媒染剂，钾铬矾又可用作鞣剂。

多年来，世界上钾盐的主要来源是古海洋遗留下的可溶性钾矿，即钾石盐、光卤石、无水钾镁钡、三水钾镁钡和软钾镁钡等。目前已经探明的可溶性钾矿储量分布很不均匀，其中加拿大、俄罗斯两国几乎占世界钾盐储量的 90％，德国和美国储量也较丰富，绝大多数国家钾矿资源贫乏，主要依赖于进口。我国也是钾资源严重缺乏的国家，现已探明的钾矿资源储量 $4.57×10^8$ 吨，仅占世界储量的 2.6％左右，而且大多以陆湖相沉积的液体矿为主，我国钾产量与农业需求相差甚远，多年来主要依靠依靠盐田卤水生产少量钾盐和部分进口钾肥。虽然海水含钾的浓度很低，每千克仅为 380 毫克，但海水量巨大，蕴藏着极其丰富的钾资源。据估计，海水储钾总量高达 $600×10^{12}$ 吨，仅次于 Cl、Na、Mg、S、Ca，排在第六位。因此，许多钾矿缺乏的沿海国家不断致力于海水钾资源的开发。

---

① 侯纯扬．中国近海海洋——海水资源开发利用［M］．北京：海洋出版社，2012：150.

（2）海水提钾的主要方法

海水提钾的主要方法有蒸发结晶法、化学沉淀法、溶剂萃取法、膜分离法和离子交换法。

① 蒸发结晶法

蒸发结晶法是利用晒盐剩余的浓盐水蒸发得到光卤石（$KCl \cdot MgCl_2 \cdot 6H_2O$），然后再用适量的水处理，将光卤石分解为固体氯化钾和氯化镁溶液，其化学方程式为：$KCl \cdot MgCl_2 \cdot 6H_2O \longrightarrow KCl\downarrow + MgCl_2 + 6H_2O$。由于通过太阳能蒸发法制盐剩下的浓盐水来源较为容易，所以用这种方法生产的钾盐占有很大的比例。

② 化学沉淀法

化学沉淀法是通过在海水或卤水中加入沉淀剂，使水溶液中的 K^+ 与沉淀剂反应生成不溶于水的钾化合物，即从海水或海水浓缩物中回收钾。此方法的关键在于要根据各种钾盐的溶解度特性，选用适宜的沉淀剂，以提高钾盐的回收率。目前使用的沉淀剂有二苦胺钠盐、钙盐、镁盐或其衍生物、过氯酸钠或过氯酸钙、石膏、磷酸、磷酸钠或过磷酸钙、硫代硫酸钠、四苯硼钠等。化学沉淀法由于沉淀剂昂贵又不能完全再生回收，而且大部分沉淀剂为易燃、易爆、有毒化学品，因此难以进入工业化生产阶段。

③ 溶剂萃取法

溶剂萃取法是利用一种不溶于水、又能提取钾的有机溶剂从海水中提取钾盐。这种溶剂与含钾的水溶液相接触时，钾被浓缩到溶剂中，而与水溶液所含的其他离子分开。这种有机溶剂除了二苦胺硝基苯溶液以外，还有聚环醚、有机酸和酚的混合物、异戊醇和正丁醇、异丁醇、7 个到 9 个碳原子的有机酸在煤油中的溶液等。由于有机溶剂的价格贵以及溶解造成损失等原因，这种方法的经济价值不大，未能实现产业化。

④ 膜分离法

膜分离法主要利用膜材料，采用膜分离技术实现分离海水中钾离子并富集的目的。膜材料主要为离子交换膜，在电场的作用下，钾离子朝一定方向电迁移，迁移后采用一定方法得以富集。膜分离方法在日本研究较多，得益于日本采用电渗析制盐技术浓缩海水制取氯化钠，制盐后苦卤即为提取钾盐的原料。

⑤ 离子交换法

离子交换法是利用离子交换树脂在不同条件下对海水中的钾离子与其他阳离子的交换吸附性能不同，吸附海水中的钾并进行洗脱，得到钾盐。根据离子交换树脂的性质不同，离子交换法又可分为天然沸石法、有机离子交换法、无机离子交换法和离子筛法。其中，天然沸石法具有离子交换剂——沸石廉价来源广泛、离子交换过程对环境无污染、提取成本低等优势，被认为是最有发展前景的海水提钾技术。

（3）国内外海水提钾的发展现状

国外对海水提钾技术的研究和开发始于 20 世纪 20 年代中期。英国首先利用海水提钾，并在死海组织了大规模的海水提钾生产。日本、意大利也先后建立了年产量 1×10^4 吨的海水提钾工厂。自 1940 年挪威化学家 J. Kielland 获得第一个海水提钾专利权以来，世界各沿海国家投入大量的人力、财力、物力，进行海水提钾技术的研究，共提出包括化学沉淀法、溶剂萃取法、膜分离法、离子交换法等多种技术路线的上百种方法[①]。国外海水提钾曾经历过两次工业化规模的中试，但由于提取成本不过关，或因污染严重而无法实现工业化。第一次是在 1950—1953 年，Kielland 为主要发明人领导的二苦胺沉淀法 300 立方米/小时海水提钾中试。然而中试车间发生爆炸，二苯胺对污染严重且成本过高，中试最终没有继续。第二次是日本通产省工艺技术院组织的大型海水提钾技术开发项目（即东工流程），该中试利用 10 万吨/日热法海水淡化后的浓海水开展浓海水综合利用，采用电渗析技术将浓海水进一步浓缩，先制取溴素，制溴后的废液用电解法再制备氢氧化钾，最终得到的是钠和钾的氢氧化物混合溶液。该中试从 1969 年开始实施，7 年后停止中试研究[②]。虽然经历了大半个世纪的艰苦探索，国外在海水提钾方面的研究取得了一些突破性的进展，但离工业化的要求仍有一定的距离，其主要原因是海水提钾在经济上不易过关，海水中钾离子含量较低，再加上多种共存元素的干扰，给分离提取带来了极大的难度。

我国海水钾资源的开发技术主要集中在海盐苦卤提钾和海水直接提钾两个方面[③]。我国自 20 世纪 50 年代开始进行苦卤钾资源的的开发利用，到目前为止已投入工业化生产的技术主要包括兑卤法提取氯化钾和高温盐法制取硫酸钾。在海水直接提钾方面，除开展了少量的如萃取法、无机离子交换剂法等研究工作外，我国重点在天然沸石法海水提钾技术方面进行了大量的工作。自 20 世纪 70 年代开始，随着我国浙江缙云的第一个天然沸石矿的发现，在国家科技部和地方有关部门的支持下，通过相关科研单位、企业及几代技术人员历经 40 余年的不懈努力，攻克了一系列关键技术，开发出斜发沸石法海水提取硫酸钾和硝酸钾高效节能技术，使海水硫酸钾及硝酸钾成本显著低于现行的生

① 袁俊生. 离子交换法海水提钾技术的应用基础研究 [D]. 天津：天津大学化工学院，2005：3.

② 姚颖. 分子筛的钾离子交换研究 [D]. 天津：天津大学，2014：14.

③ 袁俊生，张林栋，等. 我国海水钾资源开发利用技术现状与发展趋势 [J]. 海湖盐与化工，2002，31（2）：1.

产技术①，在国际上率先实现了海水提钾过经济关，并投入产业化。天津海水淡化研究所在 20 世纪 70 年代开展了天然沸石海水提取氯化钾的千吨级中试，筛选了缙云沸石和内蒙古沸石做交换剂，后因成本过高，停止了中试研究，但中试证明了离子交换工艺技术上的可行性；"九五"期间，使用内蒙古出产的沸石进行了离子交换法海水卤水直接提取硫酸钾 100 吨中试，沸石有效交换容量达到 9.684 毫克 K^+ 每克沸石；"十五"期间，开展了人工合成钾离子吸附剂研究并完成了海水卤水制取磷酸二钾的室内试验研究。随后海水提钾中试规模不断扩大，河北工业大学利用天然斜发沸石离子交换技术先后开展了年产 200 吨硝酸钾中试、年产 300 吨硫酸钾中试、年 1 万吨硝酸钾中试②，年 1.2 万吨硫酸钾中试正在建设中，目前我国海水提钾工艺技术国际领先。此外，为了进一步提升海水提钾的技术水平、降低生产成本，在钾高效交换剂的制备和新型提钾功能分离材料方面、沸石钾离子筛法海水淡化副产浓海水提钾技术方面也进行了有益探索，并取得了一定的进展。目前，配套唐山曹妃甸阿科凌海水淡化有限公司 5 万立方米/天膜法海水淡化工程，正在曹妃甸工业区建设 5 万立方米/天浓海水提钾及综合利用示范工程③。

7.4.2.3　海水提镁

（1）镁元素简介

镁（英文名称 Magnesium，元素符号 Mg）是一种银白色、轻质、强度高且有延展性的碱土金属，外观像磨光的铁。镁及镁化物是重要的工业原料，在合金材料、耐火材料、建筑材料和环保材料等领域具有广泛用途。原镁的应用主要集中在镁合金生产，生产镁肥、炼钢脱硫，还用在稀土合金、金属还原、腐蚀保护及其他领域。镁是组成叶绿素的主要元素，可以促进作物对磷的吸收，镁在农业方面用于制造镁肥，特别适用于酸性土壤。因使用镁粒的脱硫效果比碳化钙好，很多钢厂都采用镁脱硫。镁可用于冶炼某些珍贵的稀有金属（如钛）的还原材料。使用镁牺牲阳极进行阴极保护，是一种有效防止金属腐蚀的方法，镁牺牲阳极广泛用于石油管道、天然气、煤气管道和储罐、冶炼厂、加油站的腐蚀防护以及热水器、换热器、蒸发器、锅炉等设备。另外，纯度在 98% 以上的氧化镁经电解后，熔点可达 2 800℃，是耐超高温的耐火材料，而且对炉渣有稳定性。镁氧水泥是由轻质氧化镁粉末与氯化镁或硫酸镁溶液调制而成的胶凝材料，硬化快，强度高，可掺和木屑、刨花等填料，用作建

---

① 袁俊生，韩慧茹，等．海水提钾技术研究进展 [J]．河北工业大学学报，2004，33（2）：142.

② 谢英惠，朱静，袁俊生．硫酸钾生产工艺综述 [J]．海湖盐与化工，2005，35（2）：12-14.

③ 袁俊生，纪志永，等．海水淡化副产浓海水的资源化利用 [J]．河北工业大学学报，2013，42（1）：31.

筑材料，也用于制造人造石、刨花板等。氧化镁和碳酸镁均可用作氯丁橡胶、氟橡胶的填充剂和增强剂，可作保温材料和绝缘材料。氯化镁可做凝乳剂、融雪剂及冬季施工时水泥防冻剂等，结晶氯化镁的水溶液可用于制作食用豆腐所用的盐卤。硫酸镁主要用于纺织工业作毛棉纺织品的修整剂，用于生产人造丝，在染料工业中作助染剂和吸碱剂，在医药上作泻药。氢氧化镁可作为生产轻质氧化镁和碱式碳酸镁的原料，也可直接用于农业、环境保护作水处理剂，以及用作无机阻燃剂。镁合金具有良好的轻量性、切削性、耐蚀性、减震性、尺寸稳定和耐冲击性，远远优质于其他材料，这些特性使得镁合金在的应用领域非常广泛，比如交通运输、电子工业、医疗、军事工业等，这种趋势只增不减。从 20 世纪开始，镁合金就在航空航天领域得到应用，目前镁合金主要用于制造各种民用、军用飞机的民动机零部件、螺旋桨、齿轮箱、支架结构及火箭、导弹和卫星的一些零部件等。在汽车制造方面，镁合金已被发达国家广泛用于汽车仪表板、座椅支架、变速箱壳体、方向操纵系统部件、发动机罩盖、车门、发动机缸体、框架等零部件上。在电子信息行业，目前用镁合金制作零部件的电器产品有照相机、摄影机、数码相机、笔记本电脑、移动电话、电视机、等离子显示器、硬盘驱动器等。以笔记本电脑、手机和数码相机为代表的 3C 产品朝着轻、薄、短、小方向发展的推动下，镁合金的应用得到了持续增长。在医疗领域，镁首先被作为整形外科生物材料进入，在心血管支架方面也具有临床应用价值。在军工方面，镁合金常用于制造飞机和陆地车辆的柜架、壁板、支架、轮毂，以及发动机的缸体、缸盖箱和活塞等零件，也用于制造一些军事装备，例如掩体支架、迫击炮底座和导弹等。在造船工业和海洋工程中镁合金主要用于航海仪器、水中兵器、海水电池、潜水服、牺牲阳极、定时装置等，镁合金还可用作自行车车架、轮椅等。

镁是地球上储量最丰富的轻金属元素之一，它在地壳中的含量在所有元素中排第八位，在地壳中含量丰度为 2%。陆地上逾 60 种矿物中均蕴含镁，但全球所利用的镁资源主要是白云石，菱镁矿，水镁石，光卤石，和橄榄石这几种矿物。陆地上天然菱镁矿较为丰富，全球已探明的菱镁矿资源量达 120×10^8 吨，储量 24×10^8 吨，但随着世界钢铁工业的发展，对镁砂（即氧化镁经制球和死烧后的高密度氧化镁，是炼钢行业必需的耐火材料）的质量要求也越来越高，陆地镁砂的纯度已不能满足现代炼钢工业的特殊需要，于是从海水中提取镁砂成为首选。从海水提取的镁砂早在 20 世纪 60 年代时纯度就达到了99.7%。镁以镁离子的形式大量存在于海水中。镁在海水中的含量仅次于氯和钠，居于第三位，其总储量约为 $2\,100 \times 10^8$ 吨，主要以氯化镁和硫酸镁的形式存在，经过晒盐后，绝大部分留在苦卤中。

（2）海水提镁的主要方法

海水提镁主要是指从海水中抽取金属镁、高纯镁砂、氢氧化镁等系列镁盐及其他镁系物。海水提镁最基本的方法是向海水中加碱，使海水形成沉淀。通常先把海水吸到沉淀槽，再用石灰粉末与海水快速反应，经过沉降、洗涤和过滤，就获得氢氧化镁沉淀块，经进一步煅烧就可得到耐火材料氧化镁。若制取金属镁，须加盐酸使之变成氯化镁，经过滤、干燥，而后在电解槽中电解，就得到金属镁。由于海水含有多种盐类和化学元素，要从海水中得到高纯度的镁并不容易，需要进行降钙、除硼，技术难度较高。目前，海水提镁技术已经进入工业化生产的有化学沉淀法和蒸发结晶法。此外，还有离子交换法和电渗析法正在试验研究之中。

① 化学沉淀法

化学沉淀法的主要产品为海水镁砂和氢氧化镁。镁砂的生产过程主要为：将石灰石（或白云石）煅烧、消化，与海水反应生成氢氧化镁进行沉降或洗涤，再过滤分离经回转窑烧结，粉碎成型后再进回转炉，在 1 700～1 800℃煅烧成熟料。

② 蒸发结晶法

蒸发结晶法是在海水蒸发制盐后，将苦卤继续进行蒸发和冷却，利用溶解度的性质在一定的温度和浓度条件下得出可溶性镁盐。

（3）国内外海水提镁的发展现状

国外从海水中提取镁及镁化合物的历史由来已久，海水提镁技术已经比较成熟，现已进入了工业规模的开发生产。最早从海水中提镁的国家是法国，1885 年法国在南部海岸建起了世界上第一座海水提镁厂，利用地中海的海水提取镁砂，但因工艺设备不过关工厂很快就停产了。1938 年 8 月，英国率先解决了海水提镁生产的工艺设备问题，取得了工业化海水提镁实验的成功，在东北海岸兴建了年产 1 万吨的海水镁砂厂，经过次扩建，到 1978 年时该厂的年产量已达 25 万吨。目前，世界上有数十个大型海水制镁厂，主要分布在美、日、英等国，利用沉淀法制取氢氧化镁、高纯氧化镁技术经过几十年的发展，已形成数百万吨的产业化规模。世界镁的年产量约 30×10^4 吨，其中有一半以上的镁来自海水，美国、英国、日本、俄罗斯等的镁产量就有 45％以上从海水中提取，海水提取所得镁产品的质量和纯度都很高。美国是世界上镁盐生产大国，其镁盐产品品种齐全，规格多样，用途专一，工艺技术和装备也较先进。早在 1935 年美国海洋公司在加利福尼亚州旧金山就从海水中制取氢氧化镁。1937 年陶氏公司从卤水中生产氧化镁（镁砂），并于 1941 年首先利用海水为原料建立了金属镁的生产工厂。到 1944 年时，美国就已经有 6 家海水提镁工厂，年产量达 29 万吨。到 20 世纪 90 年代初，美国海水镁砂的年产能力达到 77.5 万吨，成为世界上生产海水镁砂最多的国家。日本也是镁化物的生

产大国，宇部化学公司是世界上最大的海水提镁生产厂家之一，该公司于
1949 年开始生产海水镁砂，年产量约为 50 万吨。

我国海水提镁研究始于 20 世纪 70 年代，目前在产品种类、海水预处理、
沉淀剂、降硼方法等方面都取得了可喜的进展。由华东师范大学制取的高纯海
水镁砂，质量与日本产品相媲美。近年来，在有关部门的资助下，经过海洋科
技工作者的不懈努力，以小试技术成果为基础，以相关企业为成果转化的孵化
器，通过产学研结合，"十一五"期间，万吨级浓海水制备环保级膏状氢氧化
镁示范工程建立，产品质量达到国内领先水平，突破了低成本制备高质量氢氧
化镁的产业化关键技术。经过国际合作和"九五"至"十一五"科技攻关，我
国在硼酸镁晶须合成和应用方面也取得了较大进展，完成了百吨级硼酸镁晶须
中试技术研究，实现了硼酸镁晶须的连续化生产，填补了国内空白，制备的硼
酸镁晶须纯度高于 99%。此外，我国还进行了层状氢氧化镁铝中试研究、超
重力法制备纳米氢氧化镁的千吨级中试技术研究、以淡化后的浓海水为原料制
备纳米氢氧化镁和碱式氯化镁晶须的工艺研究等一系列的海水提镁技术研究，
均取得一定进展。

7.4.2.4　海水提溴

（1）溴元素简介

溴（英文名称 Bromine，元素符号 Br）是一种赤褐色的、具有刺激性臭
味、微溶于水、易溶于乙醇等有机溶剂的液体，其蒸汽对人及动物黏膜作用强
烈，能引起流泪、咳嗽、头晕、头痛和鼻出血。溴是强氧化剂，能强烈灼伤皮
肤，对金属有强烈腐蚀性。溴在医药、农业、工业和国防等国民经济部门均有
广泛应用，是重要的精细化工原料。溴在医药上用于制造多种镇静剂和消毒
剂，也是制造抗菌素、维生素、激素的中间体。在农药中，溴主要用以制造溴
氰菊酯、溴甲烷等杀虫剂、熏蒸剂和植物生长激素。在工业方面，溴大量地用
作燃料的抗爆剂以降低汽油消耗和防止汽油爆燃；在橡胶工业中用于生产溴丁
橡胶；在染料工业中，含溴染料能增进染料的着色性和牢固强度，使纺织品的
色泽更加鲜艳亮丽；在水处理剂工业中，溴用于生产绿色环保型杀菌灭藻剂，
二溴氯海因，溴氯海因等；照相和感光材料需要消耗大量的溴化银。此外，溴
还可用来合成阻燃剂、高效灭火剂、溴化锂制冷剂以及精炼石油等。

溴在岩石圈的分布虽较广泛，但其丰度很低。溴的天然资源主要是海水和
古海洋的沉积物即岩盐矿。溴在海水中的浓度较高，平均浓度为 65 毫克/升。
地球上 99% 的溴蕴藏在海水中，故溴有"海洋元素"的美称。据计算，整个
大洋水体的溴储量可达 1×10^{14} 吨。随着世界经济的发展，溴产品在各个行业
和领域中发挥着更加重要的作用，工农业生产对溴的需求量与日俱增，海水提
溴发展前景广阔。

（2）海水提溴的主要方法

海水提溴的主要方法有空气吹出法、水蒸气蒸馏法、离子交换树脂法、溶剂萃取法、沉淀法、无机离子交换法和膜分离法等。

① 空气吹出法

空气吹出法是目前最成熟且普遍用于工业规模生产的海水提溴方法，适合从低浓度含溴溶液提取溴，其原料一般为晒盐过程中的浓缩海水和地下卤水。该法是用氯气将预经酸化的海水中的溴离子氧化为单质溴，继而通入空气和水蒸气，将溴吹出吸收塔，使溴的蒸汽和吸收剂发生作用转化成溴化物以达到浓集的目的，然后再用氯气氧化成溴或制成二溴乙烷等目的物。该法对原料溴的浓度要求不高，生产容易控制，但是流程较复杂，设备投入较大，能耗高，并且吹出工序吹脱率偏低。空气吹出法根据使用的吸收剂不同，可分为碱吸收法和酸吸收法[①]。前者使用碳酸钠作为吸收剂，后者使用二氧化硫作为吸收剂。吸收后溴得到富集。碱法吸收后再用酸酸化，重新生成溴素，酸法吸收后则再用氯气氧化得到溴素。再用蒸汽蒸馏出溴经冷凝即得成品溴。碱吸收法虽然对含溴原料的适应性较强，易于自动化控制，适于大规模生产，但该法对卤温的适用范围较窄，所需设备庞大，溴收率低，产品精度低且能耗高，需集中建厂，不利于较分散的含溴卤水资源的利用。酸吸收法所需设备台数少，与碱吸收法相比，吸收剂含溴量较高，蒸汽消耗量、耗电量较低，且省去化碱工序，氯气和二氧化硫消耗少，因此，目前我国90％以上溴素生产采用此法。

② 水蒸气蒸馏法

水蒸气蒸馏法主要以苦卤为原料，是最早应用于工业生产的提溴技术。其主要工艺原理是将酸化卤水预热后通入填料塔，被逆流而来的氯气氧化，料液中溴离子被氧化为游离溴，利用溴与水的挥发度不同，在一定温度和压力的水蒸汽作用下，将游离溴素送至冷凝器，经冷凝后得到溴素。水蒸气蒸馏法的工艺成熟、过程简单、操作容易、原材料消耗少、得到的溴产品纯度高，适合大规模生产和节能型溴的系列产品的联产。但该法蒸汽消耗量大，提取产品溴的蒸气消耗量随溴含量的升高而降低，考虑到经济性，该法较适于制盐后苦卤、井卤和油气田卤水等含溴较高的卤水为原料的提溴。另外，蒸馏过程中，液体温度相对较高，且伴随较多的副反应的发生，影响其氧化率和蒸出率。

③ 离子交换树脂法

离子交换树脂法主要包括原料液的酸化、氧化、树脂吸附、洗脱再生及水蒸气蒸馏等工艺过程。含溴溶液经酸化后通氯气氧化，溶液再通过碱性季胺型阴离子交换树脂，游离溴素被树脂吸附。再向树脂通入二氧化硫或亚硫酸钠溶

---

① 徐枫，金耀明，等. 海水提溴技术现状及前景 [J]. 广东化工，2013，40 (11)：103.

液，将游离溴还原。树脂经盐酸洗脱后再生，洗脱液经氯气氧化得到富集的溴素溶液，再经蒸馏和精馏得到成品溴[①]。离子交换树脂法具有原料卤水的溴含量适用范围广、对卤温不敏感、不受季节影响、电耗低、设备简单、易操作、投资小等优点，但因其工艺路线长，对树脂的抗物理的破裂、化学的降解及溶解性能要求较高，且该法蒸汽消耗量大，在酸性介质中间歇操作（即再生操作），洗脱时树脂易碎，所以离子交换树脂法较难大规模工业化应用。

④ 溶剂萃取法

溶剂萃取法是根据溴素在有机溶剂中的溶解度比在水中的大，将氧化后卤水与有机溶剂混合，溴素进入有机溶剂与水分离而得到富集。溶剂萃取法具有设备小、投资少、操作简单灵活的优点，但较难找到性能优良、毒性较小、来源广泛、价格合理且能循环使用的萃取剂，萃取剂随卤水损失严重，增加提溴成本且对环境造成污染，因此未工业化生产。

⑤ 沉淀法

沉淀法是将卤水中溴离子氧化为溴分子后加芳香族有机化合物，如苯胺、苯酚等，与溴化合生成难溶于水的三溴苯胺和三溴苯酚沉淀，将沉淀过滤与卤水分离。将沉淀再做分解，制出溴和溴化物。沉淀法回收苯胺、苯酚的工艺复杂，成本高，不适合规模化的工业生产[②]。

⑥ 无机离子交换法

无机离子交换法指选择一种高效的溴离子富集剂，直接从海水中提溴，省去酸化、氧化的过程。通过吸附反应，吸附剂与原料中的溴离子生成溴化物，通过氯气氧化之后，即可吸出溴并同时使吸附剂再生。与有机树脂相比，无机吸附剂具有消耗材料少、能耗小、抗氧化性强、耐热性高、使用寿命长等特点，但成本较高、吸附剂制备工艺难等原因限制其工业化应用。

⑦ 膜分离法

膜分离是 20 世纪 60 年代以反渗透膜的出现为标志并逐渐走向产业化的一种提溴方法。相比于传统方法，膜分离法不涉及相变、能耗低、装置简单、容易自动控制，设备投资少，是目前的研究热点。膜分离法主要有气膜法、液膜法两种。气膜法提溴技术是利用疏水性膜两侧的溴素浓度差作为膜间传质动力，使溴从膜一侧的原料液扩散到另一侧的吸收液中，并在吸收液中发生不可逆化学反应而不断富集[③]。广泛研究的气膜主要有聚丙烯平板膜、聚四氟乙烯

---

① 李秋霞，刘新锋，等．溴素资源提取技术研究进展［J］．广州化工，2014，42（21）：25.

② 张琳娜，刘有智，焦纬洲，等．卤水提溴技术的发展与研究现状［J］．盐湖研究．2009（3）：68－72.

③ 王国强，张淑芬，刘风林．BSF-Ⅱ型平面气态膜法海水提溴工艺的膜寿命考察［J］．水处理技术，1988，14（6）：339－343.

平板膜和聚偏氟乙烯（PVDF），气膜法也经不断改进，出现了直接接触式膜吸收法（DCMA）、减压膜吸收法（VMA）和鼓气膜吸收法（ABMA）。该法适用于从水溶液中分离和提取某些挥发性的物质，具有工艺简单、高效节能、选择性好等特点。液膜法与气膜法原理类似，利用两种液体相间形成的界面将两种组成不同又相互混溶的液体隔开，经选择性渗透后，使溴从低浓度向高浓度迁移，达到溴的富集提取[①]。该法具有高效、低污染等优点，同时没有气膜法对膜疏水性要求高、存在渗透蒸馏过程导致损失的缺点，尤其适用于溶液中含有特定离子或有机物的分离。但是该法目前仍处于实验室研究阶段，尚未达到规模化工业生产的要求。

（3）国内外海水提溴的发展现状

溴素是第一个直接从海水中发现并成功分离提取的元素。1825 年，法国青年化学家 Balard 首次从浓缩海水中发现并提取出溴元素[②]。美国是海水提溴大国，在 1939—1945 年，美国就建立了世界上最大的海水提溴工厂，当时该工厂生产的溴几乎占了世界海水提溴总量的 2/3。从 20 世纪 70 年代起，美国全部以天然卤水为原料提溴，以色列以死海海水为原料提溴，英、法、日等国主要以海水为原料提溴[③]。时至今天，海水提溴作为盐卤工业的重要分支，已经有半个多世纪的历史，并取得了相当大的进展。目前，以空气吹出法和水蒸气蒸馏法为代表的传统的提溴技术更加完善，以离子交换树脂和膜分离法为代表的新的提溴方法也在不断发展壮大。全世界利用的溴有 80% 从海洋中提取，基本上均采用由美国 DOW 化学公司开发的空气吹出法。海水提溴主要集中在美国、俄罗斯、以色列、英国、法国和日本等国，其中，美国产量占全世界产量一半以上。

我国溴素的产能占世界的 19%，约为 16 万吨/年，主要来源于山东省的地下卤水溴资源，但远不能满足我国经济高速发展对溴素的需求，每年仍需从国外进口大量溴素及溴化工产品。随着近年来的高强度开发，地下卤水含溴品位急剧下降，将无法保证我国溴素及相关产业的可持续发展，因此，直接开发海水中溴素资源已势在必行。我国对海水提溴技术的研究和开发始于 60 年代中期，1968 年采用空气吹出法从海水直接提溴取得试验成功以后，在青岛、连云港、北海等地相继建立了年产百吨级的海水提溴工厂进行试生产。我国在

① 汪华明，徐文斌，沈江南. 乳状液膜法提取浓海水中溴的研究 [J]. 浙江化工，2010，41（9）：20-23.

② 王和锋，孙婷，黄根华. 海水提溴技术的研究进展 [J]. 中国新技术新产品，2009（5）：2.

③ 林源，王浩宇，等. 海水提溴技术的发展与研究现状 [J]. 无机盐工业，2012，44（9）：5.

20 世纪 80 年代新建的溴素厂基本均采用空气吹出法[①]。目前，空气吹出法在我国已实现产业化放大，形成百吨级示范工程。此外，由于海水的溴浓度较低，采用空气吹出法直接从海水提溴则存在着吹出塔设备庞大、电耗高等问题，为此，近年来国内相继提出了一些新的提溴工艺方法，以期取代空气吹出法。其中，国家海洋局天津海水淡化与综合利用研究所承担的"十五"气态膜法海水（卤水）提溴关键技术取得重大突破，形成了"气态膜法海水卤水提溴节能环保新技术"，建成百吨级示范工程，为启动千吨级示范工程奠定了坚实的技术基础[②]，展示出良好的工业化前景。和空气吹出法提溴相比，气态膜法提溴耦合了吹出和吸收过程，依靠膜两侧溴蒸气分压实现分离，在经济技术上有更好的潜在优势。近年来，伴随着海水淡化产业的飞速发展，利用淡化后的浓海水提溴也取得一定进展。河北新岛化工有限公司在曹妃甸建了 1 000 吨/年浓海水提溴示范工程，该项目采用沸石离子筛法提钾后贫钾浓海水为原料。2014 年，天津长芦汉沽盐场新建两套 700 立方米/年浓海水提溴装置，汉沽盐场浓海水提溴生产能力达到 6 000 立方米/年。

7.4.2.5　海水提铀

（1）铀元素简介

铀（英文名称 Uranium，元素符号 U）是一种银白色金属，是自然界中能够找到的最重元素。铀在自然界中存在三种同位素，均带有放射性，拥有非常长的半衰期（数亿年～数十亿年），此外还有 12 种人工同位素（铀-226～铀-240）。铀是高能量的核燃料，铀的能量是通过核裂变后释放出来的，它释放的能量在目前所大量使用的燃料中（如煤、石油、天然气等）没有任何一种可与之相比，1 千克铀可供利用的能量相当于 2 250 吨优质煤，也相当于 20 多万人一天的劳动量。可以说，铀是现代工业、国防及国民经济中最有价值的核能元素。铀是钢铁工业、医疗、农业、玻璃搪瓷工业以及地质采矿工程等领域不可缺少的一种放射性材料。铀在原子能发电和用作舰艇、飞机动力等方面有广泛的用途，是一种高效清洁安全的能源。铀在军事工业方面的用途尤为重要，是制造原子弹、导弹、航空炸弹、鱼雷、航母和潜艇等的重要动力，是不可缺少的高效能源，也是破坏力巨大的原子武器。

陆地上铀的富矿极少，现已探明的具有开采价值的铀工业储量仅 200×10^4 吨左右，加上已知的低品位铀矿和其副产铀矿资源总量不超过 400×10^4 吨。铀矿只分布在世界上少数几个国家和地区，主要是俄罗斯、美国、加拿

---

① 张力军，王薇，王修林．溴素生产技术及溴系列产品的开发 [J]．海洋科学，1998（5）：20-22.

② 周洪军．我国海水利用业发展现状与问题研究 [J]．海洋信息，2009（4）：21.

大、澳大利亚、南非和中国，这些国家陆地上有开采价值的铀矿储量总共只有 100 万吨左右。虽然海水中含铀的平均浓度仅 3.3 微克/升，但海水中的铀总量巨大，在海洋溶存的金属元素中，其丰度位居第 15 位，其总储量高达 45×10^8 吨，相当于陆地总含量的 1 000 倍。因此，海水被称为"核燃料仓库"。海洋中铀的来源可归结为降雨、河川流入、尘埃以及大洋底部的岩石风化等几个方面。核能作为新型能源，目前在技术上已日臻完善。世界上已有数百个核电站在运转，核能正步入国际常规能源之列。目前，全球核电站所使用的核燃料基本来源于对陆地上天然铀矿的开采。随着世界核电事业的迅速发展，对核燃料铀的需求与日俱增，陆地铀资源的储量远远不能满足要求，从海水中提铀日渐成为世界各国关注的目标，特别是对一些贫铀及能源贫乏的沿海国家和地区，如日本、英国和德国等都想方设法从海水中提铀。

（2）海水提铀的主要方法

海水提铀的方法主要有吸附法、离子交换法、溶剂萃取法、起泡分离法、生物法富集法等。

① 吸附法

吸附法是选择一种合适的吸附剂放到海水里，将海水中的铀吸附到吸附剂表面，然后将铀通过特殊的方法洗下来，以达到浓缩提取的目的。吸附法由吸附、脱附、浓缩、分离等工序组成。吸附剂一般可分两类[①]：即以肟胺基化合物螯合吸附剂为代表的有机类和以水合氧化钛（HTO）络合吸附剂为代表的无机类。有机类吸附剂有膦酸系列、氨基磷酸系列、肟胺基化合物、4 个苯环或 6 个苯环的有机环状化合物系列。无机类吸附剂一般是碱土族金属元素或跃迁金属元素的化合物。其中 HTO 在海水中吸附铀的性能较好，且稳定性好、吸附量大、吸附速度快，以及制备、回收、洗脱都较容易，因此该类吸附剂是无机吸附剂中最有前途的吸附剂。吸附法是目前研究海水提铀的主流方法之一。当前吸附法海水提铀的关键之一是要研制高性能的吸附剂——即吸附效率高、易洗脱、抗腐蚀、长寿命、可重复利用、廉价且可大批量生产的吸附材料。此外，用吸附剂在海水中提铀，一般要求吸附剂能与大量海水有良好的接触，吸附装置与工程的实施也是实现海水提铀工业化生产的关键。目前对这方面的研究集中在：如何使吸附剂能与海水高效接触，目前主要有球状、膜状、中空纤维等形式增加比表面积；如何直接利用自然能（如波浪能、海浪、潮汐能等能量）来吸附提取海水中的铀。比较著名的吸附剂与海水接触的方案有：泵柱式——即把吸附剂装进吸附柱中，以泵为动力通入海水，使海水与吸附剂

---

① 陆春海，倪师军，等．利用吸附法从水中提铀的技术及其研究进展［J］．矿物学报，2011 （S1）：273.

接触；海流式——即把吸附剂置放在有海流的地方，借助海流自然流经吸附床而使吸附剂与海水接触；潮汐式——即在临近海边处修筑两道堤坝构成一个大池子，在池子中添加铀的吸附剂材料，利用涨潮与退潮时的落差，使不断更换的海水顺利地通过坝内的吸附床。

② 离子交换法

离子交换法即在一定的 pH 下，用阴（阳）离子交换树脂，如用强碱性阴离子交换树脂，从溶液（海水）中提取微量的铀。

③ 溶剂萃取法

这是早期探索过的一种海水提铀方法，是以磷酸二丁酯作为萃取剂，以煤油作稀释剂，在旋转的圆形柱中与预经酸化的海水进行接触、萃取。但由于溶剂的大量溶失及雾沫状的夹带损耗，这种方法在经济上无效益。

④ 起泡分离法

起泡分离法指采用能与海水中的铀发生化学作用的物质产生气泡，将气泡注入海水中，海水中的铀就被气泡吸附，富集在气泡上，再把气泡与海水分离，并收集富铀气泡，从中提取铀。试验表明，采用磷酸酯作起泡剂，铀的提取率达 80%～90%。这种方法的缺点是需要外加捕集剂和用动力鼓泡，因此，目前还限于实验室范围内，在工程上很难实现。

⑤ 生物法富集法

在海洋中有一些藻类富集铀的能力很强，生物富集法是把经过筛选和专门培养的海藻放在海水中进行富集铀的方法。如德国科学家培育了一种特殊的海藻，经 X-射线处理后，铀就可以不断地富集于藻体中，富集铀后的浓度比天然海水高四千多倍，这样，将吸收了铀的海藻用燃烧及发酵的方法把铀提取出来、加以精炼，就可得到元素铀。该法具有选择性好、获得容易、价格便宜、使用方便、没有废物等优点，很有发展前途，在工程上是可以实现的。

（3）国内外海水提铀的发展现状

英国是世界上研究和开发海水提铀技术最早的国家，1945 年末，英国就从事这项工作，先后提出了用离子交换树脂及吸附法从海水中提铀方案，这些都是在实验室内进行的研究。日本的海水提铀研究水平最高，早在 20 世纪 60 年代，陆地铀资源极其贫乏的日本就开始了海水提铀的研究，并在海水提铀半工业化方面走在了世界的前列。20 世纪 80 年代，日本建立了海水提铀工厂，其后以偕胺肟型功能高分子为吸附材料进行了多次海试实验，成功从大海中提取出 1 千克铀并制成黄饼，向世界宣布掌握海水提铀工程化技术的同时，也证明了从海水中大量提铀的可行性。目前，日本对海水提铀的研究已从基础研究向工程化技术转化，在材料制备、材料定型、提铀形式、提铀装置设计方面积累了大量经验。继日本后，美国、法国、瑞典、德国等发达国家都纷纷加入到海水提铀的研究和试验中。美国在 20 世纪 60～70 年代也曾开展过海水提铀的研究，考虑到提铀成本问题，有关海水提铀的研究似乎处于停顿状态。美国能源局从 2011 年开始意识到海水提铀的重要性，以橡树岭国家实验室牵头联合多个国家实验室和高校，在全美设立了近 20 个项目和研究场所重点发展海水提铀项目，在基础研究领域取得了一定进展[1]，这个团队发明了一种新型吸附剂，能让海水提铀的成本缩减为原来的 1/3～1/4。然而，针对海水中提取铀工程而言，既十分庞大又极其复杂。截至 2014 年，仅日本、印度、中国、美国对海水提铀工程化技术进行了系统研究。面临的技术难题和高昂的成本一直是阻挡在海水提铀面前的巨大障碍，到目前为止，世界上还没有一个国家能够成功研究出具备商业性的海水提铀技术[2]。目前迫切需要开发出处理能力更为强大、更高吸附效率的提取系统来进一步降低海水提铀的成本[3]。

我国关于海水提铀的研究相对于国外起步较晚，但是随着国家对未来能源发展的定位以及对海洋资源开发的重点部署，海水提铀作为一项具有重要意义的技术研究项目在国内开始备受关注。从 20 世纪 70 年代开始，中国科学院海洋研究所、山东海洋学院等单位在核工业部、国家海洋局资助和支持下，对海水中的铀提取进行了一系列的研究工作，先后筛选和研制出多种类型的几百种吸附剂，有高分子材料、碳基材料、硅酸盐材料等，并应用到实际，从天然海水中提取得到了铀[4]。目前，国内从事海水提铀的研究机构主要有中国海洋大学、中国工程物理研究院、中国科学院上海应用物理研究所和核工业北京化工冶金研究院等，现阶段研究的重点均集中在新型吸附剂的研发方面[5]。尽管近年来我国在海水提铀方面研究取得了一些成果，但总体而言，在海水提铀应用研究方面才刚刚起步。基于铀的稀缺性和战略价值以及铀矿产资源的有限性，从海水中提取铀作为传统矿石类铀资源的补充或替代，对于支撑我国核事业的快速发展具有重要意义，今后还需进一步加强研发力度。

7.4.2.6　海水提锂

（1）锂元素简介

锂（英文名称 Lithium，元素符号 Li）是一种银白色的碱金属元素，质软，容易受到氧化而变暗，是所有金属元素中最轻的。与其他碱金属相比，锂的压缩性最小，硬度最大，熔点最高，被公认为推动世界进步的能源金属。锂

　① 熊洁，文君，等 . 中国海水提铀研究进展 [J]. 核化学与放射化学，2015，37（5）：258.
　② 陈戏三，何琳，戴波 . 海水提铀的先进材料与试验装置的研究进展 [J]. 科技创新导报，2017（8）：83.
　③ 宗鹏飞 . 吸附法从海水中提取铀的试验装置研究进展 [J]. 科技创新导报，2015（23）：29.
　④ 张慧 . 探索海水提铀 [J]. 能源，2013（8）：97.
　⑤ 陈树森，任宇，等 . 原子能科学技术 [J]. 能源，2015，49（3）：418-420.

及其盐类是国民经济和国防建设中具有重要意义的战略物资，也是与人们生活息息相关的新型绿色能源材料。目前，锂广泛应用于电池、陶瓷、玻璃、润滑剂、制冷液、核工业以及光电等行业。因用锂作阳极的电池具有很高的能量密度，且锂电池还具有质量轻、体积小、寿命长、性能好、无污染等优点，故近年来，锂在电池领域的应用增长最快，已经从 1997 年的 7% 上升到 2013 年的 35%，电池领域已经成为全球锂的最大消费领域。目前锂电池已经被广泛应用到笔记本电脑、手机、数码相机、小型电子器材、航天、机电以及军事通信等领域，随着电动汽车技术的不断成熟，锂电池也将被广泛应用到汽车行业。在玻璃行业中，用锂精矿或锂化物制造玻璃时有较大的助熔作用，且能降低玻璃热膨胀的系数，含锂的玻璃被广泛用到化学、电子学、光学和现代科学技术部门，甚至也用在日常生活用品中。在陶瓷行业中，利用锂辉石制成的低热膨胀陶瓷及低热膨胀釉料被广泛应用到微波炉内的托盘、电磁灶面板、汽轮机叶片、火花塞、低热膨胀系数泡沫陶瓷以及轻质陶瓷等中。锂主要以硬脂酸锂的形式用做润滑脂的增稠剂，锂基润滑脂抗氧、耐压、润滑性能好，因而被应用到飞机、坦克、火车、汽车、冶金、石油化工、无线电探测等设备上。在冶金行业方面，锂是铍、镁、铝轻质合金的重要成分，锂镁合金被誉为"明天的宇航合金"，被广泛应用到航空航天、国防军工等领域。锂也是有效的脱气剂，将锂加入熔融的金属或合金中，锂就会与金属或合金中诸如氢、氧、硫、氮等气体发生反应生成密度小而熔点低的化合物。金属锂在核聚变或核裂变反应堆中可用作冷却剂，将质量数为 6 的同位素（$_6Li$）放于原子反应堆中，用中子照射可以得到氚，氚能用来进行热核反应，有着重要的用途。此外，锂及其化合物常当作高能燃料用于火箭、飞机或潜艇上；锂还能制造"锂盐肥料"，防治西红柿腐烂和小麦锈穗病；正丁基锂还用作合成苯乙烯、丁二烯醇的引发剂，广泛应用于耐高温和低温的橡胶密封材料和橡胶轮胎。

锂虽然号称"稀有金属"，但它在在自然界中的丰度较大，居第 27 位，在地壳中的含量约为 0.006 5%。已知含锂的矿物有 150 多种，主要以锂辉石、锂云母、透锂长石、磷铝石矿等形式存在，主要分布在利维亚、智利、阿根廷、美国和中国。世界上陆地锂资源（主要为矿石锂资源和盐湖资源）总量约为 1 700×10⁴ 吨（折合成金属锂）[①]，但目前世界锂产品年消耗量约为 30 万吨，且以每年 7%～11% 的速度持续增长[②]，陆地锂资源储量远远不能满足锂的远景市场需要。相比之下，海水中的锂资源非常丰富，海水中含锂 15～20

---

① 王高尚. 盐湖提锂技术发展对全球锂矿业的影响 [J]. 资源产业，2001 (5)：37-38.
② 袁俊生，纪志永，陈建新. 海水化学资源利用技术的进展 [J]. 化学工业与工程，2010，27 (2)：110-116.

毫克/升，总量约为 $2\,600\times10^8$ 吨。因此，近年来国内外科研工作者积极探索海水提锂的技术，并取得了一定的进展。

（2）海水提锂的主要方法

海水提锂的方法主要有溶剂萃取法和吸附法。

① 溶剂萃取法

溶剂萃取法即利用有机溶剂从海水中提取锂元素。当前，国内外研究者开发的锂萃取体系主要包括：磷酸酯、脂肪醇、短链酮、大环聚醚配位、混合离子等萃取体系。其中，大环冠醚类萃取剂是通过锂同与其半径相仿的冠醚环配位络合而实现对锂的萃取分离。值得关注的是，在萃取体系中加入协萃剂，如磷酸三丁酯（TBP）等，有利于提高对锂的选择性和适用范围，从而提升提锂能力。溶剂萃取法是从 20 世纪 60 年代发展起来的，凭借其提锂纯度高、工艺简单等优点成为 20 世纪 70 至 90 年代卤水提锂研究的热点。但是，萃取过程中卤水需浓缩、有机溶剂挥发性强，成本高、污染严重是其主要缺陷，故该法应用于海水体系提锂仅限于试验研究阶段，尚无工业应用报道，寻找新的高效低毒的萃取剂是萃取法产业化的关键。

② 吸附法

吸附法是对锂进行选择性吸附的一种方法，能够有选择性地从多种离子共存的料液中吸附提取锂，再经过脱附过程最终实现对锂的分离和富集，主要包括吸附、解吸、浓缩和分离四个步骤。该法具有工艺简单易行、选择性能高、造成污染少等优点，因此被认为是最有前途的海水提锂方法。利用该法实现海水提锂的产业化关键是要寻求吸附选择性好、稳定性高、循环利用率高和制备成本低的吸附剂。吸附剂按照其性质可划分为有机系和无机系两大类。有机系吸附剂一般为有机离子交接树脂，因其制备成本相对较高，使用过程中对设备的腐蚀较严重，因此不利于大规模生产应用。无机系离子交换吸附剂对锂有较高的选择性，国内外研究较多的包括离子筛型氧化物吸附剂、无定型氢氧化物吸附剂、锑酸盐吸附剂、铝盐吸附剂及层状吸附剂等。近年来，国内外对于提锂用离子筛型吸附剂研究最多的是偏钛酸锂离子筛、锂锰氧化物离子筛及复合型锂离子筛。目前，锰氧化物离子筛是综合性能最好的，也是最具工业化应用前景的吸附剂。

（3）国内外海水提锂的发展现状

海水锂资源的开发提取很早就受到了日本、美国、俄罗斯等世界发达国家的高度重视，并获得了一些进展。其中，日本在该领域的研究最为领先。日本自 20 世纪 80 年代就开始持续研究海水提锂技术[①]，并且已研制出吸附法海水

---

① 刘骆峰 . 海水利用浓缩液中锂的资源化利用研究 ［D］. 天津：天津大学，2015.

提锂流程方案和装置，进行了大规模的海水提锂中试试验研究。1992 年，日本四国工业技术研究所成功完成了从海水中提锂的试验，其通过使用粒状二氧化锰吸附剂替代粉状吸附剂，有效提高了锂的吸附率，最终提取了 450 克 Li_2CO_3[①]。此外，日本研究者还开展了流动床海水提锂的试验研究[②]，将粒径为 1 毫米的锰氧化物吸附剂填充到流动床吸附柱中进行提锂试验，吸附剂的吸附容量为 14 毫克/克，平衡吸附量达 80％；提出了船舶海水提锂工艺，并申请了专利[③]；日本行政法人财团海洋资源与环境研究所以 PVC 作胶联剂，$Li_{1.33}Mn_{1.67}O_4$ 作吸附剂拉制成膜，进行了膜法海水提锂工艺试验[④]；日本的佐贺大学海洋能源研究中心成功从 $1.4×10^5$ 升海水中提取了约 30 克 LiCl，于 2003 年建造完成了相关海水提锂设备，于 2004 年采用伊万里湾的海水连续吸锂 30 天，成功提取制备了纯度约 90％的 LiCl；日本北九州市立大学用二氧化锰型吸附剂 $Li_xMn_2O_4$，再经造粒后开展了海水提锂千克级扩试研究。此外，韩国近年来在海水提锂方面也取得了一定突破。韩国地质资源研究院利用高性能吸附剂建成了用于海水提锂的分离膜储存器系统，基体吸附剂的单位吸锂量可达 45 毫克/克，且可无限制地反复使用。2010 年 2 月，韩国国土海洋部和浦项制铁集团各投入 150 亿韩元，与韩国地质资源研究院联手推进从海水中提取锂资源的商用化技术开发项目，并建立一家年产 2 万～10 万吨碳酸锂的工厂[⑤]。

　　国内的海水提锂研究刚刚起步，但也取得了一些进展。如 2004 年，台湾"工研院"的科研人员使用自主研制的吸附剂对海水中的锂进行吸附，成功从海水中提取并制备了 Li_2CO_3[⑥]。此外，在河北省科学技术厅的资助下，依托河北工业大学已有研究基础[⑦⑧⑨]，我国一些科研人员正在实施浓海水提锂新技术

①　刘亦凡，大井健太．离子记忆无机离子交换体 [J]．离子交换与吸附，1994：264-269.

②　蔡邦肖．日本的海水化学资源提取技术研究 [J]．东海海洋，2000，18 (4)：54.

③　Hidekazu K, Masami M, Kiyoto O, et al. Apparatus for Extracting Lithium in Seawater：JP, 088420 [P]．2002.

④　Umeno A, Miyai Y, Takagi N, et al. Preparation and adsorptive properties of membrane-Type adsorbents for lithium recovery from seawater [J]．Industrial & Engineering Chemistry Research，2002，41 (17)：4281-4287.

⑤　刘骆峰．海水利用浓缩液中锂的资源化利用研究 [D]．天津：天津大学，2015.

⑥　张怡隆，江玉琳，许哲源．从卤水或海水生产锂浓缩液的方法：中国，N02143092 [P]．2002.

⑦　纪志永，袁俊生，李鑫钢．锂离子筛的制备及其交换性能研究 [J]．离子交换与吸附，2006，22 (4)：323-329.

⑧　Ji Zhiyong, Yuan Junsheng, Xie Yinghui. Synthesis of lithium ion-sieve with fractional steps [J]．Advanced Materials Research，2010 (96)：233-236.

⑨　袁俊生，周俊奇，纪志永．尖晶石型 $LiMn_2O_4$ 酸洗提锂机理研究 [J]．功能材料，2012，43 (21)：47-51.

开发及中试线建设工作。虽然我国许多科研单位开展了锂离子筛的研制工作，在锂吸附量方面已接近国际先进水平，但与发达国家的研究水平还差距较大，今后应注重离子筛在海水提锂中的应用研究，以尽快发展海水提锂技术，为实现海水提锂工业化奠定基础。

7.4.2.7 海水提碘

（1）碘元素简介

碘（英文名称 Iodine，元素符号 I）是一种卤族化学元素，它是一种有金属光泽的灰黑色或蓝黑色的片状结晶或块状物。在所有天然存在的卤族元素中，碘最稀缺，属于痕量级元素。碘在地壳中的含量为十万分之三，主要矿物为碘酸钠和碘酸钙，还以碘化物的形式存在于海水、海藻和人体的甲状腺中。碘对动植物的生命极其重要，海水里的碘化物和碘酸盐进入大多数海洋生物的新陈代谢中，在高级哺乳动物中，碘以碘化氨基酸的形式集中在甲状腺内，缺乏碘会引起甲状腺肿大。碘不但是食物中缺少的人体必需微量元素，也是工业、农业和医药保健等方面的重要物资，同时碘还是人工降水、火箭燃料、冶金工业和高效农药制造、放射性探测等领域不可缺少的元素。在工业上，碘用于合成燃料、烟雾灭火剂、照相感光乳剂、切削油乳剂的抑菌剂等，用于制造电子仪器的单晶棱镜、光学仪器的偏光镜，能透过红外线的玻璃、皮革及特种肥皂等。在医药方面，碘有强大的杀菌作用，可配制成含碘的酒精溶液——碘酊（碘酒）作消毒剂；以碘为主要原料制成的片剂，如碘喉片、华素片等可用来治疗咽炎、喉炎、口腔炎症、甲亢等症状；胺碘酮具有抗心律失常和抗心绞痛作用；含碘的药剂在 CT 检测造影技术中被广泛应用，如鼻咽部碘化油造影技术、胰腺疾病用碘造影技术诊断等；放射性同位素碘 131 用于放射性治疗和放射性示踪技术。碘酸钠作为食品添加剂补充碘摄入量不足，碘盐作为人体健康的重要食品，已经在全国推广应用。在有机合成反应中，碘是良好的催化剂，如可用碘催化合成氮杂环丙烷。此外，碘还可作为示踪剂进行系统的监测，如用于地热系统监测；碘化银除用作照相底片的感光剂外，还可作人工降雨时造云的晶种；碘酸钾盐可作为动物饮料添加剂；碘还用作防腐剂。

在自然界中，碘主要呈分散状态存在，主要存在于海水、碘矿、地下卤水和油田卤水中，某些海藻可以从周围环境中富集碘。全球碘资源仅集中在日本、智利等少数国家，而我国碘资源仅占全球的 0.05%[①]。海洋是巨大的潜在碘源，碘在海水中的含量达 800×10^8 吨，但海水中碘的平均含量仅为 0.05 毫克/千克，这意味着，要从海水中提得 1 吨碘，理论上要至少处理 $2\,000\times10^4$ 吨海水。可见，海水提碘不易，因此发展海水提碘技术成为世界各国科技人员

---

① 黄尧，吴代赦. 碘的提取、回收方法及其研究进展 [J]. 现代化工，2016，36（1）：37.

的攻关课题。

(2) 海水提碘的主要方法

海水提碘技术主要采用空气吹出法和离子交换树脂法，而活性炭吸附法和碘化铜沉淀法已经被淘汰。从海洋生物提碘，目前可以从海带的浸泡液中提取。至于直接从海水提碘，目前尚未找到可行的富集方法。

① 空气吹出法

空气吹出法包括酸化、氧化、吹出、吸附和精制 5 个步骤，其工艺原理与空气吹出法制溴相同。含有单质碘的原料液从吹出塔的顶部喷下，从塔的底部吹入空气使之与原料液逆流接触，含碘空气经吸收塔吸收、还原并富集。空气吹出法是制碘的最主要方法，应用广泛。

② 离子交换树脂法

离子交换树脂法是由酸化、氧化、吸附、解吸和精制组成。其中，吸附是将含碘卤水通过树脂被吸附，然后以焦亚硫酸钠或其他洗脱剂淋洗解吸。在该法中，树脂的选型较为重要。在工业提取碘的过程中，常选用对多碘离子 (I_3^-) 有着很强交换吸附性能、耐碱耐热、化学性质稳定的强碱性阴离子树脂装柱。由于该法具有能耗低、回收率高、设备投资少等优点，所以在制碘工业中逐步占有优势。

(3) 国内外海水提碘的发展现状

海洋是自然界中最大的"碘库"，国外自 20 世纪 60 年代开始海水直接提碘的研究，尝试过许多不同的直接从海水中提取碘的方法。20 世纪 60 年代先后应用强阴离子交换树脂、十六烷基吡啶作为碘盐的吸附剂，70 年代开始探索将海水酸化然后再进行氧化或电解氧化的方法。但所有这些研究工作，或是由于富集效果太差，或是仅适用于人工配置的碘化钾溶液，或是属于将海水装入反应器进行化学加工、处理的方案，因而不适于海水中的痕量碘的提取。目前，工业化制碘主要利用对碘有较强富集能力的海藻等海洋生物（如海带、马尾藻等）作为碘源，从海水中直接提取碘尚处于科学攻关阶段，直接以海水为原料提取碘目前还不具备商业价值，未实现工业化。

我国传统的碘生产一般是从海藻中提取，将海藻浸泡，取浸泡水净化，再用盐酸或硫酸酸化，用次氯酸钠氧化离子碘为分子碘，再用树脂吸附，吸附后用亚硫酸钠将碘还原为碘离子并洗下来，在酸性条件下用氯酸钾氧化成分子碘[①]。这属于间接利用海水碘资源，大多采用离子交换技术。但海藻的数量是有限的，人类对碘的大量需求仅依赖海藻提取是不够的。若能直接从海水中提出碘来，那才是根本的解决碘资源不足的办法。为此，我国已经进行了许多研

---

① 张红映，雷学联．中国碘资源和碘化工生产与消费 [J]．磷肥与复肥，2011，26 (2)：76.

究，如开展新型吸附剂的筛选和研制、工艺流程的改进工作等，并取得了可喜的成果。我国在 1975 年前后开展海水中碘含量、存在形式和碘提取的研究，重点是海水提碘研究，共筛选了 40 余种富集剂。1977 年，青岛海洋大学研制成功 JA-2 号吸附剂，直接用于海水中富集碘和溴，富集效果良好，该技术在天然海水中吸附碘的能力为海带的 4 倍，吸附时间是成熟期海带的 1/20，且操作方便、工艺简单，对实现海水提碘的工业化有重要意义[①]。此外，在晒盐、海水淡化及海水综合利用所流出卤水中，含碘量也很高，也可作为提碘原料加以利用。相信经过科学家们的不懈努力，从海水中提碘的工业规模生产终将实现。

---

① 孙玉善，赵鸿本，等.海洋资源的化学——用于海水直接提碘的一种无机吸着剂 [J].海洋学报，1981，3（4）：563-569.

8 海底矿产与现代生活

8.1 海底矿产——沉淀千万年的深海珍宝

8.1.1 日益枯竭的矿产资源

矿产资源是经由几千或是几亿年的地质变化而形成的自然资源。其种类多达 160 余种，主要分为四大类：能源矿产、水气矿产、金属和非金属矿产。我们比较熟知的能源矿产有煤、石油等；金属矿产有铁、铜等；非金属矿产包括金刚石、石灰岩、黏土等；水气矿产有地下水、矿泉水等。矿产资源与人类生活息息相关，被认为是支撑人类生存和发展的重要基础物质之一。随着世界经济和社会的快速发展、全球人口不断增多以及生活水平日益改善，人类对矿产资源的需求与日俱增，但是矿产资源属于不可再生资源，储量有限，难以满足社会高速发展对其不断增长的需求。矿产资源供求矛盾日渐严峻，世界各国都面临着严重的矿产资源短缺压力。

以我们最常见的石油和天然气为例。石油是我们生存和发展不可缺少的一类重要矿产资源。说起石油，大多数人会联想到汽车、飞机、轮船等交通工具的燃油。其实，石油也是生活用品的重要原料，我们身边的无数生活用品都是用石油直接或间接生产出来的。可以毫不夸张地说，我们生活在石油的包围圈里。几乎所有的塑料制品都是石油产品；我们从衣服标签看到的涤纶、腈纶、锦纶等面料都是由石油生产的合成纤维；生活中随处可见的鞋子、体育用具、轮胎、电线电缆等物品都能找到以石油为主要原料制成的合成橡胶的身影；石油不仅用来制造化肥、杀虫剂等，很多食物的保鲜、染色以及调味都有石油产品的参与；石油精炼或合成出来的油、石蜡、香精、染料等，都可用来制作化妆品；制药也与石油密不可分，先不说包装使用的塑料等间接耗材，就连药品本身也依赖石油，许多药都从是从石油里制取的化学成分衍生而来，另外假肢、人造器官以及医用 X 光片及其处理溶液等也使用了石油制品。可见，石油对我们现代的生产生活都极其重要，时至今天，我们已经无法离开石油了。假如石油枯竭，我们怎样面对未来的世界呢？有一部名叫《油断》的日本小说，描述了由于战争日本失去石油来源的景象，在日本引起极大轰动，唤醒了群众的石油忧患意识。其实，目前全球石油资源短缺的形势已然非常不乐观。

2016 年全球探明的石油储量是 22 546 052.5 万吨，产量是 39 亿吨①，储采比高达 57.6%。按照全球每天需消耗石油 7 100 万桶来计算，每年需要 2 591 500万桶，按照 7 桶为 1 吨进行换算，全球每年需要消耗 37 亿吨石油。如此来看，全球石油储量最多还能开采 61 年。尽管每年也会发现新的储油田，但是面对全球如此大的石油消耗量也只是杯水车薪。也许在我们这一代或者下一代就会看到陆上石油资源枯竭的一天，这绝对不是危言耸听。石油枯竭态势同样威胁着我国，比如，甘肃玉门是我国石油的发祥地，玉门油田也被称作"中国石油工业的摇篮"。这个哺育了 20 世纪中后期我国石油工业的城市，随着玉门油田的枯竭如今已变为一座空城，2009 年，市区人口不足 3 万。世界各地诸如此类的矿产资源枯竭型城市还有很多，它们一直在默默地提醒着我们矿产资源枯竭的步伐正一步步朝我们逼近。

天然气与石油出自同根，但天然气对环境的破坏较小，已经成为全世界使用的重要能源资源。当下，天然气已是重要的民用和工业用燃料。随着社会发展，天然气走进千家万户，成为人类生活的主要燃料，为家庭做饭、烧水等日常生活提供热能。同时，天然气可以代替石油成为汽车燃料，很多汽车现在改用天然气，它的价格相对低廉而且符合低碳出行的理念。对工业而言，天然气代替煤炭用于工业采暖和生产锅炉等，是重要的热力供给来源。随着天然气使用范围的日益扩大，需求持续增长，天然气已经成为支撑社会发展的基础性矿产资源。同石油一样，天然气也不是用之不竭，取之不尽的。据统计，2015年已探明的全球天然气总储量是 196.7 万亿方，全年消费量是 3.47 万亿方，按照此消耗量计算，陆上天然气存储量还可开采 57 年。巴基斯坦部长在 2013 年就曾表示："巴基斯坦对天然气的开发已有近 50 年的经验，现在很大一部分生产都依赖与天然气，天然气已经有枯竭的趋势"。由于环境压力，天然气替代了大部分煤炭的使用，但是目前尚未发现天然气的替代品，也就是说如果天然气资源枯竭，我们将没有别的选择。

矿产资源并非用之不尽，取之不竭的，除了石油与天然气之外，还有很多矿产资源的储量都不容乐观。尤其是一些稀有矿产资源，它们的储量本来就不多，随着人类的开采变得越来越稀缺。由于矿产资源与人类生活与社会发展密切相关，矿产资源的日益枯竭在全球范围内受到极大的重视，积极寻找其他替代资源，建设低碳环保、资源节约型社会已经成为全球国家的首要发展宗旨。

---

①②　2016 年全球石油产量保持 39 亿吨［EB/OL］．http：//center.cnpc.com.cn/bk/ system/ 2017/01/11 /001629570. shtml，2017－01－11.

8.1.2 种类丰富、储量惊人的海底矿产资源

随着社会发展与科技进步，蓝色海洋神秘的面纱被逐渐揭开，其中最引人注目的发现就是海洋蕴含着及其丰富的矿产资源。海底矿产资源种类丰富，储量惊人，其丰富程度用"聚宝盆"来形容也不为过。在目前人类对深海区和两极海域还没有完全了解的情况下，已经发现海洋几乎拥有陆地上的各种资源，而且还拥有一些陆地上没有的资源。

海底矿产资源是指除海水资源以外，蕴藏在海洋之中的各类矿产资源的总和。海洋矿产种类繁多且以多种形式存在于海洋中。经过不断的探测，除两极海域与深海区域外，目前已探明的海底矿产种类主要包括石油和天然气、固体矿产、海滨矿砂、天然气水合物、多金属结核、富钴结壳和热液硫化物等几大类。

（1）海底石油与天然气

海底沉积岩中蕴藏着丰富的油、气资源。据探测，全球石油总储量大约10 000亿吨，可开采储量大约是3 000亿吨，其中有1 300亿吨的石油是来自海洋（图8-1）。全球天然气总储量为255至280亿立方米，其中在海洋中的储量为140亿立方米，大约占全球总储量的50％（图8-2）。全球探明的新增油气储量是164亿toe（ton oil equivalent，吨油当量），陆地储量占28％，海洋油气占到72％。显然，未来海洋将取代陆地成为主要的油气来源。

图8-1 海底石油

图8-2 海底天然气

（2）固体矿产

近海岸固体矿藏丰富，已发现的种类有 20 多种（图 8-3）。很多国家已经对近海、浅海的煤铁进行开采，日本海底煤矿开采量占其总开采量的 30％，欧洲国家也对海底煤矿进行开发。目前部分亚洲国家发现大量海底锡矿，日本九州附近发现了世界最大的铁矿之一。

图 8-3　固体矿产

（3）海滨砂矿

陆上岩矿碎屑经河流、海水以及风吹等沉积在近海海滨和大陆架区形成海滨砂矿（图 8-4）。砂矿中包含很多种贵重矿物，例如，发射火箭需要的金红石，用于核潜艇和核反应堆的耐高温和耐腐蚀的锆铁矿、锆英石等。目前96％的锆石和 90％的金红石都产自海滨砂矿，含量极其丰富，具有重要的使用价值。

图 8-4　海滨砂矿

（4）天然气水合物

天然气水合物又称可燃冰，是天然气和水在低温高压条件下形成的结晶物质，藏于深海沉积物和永久冻土中，外表像冰一样，遇火可燃烧（图8-5）。可燃冰燃烧后几乎无污染且储量丰富，是世界现有石油和天然气储量的两倍之多，可供人类使用一千年，普遍被认为是石油与天然气的替代能源。

图8-5　天然气水合物

（5）多金属结核

多金属结核又称锰结核，富含锰、铜、镍、钴等几十种元素（图8-6）。全球海底多金属结核总储量达到3万亿吨，单太平洋海域就有17 000亿吨，其中锰含量4 000亿吨，可供全世界用18 000年；镍164亿吨，可用25 000年；另外铜储量为88亿吨，钴58亿吨，而且它还在不断生长。太平洋底的锰结核生长速度惊人，一年可生长1 000万吨左右，它一年的产量是全世界几年的使用量。所以，锰结核也被认为是利用价值和经济价值最高的海底矿产之一。

图8-6　多金属结核

（6）富钴结壳

富钴结壳是一种分布于水下 500～3 500 米的海山顶部和坡上的壳状物，其中厚度较高及钴含量较高的结壳主要赋存于 800～2 500 米的洋底（图 8-7）。洋底富钴结壳的钴含量可达 1％以上，远高于陆地钴矿石的钴含量（一般低于 0.1％），同时也含有镍、铜、锌、铅等金属元素。此外，钴结壳也富含铂族元素（PGE）和稀土元素（REE），因此，其价值高于多金属结核。据初步勘查表明，钴结壳中的钴资源量约为 3×10^9 吨，是大陆钴资源量的 359 倍[①]，开发潜力极大。

图 8-7 富钴结壳

（7）热液硫化物

热液硫化物是海水渗入到 2 000～3 000 米深的海底裂缝中，经地壳热源加热后溶解地壳内多种金属化合物，然后多金属化合物从裂缝中喷发出来再遇到海水冷却形成的沉积物（图 8-8）。它富含金、银、铜、锌等多种元素，是公认的"海底金库"，极具开发价值。

以上也只是目前已探明的资源种类及储量，在广阔的海洋里还有许多沉淀千万年的深海珍宝等待着我们去发现。海洋蕴含的丰厚矿产资源，是陆上矿产资源日益枯竭的新希望。世界各国纷纷将海洋作为重要的战略基地，目前很多海底矿产已被开发利用，弥补陆上资源的缺口。随着科学家们一步步的研究和探索，未来将会有更多的海底矿产资源安全、高效地从海底开采出来，成为未来社会物质生产的重要原料，海洋这座宝库未来将发挥更重要的作用。

---

① 章伟艳，张富元，程永寿，等. 大洋钴结壳资源评价的基本方法［J］. 海洋通报，2010，29（3）：342.

图 8-8 热液硫化物

8.1.3 我国开发利用海底矿藏的意义

8.1.3.1 缓解我国的能源短缺与环境压力

　　能源与环境问题是关乎社会发展与人类命运的重大战略问题。一直以来，我国能源消耗以石油和煤炭为主体，随着我国经济的快速发展，我国已经成为全球石油和煤炭能源消费大国。目前我国的油气资源供需差距很大，1993 年我国已从油气输出国转变为净进口国，1999 年进口石油 4 000 多万吨，2000年进口石油近 7 000 万吨，2011 年我国石油进口 2.6 亿吨，近年，我国油气资源的需求量还在不断增长，且呈快速增长态势，2016 年我国石油进口已达到 3.8 亿吨。截至 2017 年 3 月，我国超越美国，成全球第一大原油进口国，原油进口量达到 920 万桶/天。可见，我国对外石油依存度不断上涨，目前已经超过 65%，不利于保障我国的能源需求和能源安全。预测随着我国经济的持续高速发展，今后油气资源的需求量还会持续增长。而受资源的地理分布条件和开采难度的制约，目前我国原油产量始终徘徊在 2 亿吨/年左右，石油供需缺口较大，加之陆上油气资源经过长时期大规模的开发之后，面临开采成本太高的压力和资源枯竭的威胁。另外，石油和煤炭等化石能源在使用过程中会新增大量温室气体 CO_2，同时可能产生一些有污染的烟气，威胁着全球生态环境。因此，加快对储量巨大的海底油气资源的开采，可以有效缓解我国现阶段的能源短缺状况和保证经济安全。同时，我国海底天然气水合物资源也极其丰富，加大对这种杂质少、无污染的新型清洁能源的开发也是满足我国经济发展的能源需要和改善环境污染问题的重要途径。

8.1.3.2 开辟我国"战略金属"资源的新来源

我国是个矿产资源大国，已开采利用矿种和年产矿石量均位居世界前列。但由于我国人口众多、消费量大，人均拥有矿产资源量仅相当于世界人均拥有量的 1/4 左右。深海洋底的多金属结核、富钴结壳、热液硫化物矿床等均含有丰富的铜、钴、锰、镍等"战略金属"，而我国陆上的铜、钴、锰、镍资源，除镍基本可以自给外，其他 3 种长期供应不足，严重依赖进口。多年来仅进口的这 3 种金属所需外汇平均每年超过 2 亿美元。随着生产的发展，这 3 种金属的供应缺口将越来越大，镍的供应也将出现不足。因此，多方位、多渠道参与国际海底开发，科学合理地开发利用这些深海宝藏，是开辟我国"战略金属"资源新来源、增加我国在国际海底资源中人均占有量和增强我国的战略资源保障能力的重要举措。

8.1.3.3 提高我国的海洋高技术水平

海底矿产资源多赋存于深海区域，由于深海开发涉及的领域广、难度大，其开发技术是多种高新技术系统的集成，深海采矿是技术密集型的产业，可以促进海洋工程技术、陆地难选矿石冶炼技术的发展等，从而提高我国的海洋科学技术水平，有利于形成高技术产业。如深海多金属结核开发涉及地质、气象、电子、采矿、运输、冶金、化学、深海技术等多种学科、多个部门，加快海底多金属结核的开发，对发展我国的海洋造船业、海洋运输业、海港建设、海底潜水和打捞、机械工业、电子工业和冶金工业等能起到极大的促进作用，有利于推动我国的海洋高技术进步，带动其他相关产业发展以及提高我国开发利用海洋的深度和广度。

8.1.3.4 加强我国的国际地位

根据《联合国海洋法公约》的规定，国际海底及其资源是人类共同继承财产，其一切权利属于全人类，由联合国国际海底管理局代表全人类对国际海底及其资源行使权利。同时，《联合国海洋法公约》还规定了一整套关于国际海底区域及其资源勘探和开发的法律制度。这项国际海底的法律制度已成为当代国际海洋法和国际新秩序的一个非常重要的领域，海底矿产资源开发也已成为建立国际政治和经济新秩序的一个重要组成部分，从世界政治经济的发展和各国对其开发的态度与政策来看，海底矿产资源对世界经济、政治有着重要的影响。而我国作为国际海底资源的最大先驱投资者和国际海底管理局的理事成员国之一，一直积极参与国际海底矿产资源的研究开发活动。通过维护我国开发国际海底资源的权益，开辟我国新的矿产资源地，推动我国深海高新技术产业的形成和发展，能起到加强我国国际地位的作用。同时，我国在国际海底的研究开发活动也必将为维护"全人类共同继承财产"的原则，促进国际海底活动遵循国际法准则、推动国际海底资源开发活动的国际合作，为全人类开发利用国际海底资源作出重大贡献。

8.2 海底油气的开发

8.2.1 海底油气资源简介

油气资源主要是指石油资源和天然气资源。其中，石油也称作原油，是埋藏于地质层中棕黑色的可燃黏稠液体，被认为是"工业的血液"，其对人类社会发展的重要性不言而喻。石油的用途非常广泛，其产品主要有石油燃料、石油溶剂与化工原料、润滑剂、石蜡、石油沥青、石油焦等六大类。① 用石油制成的各种燃料产量最大，约占总产量的 90%。其中，汽油是消耗量最大的品种，主要用作汽车、摩托车、快艇、直升飞机、农林用飞机的燃料；喷气燃料（俗称航空汽油）主要供喷气式飞机使用；柴油广泛用于大型车辆、船舰；燃料油用作锅炉、轮船及工业炉的燃料。② 石油溶剂可用于香精、油脂、试剂、橡胶加工、涂料工业做溶剂，或清洗仪器、仪表、机械零件。③ 从石油制得的各种润滑剂品种最多，占总石油产量约占 5%，约占总润滑剂产量的95%以上。其除润滑性能外，还具有冷却、密封、防腐、绝缘、清洗、传递能量的作用。产量最大的是内燃机油（占 40%），其余为齿轮油、液压油、汽轮机油、电器绝缘油、压缩机油，合计占 40%。④ 石蜡油包括石蜡、地蜡、石油脂等，主要做包装材料、化妆品原料及蜡制品，也可作为化工原料生产脂肪酸（肥皂原料）。⑤ 石油沥青主要供道路、建筑用。⑥石油焦用于冶金（钢、铝）、化工（电石）行业做电极。除上述石油商品外，各个炼油装置还得到一些在常温下是气体的产物，总称炼厂气，可直接做燃料或加压液化分出液化石油气，可做原料或化工原料。

天然气是指天然蕴藏于地层中的烃类和非烃类气体的混合物。自 20 世纪90 年代以来，能源与环境问题日益显露，天然气以其洁净环保、储量可观以及可开发储量大等优点，成为继石油和煤炭之后的主流能源，引起世界范围内的广泛关注。天然气的用途也非常广泛。①作为工业燃料，天然气可代替煤用于工厂采暖，生产用锅炉以及热电厂燃气轮机锅炉等，通过处理天然气以后，安装天然气发电机组可提供电能。②可用于烤漆生产线，烟叶烘干、沥青加热保温等工艺生产。③ 在化工工业方面，天然气是制造氮肥的最佳原料，天然气占氮肥生产原料的比重，世界平均为 80%左右。④可用于城市燃气事业，特别是居民生活用燃料，主要是生产以后并入管道，日常使用天然气。⑤以天然气代替汽车用油，可用于生产压缩天然气汽车。⑥以天然气为基础气源，经过气剂智能混合设备与天然气增效剂混合后可形成一种新型节能环保工业燃气——增效天然气。将其燃烧温度能提高至 3 300℃，可用于工业切割、焊接、打破口，可完全取代乙炔气、丙烷气，可广泛应用于钢厂、钢构、造船行业，可在船舱内安全使用。

而海底油气则主要是指储藏在海洋中的石油和天然气，它们是埋藏于海洋底层以下的沉积岩及基岩中最重要的传统海洋矿产资源。随着全球油气需求的快速增长和陆上油气资源危机问题的日渐突出，开发深埋于海底亿万年的海底石油和天然气，无论是对整个世界石油工业，还是对未来世界经济的发展，都有非常重要的意义。

8.2.1.1 海底油气的形成

（1）生物埋藏

海底石油是海洋中各种的生物遗骸经过一步步演化形成的一种化石燃料，而海底天然气是伴随石油共生的一种气体，与石油是"同根生"的"兄弟"，它的生成方式也同石油一样都来自海洋中生物遗体的演化。在海洋中生存的各种生物其遗骸在演化过程中生成了丰富的有机碳，这些有机残余物是海底油气资源形成的原料。而陆地上的河流汇入大海时所带入的泥沙和有机质等沉积物，长时期将海洋中各种生物遗骸一层一层地埋在下面。然后，经过漫长的地质演化，这些泥沙和有机质变成了岩石，形成大量的沉积盆地。

（2）生油

这些被埋藏的生物遗体在高压（上覆巨厚岩石的压力）、高温（地热或火山强烈活动区域）以及细菌作用下开始分解，再经过长期的地质时期，在缺氧的环境中与空气隔绝，这些生物遗体逐渐变成分散的石油和天然气。

（3）储存与保护

已经生成的油气需要一个更好的储存空间，防止流失。由于上面地层的压力，石油被挤压到周围岩层的缝隙之中，然后这些岩层便成为石油的"容身之所"，也就是储油地层。但是有些岩层的缝隙很小，石油难以被挤压进去，这样也给石油储存形成了良好的"保护壁"。它们在储油地层的上面或者下面，将石油封存在里面，可以防止石油的流失。但是这些分散在岩层中的石油，由于储量有限，开采难度大，所以并没有开采的价值。由于地壳的变动，本来平铺在海底的沉积岩会弯断开或者变斜，那些含有石油和天然气的岩层，遭到地壳压力而变形，油气就会进到背斜里去，慢慢形成油气聚集区（图 8-9）。石油和天然气总是相伴而生，天然气密度小所以总是漂在上面，石油聚集在中间，而下面就是水，因此这样的油气富集区是我们寻找海底油气资源首先要找的地方，也最具有开采价值。

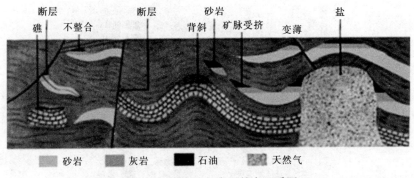

图 8-9 海底油气资源储存地质图

8.2.1.2 海底油气资源的分布

海底油气资源主要分布在近海大陆架和大陆坡，海水深度小于 300 米的海域。根据已探明的资料显示，在水深 300～1 500 米的大陆坡深水海域以及水深超过 1 500 米的超深水海域或海底峡谷也存在着丰富的油气资源（图 8-10）。

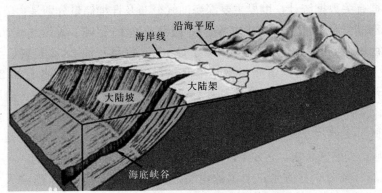

图 8-10 油气资源海底分布位置图

（1）世界海底油气资源的分布

从全世界范围来看，海洋油气的分布同陆上油气一样分布不均衡，归纳下来海上石油勘探主要集中在"三湾"（墨西哥湾、几内亚湾以及波斯湾）、"两湖"（里海和马拉开波湖）、"两海"（北海和南海）。而这些地方当中，海洋油气资源最丰富的地方是波斯湾海域（图 8-11），将近占世界海洋油气资源总储量的一半。位于波斯湾海域的沙特阿拉伯仅其一国的石油储量就占全球石油总储量的四分之一，是名副其实的"石油王国"。第二位是委内瑞拉的马拉开波湖海域，第三位是北海海域，第四位是墨西哥湾海域，其次是中国南海、西非的几内亚湾海域以及里海等海域。

目前，在世界海洋中已探明的油气田多达 581 个，其主要分布情况见表

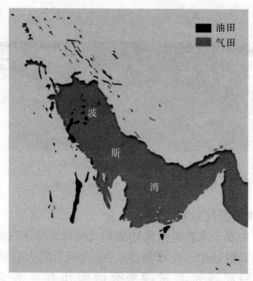

图 8-11　波斯湾油气资源分布图

8-1。据有关数据统计，世界主要深海油气分布及详细储量分别是：美国墨西哥湾北部储量是 21 亿 toe（吨油当量），蕴藏石油 15 亿吨、天然气 6 000 立方米；巴西墨西哥湾东南部储量是 27.3 亿 toe，蕴藏石油 23.2 亿吨、天然气 4 100立方米；西非的三角洲和下刚果储量是 28.6 亿 toe，蕴藏石油 24.5 亿吨、天然气 4 100立方米；澳大利亚西北陆架储量是 13.6 亿 toe，蕴藏石油 0.5 亿吨、天然气 13 100立方米；东南亚的婆罗洲储量是 5.3 亿 toe，蕴藏石油 2 亿吨、天然气 3 300立方米；挪威的挪威海储量是 5.1 亿 toe，蕴藏石油 1.1 亿吨、天然气 4 000立方米；埃及北部的尼罗三角洲储量是为 4.8 亿 toe，蕴藏天然气 4 800立方米；中国的南海北部储量是 1 亿 toe，蕴藏天然气为 1 000立方米；印度东部海域的储量是 1.6 亿 toe，蕴藏天然气 1 600立方米。

表 8-1　世界海洋油气田的分布

油气田分布位置	油气田分布数量（个）	油气田分布位置	油气田分布数量（个）
欧洲和地中海	25	印度次大陆沿岸海域	2
北海	110	远东近海	23
意大利、北亚得里海	20	印度和马来西亚近海	15
黑海和里海	17	澳大利亚东部和新西兰近海	3
南美洲	43	澳大利亚西北大陆架	12
非洲近海	27	南部吉普斯兰德海盆	19
西非近海	85	北海近海	44
波斯湾	60	美国墨西哥湾	16

（2）我国海底油气资源的分布

我国海域的油气资源是相当丰富的，一部分蕴藏在近海大陆架上，另一部分蕴藏在深海区。据"中国石油第三次油气资源评价"公布的数据显示，我国海底石油储量约为 246 亿吨，占全国石油总储量的 23%，海底天然气储量为 16 万亿立方米，占全国天然气总储量的 30%，其中深海海域的油气资源储量是海底油气总储量的 70%。

我国近海大陆架面积达 130 多万平方千米，已探明的大型油气储存盆地 7 个，含油气构造 60 多处，已被证实的油气田有 30 个，石油储量超过了 8 亿吨，天然气储量 1 300 多亿立方米。其中，石油储量上亿吨的油气田有绥中 36‑1、埕岛、流花 11‑1，崖城 13‑1 气田天然气储量 800 亿~1 000 亿立方米[1]。我国海上油气开采主要集中在渤海、黄海、东海和南海四大海域，估计石油储量 275.3 亿吨，天然气 1.06 万亿立方米。我国近海海域分布有近 40 个

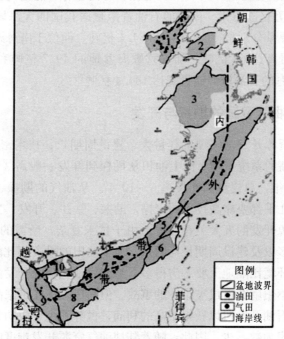

1—渤海湾盆地；2—北黄海盆地；3—南黄海盆地；4—东海盆地；
5—台西盆地；6—台西南盆地；7—珠江口盆地；8—琼东南盆地；
9—莺歌海盆地；10—北部湾盆地

图 8‑12 我国海底油气资源分布图

① 中国与世界的海洋油气资源储量及开发现状［EB/OL］. http：//wenku. baidu. com/view/d2e5610a52ea551810a687fa. html，2011‑11‑01.

含油气沉积盆地，其中大型油气沉积盆地 10 个[①]（图 8 - 12）。石油资源主要在渤海湾、珠江口、北部湾盆地，而天然气资源主要集中在莺歌海、东海盆地、琼东南盆地以及台西南盆地。

我国前 6 大海上油气田均位于渤海，渤海湾盆地是我国目前海洋年产油量最高的含油气盆地，渤海油田是我国最大的海上油田，也是全国第二大海上原油生产基地。

东海油气储量巨大，目前我国在东海陆架盆地发现了 8 个油气田和 5 个含油构造。东海陆架盆地的天然气资源非常丰富，保守估计储量高达 3×10^{12} 立方米，而当下我们所探明和开采的天然气资源量只占东海陆架盆地的天然气总资源 3.3％。可见，东海陆架盆地开发前景十分广阔。

南海大陆架探明储油盆地十多个，面积是南海大陆架总面积的一半。据探测，南海石油资源量保守估计 300 亿吨左右，甚至有可能达到 550 亿吨，天然气资源量为 20 万亿立方米。南海的石油资源量居我国四大海域之首，渤海与东海的石油资源量分别是 40.3 亿吨和 64.4 亿吨，而位于南海海域的珠江口盆地的石油资源量高达 68 亿吨，加上莺歌海盆地的 49.7 亿吨和北部湾盆地的16.7 亿吨，南海的石油资源储量高达 134.4 亿吨[②]。

8.2.2 海底油气资源的勘探与开发

海底油气资源开发是一项工程量大、建设周期长、技术密集、资金密集、风险大、回报高的系统工程。海上油田从勘探到开发一般需 3～5 年，从开发到投产需 3～4 年，总建设周期长达 6～10 年。从油气的勘探、钻探、开采到油气的输送等几乎都要靠高技术的支撑，勘探、钻井、开发、工程和安全是目前海底油气资源开发的五大关键技术。由于技术复杂，所需的设备质高量大，后勤支援项目多以及建设周期长等因素，海上油田的投资额比陆上高出 3～10倍。海上作业环境比陆地上要恶劣得多，给海底油气资源开发活动带来了巨大的风险，稍有不慎就会造成灾难性的事故。但高风险往往带来高利润，众所周知，从事海上石油开发可以获得很高的利润，世界上由于成功开采海底油气资源而致富的国家为数不少。因此，随着陆地油气资源开发难度的增加，海底油气资源的开发已经成为了国际竞争的焦点。海底油气资源开发的总体阶段可分为勘探与开发两个阶段。

---

① 中国近海盆地油气资源概况［EB/OL］．http：//www.docin.com/p-1276620998.html，2015 - 09 - 01.

② 张波，陈晨．我国南海石油天然气资源特点及开发利用对策［J］．特种油气藏，2004（6）：5 - 8，108.

8.2.2.1 海底油气资源的勘探

在浩瀚的海洋中寻找油气资源是开发利用海底油气资源的前提和前期工作，人类在长期的实践中形成了一整套海底油气资源勘探的方法。近年来，全球海底油气勘探取得了丰硕的成果，目前海底油气勘探开发范围已从浅海、深海延伸到超深海。海上勘探阶段一般可分为初步勘探和进一步勘探两个阶段。

（1）海底油气资源的初步勘探

海底油气资源的初步勘探阶段主要包括盆地评价、区块评价与圈闭评价、发现油气藏，勘探方法有海洋地质调查、海洋地球物理勘探和海洋地球化学勘探等，以海洋地球物理勘探为主。

① 海洋地质调查

海洋地质调查主要包括：a. 海岸、岛屿和浅滩的地质调查。b. 潜水地质调查，是指海洋油气勘探人员身带氧气瓶、罗盘、地质锤和小铁钎等简单工具，潜入海底观察海底露头，采集岩石样品，测量地层产状要素等。1933 年在里海油气勘探中首次使用此方法，但因基岩露头被近代沉积覆盖等原因，该法未得到广泛应用。c. 海洋航空地质观测，只能在岩性分异良好，基岩直接露于海底的浅海地区进行，海水的水深一般不超过 12 米。

② 海洋地球物理勘探

海洋地球物理勘探（简称海洋物探）是最常用的重要海洋油气勘探技术。它主要以海底岩石和沉积物的密度、磁性、弹性、导热性、导电性和放射性等物理性质的差异为依据，运用各种地球物理勘探方法和仪器，探测海洋范围内各种物理场的空间分布和变化规律，进而阐明海底的地质构造及其演化，查明各地质年代沉积物的分布，寻找油气矿产资源，是研究海洋地质最基本的调查手段。海洋物探所观测的对象有地球本身固有的地球物理场，如重力、磁力、热流和天然地震，也有用人工方法激发的地球物理场，如人工地震和电法等。由于海洋水体是运动的，上述观测必须采用一系列不同于陆地地球物理勘探的仪器和方法。主要勘探方法见表 8-2。

表 8-2　各种海洋地球物理勘探方法

勘探方法	物理依据	物性条件	观测方式	应用范围
海洋重力勘探	万有引力离心力	密度分布差异	船上/深拖连续观测	地壳研究，区域地质调查，油气矿产资源构造普查等
海洋磁力勘探	地球磁场、磁性体产生的磁场	磁化率剩余磁性分布差异	船上/深拖连续观测	地壳研究，区域地质调查，油气矿产资源构造普查等
海洋地震勘探	弹性波（地震波/声波）的反射和折射	传播速度	船上/深拖连续/定点观测	地壳研究，区域地质调查，油气矿产资源构造普查，工程地质等

（续）

勘探方法	物理依据	物性条件	观测方式	应用范围
海洋电法勘探	自然电场 直流电场 电磁场	大地电流 视电阻率 磁导率	船上/深拖 连续/定点观测	基岩调查，油气矿产资源的普查和勘探等
海底热流测量	地热流量	热传导率	海底热流量测量	油气矿产资源构造普查等
海洋放射性勘探	放射性	放射性元素释放射线差异	连续观测	地壳研究，区域地质调查，油气矿产资源构造普查等
海洋测井	各种岩层物性	各种物性	连续观测	地壳研究，区域地质调查，油气矿产资源构造普查等

　　a. 海洋重力勘探：海底具有不同密度的岩层分界面，这种界面的起伏会导致重力的变化。海洋重力勘探就是通过使用重力仪测定海底岩层的重力值，以求得岩石的密度、地质年代的深度。按照不同的工作方式，可将重力仪分为海底重力仪和走航式船舷重力仪两大类。装在船上的重力仪一般是用弹簧或弦线作敏感元件，这种仪器大约每半秒钟对 Cu—Be（铜—铍）合金制成的弦振荡周期（大约 100Hz）自动进行计数，并输入电子计算机，再换算成垂直加速度，配合其他测量仪器进行校正处理可得到重力值。通过对海区重力场的观测来了解沉积岩的厚度和基岩起伏的情况，划分所测地区的构造单元，研究隆起的性质，结合其他物探资料来圈定油气远景区。

　　b. 海洋磁力勘探：海洋磁力勘探是通过在调查船后或飞机后拖带的磁力仪来测定海区磁场强度大小，以确定海底磁性基底上沉积的厚度和地质构造，寻找石油和天然气。

　　c. 海洋地震勘探：海洋地震勘探是在调查船上通过人工激发的地震波引起海水质点运动，传到海底岩层深处，在不同岩层的分界上产生不同的反射与折射波，并由船上的检波器、地貌仪等予以收录、放大、自动摄取数据后，绘成地层剖面图，以此来了解海底岩层、地质结构及油气分布。该法充分利用了海洋便利的交通条件，是目前在海洋油气勘探过程中运用最广泛的方法。在海洋油气勘探的初期，震源多使用炸药，但因其破坏海洋生物资源，现已基本被淘汰。目前普遍采用非炸药震源，应用最广的是空气枪震源、电火花震源和宽带可控震源等。其中，空气枪震源使用较多，其在高压作用下产生控制信号，不受气泡串振荡的影响，若干支容量相等的空气枪同步组合激发，可获得振幅增益的效果。近年来，在海洋地震勘探中更多的是采用一种在船尾平行拖曳三条漂浮组合电缆的宽限剖面工作方法，这种新的工作方式可以提供主剖面附近地下地层三维空间概念和可改善的信噪比。

③ 海洋地球化学勘探

海洋地球化学勘探（简称海洋化探）是通过研究海洋中化学物质的含量、分布、形态、转移和通量，查明地质构造，寻找油气矿产资源。海洋地球化学的研究对象较广泛，包括主要溶解成分、溶解气体、微量元素、有机物、核素、悬浮物、热泉物质、沉积物间隙水等。

（2）海底油气资源的进一步勘探

海底油气资源的进一步勘探阶段主要是根据初步勘探资料开展钻井勘探，以钻勘探井和评价井为主，以确认油气的存在，扩大含油气面积，增加和探明油气地质储量。其中，勘探井就是指在未证实的地区内为寻找、发现和生产石油或天然而钻的探井；或在先前已经开发的油田中为了寻找新的油藏，在另处的油层中生产石油或天然气而钻的探井；或是为了扩展已探明油藏的油层而钻的井。所谓评价井就是指评价已经发现有石油的地质圈闭有无商业性价值所钻的勘探井。因为通过海洋地球物理勘探只能辨别出物质是液态、气态还是固态，不一定是石油或天然气，只有通过钻探才能确认地底下是否真的存在油气，有多少储量，能不能开采出来，初步估算一下油田开发有没有经济效益，在这些开发前期的工作成果及对此的研究评价都有肯定结论的前提下，才能进行开发的下一步工作。

8.2.2.2 海底油气资源的开发

（1）海底油气资源开发的主要环节

海底油气开发包括开发钻井、完井采油、油气分离处理和油气集输四个主要环节。

① 开发钻井

开发钻井是继勘探钻井之后，在已经证实有油气的区域内对已知地层层位为开采油气所进行的钻井，即钻生产井。钻生产井的方式有浮式钻井和固定平台钻井两种，并可细分为海底基盘的预钻井、固定平台钻井、井口平台钻井（用自升式平台钻井或浮式辅助钻井）等。钻井方法通常有丛式集束钻井、定向钻井、水平钻井、井内多支钻井等。

② 完井采油

完井采油是根据油气层的地质特性和开发开采的技术与工艺要求，对已经完钻的生产井中，以一定的作业程序和下入井内作业器具，通过射穿油气层，安装好井内管串和建立安装平台或水下采油树及其操控系统，控制油气按照人们的意志从井中开采油气的过程。完井是采油的关键前提与必须进行的步骤，它是指将已钻成的井孔，通过一系列井下作业，安装好井下生产管柱和井口采油树，使其在地层中具备产出油气功能的阶段，完井即具备了采油的硬件条件。而对完井的各井有计划地开启（或遥控开启）采油树阀门、控制各井产出油气或以机械提升、化学注入、注水、气举等方式，从井内采出油气，则称为采油或开采。

③ 油气分离处理

油气分离处理是指通过物理、机械等方法，将从井内采出的混合流体（油、气、水等）分离为达到向外输出标准的原油、天然气（经压缩或液化）和达到排放入海标准的水的整个过程。

④ 油气集输

油气集输是指将各采油平台分离处理后的原油、天然气加以集中、储存，通过穿梭油轮或海底油气管线等方式将原油、天然气输送至油气终端的过程。

（2）海洋平台

海洋平台是在海上为钻井、采油、集运、观测、导航、施工等活动提供生产和生活设施的构筑物。它的分类方法有很多，其中按照不同功能大体可分为四类：①钻井（勘探）平台，主要用于勘探石油资源、钻探石油；②采油（生产）平台，主要用于石油生产；③中心平台，用于石油初步加工和石油输送；④储存式平台，主要用于石油采集后海上储存，并且还有预处理功能。以上四种平台又可以细分为很多类，其中，海洋钻井平台是主要用于钻探井的海上结构物，平台上装有钻井、动力、通信、导航等设备，以及安全救生和人员生活设施，是海上油气勘探开发不可缺少的手段。

海洋平台按照移动性，大致可分为固定式平台和移动式平台两大类。固定式平台通过管架结构固定于海底，在整个使用寿命期内位置固定不变，不能再移动，是最古老、最传统的平台形式。主要包括导管架式平台、重力式平台、张力腿式平台和绷绳塔式平台等多种类型。其结构简单、钻井风险小、制造成本低、受海风海浪等环境因素影响小，同时还兼有前期钻井和后期采油的多功能特点，但其灵活性差，不能及时运移，适用水深有限，成本随着水深而急剧增加。当前，对该平台技术的应用主要集中在一些经济和发展水平较低的国家和地区。移动式平台能重复实现就位、起浮、移航等操作以改变作业地点，主要包括底撑式平台（包括坐底式平台和自升式钻井平台）和浮式平台（包括半潜式平台和浮式钻井船）等类型。因其可随意移动，特别适用于钻勘探井或纵式生产井。目前，海洋平台中的主流类型见图8-13，从左到右依次为导管架平台，自升式平台，半潜式平台，浮式钻井船，张力腿平台。

① 导管架式平台

导管架式平台（又称桩基式平台）是一种由打入海底的桩柱来支撑整个平台，能经受风浪流等外力作用的固定式平台（图8-14）。自1947年第一次被

图 8 - 13 海洋平台中的主流类型

用在墨西哥湾 6 米水深以来，导管架式平台发展十分迅速，到 1978 年其工作水深达到 312 米，而到了 1990 年具有 486 米高的巨型导管架式平台也已工作于墨西哥湾 400 多米的水深中。该平台具有结构简单、整体结构刚性大、安全可靠、适用于各种土质、造价低等优点，但随着水深的增加其费用显著增加，制造和安装周期长，海上安装工作量大，且当油田预测产量发生变化时，对油田开发方案进行调整的适应性受到限制。

图 8 - 14 导管架式平台

导管架式钻井平台可采用木桩、钢筋混凝土桩、钢质桩和铝质桩等多种不同的建筑材料。其中，钢质导管架式平台使用水深一般小于 300 米，是目前海上油田应用最广泛的一种平台。它先在陆上用钢管焊成一个锥台形空间框架，然后驳运或浮运至海上现场，就位后将钢桩从导管内打入海底，再在顶部安装甲板和模块。钢质导管架式平台主要由导管架、钢管桩、甲板结构、设施和设备模块等组成。其中，导管架是钢质桁架结构，由大直径、厚壁的低合金钢管焊接而成。钢桁架的主柱（也称大腿或腿柱）作为打桩时的导向管，故称导管架。其主管可以是三根的塔式导管架，也有四柱式、六柱式、八柱式等，视平台上部模块尺寸大小和水深而定。导管架的腿柱之间由水平横撑与斜撑、立向斜撑作为拉筋，以起到传递负荷及加强导管架强度的作用。海上导管架式平台的承载能力主要取决于打入海床的钢管桩基础，桩的尺寸主要取决于桩的数量、上部设施与设备荷载、海底土质性状及沉桩方法。

② 重力式平台

重力式平台是一种完全凭借其自身的巨大重量直接稳坐于海底的固定式平台，平台重量可达数十万吨。重力式平台由于整个结构比较大，一般先在岸边开挖的泥坞中建造基座，再拖往有掩护的深水区接高，然后浮运至现场，加载下沉。该平台一般是作为海底贮油罐或用于钻采海底石油。其主要特点是抵御风暴及波浪袭击的能力强，结构耐久、维护费用低，但需开挖岸边坞坑，并要有近岸深水施工水域，结构高度因此受到限制。

重力式平台根据建造材料的不同，可分为混凝土重力式平台、钢质重力式平台两大类，其结构主要由基座、立柱、甲板三部分组成（图 8 - 15）。该平台的底部是一个或多个钢筋混凝土沉箱组成的基座，沉箱有圆形、六角形、正

图 8 - 15　混凝土重力式平台

方形等多种形式。基座上有钢立柱或钢筋混凝土立柱支撑上部甲板，立柱有三腿、四腿、独腿等几种。甲板有钢质和混凝土两种，安装有钻井、采油设备、生活设施并有直升机降落场。在平台底部的巨大空间被分隔为许多圆筒形的舱室，这些舱室本身就是非常好的大型储油罐，在平台安装阶段的拖航和下沉时可作为压载舱。混凝土重力式平台可以适应从浅到深的各种水深，与导管架平台相比，它不需要打桩，具有相当的贮油能力，节省钢材，防火、防腐性较好，维修费用低，寿命长，但对地质条件要求高，出现缺陷后修复较困难。钢质重力式平台的重量比混凝土重力式平台轻得多，预制过程中对水域要求不高，拖航时要求的拖船马力小，对地基承载力要求不高，但其贮油量较小、用钢多，易腐蚀。

③ 张力腿式平台

张力腿式平台是利用绷紧状态下的锚索产生的拉力与平台的剩余浮力相平衡的钻井平台或生产平台，是一种垂直系泊的顺应式平台（图 8 - 16）。平台本身是一个浮动平台，平台的浮力远远大于平台的重力，靠锚索（称作张力腿）的张力将平台与事先固定在海底的锚桩拉紧，平衡一部分浮力，并使平台较好地固定在海面上。其所用锚索绷紧成直线，不是悬垂曲线，钢索的下端与水底不是相切的，而是几乎垂直的。张力腿式平台一般由平台上体、立柱（含横撑和斜撑）、下体（沉箱）、张力腿系泊系统和锚固基础五大部分组成，通常

图 8 - 16　张力腿式平台

将平台上体、立柱及下体并称为平台本体。施工时整座平台在工厂建造，工作地点定位，适用于开采周期较短的深水井小型油田，这种平台在工作完成后可浮动到其他地点。张力腿式平台具有受力合理、用钢少、成本低、适用于深水、对海洋环境适应性大等优点。但因其没有储油能力，需用管线外输；整个系统刚度较强，对高频波动力比较敏感；张力腿长度与水深成线性关系，而张力腿费用较高，因此水深一般限制在 2 000 米以内。

④绷绳塔式平台

绷绳塔式平台（又称牵索塔式平台）是将一个预制的钢质塔身安放在海底基础块上，四周用钢索锚定拉紧而成（图 8 - 17）。绷绳塔式平台因其支撑平台的结构如一桁架式的塔而得其名，该塔用对称布置的缆索将自身保持正浮状态。在平台上可进行通常的钻井与生产作业。原油一般是通过管线运输，在深水中可用近海装油设施进行输送。绷绳塔式平台比导管架式平台、重力式平台更适合于深水海域作业，它的应用范围在 200～650 米。该平台结构简单、构件尺寸小、能抵抗周围环境所产生的各种作用力。与钢质导管架式平台相比，其优点是节省钢材（成本低）和井口装置可设置于水面上。

图 8 - 17　绷绳塔式平台

⑤ 坐底式钻井平台

坐底式钻井平台（又叫钻驳或插桩钻驳）适用于 30 米以下的浅水域，是最早的移动式钻井平台（图 8-18）。它通常由下体（浮箱）、工作甲板及中间支撑等部件组成。工作甲板上安置有生活舱室和设备，通过尾部开口借助悬臂结构钻井；下体的主要功能是压载以及海底支撑作用，用作钻井的基础；工作甲板和下体由支撑结构相连。该平台在到达作业地点后，往其下体内注入压载水使其沉底，下体在坐底时支承平台的全部重量，而此时平台本体仍需高出水面，不受波浪冲击。在移动时，将下体排水上浮，提供平台所需的全部浮力。

坐底式钻井平台的最大的优点是在对油井采完油后，可以用拖船等直接拖航到其他钻井地点，移动方便。另外，钻井时平台底面坐放在海床面上，可以避免海洋恶劣环境的影响，钻井稳定性较好。但该平台的高度在确定之后，由于坐底式设备高度的限制只能在低于该平台的海域内进行作业，不能适时地调整平台高度和作业深度，运行不灵活，且其对海底地基的要求非常高，为了确保钻井的稳定性，必须对海底地基进行事先勘察。

图 8-18　坐底式钻井平台

⑥ 自升式钻井平台

自升式钻井平台（又称甲板升降式平台或桩腿式平台）主要由桩腿、与桩腿相连的升降装置和平台—本体三部分组成（图 8-19）。其中，平台是一个驳船式船体，有足够的浮力以运载钻井设备和给养到达工作地点，能沿桩腿升降，一般无自航能力。桩腿的作用是保证船体升离水面到一定高度而不必承受波浪载荷，主要有圆柱式和桁架式两种形式。作业时，自升式钻井平台必须先将桩腿下放插进海底，以此来实现对整个平台和设备的支撑，平台被抬起到离开海面的安全工作高度，并对桩腿进行预压，以保证平台遇到风暴时桩腿不致下陷。完井后平台降到海面，拔出桩腿并全部提起，整个平台浮于海面，由拖轮拖到新的井位。

自升式钻井平台的优点是桩腿的使用既保证了平台的稳定性，又实现了对平台上设备的高强度支撑，工作稳定性良好；还具有升降灵活和便于移动的优点，非常适合深水域作业，但是拖航困难；桩腿的应用对深海的土壤要求非常严格；对升降装置的操控要求非常严格，难以适应更深海区的作业要求。

图 8-19　自升式钻井平台

⑦ 半潜式钻井平台

半潜式钻井平台（又称立柱稳定式钻井平台）是一种主体部分沉没于海面以下的移动式钻井平台，由坐底式平台发展而来。其自 20 世纪 60 年代诞生以来已进行了一系列的技术革新，到目前为止，半潜式钻井平台已发展到第六代，其深水域工作范围和钻井深度都已达到了较为先进的水平，是目前深海钻井的主要装置，发展前景广阔。在海洋工程中，这类平台不仅可用于钻井，其他如生产平台、铺管船、供应船、海上起重船等都可采用。

半潜式钻井平台主要由平台甲板、立柱和下体（或沉箱）组成。平台甲板是钻井工作场所；立柱连接于平台甲板和下体之间，起支撑作用；下体控制平台沉没水下的深度。钻井作业时往下体（或沉箱）中注入压载水，使平台大部分沉没于水面以下，以减小波浪的扰动力。作业结束时，抽出沉箱中的压载水，平台上升，浮至水面进入自航或拖航状态。半潜式钻井平台在深水区作业时需要依靠定位设备，一般为锚泊定位系统，常规的锚泊定位系统通常由辐射状布置的八个锚组成，用链条或钢绳与平台连接。水深超过 300～500 米时，则需要采用动力定位系统或深水锚泊定位系统，新发展的动力定位技术用于半潜式平台后，工作水深可达 900～1 200 米。半潜式钻井平台具有稳定性好、自持力强、工作水深大等优点，但这种平台极易受到海洋环境的影响，其甲板可利用面积较小，自航速度相对较慢，且造价高，还需有一套复杂的水下器具，有效使用率低于自升式钻井平台。

我国首座自主设计、建造的第六代深水半潜式钻井平台"海洋石油 981"代表了当今世界海洋石油钻井平台技术的最高水平（图 8-20）。该平台建造项目于 2006 年 10 月开始，2008 年 4 月 28 日开工建造，2012 年 2 月正式进入南海海域作业。其最大作业水深为 3 000 米，钻井深度可达 12 000 米，平台自重超过 3 万吨；从船底到钻井架顶高度为 136 米，相当于 45 层楼高。该平台的建成，标志着我国深水油气资源的勘探开发能力和大型海洋装备建造水平跨入了世界先进行列。

图 8-20 "海洋石油 981"深水半潜式钻井平台

⑧ 浮式钻井船

钻井船是能在水面上钻井和移位的浮船式钻井平台，它通常是在机动船或驳船上布置钻井设备，平台通过锚泊或动力定位系统定位，使船锚碇于海底井口上方进行钻井（图 8-21）。按其推进能力可分为自航式和非自航式；按船型可分为端部钻井、舷侧钻井、船中钻井和双体船钻井；按定位可分为一般锚泊式、中央转盘锚泊式和动力定位式。为了提高稳定性，科学家设计出双体船、中心抛锚式和舷外浮体等形式。钻井船早期形式为钻井驳船，多用旧船改装，只适用于浅海风浪较小的海域。现代钻井船多为专为钻井设计的船，全部钻井和生活设施都在船上，能自航并有向大型化发展的趋势。

　　钻井船可分成钻井模块、动力模块和生活模块 3 大基本部分。钻井模块集中在钻井船中部，水下设备和钻杆通过船中的开口的月池下放入水；动力模块集中在尾部，推进器分布在船的首尾，为钻井船航行及钻井模块设备提供足够的能量；生活模块集中在首部，大型的钻井船生活区域的可居住容纳人数达200 人以上，配备直升机平台。浮式钻井船移动灵活、适应水深大、可变甲板载荷大、自持能力强，可采用现有的船只进行改装，因而能以最快的速度投入使用和节省投资。但是，其船身浮于海面易受风浪影响，对波浪运动敏感，稳定性差；工作效率较低，只适宜在海况比较平稳的海区进行钻井作业；甲板使用面积小；动力定位钻井造价较高。

图 8-21　浮式钻井船

　　（3）海底油气开采方法

　　海洋油气工程的中心任务或最终目标就是要将原油和天然气经济、有效地从海底开采到地面上来，其所用的油气开采方法与陆上基本相同，一般可以照搬陆上工艺。但因海底油气开采受其环境条件限制，一般要求平台上设备体积小、重量轻、免修期长、适用范围宽。因此，在海底油气开采方式的选择上，既要满足油田开发方案的要求，在技术上又要可行，还要适应海上油气田的开采特点，选择一种技术上适用、经济效益好的采油方式。

① 海底石油的开采方法

采油方法通常是指把流到井底的原油采到地面所用的方法。其原理主要是通过油井自身具有的能量和补充地层能量的注入将石油从地层中取出，在此过程中对油藏采取各项注采工程措施，最大限度地将石油从地层开采出来。因此，石油开采方法大致可分为两大类，一是依靠油藏本身的能量，使原油喷到地面，即自喷采油；二是借助外界能量将原油采到地面，即机械采油或叫人工举升采油。如果地层压力足够的话，就可将原油举升到井口以上，形成自喷采油。通常情况下，海上油气田的开采一般都采用自喷采油，但当井底流压低于某一数值时，地层压力不足以将液柱举出地面，则油井失去了自喷及自溢的能力，为保证并实现开发方案的产量要求，达到油气田更好的开发效益，则需要借助某些人工举升方式。由于不同油藏的构造和驱动类型、深度及流体性质等之间存在差异，其开采方式亦有所不同。

a. 自喷采油。自喷采油是指油井依靠油层自身所具有的能量，将石油从油层抬至井底再连续举升至地面井口的采油方式。在油藏开发前，地层未打开时，油层里的压力一直是处于平衡状态，原油在地层中是静止状态。当油井钻至地层中开始生产的时候，油层中压力的平衡状态就会被打破，此时井底压力低于油层压力，因此，遭到地层驱动力的原油会从地层内推至井筒，如果还有剩余能量又高于井筒液柱压力，井筒内的原油就可以被举升至海面。自喷采油装置主要由井下管柱和井口装置两部分构成，其结构如图 8 - 22 所示，其中，自喷井井口装有

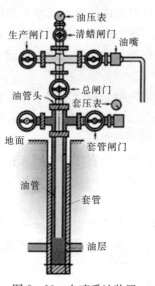

图 8 - 22　自喷采油装置

图 8 - 23　采油树

专门的采油装置称为采油树，用于连接来自井下的生产管路和出油管，同时作为油井顶端与外部环境隔绝开的重要屏障（图 8 - 23）。它是油气井最上部的控制和调节油气生产的主要设备，主要有套管头、油管头、采油（气）树本体三部分组成。

自喷采油的特点是地面设备比较简单，耗费小，便于操作和管理，而且产量可观，是最经济的采油方式。但是在自喷开采的后期由于地层能量减弱，所提供的将石油举升至井内的力量降低，油井就会停喷。由于油井的自喷期是有限的，停喷之后还需要利用机械采油的方式继续对地层中的石油进行开采，所以自喷采油方式运用非常受限。

b. 机械采油。当油层的能量不足以维持自喷或不能自喷时，必须利用适当的机械采油方式人为地从地面补充能量，才能把原油举升出井口。机械采油主要是利用专业的抽油装置，将井中的石油采至海面。其原理是利用抽油装置赋予的机械能来保持井底和油层之间的压力差，然后油气资源可以从地层不间断地涌向井底，再由井底抽至海面。机械采油多适用于渗透低和压力低的油层地区[①]。机械采油是目前世界上应用最广泛的采油方式，目前我国的机械采油量占总采油量的 80% 以上。机械采油主要有气举采油和泵举采油两大类。

c. 气举采油。气举采油是指当油层能量不足以维持油井自喷时，为使油井继续出油，人为地将天然气压入井底，使原油喷出地面的采油方法。其原理是依靠从地面注入井内的高压气体与油层产出流体在井筒中的混合，利用气体的膨胀使井筒中的混合液密度降低，从而将井筒内流体排出。气举采油的主要能量是依靠外来的高压气体的能量，因此，采用该方式时首先要考虑是否有天然气源，一般气源为高压气井或伴生气。在有高压气井作为气源的情况下，优先选择该方式接替自喷采油方式。

气举采油按注气方式可分为连续气举和间歇气举，前者适用于供液能力较好、产量较高的油井；后者主要用于井底流压低，采液指数小，产量低的油井。气举采油根据压缩气体进入的通道又可分为环形空间进气系统和中心进气系统。当油中含蜡、含砂时，若采用中心进气，因油流在环形空间流速低，砂子易沉淀下来，同时在管子外壁上的结蜡也难以清除，因此，在实际工作中多采用单层管环形空间进气方式。

d. 泵举采油。泵举采油主要是依靠抽油泵提供的能量，将深井中的原油抽至海面。泵举采油根据动力传送方式可分为有杆泵采油和无杆泵采油。有杆

① 石油工程采油知识［EB/OL］. http：//wenku. baidu. com/view/2dfdebdbf524ccbff0218466. html. 2015 - 04 - 22.

泵采油是利用从地面下入井内的抽油杆作为传递地面动力的手段，带动井下抽油泵，将原油抽至地面，其采油装置主要有常规有杆泵和地面驱动螺杆泵。无杆泵采油是用电缆或高压液体将地面能量传输到井下设备，带动井下机组把原油抽至地面，其采油装置主要有电动潜油泵（包括电动潜油离心泵和电动潜油螺杆泵）和水力泵（包括水力活塞泵和水力射流泵）。

电动潜油离心泵采油：电动潜油离心泵采油系统主要由井下和地面两部分组成。井下系统部分主要由电机、潜油泵、保护器、分离器、测压装置、动力电缆、单流阀、测压阀/泄油阀、扶正器等组成。其中，潜油泵为多级离心泵，它是由多级叶导轮串接起来的一种电动离心泵，其工作原理是当潜油电机带动泵轴上的叶导轮高速旋转时，处于叶轮内的液体在离心力的作用下，从叶轮中心沿叶片间的流道甩向叶轮的四周，由于液体受到叶片的作用，其压力和速度同时增加，在导轮的进一步作用下速度能又转变成压能，同时流向下一级叶轮入口。如此逐次地通过多级叶导轮的作用，流体压能逐次增高而在获得足以克服泵出口以后管路阻力的能量时流至地面，达到石油开采的目的。电动潜油离心泵采油的地面系统部分由配电盘、变压器、控制柜或变频器、接线盒和采油树井口组成，部分特殊油田还配有变频器集中切换控制柜。地面电源通过变压器变为电机需要的工作电压，输入控制柜内，经由电缆将电能传给井下电机，使电机转动带动离心泵旋转，把井内液体抽入泵内，通过泵叶轮逐级增压，井内液体经油管被举升至地面。

电动潜油螺杆泵采油：电动潜油螺杆泵采油系统分为井下、地面及中间三部分。井下部分主要有螺杆泵、柔性轴、保护器、减速器和潜油电机；地面部分主要有控制柜、接线盒和井口等；中间部分有油管、电缆和电缆卡子。当电源接通后，电机启动并通过减速装置和柔性联轴器降速驱动螺杆泵转动，将井下液体抽出地面。电动潜油螺杆泵是近年来采油设备发展的新突破，它结合了电动潜油离心泵和螺杆泵的优点，将螺杆泵的地面驱动变成由电机直接通过减速器驱动，去掉了抽油杆，解决了抽油杆脱扣、断杆及偏磨等问题。

水力活塞泵采油：水力活塞泵采油使用的水力活塞泵是一种液压传动的往复容积式无杆抽油设备，其井下部分主要由液马达、抽油泵和滑阀控制机构组成。动力液由地面加压后，经油管或专用动力液管传至井下，通过滑阀控制机构不断改变供给液马达的液体流向来驱动液马达做往复运动，从而带动抽油泵进行抽油。

水力射流泵采油：水力射流泵采油是利用射流原理，将注入井内的高压动力液的能量传递给井下油层产出液。其采油装置是射流泵，它的主要工作元件是喷嘴、喉管（又称混合室）和扩散管等。高压动力液由油管进入射流泵，经过喷嘴时以高速喷出，使喷嘴周围的压力下降。井筒的地层流体经单流阀进入喷嘴周围的环形空间并被喷嘴喷出的动力液吸入喉管。在喉管中，动力液和地层液充分混合后进入扩散管，然后经泵出口进入油套环形空间，从而被举升至地面。

几种海上常用的机械采油方式的优缺点见表8-3。

表8-3　几种海上常用的机械采油方式的优缺点

采油方法	优点	缺点
气举采油	井口、井下设备较简单，管理调节较方便，适应产液量范围大，适用于定向井，灵活性好，可远程提供动力，适用于高气油比井况，易获得井下资料	受气源及压缩机的限制，受大井斜影响，不适用于稠油和乳化油，工况分析复杂，对油井抗压件有一定的要求
电动潜油离心泵采油	排量大、易操作、地面设备简单，在防蜡方面有一定的作用，适用于斜井，可同时安装井下测试仪表，海上应用较广泛	比较昂贵，初期投资高，作业费用高和停产时间过长，电机、电缆易出现故障，维护费用高，不适用于低产液井和高温井，一般泵挂深度不超过3 000米，选泵受套管尺寸限制
电动潜油螺杆泵采油	系统具有高泵效，适用于高黏度油井，并适用于低含砂流体及定向井，排量范围大，不易发生气锁，具有破乳作用，抽吸连续平稳，不对油层产生压力，地面占用空间小，井口无泄漏、无噪声，日常管理简单，尤其适合海上平台采油	工作寿命相对较低，一次性投资高
水力活塞泵采油	不受井深限制，对于深井、斜井、高凝固点、高黏度原油井等具有很好的适应性，灵活性好，易调整参数，易维护和更换。可在动力液中加入所需的如防腐剂、降黏剂、清蜡剂等	机组结构复杂，高压动力液系统易产生不安全因素，动力液要求高，操作费用较高，对气体较敏感，不易操作和管理，难以获得测试资料，地面流程大，投资高
水力射流泵采油	易操作和管理，无活动部件，适用于定向井，对动力液要求低，根据井内流体所需，可加入添加剂，能远程提供动力液，适用于高凝油、稠油、高含蜡油井	泵效低，系统设计复杂，不适用于含较高自由气井，地面系统工作压力较高

② 海底天然气的开采方法

天然气与石油一样储藏在封闭的地层中，可以同石油储藏在一起，也可以单独储藏。那些和石油共同储藏的天然气会随着石油一同开采出来，而单独气藏的开采方式同石油开采相似，又有其独特的地方。

a. 自喷采气。由于天然气的密度只有0.75～0.8千克/立方米，井筒气柱对井底的压力小；天然气黏度比较小，在地层和管道中进行流动阻力也相对较小；加之天然气膨胀系数大，弹性能量比较充足，所以天然气气藏通常以自喷的形式开采。这种自喷采气方式和自喷采油方式十分相似，主要依靠自身气层压力的能量，采用自身气层压力驱动采收。但因气井的压力较高，天然气又是易燃易爆的，故对井口装置的要求相对高一些，常用的井口装置是采气树。

b. 排液采气。气藏周围往往会伴有水的存在，随着天然气的开采，水会进入到气藏，导致井筒积液。当气井能量不足时，井筒积液不能排出不仅会大大降低气藏的采收率，积液过多时甚至会造成气藏停产。解决这种问题的方式不外乎两种，即排水和堵水。堵水就是采用机械卡堵或者化学封堵的方式将气层和水层隔开，阻止水进入井筒内。排水较为常见，就是要排除井筒积液，又称为排液采气法。排液采气法又可分为优选管柱排水采气、泡沫排水采气、气举排水采气、活塞气举排水采气和电潜泵排水采气等多种方法。

优选管柱排水采气：当气田开发进入中后期，气井不能建立压力、产量、气水比相对稳定的带水采气制度而转入间歇生产时，应及时调整管柱，改成小管柱生产，这就是优选管柱排水采气工艺。该方法的工作原理是充分利用气井自身能量，在气井压力变低时，适当更换或下入较小直径油管，使气流排速增大，达到排水采气的目的。

泡沫排水采气：泡沫排水采气就是向井底注入某种能够遇水产生泡沫的表面活性剂（即起泡剂），起泡剂能降低水的表面张力，借助于天然气流的搅动，把水分散并生成大量低密度的含水泡沫，从而改变井筒内气水流态，提高气井的带水能力，把地层水举升到地面，同时，还可提高气泡液态的鼓泡高度，减少气体滑脱损失。这是一种施工容易、收效快、成本低、不影响日常生产的工艺方法，是产水气田开发的有效增产措施，在采气生产中得到广泛应用。该法在我国已发展成熟，并完善配套。其常用的化学药剂有起泡剂、分散剂、缓蚀剂、减阻剂、酸洗剂及井口相应配套的消泡剂。

气举排水采气：气举排水采气通过气举阀，从地面将高压天然气注入停喷的井中，利用气体的能量举升井筒中的水，使气井恢复生产能力。

活塞气举排水采气：活塞气举排水采气是间歇气举的一种特殊形式，它将活塞作为气液之间的机械界面，依靠气井自身原有的气体压力以一种循环的方式推动油管内的活塞上下移动，从而减少液体的回落，消除气体穿透液体段塞的可能，提高间歇举升的效率。

电潜泵排水采气：电潜泵具有排水量大、扬程高、适应各种工况等优点，其作为一种行之有效的排水采气工艺现在越来越多地被应用于气田生产。除了气井本身的特殊性能外，气井使用电潜泵排液采气技术与油井使用电潜泵机完全相同。

（4）海底油气资源的主要开发模式

根据油气生产储存和输送方法，我国海底油气资源的主要开发模式有以下几种：

① 全海式开发模式

全海式开发模式是指钻井、完井、油气水生产处理，以及储存和外输均在海上完成的开发模式。海上平台设有电站、热站、生产和消防等生产生活设施。在距离海上油田适当位置的港口，租用或建设生产运营支持基地，负责海上钻完井、建造安装和生产运营期间的生产物资、建设材料和生活必需品的供应。

常见的全海式开发模式有：

井口平台（WHP）＋浮式生产储油卸油系统（FPSO），这是最常见的全海式开发模式，如渤中 25－1 油田（图 8－24）等。井口平台是进行简单油气采集的平台，其上只安装钻井系统和完井后的采油树群及其辅助、保障设备系统，比较简单，只适用于浅水。浮式生产储油卸油系统是具有油气处理、储卸油装置的浮式生产系统，其作业原理是通过海底输油管线把从海底开采出的原油传输到 FPSO 的船上进行处理，然后将处理后的原油储存在货油舱内，最后通过卸载系统输往穿梭油轮。FPSO 能对开采的石油进行油气分离、处理含油污水、动力发电、供热、储存和运输原油产品，是集人员居住与生产指挥系统

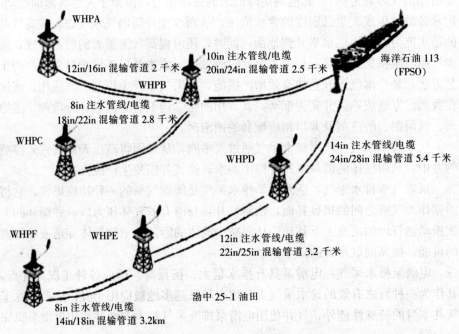

图 8－24　渤中 25－1 油田生产系统

于一体的综合性大型海上石油生产基地。与其他形式石油生产平台相比，它具有抗风浪能力强、适应水深范围广、储/卸油能力大，以及可转移、重复使用的优点，广泛适合于远离海岸的深海、浅海海域及边际油田的开发，目前，已成为海上油气田开发的主流生产方式。

井口中心平台［或井口平台＋中心平台（CEP）］＋浮式储油外输系统（FSO），如陆丰13-1油田（图8-25）等。

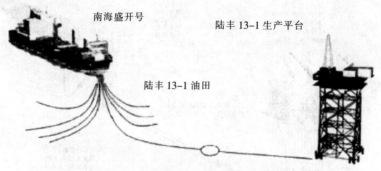

图8-25　陆丰13-1油田生产系统

水下生产系统＋浮式生产储油卸油系统，如陆丰22-1油田（图8-26）等。水下生产系统是指把采油树、水下管汇或水下管汇中心（能完成油气计量、控制、集输、注气、注水、注添加剂等功能）、贮油和水下处理设备等放在水下的生产系统。而水下完井系统（即把采油树放在水下的系统）是水下生产系统的主要组成部分，目前主要使用的是水下完井系统。典型的水下生产系统包括水下采油树、水下管汇、水下管汇中心、水下底盘、海底管线、水下分

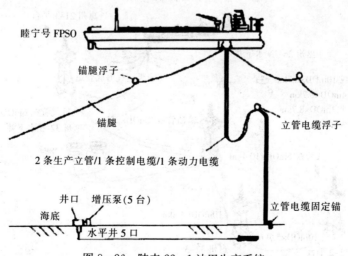

图8-26　陆丰22-1油田生产系统

离器、水下生产系统的控制系统等设备。尽管这种生产系统目前大多数适用于固定平台和浮式装置结合使用，而且是浮式生产系统必不可少的组成部分，但它已经形成了独立的生产系统。

水下生产系统＋浮式生产系统（FPS）＋浮式生产储油卸油系统，如流花11-1油田（图8-27）等。

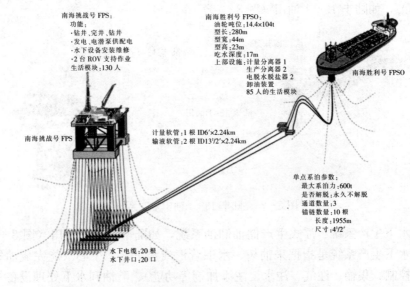

图8-27　流花11-1油田生产系统

水下生产系统回接到固定平台，如惠州油田群（图8-28）等。

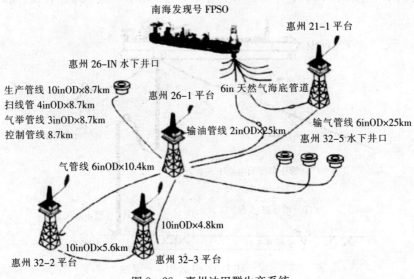

图8-28　惠州油田群生产系统

井口平台＋处理平台＋水上储罐平台＋外输系统，因该模式适于水上储罐储量小、造价高的情况，已不适应现代海上油田的开发需要，在我国海域仅埕北油田一例使用该模式（图8-29）。

图8-29 埕北油田生产系统

井口平台＋水下储罐处理平台＋外输系统，如锦州9-3油田（图8-30）等。

图8-30 锦州9-3油田生产系统

② 半海半陆式开发模式

半海半陆式开发模式是指钻井、采油、原油生产处理（部分处理或完全处理）在海上平台上进行，经部分处理后的油水或完全处理的合格原油经海底管道或陆桥管道输送至陆上终端，在陆上终端进一步处理后进入储罐储存或直接进入储罐储存，然后通过陆地原油管网或原油外输码头（或外输单点）外输销售的开发模式。

常见的半海半陆式开发模式有：

井口平台＋中心平台＋海底管道＋陆上终端，这是最常见的半海半陆式开发模式，如绥中36-1油田（图8-31）等。

图8-31 绥中36-1油田生产系统

生产平台＋中心平台＋水下井口＋海底管道＋陆上终端，如乐东22-1/15-1气田（图8-32）等。

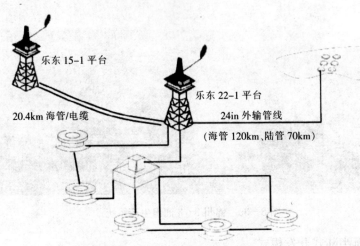

图8-32 乐东22-1/15-1气田生产系统

井口/中心平台（填海堆积式）＋陆桥管道＋陆上终端（图8-33），该模式一般用于浅海、滩海地区，胜利油田、辽河油田有这种开发模式。

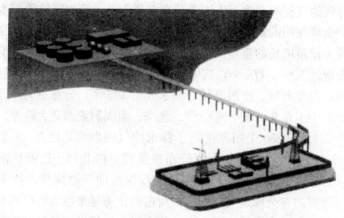

图 8 - 33 井口/中心平台（填海堆积式）＋陆桥管道＋陆上终端开发模式

8.2.3 海底油气资源的开发利用现状

8.2.3.1 世界海底油气资源的开发利用现状

自 1897 年在美国加利福尼亚州海岸附近安装钻机钻井打出第一口海上油井开始，世界海上油气资源的勘探得到蓬勃发展。1911 年，世界上第一座固定平台钻井装置在美国路易斯安那州的卡多湖建成；1937 年，美国首次在墨西哥湾的海上钻井，在海底约 1 710 米深获得日产 85.9 立方米的海底石油；20 世纪五六十年代以后，海底油气勘探开发迅速发展。经历了漫长的发展，世界海底油气的总产量逐年增加。截至 2015 年，海底石油产量占全球石油总产量的 39%，海底天然气产量占全球天然气总产量的 34%。海底石油已经成为世界油气开发的主要增长点，全球共有 100 多个国家进行了海底油气的勘探开发，巴西、英国等国的油气产业已主要依靠开发海底油气资源。由于勘探开发技术的进步，人类开发利用海底油气资源从浅水到中深水、再到深水，不断深入。目前，世界浅水油气资源开发已步入成熟阶段，随着浅水油气开采量越来越大，其储量也在逐渐减少。进入 20 世纪 80 年代后，北海、墨西哥湾、巴西海域等深水油气田陆续被勘探发现，人类开发海底石油的重点转向深水。随着海洋油气田开发规模的增大和水深的不断增加，海洋钻完井、海上平台、水下生产技术、流动安全保障与海底管道等海洋工程新技术不断涌现、各类海洋工程重大装备的研发和建造速度不断加快，人类开发海底油气的进程不断加快。围绕海洋油气田开发，许多国家启动并实施了一系列研究计划，美国、挪威、英国、巴西、新加坡等初步形成了海底油气勘探开发和施工装备技术体系及产业化基地，与此同时，海洋油气田的开发模式由浅水单一固定平台、向水下生产设施＋浮式生产设施等开发模式转变。

全球海底油气资源有将近 1/3 蕴藏在海洋深处，即大陆坡的深水、超深水域。目前，全球探明的新增海底油气储量中，深海区储量比浅海区高出很多，深海区已成为储量增长的重要接替区。据国际能源数据库统计，截至 2012 年，深海区共发现油气田 1 178 个，其中深水油田 682 个，深水石油储量主要分布于墨西哥湾、西非海域、巴西海域；深水气田 496 个，分布更为广泛，但天然气储量主要集中于东非海域、地中海、北海、澳大利亚西北大陆架、东南亚等地区。如今，大约有 50 个国家进行了深水油气的勘探，已在 19 个盆地获得 33 个亿吨级油气发现，其中约七成分布在墨西哥湾北部、巴西东南部和西非三大深水区近十个沉积盆地。近年来，随着深水油气勘探开发技术的飞速进步，深水油气资源在全球油气总供给中所占的比重越来越大，墨西哥湾、巴西深水区产量已超过浅水海域。深水海域正在成为世界海底油气开发的主战场和世界油气工业可持续发展的重要领域。

目前，世界范围内已经建成 3 000 米水深深水工程作业船队，主要包括深水多缆地震勘探船、深水勘察船、深水钻井平台、深水起重铺管船、深水辅助工作船等深水油气资源勘探开发工程装备体系[①]。深水油气勘探开发工程技术及装备发展迅速，浮式生产储油装置、张力腿平台、深水多功能半潜式平台、深吃水立柱式平台等各种类型的深水浮式平台和水下生产设施已经成为深水油气田开发的主要装备。深水油气田开发水纪录为 2 943 米、钻探最深纪录为 3 095 米[②]，各国石油公司已把目光投向 3 000 米水深的海域。但要使深水油气资源大规模地开发出来为人类所用，还需要解决深水大型油气田勘探技术，深水高温高压钻完井技术，深水浮式平台设计、建造及安装技术，深水水下远距离控制和供电技术，深水油气水多相油气处理与远距离集输过程流动安全保障技术，深水海底管线和立管等诸多制约深水油气勘探开发的关键技术。

8.2.3.2 我国海底油气资源的开发利用现状

我国海底油气资源的开发比西方国家起步晚，经过 50 多年的勘探开发，我国近海石油已经已经具备了 300 米水深的海洋油气田勘探开发技术能力，并从浅水到深水不断迈进，初步建成以海洋石油 981 半潜式钻井平台为核心的深水重大工程装备和具备 3 000 米水深作业能力。如今，我国海底油气储量和产量都有了大幅增长，海底油气已成为我国石油增量的主要来源。截至 2013 年底，已投入开发的海上油气田为 90 个（油田 82 个，气田 8 个），累计产油 5.3×10^8 吨，累计产气 $1.365\,8 \times 10^{11}$ 立方米。2009 年 12 月 19 日，中国海洋

① 周守为，李清平，朱海山，等. 海洋能源勘探开发技术现状与展望 [J]. 中国工程科学，2016，18（2）：22.

② 周守为，曾恒一，李清平，等. 海洋能源科技发展战略研究报告 [R]. 北京，2015.

石油总公司年油气总产量达到了 5×10^7 吨，建成"海上大庆油田"。自 2010 年起，我国海洋油气当量一直稳定在 5×10^7 吨以上，至 2015 年我国海洋油气总产量突破 1 亿 toe，创历史新高，其中石油产量 2.15 亿吨，天然气为 1 271 亿立方米[①]。当前，我国海上油气田的开发区域主要包括渤海、东海、南海，以及海外墨西哥湾、西非、巴西等深水区块，主要集中在近海。

在近海油气勘探开发方面，我国的海底油气资源开发起步于 20 世纪 50 年代的莺歌海。1960 年，我国用驳船安装冲击钻在莺歌海盐场水道口浅海打了深约 26 米的两口井，首次在海上获得约 150 千克的重质原油。1971 年，我国在渤海"海四油田"正式建立了两座固定式采油平台，累计采油 60.3 万吨，是我国第一个海上油田。自 1996 年以来我国近海油气年产规模快速增长，进入蓬勃发展阶段，近海油气产量在我国石油产量构成中的比重逐渐上升，成为我国油气产量主要的增长点。截至 2013 年底，我国近海累计发现三级石油地质储量为 7.14×10^9 立方米，三级天然气地质储量为 $1.753\,4\times10^{12}$ 立方米，运营在生产的油气田为 90 个，形成年产 5×10^7 吨油气当量的产能规模。渤海、东海以及南海作为我国三大油气主要分布海域，是我国海洋油气生产的主力军。目前，我国形成了渤海海域以油为主，南海北部、东海海域油气并举的海上油气田开发格局，建成了四大海上油气生产基地，即渤海油气开发区、南海西部油气开发区、南海东部油气开发区和东海油气开发区。其中，渤海油气开发区主要以渤海盆地勘探开发为主，现有在生产油气田 42 个，2010 年成功建成 3×10^7 吨油气当量年产规模。截至 2016 年，在油价低迷形势下，渤海油气开发区连续 7 年顺利完成年产 3 000 万方的目标，约占我国海洋油气总产量的 60%，总计贡献 2.5 亿吨，成为我国重要的能源生产基地。南海西部油气开发区主要以北部湾盆地、莺歌海盆地、琼东南盆地以及珠江口盆地西部的勘探开发为主，目前已建成 1×10^7 吨油气当量年产规模；南海东部油气开发区主要以珠江口盆地东部的勘探开发为主，目前已建成 1×10^7 吨油气当量年产规模。南海油气资源潜力巨大，有"第二个波斯湾"之称，但因其战略位置十分重要，与越南、马来西亚、菲律宾等周边国家存在诸多海域争议，因此，目前我国对于南海油气资源的开发困难重重。基于南海油气资源极高的开采价值以及维护国家海洋权益的需要，南海将会是未来我国海底油气资源开发的主要方向。东海有惊人的油气储备，被称为"第二个中东"，目前其油气开发区主要以东海盆地的勘探开发为主，现建成 1×10^6 吨油气当量年产规模，随着新的勘探发现，未来增长潜力很大。东海虽然油气储量发现率较低，但它拥有致密

① 2015 年中海油油气总产量突破 1 亿吨创历史新高 [EB/OL] . http：//finance.cnr.cn/gundong/20160330/t20160330_521747752.shtml, 2016 - 03 - 30.

• 377 •

砂岩气，这是目前国际上开发规模最大的非常规天然气，资源潜力极大，一旦掌握完备开采技术，将成为我国海上天然气开采的重要源泉。

在深水油气勘探开发方面，我国尚处在起步阶段，但经过不懈努力也取得了一些成果和进步。我国从 20 世纪 80 年代末开始跟踪国外深水油气勘探的开发进展；1996 年，中国海洋石油总公司与阿莫科东方石油公司合作，运用创新技术共同开发了我国第一个水深超过 300 米的油田流花 11 - 1，实现了我国深水油气田开发零的突破；1997 年，通过对外合作实现了水深 333 米的陆丰 22 - 1 油田的开发，并在全世界首次使用了海底增压泵，成为世界深水边际油田开发的范例；2006 年流花 11 - 1 油田由合作开发转变为自主经营；2011 年，我国初步形成以海洋石油 981 为代表的、具备 3 000 米水深作业能力、五型多类深水工程重大专业装备，包括海洋石油 720 深水地球物理勘探船、海洋石油 981 深水半潜式钻井平台、海洋石油 708 深水勘察船、海洋石油 201 深水起重铺管船、深水三用工作船等；2014 年，我国南海第一个水深超过 1 400 米的深水油气田荔湾 3 - 1（水深 1 480 米）成功建成投产。2015 年，我国第一个自营深水气田陵水 17 - 2 前期研究启动，首次完全自主进行深水气田的前期研究，成为我国深水工程设计的重大转折点。在国家科技重大专项、国家高技术研究发展计划（863 计划）等持续支持下，目前，我国初步突破了深水勘探、深水钻完井、深水平台、水下生产设备、流动安全保障技术、深水立管和海管等核心技术，具备 1 500 米水深深水油气田相关实验研究、设计和运行管理技术体系。

虽然，我国经历了几十年的海底油气勘探开发，但开发程度远远不及陆地充分，还有很多海底油气资源有待探明，具有较强的开发潜力。海底油气开发的工程技术和装备取得了长足的进步，但海底油气勘探和开采技术与世界先进水平还有很大的差距，尤其是深水油气开采和一些非常规技术开采。东海丰富的近致密气由于缺乏非常规的开发技术和海上低孔渗油气田高效开发的经验，目前仍难以进行经济有效的开采。我国已投产的深水油气田开发水深纪录与世界纪录还相差甚远，深水工程重大装备虽初具深水作业能力，但深水重大装备的概念设计、配套作业装备几乎全部依赖进口[①]，还无法满足我国海底油气开发的实际需求。

8.3 海底天然气水合物的开发

8.3.1 海底天然气水合物简介

天然气水合物是 20 世纪科学考察中发现的一种新的矿产资源，它既不同于

---

① 周守为，李清平，朱海山，等 . 海洋能源勘探开发技术现状与展望 [J] . 中国工程科学，2016，18（2）：28.

流体石油，又不同于气相的天然气，而是以固态的形式赋存于深海沉积物或陆域的永久冻土中，是一种有笼形构造的似冰状结晶矿物，主要由天然气和水分子在高压低温条件下结合而成，多呈白色、淡黄色、琥珀色和暗褐色。因其外观像冰一样而且遇火即可燃烧，因此又被称为"可燃冰"或者"固体瓦斯"和"气冰"。天然气水合物中组成天然气的成分主要有烃类（如 CH_4、C_2H_6、C_3H_8、C_4H_{10} 等同系物）以及非烃类气体（如 CO_2、N_2、H_2S 等），这些气体赋存于水分子笼形晶格架内。在自然界中，由于形成天然气水合物的气体主要是甲烷，因此，天然气水合物常常以甲烷分子质量分数超过 99％的甲烷水合物为主。

　　天然气水合物被认为是一种巨大的高效清洁能源，1 立方米天然气水合物可转化为 164 立方米的天然气和 0.8 立方米的水。其燃烧后几乎不产生任何残渣，污染比煤、石油、天然气都要小得多。目前全球天然气水合物的资源总量相当于已探明石油、天然气和煤的总量的 2 倍，全球储量足够人类使用 1 000年。海洋是天然气水合物赋存的主要场所，海底储层的资源量占全球天然气水合物总储量的 99％左右，常常以侵染状、层状或块状形式赋存于水深 300～3 000米甚至更深的陆坡深水沉积物中，具有资源密度高、能量高、分布广、规模大等特点。依据最新和较为保守的估算，全球海底天然气水合物所蕴藏的甲烷气体约为 $2.8×10^{15}$ 立方米（2 800 万亿立方米），比全世界天然气的总储量（$0.18×10^{15}$立方米或 180 万亿立方米）大得多[①]，是迄今为止所知的最具开采源价值的海底能源矿产资源。

8.3.1.1　天然气水合物的晶体结构

　　天然气水合物的基本结构特征是主体水分子通过氢键在空间相连，形成一系列不同大小的多面体孔穴，这些多面体孔穴或通过顶点相连，或通过面相连，向空间发展形成笼形水合物晶格。分子大小合适的气体分子充当客体分子，与水分子通过范德华力相互作用，被包裹在笼子内。一个笼形孔穴一般只能容纳一个客体分子（在压力很高时也能容纳两个像氢分子这样很小的分子）。按水分子的空间分布特征区分，目前已发现的天然气水合物的晶体结构有Ⅰ型、Ⅱ型和 H 型三种（图 8 - 34）。Ⅰ型水合物在自然界分布最为广泛，其晶胞是体心立方结构，包含 46 个水分子，由 2 个小孔穴和 6 个大孔穴组成，小孔穴为五边形十二面体（5^{12}），大孔穴是是由 12 个五边形和 2 个六边形组成的十四面体（$5^{12}6^2$），Ⅰ型水合物仅能容纳 CH_4、C_2H_6 这两种小分子的烃以及 N_2、CO_2、H_2S 等非烃分子。Ⅱ型水合物晶胞是面心立方结构，包含 136个水分子，由 16 个小孔穴和 8 个大孔穴组成，小孔穴也是 5^{12}孔穴，但直径上

---

①　刘玉山．海洋天然气水合物勘探与开采研究的新态势（一）［J］．矿床地质，2011，30（6）：1154．

略小于 I 型的 5^{12} 孔穴，大孔穴是由 12 个五边形和 4 个六边形所组成的十六面体（$5^{12}6^4$），II 型水合物不仅能容纳 CH_4、C_2H_6、N_2、CO_2、H_2S、O_2 等小气体分子，还可以容纳 C_3H_8、iso-C_4H_{10} 等体积稍大的烃类分子。H 型水合物晶胞是简单的六方结构，包含 34 个水分子，晶胞中有 3 种不同的孔穴，即 3 个 5^{12} 孔穴、2 个 $4^3 5^6 6^3$ 孔穴和 1 个 $5^{12}6^8$ 孔穴，H 型水合物的大孔穴可以容纳比 iso-C_4H_{10} 还要大的气体分子。II 型和 H 型水合物比 I 型水合物更稳定。

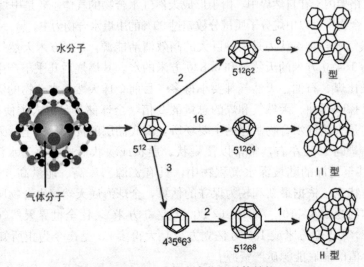

图 8-34　天然气水合物的晶体结构

8.3.1.2　海底天然气水合物的形成

天然气水合物通常出现在深层的沉淀物结构中，或是在海床处露出。天然气水合物据推测是因地理断层深处的气体迁移，以及沉淀、结晶等作用，与上升的气体流和海洋深处的冷水接触所形成。海底天然气水合物的形成主要受一定的温压条件和烃类气体来源控制，合适的温压条件和大量的烃类气体来源是海底天然气水合物形成的基本条件。

（1）海底天然气水合物的温压条件

天然气水合物的形成和稳定存在需要低温和高压条件。在一定的温压条件下，即在天然气水合物稳定带（HSZ）内，水合物可以稳定存在，如果脱离稳定带水合物就会分解。天然气水合物一般随沉积作用的发生而生成，随着沉积的进一步进行，稳定带基底处的水合物随等温线的持续变化而分解。孔隙中的水达到饱和后会产生游离气体，其向上运移到水合物稳定带并重新生成水合物[①]。海洋中形成天然气水合物通常要求水深在 300~4 000 米，温度在 2.5~

---

① 业渝光，刘昌岭，等 . 天然气水合物实验技术及应用 ［M］. 北京：地质出版社，2011：7.

25℃。影响水合物成矿的温度、压力条件因素主要包括表层水和底水温度、地温梯度，静水压力（水深）和静岩压力。研究表明，水温、地温梯度及压力与天然气水合物的埋深和厚度密切相关（图 8 - 35）。海底温度越低，水合物稳定带厚度越大，反之越薄；地温梯度越大，水合物的埋深较浅，厚度较薄，反之越厚；水深越大，水合物稳定带越厚，反之越薄。在正常条件下，在海洋中表层水温接近 0℃、水深为 3 000 米的深水区，天然气水合物稳定带的厚度可达 1 000 米左右；在表层水温接近 4℃、水深为 1 000 米的浅水区，天然气水合物稳定带的厚度约为 400 米。

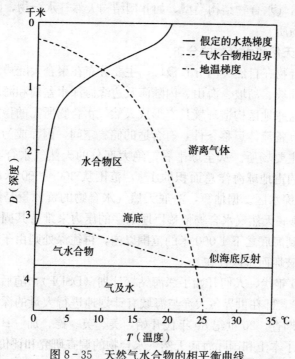

图 8 - 35　天然气水合物的相平衡曲线

（2）海底天然气水合物的气源

甲烷是海底天然气水合物中主要的烃类气体成分，其浓度百倍于其他的碳氢化合物气体。那么海底天然气水合物中的甲烷气体是从何而来的呢？一般认为其来源主要有生物化学成因和热解成因两种，还有少数天然气体水合物同时含有这两种成因的烃类气体，称为混合成因。

大部分海底天然气水合物的烃类气体来源均属于生物化学成因，这类烃类气体主要来自于其赋存的沉积围岩中，主要是通过厌氧菌在洋底消化有机碎屑而形成的。这种细菌以从河流和沼泽冲刷到海湾或洋底中的动、植物碎屑为营养，在其消化过程中伴随着少量二氧化碳、硫化氢、丙烷和乙烷的生成，产生大量甲烷。这些气体向上迁移，不断溶解于海底沉积物的间隙水中；当洋底温度和压力条件合适时，即达到一定的低温高压时，天然气水合物就形成了。此外，在天然气水合物层之下还经常储集有大量的甲烷游离气体。生物化学成因的天然气水合物通常形成 I 型结构天然气水合物[①]。

热解成因的烃类气体来源于较深层位，石油和天然气渗出源或地壳更深部向海底的气体释放是这类烃类气体的主要来源。这类烃类气体除了少量在海底之下沉积层中就被捕获形成的天然气水合物之外，更多的是向温压条件适合形成天然气水合物的海底运移。热解成因的烃类气体相对分子质量比较大，可以形成较大的天然气水合物结构类型，如 II 型结构天然气水合物，能够包含甲烷和其他的烃类物质。

8.3.1.3　海底天然气水合物的分布

天然气水合物在自然界的分布极广，主要分布在聚合大陆边缘大陆坡、被动大陆边缘大陆坡、岛坡、海山、内陆海及边缘海深水盆地和海底扩张盆地等构造单元中，这些地区构造环境具有形成天然气水合物所需的稳定温、压条件和充足气源，具备流体运移条件，有合适的储集空间，因而成为天然气水合物分布和富集的主要场所。从全球来看，绝大部分的天然气水合物分布在海洋里，分布面积约占地球海洋总面积的 1/4，范围从 300～500 米的浅水区直至 4 000 米以上的深水区。据估算，海底天然气水合物的资源量是陆地冻土带的 100 倍以上。海底天然气水合物依赖巨厚水层的压力来维持其固体状态，其分布可以从海底到海底之下 1 000 米的范围以内，再往深处则由于地温升高，其固体状态遭到破坏而难以存在。

20 世纪 60 年代，人们开始了深海钻探计划（DSDP），随后开始了大洋钻探计划（ODP），即在世界各大洋与海域有计划地进行大量的深海钻探和海洋地质地球物理勘查，20 世纪 80 年代开始，美、英、德、加、日等国纷纷投入巨资相继开展了本土和国际海底天然气水合物的调查研究和评价工作，一些国家还制定了勘查和开发天然气水合物的国家计划，在多处海底直接或间接地发现了天然气水合物（图 8 - 36）。目前，世界上海底天然气水合物已发现的主要分布区是大西洋海域的墨西哥湾、加勒比海、南美东部陆缘、非洲西部陆缘和美国东海岸外的布莱克海台等，西太平洋海域的白令海、鄂霍茨克海、千岛海沟、冲绳海槽、日本海、四国海槽、中国东海和南海海槽、苏拉威西海和新西兰北部海域等，东太平洋海域的中美洲海槽、加利福尼亚滨外和秘鲁海槽等，印度洋的阿曼海湾，南极的罗斯海和威德尔海，北极的巴伦支海和波弗特

---

① 徐国盛，李仲东，罗小平，等 . 石油与天然气地质学［M］. 北京：地质出版社，2012：410.

海，以及大陆内的黑海与里海等[①]。已探明的海底天然气水合物绝大多数位于被动大陆边缘的陆坡、陆隆之中，或活动大陆边缘的增生棱柱体之中，主要分布在北半球，且以太平洋边缘海域最多，其次是大西洋。

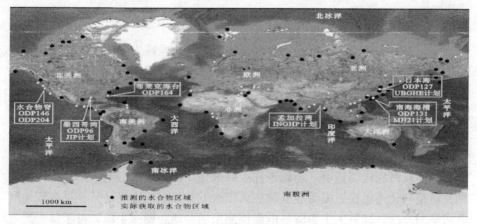

图 8 - 36　天然气水合物的分布

8.3.2　海底天然气水合物的勘探与开发

天然气水合物，特别是海底天然气水合物被公认为是未来最有远景的后续能源，是目前地球上尚未开发的最大能源库。对海底天然气水合物的勘探与开发正日益引起科学家们和世界各国政府的关注，不少大国在海底天然气水合物领域开展角逐。

8.3.2.1　海底天然气水合物的勘探

迄今为止，已经发展出了包括地球物理方法、沉积学方法、地球化学方法、钻探方法等行之有效的天然气水合物勘探方法，其中地球物理方法鉴别似海底反射层（BSR）、空白带、振幅偏移被证明是寻找天然气水合物的重要手段，而利用沉积学方法、地球化学方法确定水合物存在标志，进而对水合物的性质、赋存形式、成因分析、储量估算具有突出的作用。不管使用什么方法进行水合物勘探，最终还要通过钻探方法加以验证。

由于受温度、压强等因素的制约，海底天然气水合物在地层中形成及分布的区域是多样化的，在这样复杂的地质环境中探矿，需要使用多种勘探手段和方法。加之受科学技术水平所限，目前海底天然气水合物的勘探存在着预测资源量偏大、地震剖面上似海底反射层与天然气水合物沉积层关系不明确、水合物成藏动力和体系研究不够等问题，因此需要多种勘探方法互为补充，

---

① 吴金星，等．能源工程概论［M］．北京：机械工业出版社，2014：184.

提高勘探准确性。当前，主要使用地球物理和地球化学的方法对海底天然气水合物进行勘探，采取以物探法中的地震勘探为主、其他方法为辅的办法来判定地层中是否有水气合物存在。随着海洋科技的发展，水下成像技术也崭露头角①。

（1）海洋地球物理勘探

海洋重力勘探：海底沉积物含水合物会引起地层重力变化，但这种变化较小，只有高精度海底重力仪才能检测到。海洋重力勘探就是对可能存在天然气水合物的海底沉积地层，通过重力仪记录海底随海洋波动的垂直起伏，进而计算近海底沉积地层的剪切模量，通过剪切模量异常估算沉积地层中天然气水合物的含量。

海洋电磁勘探：天然气水合物受其特殊的温度压力条件限制，一般存在于海底表面或海底浅部地层，与周围孔隙海水相比具有很高的电阻率。海洋电磁勘探就是一种通过在近海海底或海底人工激发并接收电磁场信号测量海底地层电阻率的方法。通过人工源海底电磁探测来辅助地震勘探手段，可了解天然气水合物厚度、孔隙度，从而利用电法资料辅助评价和计算天然气水合物的资源。

海洋地震勘探：物探法是现在普遍使用的天然气水合物的勘探方法，准确度也比较高，尤其是地震勘探技术应用广泛。单道和多道地震是勘探天然气水合物中一直使用的传统方法，其震源主频较低，穿透深度大，可以清楚地显示似海底反射层（BSR）的位置，但是主频低导致垂向分辨率受到制约，为了能更好地显示水合物层的细部结构，研究者们发展了高分辨率地震方法、深拖多道地震探测方法、海底地震仪方法、海底地震电缆等探测方法。高分辨地震勘探设备比传统地震勘探设备简单，震源频率高，注重地层垂向分辨率，可清楚地显示 BSR 层；深拖多道地震勘探中，将震源和数据接收电缆置于近海底，可分辨出水合物层详细的地层结构，但是 BSR 层反射要弱一些；海底地震仪放置于海底，进行定点长期观测，与反射地震数据相配合，可以给出水合物区的沉积地层速度结构模型；海底地震电缆是将电缆铺设在海底来接收地震数据，它可以接收到海面拖缆无法记录到的 S 波信号，利于 BSR 之下的气区成像。这几种探测设备各有优点，因此应根据海底实际情况、海洋环境等多种因素选择探测设备，提高勘探准确率。

海底热流勘探：天然气水合物形成和分解时都会伴随着吸热和放热的过程，水合物在沉积物中的形成是一个放热过程，因此形成的水合物藏上方，应

---

① 尹聪，兰丽茜，王芳．海洋天然气水合物勘探方法综述［J］．海洋开发与管理，2015（1）：27－29．

当出现地热正异常；相反，水合物分解是一个吸热过程，在被破坏的水合物藏的上方应当出现地热负异常。利用海底热流探针可以直接测量海底热流和海底温度，利用测得的数据可以估算天然气水合物稳定带的底界，也可大体上确定大陆边缘水合物可能存在的分布范围。

测井技术：测井技术是随着钻探技术的发展而应用起来的一种天然气水合物勘探的有效方法，能够识别含水合物的沉积层。由于天然气水合物需要低温高压的环境，一旦改变这些外部条件，很容易引起水合物分解，而测井方法能够在原位地层压力和温度条件下测量地层物理特性，该法对发现和研究天然气水合物来说是其他的勘探方法所不能替代的。

（2）海洋地球化学勘探

天然气水合物受到外部环境中温度压强的影响，会分解或者结晶，这样使其周边的水体、沉积物等的地球化学性质产生异常变化，通过分析这些变化，可以确定水合物可能的成矿位置，这是识别海底天然气水合物赋存位置的有效方法。

气体异常检测法：甲烷是构成天然气水合物的主要物质，另外还有少量烃类，如乙烷、丙烷等，和非烃类的化合物，如 H_2S，CO_2 等，因此存在天然气水合物的地区，在海底沉积物、海水及海面大气中，这些气体元素含量必然会出现异常。正常情况下，海水中的甲烷含量非常小，每升海水中仅有几纳克或几万纳克，而水合物分解产生的甲烷微量渗漏，可以使甲烷含量有数千倍的增加。而 H_2S 出现异常高值是因为水合物中上渗的甲烷与海水中的硫酸根离子在近海底附近发生化学反应，生成 H_2S，从而使气体含量可能偏高。此外，海底还会出现 CO_2 的喷溢，如 Sakai 等在冲绳海槽发现有 CO_2 气泡冒出，与海水接触后形成 CO_2 水合物。

孔隙水 Cl^- 浓度异常：孔隙水中 Cl^- 浓度异常是水合物矿区的重要标志之一。通常在水合物分布地区孔隙水 Cl^- 浓度随深度急剧减小。这是因为天然气水合物在形成过程中会产生排盐作用，使得周围孔隙水中 Cl^- 浓度增高；随着沉积物被压实，固体和液体发生分离，流体向上排升，使得原来的高氯度流体运移到沉积物顶部，从而造成浅层沉积物中孔隙水 Cl^- 浓度增高，水合物附近孔隙水 Cl^- 浓度反而降低。因此，孔隙水 Cl^- 浓度可以作为指示天然气水合物的一个重要指标。

稳定同位素法：稳定同位素化学是研究天然气水合物成矿气体来源的最有效的手段，多用甲烷中的[13]C 值等来判定成矿原因。随着研究不断深入，有更多的化学物质可用来判定天然气水合物的存在。比如[4]He 同位素在海底冷泉附近出现高值异常，而冷泉又与水合物的存在有密切的关系，所以高[4]He 含量成为判别水合物存在的一个重要标志。

（3）海底地貌勘测和水下成像勘测

由于天然气水合物分布常和海底诸如断层、麻坑、泥火山、底辟这样的地形地貌有关，因此可使用多波束条幅测深技术和精密声相技术结合来进行海底微地貌探测。现在海底探测手段多样，普遍是利用声呐设备，如多波束、侧扫声呐、合成孔径声呐、浅地层剖面仪等进行海底地形地貌和地层结构的探测，有的尖端设备甚至可以探测到海底以下的储气层和沉积层，这无疑为有无水合物存在提供有力依据；在海底成像技术不断发展的今天，还可以使用海底电视摄像技术和水下机器人等来探测真实地形地貌，推断天然气水合物可能产生的区域。

8.3.2.2 海底天然气水合物的开发

（1）海底天然气水合物开采方法

海底天然气水合物开采难度之大也是业界公认的，因其呈固态，不会像石油开采那样自喷流出。如果把它从海底一块块搬出，因其靠低温高压封存，若温度升高，水合物中的甲烷就可能溢出，在从海底到海面的运送过程中挥发殆尽，同时还会给大气造成巨大危害；或者若冰块消融、压力回升，一旦控制不当可能会引发海底滑坡等地质灾害。此外，还要控制采收过程中分解的气体和水再次形成天然气水合物。

为了获取这种清洁能源，世界许多国家都在致力于研究天然气水合物的开采方法。目前，国际上普遍提出了采用收集气体的方法来开发海底天然气水合物，即通过破坏天然气水合物层稳定存在的温度、压力或组成使海底下的水合物分解，再将分解出来的甲烷气体采至地面。虽然国际上已提出了几种方法，但因海底天然气水合物储藏的地质条件复杂，实现稳定连续开采、破碎、输送困难，因此现有的开采技术尚处于理论和试验阶段，如何实现海底天然气水合物稳定连续产业化生产以及避免环境灾害和降低开发成本等问题尚有待进一步解决。科学家们认为，一旦开采技术获得突破性进展，可燃冰立刻会成为21世纪的主要能源。

① 热激发开采法

热激发开采法是直接对天然气水合物层进行加热，使天然气水合物层的温度超过其平衡温度，从而促使天然气水合物分解为水与天然气的开采方法。这种方法是研究最多、最深入的天然气水合物开采技术，经历了直接向天然气水合物层中注入热流体加热、火驱法加热、井下电磁加热以及微波加热等发展历程。热激发开采法可实现循环注热，且作用方式较快。加热方式的不断改进，促进了热激发开采法的发展，但这种方法至今尚未很好地解决热利用效率较低的问题，而且只能进行局部加热，因此该方法尚有待进一步完善。

② 减压开采法

减压开采法是一种通过降低压力促使天然气水合物分解的开采方法。减压途径主要有两种：一是采用低密度泥浆钻井达到减压目的；二是当天然气水合物层下方存在游离气或其他流体时，通过泵出天然气水合物层下方的游离气或其他流体来降低天然气水合物层的压力。减压开采法不需要连续激发，成本较低，适合大面积开采，尤其适用于存在下伏游离气层的天然气水合物藏的开采，是天然气水合物传统开采方法中最有前景的一种技术。但它对天然气水合物藏的性质有特殊的要求，只有当天然气水合物藏位于温压平衡边界附近时，减压开采法才具有经济可行性。海底减压开采法的技术设备较陆上的复杂，除开采用的钻孔用具外，海底开采还需要一个浮动钻井平台以及套管、防喷和安全设备等。近年发展起来的深海油气开采技术可以借用到海底水合物开采上来。

③ 化学试剂注入开采法

化学试剂注入开采法通过向天然气水合物层中注入某些化学试剂，如盐水、甲醇、乙醇、乙二醇、丙三醇等，破坏天然气水合物藏的平衡条件，促使天然气水合物分解。这种方法虽然可降低初期能量输入，但缺陷却很明显，它所需的化学试剂费用昂贵，对天然气水合物层的作用缓慢，而且还会带来一些环境问题，所以，对这种方法投入的研究相对较少。

④ 水力压裂法

水力压裂法是利用温度相对较高的海水由高压泵通过注入井注入天然气水合物储层，在加热储层的同时使其产生人工裂缝，为分解气体提供运移通道，然后通过气—水分离器将流出的气、水两相流体分离，将气体加工后直接输出[①]。该方法可以通过人工控制增加储层裂隙，促进储层压力降低，同时温热海水提供分解所需热量，普遍认为这种方法是一种强化的综合热激发法与减压法的新开采方法。

⑤ CO_2 置换开采法

CO_2 置换开采法即用 CO_2 置换甲烷气体与天然气水合物分解出的水生成 CO_2 水合物。该法由日本研究者首先提出，其依据是天然气水合物稳定带的压力条件。在一定的温度条件下，天然气水合物保持稳定需要的压力比 CO_2 水合物更高。因此在某一特定的压力范围内，天然气水合物会分解，而 CO_2 水合物则易于形成并保持稳定。如果此时向天然气水合物层注入 CO_2 气体，CO_2 气体就可能与天然气水合物分解出的水生成 CO_2 水合物。这种作用释放

---

① 徐兴恩，蒋季洪，白树强，等. 天然气水合物形成机理与开采方式 [J]. 天然气技术，2010，4 (1)：65.

出的热量可使天然气水合物的分解反应得以持续地进行下去[①]。

　　运用该法，在开采之前先在平台上向天然气水合物储层钻出 3 口井，由 1 口井向水合物储层注入高温海水，使天然气水合物分解。再经过另一井的密封套管提取分解出的甲烷气体。气体采出后通过第 3 口井向井下注入 CO_2 使之在地层中生成 CO_2 水合物。这样，一方面可以填补采空的岩层，另一方面又可以把温室气体 CO_2 固定在深部地层中，起到了所谓"固碳作用"，其示意图见图 8 - 37。

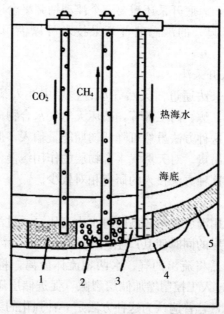

1. CO_2 水合物；2.分解出来的甲烷和水；3.注入的热海水；
4.游离气体层；5.天然气水合物

图 8 - 37　CO_2 水合物置换法开采海底天然气水合物的示意图

⑥　固体开采法

　　固体开采法最初是直接采集海底固态天然气水合物，将天然气水合物拖至浅水区进行控制性分解。这种方法进而演化为混合开采法或称矿泥浆开采法，该法首先促使天然气水合物在原地分解为气液混合相，采集混有气、液、固体水合物的混合泥浆，然后将这种混合泥浆导入海面作业船或生产平台进行处理，促使天然气水合物彻底分解，从而获取天然气。

---

　　①　吴传芝，赵克斌，孙长青，等．天然气水合物开采研究现状［J］．地质科技情报，2008，27（1）：47-48.

(2) 海底天然气水合物开采中的环境效应

海底天然气水合物藏的开采会改变天然气水合物赖以赋存的温压条件，引起天然气水合物的分解。如在开采过程中不能有效地实现对温压条件的控制，就可能产生一系列强烈的环境效应，这是海底天然气水合物开采研究中不能忽视的问题。

① 加剧温室效应

甲烷作为强温室气体对大气辐射平衡的贡献仅次于二氧化碳，其温室效应是二氧化碳的 20 倍，而温室效应造成的异常气候和海平面上升正威胁着人类的生存。海洋和陆地全部天然气水合物中蕴含的甲烷量约是大气圈中甲烷量的 3 000 倍，加之天然气水合物分解产生的甲烷进入大气的量即使只有大气甲烷总量的 0.5%，也会明显加速全球变暖的进程。因此，在海底天然气水合物的开采过程中若不能很好地对甲烷气体进行控制，就必然会加剧全球温室效应。

② 影响海洋生态

海底天然气水合物在开采过程中，甲烷进入海水中后会发生较快的微生物氧化作用，影响海水的化学性质。甲烷气体如果大量排入海水中，其氧化作用会消耗海水中大量的氧气，使海洋形成缺氧环境，从而对海洋微生物的生长发育带来危害，导致生物礁退化，生物群落萎缩，破坏海洋生态平衡。此外，若进入海水中的甲烷量特别大，还可能造成海水汽化和海啸，甚至会产生海水动荡和气流负压卷吸作用，严重危害海面作业甚至海域航空作业。

③ 引发海底滑塌

在开采过程中，海底天然气水合物的分解还会产生大量的水，释放岩层孔隙空间，极大地降低海底沉积物的工程力学特性，使天然气水合物赋存区地层的固结性变差，陆坡区稳定性降低，导致海底软化，出现大规模的海底滑塌，毁坏海底输电或通信电缆等海底工程设施。如在钻井过程中引起天然气水合物大量分解，可能会导致钻井变形，加大海上钻井平台的作业风险。

8.3.3 海底天然气水合物的开发利用现状

8.3.3.1 世界海底天然气水合物的开发利用现状

天然气水合物储量大、分布广、清洁高效，是未来煤、石油、天然气等常规能源的理想接替能源。自 1810 年英国科学家戴维首次在实验室发现天然气水合物以来，国际上对天然气水合物的研究大致经历了实验研究（1810—1934 年）、管道堵塞与防治研究（1934—1969 年）、资源调查研究（1969—2002 年）和试验开采（2002 年至今）4 个阶段[①]。20 世纪 60 年代起，世界上发达和发

---

① 中国石油学会石油工程专业委员会海洋工程工作部. 海洋石油工程技术论文（第六集）[M]. 北京：中国石化出版社，2014：333.

展中的濒海国家都相继投入巨资开展天然气水合物的调查与研究，对其物理和化学性质、产出条件分布规律、勘探和开采技术、经济评价及环境影响等方面都进行了广泛而深入的系统研究。美国、加拿大、德国、日本和韩国等 30 多个国家和地区相继制定了天然气水合物勘探计划，积极进军天然气水合物资源的开发利用领域。迄今，人们已在近海海域与冻土区发现水合物矿点超过 230 处，涌现出一大批天然气水合物热点研究区。近年来，在一些研究比较深入的水合物热点区，如美国阿拉斯加北坡区、加拿大马更些三角洲、我国南海神狐海域和日本南海海槽区，已进行了多次天然气水合物开采试验，成功地从自然界水合物藏中采出了水合物分解气，全球掀起了天然气水合物勘探开发热潮。

美国是开展海底天然气水合物调查最早的国家，处于世界领先地位。早在 20 世纪 60 年代，美国就在墨西哥湾及东部布莱克海台实施油气地震勘探，首次发现了海底天然气水合物的地震标志——海底反射层（BSR）。1979 年和 1981 年，美国通过 DSDP 在墨西哥湾及布莱克海台再次实施深海钻探，取得了水合物岩芯样品。1995 年，美国通过大洋钻探计划（ODP）在布莱克海台再次实施了一系列深海钻探，探明天然气水合物资源量为 180 亿吨油当量。迄今为止，美国已经在其东南大陆边缘、俄勒冈外太平洋西北边缘、阿拉斯加北坡、墨西哥湾大陆边缘、密西西比峡谷等海域进行了天然气水合物调查，绘制了全美海底天然气水合物的资源分布图，评价了各矿区的资源量和开发潜力。

日本虽然于 1992 年才开始重视海底天然气水合物的研究，但后来居上，发展迅速，在海洋水合物开发领域的探查、研究和前期的实验研究工作均处于世界领先地位。目前，日本已基本完成周边海域的天然气水合物调查与评价，并已于 2013 年 3 月在其东南部海域采用降压法进行了天然气水合物试采，在世界上首次从海域天然气水合物藏中分离出甲烷气体，在 6 天的时间内累计产气量达 12 万立方米。近年，日本加快了其近海天然气水合物勘探开发研究步伐。2015 年，日本制定了新的海底天然气水合物试采计划，2017 年，日本按计划在南海海槽区开展新一轮水合物中长期降压试采研究工作，5 月 4 日在南海海槽区正式开始第二次海底天然气水合物试采研究，并已成功采出天然气。此外，日本近年还加强了日本海东部大陆边缘天然气水合物勘探研究工作，现已发现水合物有利构造 900 多个，确定了近海底浅部气烟囱型与较深部砂层孔隙填充型两种水合物赋存模式。

印度也十分重视天然气水合物的潜在价值，于 1995 年制定了国家级天然气水合物研究计划，投巨资对其周边海域的天然气水合物进行前期调查研究。2006 年在其近海海域开展了国家水合物研究计划第一阶段研究，以克里希纳—戈达瓦里盆地、喀—孔盆地、默哈纳迪盆地，以及安达曼岛近海为研究区，开展了为期 113 天的天然气水合物钻探航次，在上述 4 个研究区的 21 个站位共钻孔 39 个，进行了取芯与测井研究，采出约 140 个水合物岩芯样品，取得了天然气水合物勘探的重大突破。2015 年，印度正式启动了以优选天然气水合物富集区为主要目标的国家级水合物研究计划第二阶段的研究工作，并首次在印度洋发现具有开采前景的天然气水合物矿藏，是目前发现的规模最大、储量最为丰富的天然气水合物矿藏之一。

此外，近年来，加拿大、德国、澳大利亚、法国、英国、比利时、巴西和挪威等国对海底天然气水合物的重视程度也不断提高。

虽然目前全球在海域深水区已成功开展了多次天然气水合物试采研究，对加热法、降压法与二氧化碳置换法等水合物主要开采方法的技术可行性进行了初步探索，并在多处都获得了试采研究的成功，但从整体上看，海底天然气水合物开采研究仍处于探索阶段，迄今为止尚未形成能够经济有效地开采海底天然气水合物的技术方法或方法组合。从现有开采研究结果看，海底天然气水合物开采过程中的采气持续性与采气规模、原地分解带来的地层滑塌风险以及可能存在甲烷无序释放从而影响海洋生态与大气环境等问题还没有得到很好的解决，距离海底天然气水合物商业开发对技术可行性、经济可行性与安全开采的要求还相差很远。

8.3.3.2 我国海底天然气水合物的开发利用现状

与国外相比，我国对海底天然气水合物的调查研究虽然起步较晚，但进展迅速，是继日本之后全球第二个成功开展海域水合物试采研究的国家。

1990 年我国首次在实验室里合成甲烷水合物，在该领域研究中迈出了具有实质意义的第一步。1997 年中国地质科学院完成了"西太平洋气体水合物找矿前景与方法的调研"，认为南海和东海具备天然气水合物的成藏条件和找矿前景。1999 年在南海进行了 500 千米深水高分辨率多道地震调查，首次发现了似海底反射的水合物存在标志，第一次在我国海域确定了有天然气水合物的存在。2002 年，中国地质调查局开始系统组织实施我国海底天然气水合物调查与研究。2007 年 5 月，南海天然气水合物调查获得了突破性进展，在南海北部神狐地区的海床以下 183～225 米处成功钻获了天然气水合物实物样品，样品释放的气体中甲烷含量高达 99.4% 以上，点火即可燃烧。天然气水合物以均匀分散、成层分布，含天然气水合物沉积层较厚，最大厚度达 25 米，饱和度非常高，显示出南海北部天然气水合物资源具有巨大的能源潜力，初步预测南海北部陆坡天然气水合物总资源量可能大于 100 亿吨油当量。我国因此成为继美国、日本、印度之后第四个通过国家级研发计划采到水合物实物样品的国家，这一突破标志着我国对水合物的研究已由实验室阶段步入到资源调查和开发利用这一阶段。2011 年，我国正式启动了长达 20 年的国家水合物计划，其中对南海水合物的勘查是重大项目，主要任务是利用综合地质、地球物理、地球化学等手段在重点成矿区带进行勘查，查明资源的分布情况并实施试验性开采。2013 年，在珠江口盆地东部海域开展钻探研究，首次发现肉眼可见的高纯度水合物，水合物呈块状、瘤状、层状、脉状和分散状等多种赋存方式产出。23 口钻井获得控制资源量达 1 000 亿～1 500 亿立方米。2015 年，在神狐海域 2007 年钻探区附近再次开展钻探研究，20 多口钻井全部发现天然气水合物存在的证据，证实神狐海域天然气水合物广泛存在，发现超千亿方级水合物矿藏；还在神狐海域西南陆坡区，利用海马号潜水器，首次发现海底"冷泉"现象，并通过重力取芯器采出肉眼可见水合物样品。2017 年 5 月 18 日，神狐海域水合物试采成功，实现了连续 8 天稳定产气，累计产气超 12 万立方米，最高产量每日产气达 3.5 万立方米，平均日产气 1.6 万立方米，其中甲烷含量最高达 99.5%。这次试采不仅在海域水合物试采研究中第一次实现了连续稳定产气，而且也是世界首次成功实施泥质粉砂型天然气水合物藏安全可控开采试验，创造了产气时长和总量的世界纪录，取得了海域天然气水合物试采研究的历史性突破。2017 年 11 月 3 日，国务院正式批准将天然气水合物列为新矿种。

虽然我国近年来通过不断加强天然气水合物开采的研究力度，在海底天然气水合物开采研究领域取得了一些突破性的成果，但总体上，国内海底天然气水合物开采研究才刚刚开始，未来要实现产业化和商业化开采仍然任重道远。

8.4 海底多金属结核的开发

8.4.1 海底多金属结核简介

多金属结核是沉淀在大洋底的一种矿石，俗称锰矿球、铁锰结核、锰结核和结核等。它是由包围核心的铁、锰氢氧化物壳层组成的核形石，生长在海底岩石或岩屑表面。结核表面有光滑型、粗糙型和瘤状（或葡萄状）型三种类型，颜色常为黑色或褐黑色，形状千姿百态，有球状、椭圆状、马铃薯状、葡萄状、扁平状、炉渣状等，粒径从几毫米到 20 多厘米不等，以覆盖或浅埋的方式赋存于 4 000～6 000 米海底沉积物上。结核中含有近 70 种金属元素，特别富含镍、钴、铜、锰等有价金属，其品位分别为：镍 1.30%、钴 0.22%、铜 1.00%、锰 25.00%。其总储量高出陆地相应金属储量的几十倍到几千倍，具有很高的经济价值。结核所富含的金属，广泛地应用于现代社会的各个方面，如锰可用于制造锰钢，极为坚硬，能抗冲击、耐磨损，大量用于制造坦克、钢轨、粉碎机等；结核所含的铁是炼钢的主要原料；所含的金属镍可用于制造不锈钢，所含的金属钴可用来制造特种钢；所含的金属铜大量用于制造电线；结核所含的金属钛，密度小、强度高、硬度大，广泛应用于航空航天工业，有"空间金属"的美称。据估计，全世界各大洋底多金属结核的总量达 3 万亿吨，其中，太平洋的结核覆盖区面积近 2 300 万平方千米，有商业开采潜力的资源总量达 700 亿吨[①]。不仅如此，多金属结核还会不断地生长，仅太平洋底的多金属结核每年就以 1 000 万吨的速率生长。可见，多金属结核是一种极具开发前景的深海金属矿产资源，只要开采技术成熟、开采得当，海底多金属结核将成为人类取之不尽、用之不竭的可再生多金属矿物资源。

8.4.1.1　海底多金属结核的形成

多金属结核的生长是一种极其缓慢的地质现象，数百万年才增长 1 厘米左右。其成长有点像树的生长年轮，各种金属元素通过各种渠道和不同的搬运方式，来到具备形成多金属结核的"核"上，围绕着核心，在深水环境下，经过漫长的岁月，最后形成一个同心圈层逐次包裹的、大小不等的结核体，其过程往往长达上百万年至数千万年。

海底各类多金属结核是如何形成的？目前，科学家对多金属结核的成因众说纷纭，这些未解之谜还有待科学的进一步探索。关于多金属结核的金属供应源问题，主流的观点有两种，一是水成作用，金属成分缓慢从海水中析出，经氧化沉淀形成结核体。据了解，水成结核的铁、锰含量相仿，镍、铜、钴品位相对较高。二是成岩作用，由沉积物中活化迁移的金属元素重新在沉积物/水界面氧化析出，形成结核。此种结核锰含量丰富，但铁、镍、铜、钴含量较少。此外，还有其他学者提出不同的多金属结核形成机理，如热液成因认为金属来自于火山活动有关的热液；海解成因认为金属成分来自玄武岩碎屑的分解；生物成因认为微生物的活动催化金属氢氧化物析出沉淀等。

在结核形成期间，上述成因可能有几种是同时或相继发生的。具体而言，不论结核的成因为何，有几个因素是共同的，一是结核形成需要低沉积速率或在其沉淀积聚之前有某种刷除沉积物的过程。这样，结核体在被埋藏前得以增长，否则被埋藏后就难以具备发展所必需的条件。二是浮游生物积聚了铜、镍等微量元素，在其死亡后沉降到海底的有机物可能为组成结核的金属来源之一。三是海水中的锰主要来自热液喷口（热泉）；热液从洋壳裂缝上涌时，锰从底层的玄武岩中沥滤出。四是微生物活动进一步促进了结核的凝聚过程。

8.4.1.2　海底多金属结核的分布

人类经过 100 多年的调查研究发现，多金属结核在深海大洋底分布相当广泛，除北冰洋少见外，几乎遍布世界各大洋，所有大洋都有自己的多金属结核矿藏，其分布密度、金属含量及比例根据所在区域的不同变化很大。一般认

---

① 王运敏. 现代采矿手册（下册）[M]. 北京：冶金工业出版社，2012：40.

为，平均丰度（每平方米的多金属结核重量）在 5 千克以上，平均品位（结核中铜、钴和镍三种元素的百分含量之和）高于 1.8%，具有一定的规模、可进行独立开采的矿体才具有经济价值。据目前已发现的多处结核矿藏，赋存量最丰富的区域位于 4 000~6 000 米深的海底平原，主要分布在太平洋、印度洋和大西洋，但分布不均匀。

太平洋是结核分布最广泛、经济价值最高的地区。结核的分布呈带状分布，有东北太平洋海盆、中太平洋海盆、南太平洋、东南太平洋海盆等分布区。尤其是位于东北太平洋海盆内克拉里昂、克里伯顿两层断裂之间的地区（人们通常称之为 C-C 区），多金属结核一个挨着一个铺满了海底，平均每平方米有结核 100 千克以上，总量估计可达 30 亿~50 亿吨，是世界最著名的多金属结核富集区，其结核经济价值最高。除印度外的所有先驱投资者的矿区均在 C-C 区域内（见图 8-38）。

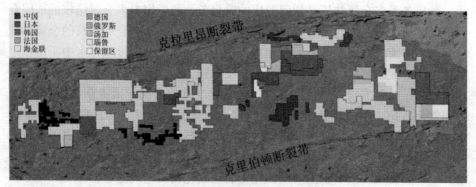

图 8-38　各国在 C-C 区享有多金属结核勘探开采权的分区

印度洋的结核分布较大西洋广泛，主要有中印度洋海盆、沃顿海盆、南澳大利亚海盆、塞舌尔地区和厄加勒斯海台五个分布区。其中，位于中印度洋海岭和东印度洋海岭之间的中印度洋海盆的结核无论是其丰度还是结核中的 Cu、Co、Ni 含量均较高。印度申请的矿区位于该海盆。

大西洋的结核分布十分有限，主要分布在北大西洋的凯而文海山、布莱克海台、红黏土区和中央大西洋海岭。大西洋的结核主要特点是其分布水深较浅且金属元素含量较低，如布莱克海台的结核中镍含量仅为 0.52%、铜含量仅为 0.08%。

8.4.2　海底多金属结核的勘探与开发

8.4.2.1　海底多金属结核的勘探

在勘探多金属结核矿床的过程中，人们研究出了数种技术与方法。多年来，多金属结核资源的探测和取样技术有了长足进展。

1930 年代以来，一直采用回声测深（声呐）技术勘查洋底地形。传统回声测深仪在船底垂直发射宽束（40 度）声波。根据从发出声脉冲到接收海底回声之间的时间间隔，可以按照声音在水中的传播速度（每秒约 1 500 米）算出水深。在船只行进过程中所获得的连续测深数据提供该船航迹下方的地形剖面图。要准确地测绘海底某一区块的地形，就必须行走等距平行航迹。

1970 年代末，出现了多波束回声测深仪。设备发射一系列窄束（2 度）声波信号，作扇形分布，与船体轴线正交排列。每次发射得出一系列同该船航迹下方及旁侧各点相对应的测深数据。现代化多波束回声探测仪（侧扫声呐）每一扫描带有 150 多个测量数据（平均每 130 米一个数据），覆盖宽达 20 千米，水深至 4 000 米的范围，可以辨别许多以前看不见的地形。在船上，一分钟之内即可绘出地图，从而得以实时"阅读"海底某区段的地形。邻接刈幅很容易用电脑拼接。加上精度达 1 米的全球定位系统，绘出的 1∶25 000 比例尺地图在准确度上堪与最佳的陆地地形图相媲美。海面测量还以深拖声呐在海底上方测量作为补充。大多数勘探者还以带照相机的无缆取样器投入海底进行取样、拍照。每次能从 0.25 平方米地区采集数千克结核，并对 2～4 平方米地区拍照。根据所有这些资料，即可以估计海底结核丰度（千克/平方米）。由电缆操作的抓斗和照相机提供的信息更为可靠，不过速度较慢。声呐技术的最新改进应能促进新装置的开发，以更准确地测量结核分布的密度。这样就能用较短时间勘测大范围内的结核丰度。

8.4.2.2 海底多金属结核的开发

海底多金属结核采矿通常要在水深 3 000～6 000 米的海底复杂环境下进行，结核在海底表面呈二维空间单层分布，采矿设备须大面积作业才能形成生产能力，结核周围是比较松软的海底沉积物，采矿设备需考虑沉积物的承重能力和沉积物的扰动对深层水体生态环境的破坏，还需考虑水下采矿设备要承受通常 30～60 兆帕海水的静压作用、海水的腐蚀以及海底洋流的冲击作用等，以及考虑采矿设备必须满足规模化的生产能力（年开采能力应满足冶炼处理多金属结核 100 万～300 万吨规模的需求）和较高的采收率（力求大于 25%）。可见，海底多金属结核的开采难度极大。

（1）海底多金属结核的开采系统

海底多金属结核的开采是一个庞大复杂的系统工程，其工艺过程是集矿机将赋存在大面积洋底的结核采集起来，经过脱泥、破碎、经软管输送到水下中间平台的中继料仓内，再由给料机将结核送入扬矿主管道，由提升泵将其提升到洋面采矿船上。

海底多金属结核的开采一般由集矿系统、扬矿系统、监控系统、采矿船和运输支持系统等组成①。通常把在深海海底采集结核的装置称为集矿系统或集矿机，其功能是将海底结核采集起来，并就地脱除沉积物、对大块的结核加以破碎等初处理并连续向扬矿系统提供结核。连接在海底集矿机和海面采矿船之间的装置称为扬矿系统或扬矿装置，其功能是把海底集矿机采集到的结核提升到采矿船上来。监控系统包括水下作业的遥测遥控装置及海底集矿机和海面采矿船的定位装置等，其功能是给采矿系统定位（包括海底集矿系统的定位和海底集矿系统与采矿船之间的相对定位）以及作业控制和监管等。采矿船相当于深海采矿作业的活动平台，其功能是为水下设备提供支撑、动力、存放和维修服务，同时起着贮存和转运结核的作用。运输支持系统的功能是向采矿船输送补给品，并将采矿船上的多金属结核转运到港口，如果采用船上冶炼的方式，结核则直接转移到冶炼船上。集矿和扬矿是开采系统的核心技术和关键组成部分。

（2）海底多金属结核的开采方法

海底多金属结核的采矿方法按集矿机在海底的行走方式，可分为拖曳式（牵引式）和自行式两种。拖曳式水下集矿装置是由海面的采矿船拖着（牵引着）行进的。自行式则是靠海面采矿船遥控装置控制水下集矿机自己行进的，其行走结构又有履带式和螺旋桨式两种形式，履带式与坦克的履带极为相似，螺旋桨式同船用螺旋推进器相似。根据多金属结核开采的提升方式不同，可分为间断式采矿方法和连续式采矿方法两大类，其具体分类如图 8 - 39 所示。

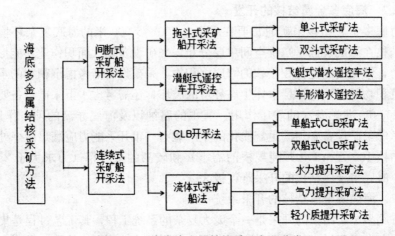

图 8 - 39　海底多金属结核采矿方法分类

① 杨显万，邱定蕃. 湿法冶金 ［M］. 北京：冶金工业出版社，2011：496.

①拖斗式采矿船开采法

拖斗式采矿船法由美国加利福尼亚大学约翰·梅罗教授于1960年提出，是深海开采多金属结核的最简单方法，可分为单斗式采矿法和双斗式采矿法。

单斗式采矿法：单斗式采矿系统原型来自于深海采样船的取样拖斗，由于多金属结核矿层很薄，需另行设计拖斗以满足结核开采要求。该系统由采矿船、拖揽和铲斗三部分组成。在采矿船上装有结核开采所需的绞车、发电装置、采矿拖斗系统、受矿装置及维修设施，此外还有供作业人员生活所必需的设施。拖斗既是结核的采集器，又是洋底结核的储运仓，在满足海底安全工作的前提下，为提高生产能力，拖斗尽可能设计得大些。单斗式采矿法的生产过程包括：a. 下放拖斗。在海水中以3m/s的速度下放拖斗，当拖斗临近海底时，拖斗上的声响计发出着地信号，停止下放拖斗。b. 采集锰结核。操纵采矿船，牵引拖斗慢速前行，拖斗沿海底收集锰结核，通过电视摄像观察拖斗工作状态，直至结核装满拖斗。c. 提升。确认拖斗装满后，开动采矿绞车，提升拖斗至海面，将其拖到采矿船后部的履带卸矿机上，结核经受矿漏斗，再由管道泵送至选矿船上。d. 洗选。对采集到的锰结核进行洗选，将分离尾矿与废物直接倒入海中，对大块锰结核进行破碎，将合格产品输送到储存仓中，以便运至陆地处理。该法具有投资少、设备简单、技术可靠、操作简便等优点，而且对采矿船的要求不高，旧船改造即可使用，从而可节省大量的资金并尽快投入生产。缺点是间断式工作，拖斗在海底无法控制，回采率低，生产效率低。随开采深度增加，提升周期延长，生产效率下降，作业成本提高。

双斗式采矿法：由于单斗式采矿法仅采用一只拖斗，拖斗工作周期长，从生产效率与作业成本考虑均不利于海底多金属结核的开采，因此，双斗式采矿法应运而生。双拖斗采矿系统与单拖斗系统基本相同，由采矿船、拖缆和两只拖斗构成。采矿船上安装一个绞车或两个互联式绞车，绞车滚筒上缠绕着一根总长度大于海水深度的钢绳，钢绳的两端各悬挂一个拖斗。采矿时一个拖斗上升，另一个拖斗下降，部分抵消提升过程中拖斗的自重，减少提升的动力损耗。与单拖斗系统相比，双拖斗系统的生产能力与作业效率可提高一倍，且可节省投资，降低开采成本。在多金属结核收集过程中，可采用Z形路线行走、将绞车两端的钢绳分别联结在两个拖斗的上方和下方两种办法防止两拖斗在提升中相互缠绕。

② CLB 开采法

连续索（绳）斗式采矿系统（简称CLB采矿系统）起源于日本，是日本益田善雄于1967年发明的，它实际上是由链斗式挖泥船演变而来。该法可分为单船式CLB采矿法和双船式CLB采矿法（图8-40）。

单船式CLB采矿法：单船式CLB采矿系统由采矿船、无级绳斗、绞车、

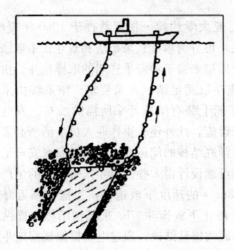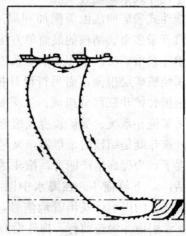

图 8-40　单船式 CLB 采矿法（左图）和双船式 CLB 采矿法（右图）

万向支架及牵引机组成。采矿船及其装置与拖斗式采矿法基本相同，绳索为一条首尾相接的无级绳缆，通常由合成纤维、尼龙或聚丙烯材料制成，抗拉强度要求大于 7 500 兆帕，其长度不能小于海水深度的 2.5 倍。绳索不能过长或过短，过长导致能耗大，过短则影响结核收集效率。在绳索上每隔 25～50 米固结一个类似于拖斗的索斗。万向支架是绳索与索斗的联结器，能有效防止索斗与绳索的缠绕。牵引机是提升无级绳的驱动机械。开采结核时，采矿船前行，置于大海中的无极绳斗在牵引机的拖动下做下行、采集、上行运动，无级绳的循环运动使索斗不断达到船体，实现结核矿的连续采集和提升。该法设备简单，初期投资少，维护方便，对结核粒度要求不高，受海水深度及海床地形条件影响小，且绳斗能稳定船体，减少波浪对作业的影响。但绳斗全部为柔性，无法实现有效定位与远距离遥控，采集轨迹也难以控制，矿石的回收率低。另外，由于绳斗数量有限，绳速不能太快，亦影响该法的生产能力。

　　双船式 CLB 采矿法：由于单船 CLB 采矿法的收集效率与回采率问题，人们开始了双船 CLB 采矿法的研究。该采矿系统构成与单船基本相同，对绳索的强度要求较大。双船作业时，绳索间距由两船的相对位置确定，两船间距一般以 1 000～2 000 米为宜。双船开采时，船体的行走速度在 0.5 米/秒左右，绳斗的环行速度约 1 米/秒，两船前后相距 200 米左右，可增加绳斗着底时间，确保铲斗装满。该法虽然解决了绳斗缠绕问题，但需要两条船，不但系统投资增加，且操纵与管理复杂，协调与组织难度增大，此外，还需解决采集轨迹的控制、采掘带增大、铲斗装满系数等问题。

③ 往返潜艇式采矿车开采法

往返潜艇式采矿车开采系统由一条海面工作母船，多台自动潜艇式采矿车及半潜式的水下平台组成。采矿车按照工作母船的指令潜入海底采集结核，边采集边排放艇内压舱物，装满结核矿后上浮到半潜式水下平台，卸下结核，装满压舱物，重新潜入海底进行下一个工作循环。采矿车主要由自行推进、浮力控制、压载三大系统组成，其主体由质量很轻但强度很大的浮力材料构成。艇内压舱物既可以是海水，也可以是废石、海砂等。目前开发出两种自动潜艇式采矿车，即飞艇式潜水遥控采矿车和自动穿梭式潜水遥控采矿车。该法设备独立、灵活性好，采集效率较高，回采损失小，能大幅度提高结核产量。但对设备制作技术和遥控技术要求非常高，造价很高，开发难度较大，因而暂时被搁置下来，作为今后第二代深海采矿技术考虑。

飞艇式潜水遥控采矿车法：飞艇式潜水遥控采矿车可利用廉价的压舱物，借助自质量沉入海底采集结核，装满结核后抛弃压舱物浮出海面。该法的采矿车上附着有两个浮力罐，车体下装有储矿舱，利用操纵视窗可直接观察到海底锰结核赋存与采集情况，待储矿舱装满结核后，利用浮力罐内的压缩空气的挤压排出压舱物产生浮力，使采矿车浮出水面（图 8 - 41）。

图 8 - 41 飞艇式潜水遥控采矿车

自动穿梭式潜水遥控采矿车法：这是由法国多金属结核调查研究协会主持，于 1972 年开始研制的，是一种融集矿和提升为一体的深潜自行式采矿系统。它通过遥控利用压载物和自重（550 吨）作用，潜入海底。在海底行走是靠螺旋推进器实现的。该系统在海底边采集结核、边逐渐排出压载物，当采满结核后，压载物也已经全部排出，浮至半潜平台，将结核卸到半潜平台料仓内。该装置的动力靠蓄电池供给，往返于半潜平台和海底之间（图 8 - 42）。

图 8 - 42　自动穿梭式潜水遥控采矿车

④ 流体式采矿船法

集矿机与扬矿管道结合的流体式采矿系统由集矿机、输送软管、中间矿仓、刚性扬矿管及采矿船等组成。集矿机在海底采集结核（能自动行走或由采矿船经刚性管道拖拽行走），采集的结核在集矿机内清洗脱泥和破碎后，经软管输送到连接于刚性扬矿管下端的中间矿仓，通过一根垂直提升管道借助流体上升动力将结核提升到海面采矿船上。按照流体的性质不同可分为水力提升、气力提升和轻介质提升三种采矿系统。这类采矿系统的优点是可配用自行遥控式集矿机，在海底可自行行走，具有较大的灵活性；能达到较高的生产效率和采收率；具有避开海底障碍物和不利地形的能力；可实现规模化开采，因而具有一定商业应用前景。其中，水力提升和气力提升采矿法被认为是当前最具有前途和切实可行的海底多结核提升方法（图 8 - 43）。深海探险公司、海洋管理公司、肯尼柯特集团及公害资源研究所等都曾进行这两种提升多金属结核的工业试验，并取得了较大进展。

水力提升采矿法：水力提升系统用串接于扬矿管道中间的潜水矿浆泵作为动力装置，将中间矿仓内的结核矿浆吸入管道并泵送到采矿船上。20 世纪 70年代末，国际深海采矿财团在海上进行试验证明这套系统是可行的。在该法中，泵是最关键的设备，曾经采用过的泵有离心泵、活塞泵、旋流泵等。该法

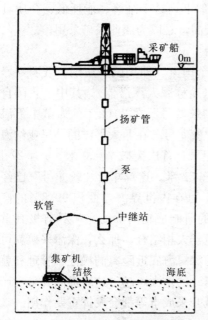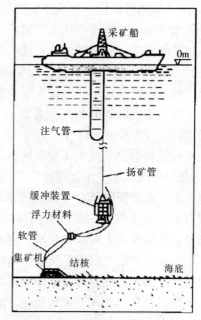

图 8-43　水力提升采矿法（左图）和气力提升采矿法（右图）

需要解决的主要技术难题是减轻结核通过泵体造成的磨损，延长泵的使用寿命。

气力提升采矿法：气力提升系统以压缩空气作动力，在扬矿管道的一定深度处通入压缩空气，因混入压缩空气的矿浆比重小于管外海水比重，利用管内外的压力差，将结核扬送到采矿船上面。该法将集矿机置于洋底，开动船上的高压气泵，高压空气沿注气管道向下，从扬矿管的深、中、浅 3 个部位注入，在扬矿管中产生高速上升的固、液、气三相混合流，将经过筛滤系统选择过的结核提升至采矿船内，提升效率约为 30％～35％。该法技术简单，水下作业部件少，空气压缩机等设备可放在采矿船上，易于维修和控制，寿命可高达上万小时。但输送结核的体积浓度比水力法低，仅为 10％，能耗比水力法高35％以上，三相流流态难以控制，压气沿管道上升时，压力不断降低，体积不断膨胀，流速不断增加，容易形成炮弹流，极难操作，而且，由于空气在深海中易被压缩和溶解，压气耗损大。

轻介质提升采矿法：轻介质提升系统是以比重小于 1 的轻介质（固体或液体）代替压缩空气作为扬送结核矿浆的载体，其工作原理与气力提升一样。它是在垂直扬矿管底将轻介质注入，与海水混合，借助于轻介质在扬矿管内上浮的力量将结核提升到海面采矿船上，在船上分离结核并回收轻介质循环使用。轻介质可以是比海水轻的液体（如煤油），也可以是固体颗粒（如轻质塑料小球）。该法虽然可以把动力设备装在采矿船上，易于维修、能耗低、介质具有不可压缩性和不溶解性等优点，但成本较高，难以为商业采矿采用。

（3）海底多金属结核的开采技术前沿

21世纪初，包括我国在内的少数几个国家（即美国、法国、俄罗斯、日本及中国）已研制成功深海载人潜水器（简称载人深潜器）。其中，我国自行设计、自主集成研制的载人深潜器——"蛟龙号"在2011年的海试中下潜深度已达到5188米，2012年6月24日，"蛟龙号"在西太平洋的马里亚纳海沟试验海域成功创造了载人深潜新的历史纪录，首次突破7000米，6月27日，"蛟龙号"再次刷新"中国深度"，下潜7062米。这意味着"蛟龙号"已经成为世界上下潜最深的作业型载人潜水器，可在占世界海洋面积99.8%的广阔海底自由行动（图8-44）。载人深潜器的研制成功对深海采矿具有极其重大的意义，如果将载人深潜器与水下智能机器人相结合，那么，深海采矿就可实现变在海面采矿船上的远距离遥测遥控为深海海底近距离的操控、管理和就地实时维修（指一般性故障排除和设备小修）的重大跨越。这对提高开采生产效率、提高采收率、实现开采规模化、降低开采成本等都会发挥重要作用。

图8-44 我国"蛟龙号"载人深潜器

8.4.3 海底多金属结核的开发利用现状

8.4.3.1 世界海底多金属结核的开发利用现状

多金属结核最早是1868年首先在西伯利亚岸外的北冰洋喀拉海中发现的，1872—1876年，英国"挑战者"号考察船进行科学考察期间发现世界大多数海洋都有多金属结核。1945年后，随着海洋地质研究的蓬勃兴起，多金属结核的调查研究工作进入了一个新的发展时期。1959 年，长期从事多金属结核研究的美国科学家约翰·梅罗发表了他的关于多金属结核商业性开发可行性的研究报告，引起许多国家政府和冶金企业的重视。此后，对于多金属结核资源的调查和勘探大规模展开，开采、冶炼技术的研究和试验也迅速推进。在这方面投资多、成绩显著的国家有美国、英国、法国、德国、日本、俄罗斯、印度及我国等，其中，美国的多金属结核全靠进口，所以其对结核开采最为重视，在海底多金属结核开发技术方面也处于领先地位。

大洋底储量巨大、经济价值极高的多金属结核的发现，引发了全球多金属资源的争夺。20 世纪 50 年代末，美国、英国、法国、德国、日本、加拿大等发达国家及苏联开始进行大洋多金属结核资源勘查和开采技术的研究开发，先后提出了连续绳斗法开采系统、自动潜浮穿梭式采矿车开采系统和管道提升扬矿开采系统。20 世纪 70 年代后期，这一研究开发活动达到了高潮，以美国为首的 3 个跨国财团，海洋管理公司（OMI）、海洋矿业协会（OMA）、海洋矿物公司（OMCO），分别在太平洋海域进行了水深 5 000 米的深海开采试验，采用水力提升和气力提升采矿系统成功地采出了 1 500 多吨多金属结核[1]。到 80 年代，全世界有 100 多家从事多金属结核勘探开发的公司，并且成立了 8 个跨国集团公司。随着其他深海矿产资源的不断发现，这种国际竞争更为激烈。为了协调和规范海底资源的开发，联合国从 1972 年开始召开海洋法会议；1982 年，《联合国海洋法公约》在激烈的博弈当中通过；国际社会根据《联合国海洋公约》成立了国际海底管理局，并于 1996 年正式投入运行；2000 年，国际海底管理局完成了海底多金属结核矿勘察与开采的原则、规定和规范。到目前为止，俄罗斯、日本、法国、印度、中国、韩国、德国等国家先后在国际海底管理局登记成为先驱投资者，获得了具有专属勘探权和优先商业开采权的多金属结核合同区。但由于目前缺少相对较成熟的多金属结核开采技术，对多金属结核所富含的铜、镍、钴、锰等金属元素，全球需求程度未发生明显变化，全球金属供给市场能暂时保持供需平衡，加之对多金属结核的开采很可能会对深海环境带来巨大影响，势必对海底脆弱的生态环境造成破坏，尤其是底栖生物生态系统，因此，国际上对多金属结核的开采至今仍处在试验和改进之中，目前个别发达国家已进入深海实地试采探索阶段，但距离商业性开采仍要走很长的路。

8.4.3.2 我国海底多金属结核的开发利用现状

我国从 70 年代中期开始进行大洋多金属结核调查，1978 年，"向阳红 5 号"海洋调查船在太平洋 4 000 米水深海底首次捞获多金属结核。1983 年，我国开始在太平洋国际海底区域对多金属结核进行系统调查。经多年调查勘探，

---

[1] 邹伟生，黄家桢. 大洋锰结核深海开采扬矿技术 [J]. 矿冶工程，2006, 26 (3): 1.

在夏威夷西南，北纬 7°~13°，西经 138°~157°的太平洋中部海区，探明一块可采储量为 20 亿吨的富矿区。1991 年，继印度、法国、日本、俄罗斯之后，我国的中国大洋协会获准在联合国登记为国际海底先驱投资者，获得了 15 万平方千米的多金属结核开辟区。20 世纪 90 年代，在国家专项资金的支持下，中国大洋协会集国内优势力量，在开辟区进行了 10 个航次的调查研究工作，优选出 7.5 万平方千米、面积和渤海差不多的多金属结核区，按期执行了海洋法公约规定的区域放弃任务。2001 年，国际海底管理局和中国大洋协会正式签订《多金属结核勘探合同》，明确了大洋协会对 7.5 万平方千米合同区内多金属结核资源的专属勘探权和商业优先开发权，这是我国在国际海底区域获得的首个多金属结核勘探合同区。在大洋协会的统一规划、组织领导和协调下，通过"八五""九五""十五"3 个五年计划的努力，我国在开采技术的试验研究方面取得了令人瞩目的进展，研制出自动行走水力式集矿机，进行了多方案的扬矿试验和深海潜水电泵的研制，缩短了与发达国家研究开发的差距。2011 年 7 月，我国 5 000 米蛟龙号载人潜水器成功下潜 5 000 米深度，带回来了 5 000 米海底多金属结核的画面，这也是 5 000 米海底锰结核画面的首度曝光，同时也带回 5 000 米海底多金属结核样本，我国开发海底多金属结核矿源迈出重要一步。2017 年 5 月 11 日，中国大洋协会与国际海底管理局签署国际海底多金属结核矿区勘探合同延期协议，大洋协会将在东北太平洋，面积为 7.5 万平方千米区域内继续开展和完善合同区的勘探工作，为期 5 年。目前，"十三五"国家重点研发计划项目——深海多金属结核采矿试验工程项目已经启动，该项目通过深海多金属结核开采关键技术的研究，在 5 年内研制 3 500 米级深海采矿试验系统，完成不小于 1 000 米水深的海上整体联动试验，开展深海采矿环境影响研究，建立环境影响评价模型，初步构建具有国际先进水平的深海采矿技术体系。深海采矿是一项复杂的综合技术，当前西方发达国家已经基本实现多金属结核开采的技术储备，而我国海底多金属结核开采技术同发达国家还有一定差距，正处于追赶阶段，尤其是扬矿泵，更是系统研究的核心。在今后的研究中，需借鉴国外的经验技术，立足于我国国情，加快对多金属结核开采的技术难题进行攻关，为日后大规模商业化开采提供技术储备。

8.5 海底富钴结壳的开发

8.5.1 海底富钴结壳简介

富钴结壳，又称钴结壳、铁锰结壳，是继多金属结核资源之后被发现的又一深海沉积固体矿产资源。它生长在海底硬质基岩上，大多呈层壳状，少数包裹岩、砾石，呈规则球状、块状、盘状、板状和瘤壳状。结壳厚度结壳厚

0.5～6厘米，平均2厘米左右，厚者可达10～15厘米。结壳呈黑色或暗褐色，内部有平行纹层构造，反映结壳生长过程中的环境变化。富钴结壳的生长过程极其缓慢，平均仅几毫米每百万年。研究表明，西太平洋富钴结壳最早于始新世—早中新世开始生长。

富钴结壳的矿物成分主要为自生的铁锰矿物，包括水羟锰矿、钡镁锰矿、羟铁矿、四方纤铁矿、六方纤铁矿、针铁矿等，另外还有少量的碎屑和深海自生矿物，如石英、长石、方解石、磷灰石、重晶石和沸石类矿物。富钴结壳富含锰、铁、钴、镍、铅、铜、钛、铂、钼、锌、铬、铍、钒等几十种金属元素以及稀土元素和铂族元素。其中钴的含量最高，品位高达 0.8%～1.2%，最高可达到 2%，一般都大于 0.5%，比多金属结核中钴的平均含量高 3～5 倍，较陆地原生矿高几十倍。三大洋中，以太平洋富钴结壳的钴平均含量最高。钴是战略物资，因而备受世界各国的重视。富钴结壳所含金属（主要是钴、锰和镍）用于钢材可增加硬度、强度和抗蚀性等特殊性能。在工业化国家，约 1/4～1/2 的钴消耗量用于航天工业，生产超合金，这些金属也在化工和高新技术产业中用于生产光电电池和太阳电池、超导体、高级激光系统、催化剂、燃料电池和强力磁以及切削工具等产品。此外，结壳中富含的贵金属铂平均含量高于陆地相应矿床的 80 倍，稀土元素总量也很高，因此，富钴结壳很可能成为战略金属钴、稀土元素和贵金属铂的重要资源。富钴结壳的开采结壳往往产于水深不足 2 000 米的半深水区，开发技术和成本都比多金属结核低，是具有巨大经济潜力的深海金属矿产类型。

关于富钴锰结壳的形成过程和机理，目前研究得还不够深入，多数学者认为是水成成因，即钴、铁、锰等金属元素源于海水，结壳沉积可能是纯粹的胶体化学过程。此外，有研究表明微生物在富钴结壳的形成过程中也起着非常重要的作用。

富钴结壳的分布及特征受地形、水深、基岩类型、海水水文化学特征、经纬度等多种因素的影响，主要赋存在水深 500～4 000 米的海山、海岭和海底台地的顶部和上部斜坡区，通常以坡度不大、基岩长期裸露、缺乏沉积物或沉积层很薄的部位最富集。从分布的地理纬度看，它们仅局限于赤道附近的低纬度，以西、中太平洋海山区最富集，主要包括麦哲伦海山区、马尔库斯—威克海山区、马绍尔海山区、中太平洋海山区、夏威夷海岭、莱恩海山区等几座大型海山链，在印度洋和大西洋局部海区也有发现。据估算，太平洋、大西洋和印度洋三大洋海山富钴结壳分布面积为 3 039 452.14 平方千米，干结壳资源量为 (1 081.166 1～2 162.332 2) ×10⁸ 吨[1]（图 8 - 45）。

---

[1] 韦振权，何高文，邓希光，等 . 大洋富钴结壳资源调查与研究进展 [J] . 中国地质，2017，44 (3)：461.

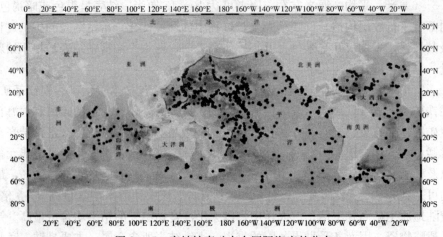

图 8-45 富钴结壳矿点在国际海底的分布

8.5.2 海底富钴结壳的开采方法

自 1980 年代初，德国科考船对中太平洋富钴结壳开展专门调查后，富钴结壳受到世界各国政府的高度重视和海洋学家的密切关注。20 世纪后期，"国际海底区域"活动从多金属结核单一资源向富钴结壳扩展，面向富钴结壳的深海采矿技术成为一些国家的研究热点。美国、日本、俄罗斯等发达国家相继对各专属经济区内的富钴结壳矿床开展了一系列的开发研究，并提出了相应的富钴结壳开采方法，这些有关富钴结壳开采技术研究基本上是在多金属结核采矿系统研究基础上进行拓展，主要集中在针对富钴结壳赋存状态的采集技术和行走技术方面。有代表性的开采方法包括美国专家提出的"自行式采矿机—管道提升的钴结壳开采方法"、日本专家提出的"拖曳式采矿机—管道提升的钴结壳开采方法"和俄罗斯专家提出的"绞车牵引挠性螺旋滚筒截割采矿机—管道提升钴结壳开采方法"等[1]，目前这些开采方法都处于方案研究阶段。

（1）自行式采矿机—管道提升的钴结壳开采方法

美国专家提出的"自行式采矿机—管道提升"富钴结壳开采系统。由装备多个机械臂的自行式海底富钴结壳采矿车组成，切割结壳及其基岩，破碎的结壳及其基岩经水力吸矿器吸入储存仓，再经二次破碎及分选后，采用气力提升方式经扬矿管提升到水面支持船，具备采剥、集矿、大块破碎分选、提升、运输 5 个功能。钴结壳采矿车由 8 条三角形行走履带驱动，以适应地形多变的要

---

① 陈新明，吴鸿云，丁六怀，等. 富钴结壳开采技术研究现状 [J]. 矿业研究与开发，2008，28 (6)：2-3.

求，行驶速度 0.2 米/秒，作业功率 900 千瓦，长 13 米，宽 8 米，空气中重 100 吨。装备有 6 个带切割头的机械臂，由机械臂的上下移动来调节采集头的工作高度。由切割头破碎的结壳块通过安装在大臂后面的水力吸矿器吸入储存仓。该采矿系统能很好地适应变化复杂的微地形，但须解决切割头随微地形变化浮动的技术。

（2）拖曳式采矿机—管道提升的钴结壳开采方法

日本专家提出的拖曳式采矿机—管道提升钴结壳开采系统，由海面采矿船通过扬矿管牵引海底集矿机行驶采集富钴结壳，经整粒、分离并逐渐去除沉积物后，以空气提升的方式输送。试验集矿机的主体由滑板状的台架支撑，在底面拖航，长 13 米，宽 5 米，高 5 米，水中重量约 10 吨，采用压力水射流采集。该法于 1985 年在夏威夷群岛东南深 4 300～4 900 米的海山上试验，连续开采 4 小时，采出 4 吨，平均每斗采集矿样约 75 千克。1993 年，在西太平洋海深 1 500 米，北纬 23°、西径 153°海山上进行了实际开采试验，平均每斗采集矿样约 100 千克。1997 年在改进了球形辊柱绞盘和斗自动卸载等机构后，成功地在西太平洋 2 200 米的 Takuyou 海山上进行了实际开采试验。试验发现，拖曳式采矿机—管道提升的钴结壳开采方法无法有效控制桶斗的运行轨迹，不能适应海底地貌和结壳度的变化，回采率低，生产能力波动，且无法保证达到设计能力，不适于大面积商业开采。因此，转向自行式—液力提升方式的采矿方法研究，并提出了富钴结壳开采方法。该开采系统由海底采矿车或集矿车采集并切割结壳，采用潜水泵经管道输送到水面支持船。其中，海底采矿车或集矿车为用自行式车辆，自行式车辆包括机械切割、破碎、水力吸矿系统、沉积物分离装置、给料装置和集矿头，重量和功率大，结构和控制系统复杂；管线包括钢管和软管。根据富钴结壳的开采方法，申请了基于螺旋切削式破碎方法的采矿车专利，通过改变滚筒式切割头和采矿机的滚筒式采矿头的位置及结构来提高开采效率。

（3）绞车牵引挠性螺旋滚筒截割采矿机—管道提升钴结壳开采方法

俄罗斯自 1987 年起对中太平洋麦哲伦海山进行长达 6 年的富钴结壳勘查研究，根据结壳及其基岩的物理机械性能，提出了"电耙式钴结壳采矿车方法"。作业时，采矿车经潜水平台下放到海底，采矿船后退一定距离，装设用缆索与潜水平台连接的锚固绞车座。采矿机挠性螺旋滚筒由左右螺旋两部分组成，每个螺旋的两端置于轴承座内，两螺旋滚筒分别由位于其外轴承座处的电动机经减速机驱动。螺旋滚筒外面装有切割刀和截齿，里面装有叶片，构成轴流泵。螺旋滚筒切割刀和截齿外面沿轴向设有两个弹性外罩，外罩用橡胶加固，用金属骨架铰接在一起，隔一定间隔用拉杆将螺旋滚筒轴与弹性外罩壁板连接起来。整个滚筒两端轴包括吸入软管，软管与浮动机架相连，支撑在行走轮上，并通过几根索链与牵引钢丝绳相连。矿石提升采用泵提升和索斗提升两种方案，前者提升上来的矿石在船舱内进行沉积分离后送至船舱；后者泵入管道内的矿石沉积在挂于垂直钢丝绳上的管内筛网料斗内提升，空载段在管外下行。该法对于开采微地形变化莫测的富钴结壳而言，机构简单，极具应用前景。

因富钴结壳或松或紧地附着在基岩上，开采技术难度较大，目前，对结壳开采技术的研究和开发尚在初期阶段。要成功开采结壳就必须在回收结壳时避免采集过多基岩，否则会大大降低矿石质量。一个可能的结壳回收办法是采用海底爬行采矿机，以水力提升管系统和连接电缆上接水面船只。采矿机上的铰接刀具将结壳碎裂，同时又尽量减少采集基岩数量。已经提出的一些创新系统包括：以水力喷射将结壳与基岩分离；对海山上的结壳进行原地化学沥滤，以声波分离结壳。

8.5.3　海底富钴结壳的开发利用现状

8.5.3.1　世界海底富钴结壳的开发利用现状

早在 20 世纪 50 年代，美国中太平洋考察队在开展大洋基础地质科学考察时，就发现了太平洋水下海山上存在着铁锰质的壳状氧化物，但未引起重视。此后，美国、俄罗斯亦曾分别对夏威夷群岛和中太平洋海山上的铁锰氧化物开展过调查。直到 1981 年德国"太阳号"科考船率先对中太平洋富钴结壳开展专门调查后，富钴结壳才真正受到世界各国政府的高度重视和海洋学家的密切关注。从 20 世纪 80 年代开始，德国、俄罗斯、美国、法国、澳大利亚、韩国和日本等国家都投入了大量人力、物力、财力进行海底富钴结壳资源调查研究，调查区域主要位于太平洋的各国专属经济区内，少部分为国际水域，并对富钴结壳的分布、类型、成矿特征、成矿环境、形成模式等问题，在宏观和微观上进行了深入研究，美国、日本等国还进行了富钴结壳试采[①]。

目前，在富钴结壳调查中使用的手段主要有卫星遥感系统、多波束水深测量、深海摄像、电视抓斗、拖网、浅钻、浅地层剖面测量等。美国、德国、英国和法国于 20 世纪 80 年代即已经基本完成了海上调查，俄罗斯、日本、韩国和我国等国家目前仍在开展富钴结壳调查。美国地质调查所于 1983—1984 年对太平洋、大西洋等海域进行了一系列航次的调查研究，发现在太平洋岛国专属经济区（包括马绍尔群岛、密克罗尼西亚和基里巴斯群岛联邦）的赤道太平洋和美国专属经济区（夏威夷，约翰斯顿群岛）以及中太平洋国际海域 800～

---

① 韦振权，何高文，邓希光，等 . 大洋富钴结壳资源调查与研究进展［J］. 中国地质，2017，44（3）：468.

2 400 米水深的海山处，存在许多有开采价值的富钴结壳矿床，仅夏威夷—约翰斯顿环礁专署经济区内 5 万平方千米的目标区内富钴结壳的资源量就达 3 亿吨，按当时的估计，此资源开采出来可供美国消费数万年。俄罗斯从 1986 年开始有计划地进行富钴结壳的地质勘探工作。1986—1993 年对西太平洋近赤道北部地带进行了 23 个航次的调查，调查面积达 200 万平方千米，通过区域性调查在麦哲伦海山、南马库斯—威克海山、马绍尔群岛海山、莱恩岛海山区域划出了富钴结壳矿带，并对前两个海山区域进行了普查。1994 年提出了"麦哲伦海山带钴结壳普查勘探工作安排的技术经济方案"，圈定了一些矿床的边界，计算了详查区段和试验采区结壳的矿石储量以及整个矿床的预测资源量，并制定了勘探阶段的工作方法及规范，编制了富钴结壳试验开采设计，查明水文、生态和环境条件等。日本于 1986 年在米纳米托里西马群岛区域采集到了富钴结壳样品，成立了富钴结壳调查委员会。国有金属矿业会社于 1987 年 7 月至 8 月在水深为 550～3 700 米的米纳米—威克群岛海域进行了调查，找到了一些平均厚度为 3 厘米的富钴结壳矿层，其钴含量为陆地矿的 10 倍以上。1991 年对西太平洋的第 5 号 Takuyou 海山进行了调查，发现在水深不到 1 500 米的地势平坦的 3 000 平方千米范围内存在丰度＞4 千克/平方米的大量富钴结壳，总储量约 0.96 亿吨。此外，在海底沉积物下还发现埋有大量的富钴结壳，因而富钴结壳的资源量远远超过以前的估计。从 1983 年起，由韩国科学技术部及韩国商工能源部资助的韩国海洋开发研究院开始进行深海采矿研究。1989—1991 年韩国海洋开发研究院与美国地质勘探局对克拉里昂—克林帕顿断裂带及西太平洋区进行了联合勘探，从 2000 年开始，韩国每年执行一次为期 1 个月左右的富钴结壳调查，地点为麦哲伦海山区及中太平洋海山区。2001 年的调查是在马绍尔群岛北部的国际区域进行的，共选择了 6 座海山。初步研究结果表明，在深度低于 2 000 米的海底，富钴结壳厚度较大。

截至目前，中国、日本、俄罗斯和巴西等四个国家已成功和国际海底管理局签订了富钴结壳勘探合同，而韩国的矿区申请也于 2016 年获得核准。总体上，美国等发达国家利用已经形成的技术优势，积极探索和研究大洋富钴结壳资源，在海底富钴结壳的勘探、开采工艺制定、开采设备研制与试验、输送工艺试验等方面，均取得了具有工程实用价值的成果，目前在海底富钴结壳的勘探和开发领域保持领先地位。但由于经济评估的原因，如钴目前的市场价格等，仍不能支持进行大规模商业开采的效益要求。

8.5.3.2 我国海底富钴结壳的开发利用现状

我国对富钴结壳的调查起步较晚，1984 年首次参加德国"太阳号"中太平洋海山区富钴结壳调查，1987 年"海洋 4 号"科学考察船首次采到了富钴结壳样品。1997—1998 年"大洋一号"和"海洋四号"两艘科考船从海底拖出 3 吨富钴结壳样品，正式拉开了中国富钴结壳大规模调查的序幕。随后我国科研人员对结壳的物质组成、金属品位及丰度、物理参数等做了初步分析研究。自 1997 年以来，中国大洋协会组织"大洋一号"和广州海洋地质调查局"海洋四号"调查船在中、西太平洋开展了拖网、抓斗、浅钻地质采样和海底照相、多波束测深、重力、磁力、浅地层剖面等海洋物探工作，到目前已进行了十余个航次、数十座海山的富钴结壳调查工作，在麦哲伦海山区、威克—马尔库斯海山区、马绍尔群岛、中太平洋海山区和莱恩群岛都已发现资源前景较好的富钴结壳矿区。2012 年，我国率先提交富钴结壳矿区申请，2014 年 4 月 29 日，我国与国际海底管理局签订了国际海底富钴结壳矿区勘探合同，合同矿区的位置位于西北太平洋海山区，面积为 3 000 平方千米。根据勘探规章，我国将在签订合同后的十年内完成勘探，之后合同区面积 2/3 的区域放弃，保留 1 000 平方千米留作享有优先开采权的矿区。至此，我国成为世界上首个就 3 种主要国际海底矿产资源均拥有专属勘探矿区的国家。在 2014—2016 年，我国大洋协会利用"海洋六号"船和"向阳红 09"船继续在合同区开展资源与环境调查及采矿试验工作，履行勘探合同义务。目前，我国正积极进行大洋富钴结壳资源的勘查和开采技术研究，以期缩小与西方国家的差距，确保我国在新一轮的国际海底资源竞争与角逐中占有主动。

8.6 海底热液硫化物的开发

8.6.1 海底热液硫化物简介

海底热液硫化物，亦称多金属硫化物，是指海底热液作用形成的一种富含铜、铅、锌、金、银、锰、铁等多种金属元素的新型海底矿产资源，它是汇聚或发散板块边界岩石圈与大洋（水圈）在洋脊扩张中心、岛弧、弧后扩张中心及板内火山活动中心发生热和化学交换作用的产物。各种构造环境下的海底热液硫化物的成分取决于这些金属滤出的火山岩淋性质，位于不同的火山和构造环境的矿藏有着不同的金属成分和金属含量。据有关调查资料显示，仅就硫化物中的金含量而言，弧后扩张中心的硫化物样品中发现金的含量甚高。迄今发现的含金量最丰富的海底矿床位于巴布亚新几内亚专属经济区内，从区内的利希尔岛附近的锥形海山山顶平台采集的样品含金量是陆地有开采价值金矿平均值的 10 倍。

海底热液硫化物是 20 世纪 60 年代继大洋多金属结核和富钴结壳后发现的海底金属矿产资源类型，这些亿万年前生长在海底的热液矿藏，因其具有较浅的赋存水深（一般为水下 2 500 米左右）并能喷"金"吐"银"，而逐步成为世界各国关注的热点，具有良好的开发远景。

8.6.1.1　海底热液硫化物矿床的形成机理及类型

根据国内外海洋地质研究成果，目前关于海底热液硫化物成矿比较成熟的观点是海水从海洋渗入地层空间，被地壳下的熔岩（岩浆）加热后通过热液喷口通道排出，与冷海水混合后，水中的金属沉淀积聚在海底或海底表层内，从而形成矿床[①]。

海底热液硫化物矿床主要有两种类型，一种是层状重金属泥，另一种是块状多金属硫化物。前者以红海最典型，称为"红海型"；后者主要产于洋中脊的裂谷带，称"洋中脊型"。

红海重金属泥是海底热液沿缓慢扩张中心活动的产物。在红海中央裂谷带已发现 20 多个热卤水池和重金属泥富集区，其中以 Atlantis Ⅱ 海渊最有经济价值。主要金属硫化物有黄铁矿、黄铜矿、闪锌矿和方铅矿，它们富含铁、锰、锌、铜、镍、钴、铬、银、金、钼、钒、锶等金属元素，金属储量至少有 90×10^6 吨。块状硫化物矿床生成于大洋中脊轴部的裂谷带，与扩张中心的热液活动密切相关。

块状多金属硫化物矿体一般呈小丘、烟囱和锥形体状成群出现，与活动热液喷口或古热液喷口相伴生。其形成的机理是：海水沿裂谷带张性断裂或裂隙向下渗透，被新生洋壳加热，形成高温（可达 350～400℃）海水。高温海水从玄武岩中淋滤出大量多种金属元素，当它们重返海底时与冷海水相遇，导致黄铁矿、黄铜矿、纤锌矿、闪锌矿等硫化物及钙、镁硫酸盐的快速沉淀。高温热液自喷口涌出，矿物快速结晶堆积成烟囱状。冒着黑色烟雾的"黑烟囱"不断逸出含黄铁矿、闪锌矿等硫化物的颗粒。"白烟囱"喷出的固体微粒主要是蛋白石、重晶石等浅色矿物，含有少量铁、锌等硫化矿物。如烟囱被硫化物充填则称死烟囱，烟囱倒塌成为"雪花宝"。块状硫化物矿床主要含有铁、锰、铜、铅、锌、金、银和稀土元素等，已发现多个质量超过 1×10^6 吨的矿点。热液活动区往往发育有大量不靠太阳能而依赖热液营生的、耐高温、耐高压、不怕剧毒、无需氧气的自养型深海底生物群落，它们独特的生物特征有助于科研人员研究极端环境下生物的生存进化方式以及生命起源问题。

8.6.1.2　海底热液硫化物的分布

海底热液硫化物在世界大洋水深数百米至 3 500 米处均有分布，从地质构造上看，主要分布在 2 000 米深处的大洋中脊、海隆和弧后盆地的扩张中心，同时岛弧以及海山等也有少量分布。国际大洋钻探计划（DSDP/ODP）钻探资料已经证实，海底热液硫化物分布范围很广，在大洋的三种地质构造背景

---

① 丁六怀，陈新明，高宇清．海底热液硫化物——深海采矿前沿探索［J］．海洋技术，2009，28（1）：127.

（大洋中脊，板内火山和弧后盆地）中均普遍存在。

已知的海底热液硫化物矿床主要分布于太平洋和大西洋。在太平洋上有 3 个重要成矿区：一是东部沿美洲大陆西侧的海域延伸形成一个漫长的矿带，二是西太平洋成矿区，三是西南太平洋成矿区。大西洋的代表性矿床是大西洋中脊的 TAG 热液活动区、中大西洋脊 23°N 的 Snakepit 等。另外，红海的 Atlantis II 裂谷中也存在硫化物矿床。到目前为止，通过海底热液活动和海底热液硫化物矿化点的研究，人们已经在世界大洋中十几种不同的火山和地质构造上发现了硫化物矿化点及大型热液硫化矿床。根据国际大洋中脊协会的统计，截止 2009 年底，全球已发现和由推断可确定的海底热液硫化物矿点有 588 个[①]（532 个为确定或推测活跃的，56 个为非活跃）。其中，67% 分布在太平洋，19% 在大西洋，5% 在红海，印度洋和地中海各有 4% 分布，北冰洋和南极洲等其他海区中海底热液活动分布地点的数量相对较少，约 1%。此外，在深水湖泊（东非大裂谷、贝加尔湖）和近岸海底（希腊 Milos 岛附近海域）也发现了黑烟囱及热液硫化物的产出（图 8 - 46）。随着洋中脊计划和大洋钻探计划的持续开展以及各国的积极探索调查，将有更多的海底热液活动区和具有潜在开采价值的海底热液硫化矿床被发现。

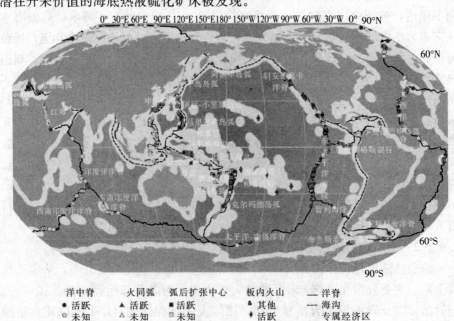

图 8 - 46　全球热液喷口位置分布

① Beaulieu S E. Inter Ridge Global Database of Active Submarine Hydrothermal Vent Fields，Version 2.0，2010 ［EB/OL］．http：//www. interridge. org/IRvents.

8.6.2　海底热液硫化物的勘探与开发

8.6.2.1　海底热液硫化物的勘探

海底热液硫化物的勘探方法可大致分为两大类：直接勘探法和间接勘探法。

（1）直接勘探法

海底热液硫化物直接勘探方法有目测和取样两种方式，前者主要是采用水下照相机和水下电视机等摄影装备，后者主要使用的是拖网、海底钻探和取样管等取样分析技术。

目前，水下照相和水下摄像技术已成熟，并广泛应用于深海矿产资源勘探，成为主要的设备。水下照相机可连续地拍摄海底照片，虽不能进行现场实时观察，但清晰度高，而水下摄像机则可实现现场连续观察。其摄像和照相系统可置于 5 000 米水深处。考察时常采用 3 种无人潜水器作为水下照相机和水下摄像机的载体：一是轻拖运载器，具有携带照相机和摄像机的能力，可在距海底 10 米处"翔行"；二是重拖运载器，携带大型摄像系统和取样工具；三是自由潜水器，由声学系统控制，作业时间较长，可达一周以上，能拍摄海底照片和测量其他参数。

拖网和样管取样是直接勘探深海矿产资源的另一种方法，拖网仅采集海底表层矿床样品，取样管则可获取部分海底沉积物样品。这些都是早期的勘探技术，所取样品不一定与深海矿产资源的相对丰度成比例。现在已研制出岩芯取样器（铲式、活塞和重力岩芯取样器）、拖曳式采样器（岩芯管、箱式取样器和链拖网），以及自返式底质取样器。其中，电视导控的底质取样系统的取样水深可达 5 000 米，可用于对岩石、硫化物或富钴结壳进行精确的和大规模的取样，每次取样可多达 3 吨。由于该系统装有高分辨率摄像机，在采样器的中心又装有多个光源，因此又可用来对海底进行小范围的精确绘图，或对将要采样的样品进行选择，最后再取样。如一次取样的数量不够，该取样器会进行多次闭合，以取得足够的样品。

（2）间接勘探法

间接勘探方法是采用地球物理方法和地球化学方法对海底热液硫化物进行勘探的技术。已用于勘探海底热液硫化物的地球物理方法包括精密回声测深声呐、侧扫声呐、地震方法、磁法、重力法、热流法等[①]。地球化学方法包括回收物质的分析和海底现场分析。回收物质分析取决于与矿床伴生的沉积物的回

---

① 汤井田，杜华坤，白宜诚. 海底热液硫化物勘探技术的现状分析及对策［C］//当代矿山地质地球物理新进展，长沙：中南大学出版社，2004：316－317.

收率及其分析。利用对海水中元素的扩散分析和沉积物中元素的扩散分析来勘探海底热液矿体；利用网络法在含热液硫化物矿区取样，来探查热液硫化物矿床品位。这种分析方法能以独特的方式找到用其他方法不能找到的高品位矿床。在现场分析中，常采用能得到海底组成的连续记录的海底分析器，这样在海上勘探期间就可以编制出各种地球化学图样，它和传统的海底取样、船上分析和资料处理相比，将大大节省时间。近年来，国际上还开发出了一种叫"深潜拖鱼"的新装置，它集各种地球物理仪器于一体，包括窄束回声测深仪、侧扫声呐、3.5千赫兹浅地层剖面仪、立体照相设备和质子磁力仪、采样器和摄像系统等，自动化程度很高。此外，一些发达海洋国家在勘探中还采用了深潜器，在海底深处进行热液矿床的调查与勘探。

8.6.2.2 海底热液硫化物的开发

（1）海底热液硫化物的开采方法

热液矿床有块状和软泥状两种。对于块状矿床，由于分布集中、矿石硬度高、密度大，需用自动控制的海底钻探，然后在钻孔内爆炸，炸碎矿体，随后用集矿机和扬矿机用与采集多金属结核类似的方法输送到水面进行加工。美国正在研制这种自动钻探爆破采矿技术，用于开采 3 000 米水深的海底热液矿，它由爆破装置、矿石破碎机、吸矿管以及采矿船、运输船、钻探供应船组成，计划 2020 年可投入生产。对于软泥状矿床，需要在采矿船下拖一根 2 000 米长的钢管柱，柱末端有一个抽吸装置。在抽吸装置内装一种电控摆筛，使黏稠的软泥变稀，并使抽吸装置进一步穿透泥层。通过真空抽吸装置和吸矿管将金属软泥吸到采矿船上，这种方法现已进入商业性应用阶段。其过程为：用高压水和电控摆筛将软泥稀化—用抽吸管抽吸—经过泡沫浮选法处理—除去水分—得到金属浓缩物。

（2）海底热液硫化物的开采活动

目前，已有或正在进行的海底热液硫化物开采活动及其相关前期详细勘探活动，主要集中在专属经济区，专属经济区不属于国际海底管理局的管辖范围，因此，专属经济区的采矿活动不受国际海底管理局采矿环境规则的制约、无须遵循海底管理局的规定、无须向国际海底管理局交纳管理费用，这些因素在一定程度上也加速了世界范围内专属经济区内硫化物矿开采的步伐。已有或正在进行的海底热液硫化物矿的开采活动主要有：

① 西德普罗伊萨格公司在红海的硫化物试采

1976 年，西德普罗伊萨格公司与阿拉伯苏丹红海委员会合作，对 Atlantic Ⅱ 深渊的硫化物进行环境友好型采矿方法的研究及采矿经济性评估工作，并于 1979 年 5 月成功进行了硫化物软泥的商业试采。该公司利用改装的钻探船（SEDCO445）以抽吸的原理从水深 2 200 米处采出泥状硫化物约 5 000 立方米，并在采矿船上的浮选车间将这些矿泥处理成金属含量较高的精矿，还重点进行了尾矿处理研究及采矿环境影响的测试和评估。此次试采活动证明了深海采矿的可能以及水力采掘硫化物软泥和船载浮选分离锌、铜、银的可行性，但当时的研究发现商业开采时机尚不成熟。

②鹦鹉螺公司的海底热液硫化物商业开发

鹦鹉螺公司获得授权勘探的海底热液硫化物区域从巴布亚新几内亚扩展至斐济和汤加的专属经济区，总面积超过27.6万平方千米。鹦鹉螺的勘探区域存在着较多的高品位大型硫化物矿床，早在1998年鹦鹉螺公司就开展了海底热液硫化物的选冶试验，自2004年以来在巴布亚新几内亚块状硫化物勘探执照区开展了一系列以商业开采为目的的勘探取样活动。近年来，鹦鹉螺的工作主要围绕巴布亚新几内亚的授权区展开，2007年主要进行了矿区的勘探取样及矿体资源储量调查和品位评价，同时开始了采矿工程设计以及重大装备的订购事宜；2008年主要是设计和制造采矿及其地面冶炼处理设备，同时寻求海底采矿拓展机会；2009年开展更多的勘探工作，完成所有必要的手续，取得各项执照及采矿许可权，同时全面完成采矿系统及地面处理工厂的建设。鹦鹉螺公司计划2013年底在Solwara Ⅰ热液喷口提炼铜和金，将Solwara Ⅰ推向工业化采矿，实现海底热液硫化物的商业开采。

③海王星公司的海底热液硫化物商业开发

2000年，海王星公司首次获得覆盖北爱尔兰和新西兰北部Havre Trough区域的海底热液硫化物勘探权，到目前为止已在新西兰、巴布亚新几内亚、密克罗尼西亚和瓦努阿图联邦专属经济区等地累计获得超过27.8万平方千米的海底热液硫化物勘探许可区，同时该公司正在申请包括新西兰、日本、南马里亚纳群岛联盟、帕劳群岛、意大利等专属经济区海域的约43.6万平方千米的海底热液硫化物新勘探区。海王星公司已完成第2批次和第3批次的海底热液硫化物勘查项目，并在新西兰专属经济区水域克马德群岛附近发现了两处海底热液硫化物成矿带，考虑到新西兰稳定的政治环境和完善的法规，并且大力支持海洋采矿事业，海王星公司拟将新西兰专属经济区海底热液硫化物成矿带作为优先开采目标。2007年海王星公司委托在海洋油气开采领域实力雄厚的法国Tecnip公司对申请矿区的多金属硫化物从经济、环境影响和开采技术的角度作了全面的研究，提出了适合商业开采的概念系统，实现商业试采活动。

此外，澳大利亚Blue Water Metals公司也准备投身于西太平洋海底热液硫化物采矿活动。美国Deep Sea Minerals公司联合美国一家大型采矿公司开始在全球范围内着手海底热液硫化物研究。较大的采矿公司如英美资源集团拥有品位较高的资源和很难获得的技术。澳大利亚、俄罗斯、美国和加拿大的5家国际矿业公司已经联合开展了西太平洋热液硫化物的开发工作，这为实现海底热液硫化物矿产的商业开发迈出了实质性的一步。

8.6.3 海底热液硫化物的开发利用现状

8.6.3.1 世界海底热液硫化物的开发利用现状

现代海底热液硫化物调查最早始于 20 世纪 40 年代，1948 年，瑞典科学家利用"信天翁号"考察船在红海中部 Atlantis Ⅰ深渊附近发现了热液多金属软泥，揭开了海底热液活动研究的序幕。20 世纪 60 年代中期，苏联就在太平洋获得了多金属硫化物样品，并对大洋热液过程的成因进行研究。1979 年，美国"阿尔文号"在东太平洋海隆北部发现了第 1 个高温"黑烟囱"。20 世纪 80 年代，海底热液硫化物进入大规模调查和研究，在弧后扩张中心环境中首先发现的热液硫化物矿床位于中 Manus 海盆和马里亚纳海槽[①]。

相比海底多金属结核而言，海底热液硫化物由于赋存水深较浅，金属品位高，且一般在近海区域，因此更容易实现开采，同时开采海底热液硫化物的成本也将大大低于多金属结核。海底多金属结核的开采技术同样可以借鉴用于海底热液硫化物的开采。因此，近年来，海底热液硫化物作为一种具有潜在开采价值和相对更具经济效益的海底矿产资源而备受关注，美国、日本、加拿大、英国、法国、德国、澳大利亚等发达国家纷纷对这种资源的勘探、采矿技术及技术经济分析开展了多方面研究，许多国家还制定了勘探和开发海底热液硫化物的国家计划，把海底热液矿床看作是未来战略性金属的潜在来源。2010 年，国际海底管理局通过了《"区域"内多金属硫化物探矿和勘探规章》，以规范和促进国际海底区域海底热液硫化物资源的勘探及开采。韩国、法国、印度、德国等国已陆续提交了海底热液硫化物矿区申请，加拿大、日本、英国、挪威等国也在积极进行硫化物的调查和研究工作，为矿区申请做准备。

（1）美国

美国国家海洋大气局制订了 1983—1988 年的 5 年计划，把处在美国 200 海里专属经济区内的胡安德富卡海脊作为海底热液矿床的重点研究和开发对象。1983 年，美国海洋地质专家们用"阿尔文森"号潜艇对东太平洋海隆上北纬 10°～13°的海域进行了调查；1984 年夏天，又调查了胡安德富卡海脊；1988 年，斯克里普斯海洋研究所又对东太平洋一块新海域进行调查，发现了 24 个热液涌出口，并在一海山的南坡水深 2 440～2 620 米处，发现一个南北长 500 米，东西宽 200 米的硫化矿物沉积层。此外，美国还与法国合作进行海洋调查，并计划合作开采海底热液矿床。

---

① 公衍芬，刘志杰，杨文斌，等.海底热液硫化物资源研究现状与展望[J].海洋地质前沿，2014，30（8）：29.

（2）日本

20 世纪 80 年代以来，日本利用多种技术手段开展了海底热液硫化物调查与研究工作，同时也对其成矿机理、资源评价，采矿环境影响等方面开展了研究。日本投资 75 亿日元建造了能下潜 2 000 米的"深海 2000"号深潜器，专门用于海底热液矿物的调查。从 1983 年开始，日本的海洋地质专家们对马里亚纳海槽、四国海盆等地的热液矿床进行调查；日本地质调查所还执行了一个新的 5 年计划，对伊豆—小笠原岛弧、四国海盆等处的热液矿床进行调查。日本海洋开发中心用 7 年时间，投资 220 亿～230 亿日元，建造能下潜 6 000 米的深潜器——"6500"号，用于海底热液矿床的调查。与此同时，日本还积极研制从勘探到开采海底矿床的各种技术设备以便开始商业性采矿和试生产。

（3）韩国

2008 年，韩国获得在汤加专属经济区的勘探专属权利后，开始开发海底热液矿床，并于 2011 年在西南太平洋汤加专属经济区内指定的 5 个韩国专属矿区进行矿物资源勘探。2012 年，国际海底管理局核准了韩国政府提交的其位于中印度洋的多金属硫化物勘探矿区申请。

（4）英国

据报道，2013 年 2 月，英国科学家搭乘"詹姆斯·库克"号科考船，在对加勒比海海底的考察中发现了一组令人惊叹的热液喷口，这是目前为止人类发现的最深（水深将近 5 000 米）的热液口。该发现位于开曼海沟，利用遥控的深潜器，科学家在偶然之中发现了这些喷口。从海面科考船接收到的视频和图片看，这些深海的"黑烟囱"有将近 10 米的高度。新发现的热液口中喷出的水温度达到 401 摄氏度，这是迄今为止发现的温度最高的热液。

8.6.3.2 我国海底热液硫化物的开发利用现状

我国海底多金属硫化物研究起步较晚，1988 年中德合作 So-57 航次对马里亚纳海槽区热液多金属硫化物的分布情况和形成机理进行调查和研究，获得非活动性的热液多金属硫化物和硅质"烟囱"。1992 年，中国科学院海洋研究所赵一阳教授组织对冲绳海槽中部热液活动调查，这是我国首次独立组队进行热液活动的调查。2003 年，大洋科学考察先后在东太平洋海隆和大西洋获取了大量热液硫化物样品，并于 2007 年在水深 2 800 米西南印度洋中脊超慢速扩张区成功发现了新的海底热水活动区，实现了中国人在该领域调查发现"零"的突破。2008 年 8 月 23 日、24 日"大洋一号"科考船于在东太平洋海隆赤道附近发现两处海底热液活动区，这是世界上首次在东太平洋海隆赤道附近发现海底热液活动区，2011 年 12 月 11 日，"大洋一号"科考船返回青岛，科考人员在此航次共发现了 16 处海底热液区，几乎等于我国之前已知海底热液区的总和。当地时间 2012 年 11 月 1 日凌晨，执行大洋 26 航次第五航段科考任务的"大洋一号",在南大西洋洋中脊发现一处海底热液活动区,并获取1.2吨多金属硫化物样品,这是中国大洋多金属硫化物资源调查历史上,单次成功获得多金属硫化物样品量最多的一次,也是获取样品类型最为丰富的作业之一。目前大洋科考调查已在三大洋不同深海区域发现热液硫化物喷口十几处。这标志着我国已进入了现代海底热水矿床勘探强国的行列。2010年,我国向联合国国际海底管理局提交了位于西南印度洋的硫化物矿区开采申请,这是国际上首例对多金属硫化物矿区的申请。2011年11月18日,中国大洋协会与国际海底管理局签订了国际海底多金属硫化物矿区勘探合同,这是大洋协会继2001年在东北太平洋国际海底区域获得7.5万平方千米多金属结核勘探合同区后,获得的第二块具有专属勘探权和商业开采优先权的国际海底合同矿区。

海底热液矿床是极有开发价值的海底矿床,目前,我国对海底热液硫化物资源的勘查和了解还不够深入,对其开采技术的研究才刚刚开始。为了在新一轮国际海底"圈地"运动中获得主动权,在硫化物矿床圈定中不失先机,尽快找到高品位、易开采的硫化物矿床,加快开采技术的研发是当务之急。

9 海洋资源未来——无尽的开发与无穷的利用

海洋资源与人类的生活息息相关，人类对于海洋资源的利用已经上升到了前所未有的高度。然而，我们不能否认，与浩瀚的海洋相比，我们对海洋资源的利用仅仅处于初始阶段。首先，人类目前开发利用的海洋资源只占到了已知海洋资源的一小部分。例如当前世界海洋生物资源利用很不充分，捕捞对象仅限于少数几种，而大型海洋无脊椎动物、多种海藻及南极磷虾等资源均未很好开发利用。其次，人类涉足的海洋领域范围仍然很狭窄，大量海域所蕴含的丰富资源都没有进行有效的开发利用。如人类的捕捞范围主要集中于沿岸地带，属于大陆架水域，其仅占世界海洋总面积 7.4%，但是从这里捕获的海鱼产量却占世界海洋渔获量的 90% 以上。据估计，海洋中有机物平均单产为 50 克碳/平方米·年，每年有 200 亿吨碳转化为植物；海洋每年可提供鱼产品约 2 亿吨，迄今仅利用 1/3 左右，大量海域所蕴含的资源有待人类去开发利用。再次，受制于人类的资源利用技术水平，大量海洋资源的利用开发仅仅是一种初级、浅层次的开发利用，一些海洋资源的利用仍然只停留在理论的可能上，无法将其转化为现实的运用。例如，对于海洋生物资源的利用，目前主要是用于简单的食品、药品加工，而科技含量高、附加值大的海洋食品药品数量仍然非常有限；对于海洋能源的利用，潮汐能、海洋热能、海洋化学能都只是处于理论认识的阶段，目前尚无法通过技术装备将其转化为人类可利用的能源。

正是因为对海洋资源的利用处于这样一种初级阶段，才使得人类对海洋资源开发利用的未来充满了想象和期待。去利用更多种类的海洋动植物资源，把它们制作成更受人们喜爱的产品；到更广阔的远洋和更深邃的海底去探索发掘更多的海洋秘密；创造出更多的海洋工程装备，去把那些蕴藏在海洋各个角落的资源转化为人类的日常所用。在未来，海洋资源可以说是无尽开发、无穷利用。

然而，海洋虽然是人类取之不尽的资源大宝库，但是对它的利用一定要科学、合理，否则海洋资源宝库就会枯竭。绿色、科学、立体开发是人类进行海洋资源开发的现实选择，也是必然选择。走绿色开发海洋资源的新型开发模式是当今世界的趋势。绿色开发海洋资源是基于海洋的生态环境容量和资源承载力，转变粗放式资源开发利用模式，提高资源利用效率，按照整体、协调、优化和循环的思路，促进环境、资源、经济社会良性发展，实现海洋资源的合理开发与可持续利用。蓝色海洋与绿色生态环境是沿海地区的生命线，必须坚持科学开发海洋资源。科学规划海洋资源的开发，正确处理资源开发与环境保护、经济社会发展的关系，从整体性、长远性和战略性布局，促进海洋资源有序开发、有效利用，促进海洋资源科学发展，以实现海洋资源的合理有效配置。海洋资源的多层次复合性和多功能性的特点，决定了必须立体开发海洋资源。推行海洋表层、中层、底层立体开发方式，统筹兼顾，提高海洋资源综合利用效率，优化海洋空间格局，统筹海陆资源配置和经济布局，实现海洋资源的最大利用价值。

在本书的撰稿工作行将结束之际，恰逢举世瞩目的中国共产党第十九次全国代表大会在京召开，习近平总书记在十九大报告中再次重申了要"加快建设海洋强国"。海洋强国建设是一个巨大的系统工程，需要完成无数繁杂而艰巨的工作，而培养和树立全民尤其是青少年的海洋意识无疑是其中最为基础的一项工作。海洋意识的培养和树立需要众多的海洋领域的工作者拿出更多的时间在海洋知识的科普方面做更多的努力。本书的撰写可以说就是众多海洋工作者在海洋知识科普方面努力的一个缩影。我们选取了全新的海洋知识科普角度，把众多的海洋资源与人们的现实生活联系起来，让读者更乐于了解海洋，更容易理解海洋资源的重要性，从而更加坚定地树立海洋意识。目前，我国正处于全面建成小康社会，实现中华民族伟大复兴的关键时期，在这一伟大时期，希望本书的撰写能够为海洋知识的科普推广、海洋强国的建设贡献一份力量，产生一些作用。

本书是广东省科技计划项目科普创新发展领域"海洋与现代生活"课题研究成果，是项目团队集体智慧的结晶。每一章内容都是项目团队主要成员集体讨论确定的。白福臣、刘彦军负责全书的整体策划、修改和定稿，林凤梅负责全书的统稿和校对工作。具体撰写分工如下：第1、2、9章，刘彦军、孟兆娟；第3章，赵楠、张晓、林凤梅；第4章，林凤梅、叶章彬、王燕；第5章，刘艺、王俊峰、张玉强；第6章，张苇琨、罗兴婷、乔俊果；第7章，林凤梅、陈关怡、陈娇；第8章，林凤梅、黄静茹、李鹏。

本书的完成，首先感谢项目团队成员和参加撰写工作的研究生，没有他们的辛勤工作，是无法完成这项工作的；其次，感谢广东海洋大学管理学院院长宁凌教授、经济学院副院长居占杰教授等给予的有力支持和帮助。

　　本书由于创作、撰写时间仓促，作者研究时间和水平所限，难免存在错漏和不足，真诚希望读者不吝赐教。

作　者

2017 年 12 月 15 日于湛江

图书在版编目（CIP）数据

海洋与现代生活 / 白福臣等著 . —北京：中国农
业出版社，2017.12
ISBN 978-7-109-23963-0

Ⅰ.①海… Ⅱ.①白… Ⅲ.①海洋－青少年读物
Ⅳ.①P7-49

中国版本图书馆 CIP 数据核字（2018）第 044476 号

中国农业出版社出版
（北京市朝阳区麦子店街 18 号楼）
（邮政编码 100125）
责任编辑 赵 刚 边 疆

北京中兴印刷有限公司印刷　　新华书店北京发行所发行
2017 年 12 月第 1 版　　2017 年 12 月北京第 1 次印刷

开本：700mm×1000mm　1/16　印张：27
字数：526 千字
定价：58.00 元
（凡本版图书出现印刷、装订错误，请向出版社发行部调换）